本书是国家自然科学基金项目
“丝路经济带历史城镇文脉演化机理及其传承策略”
（项目编号：51578436）资助成果

转型与重构：近代西安城市空间结构演变

任云英 著

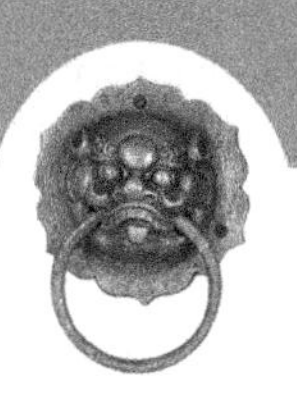

科学出版社
北京

内 容 简 介

本书运用历史地理学和相关学科的理论方法，以城市近代化为主线，从宏观、中观、微观三个层面，对城市空间结构的各要素及其作用进行了综合分析和研究，揭示了西安城市空间结构的近代化过程，探究了西安城市空间结构近代化的演变特征及其机理。

本书可供城乡规划、历史地理学、城市史学、城乡发展与规划历史研究及历史遗产保护等专业的科研人员阅读和参考。

图书在版编目（CIP）数据

转型与重构：近代西安城市空间结构演变 / 任云英著.—北京：科学出版社，2019.6

ISBN 978-7-03-061597-8

Ⅰ.①转… Ⅱ.①任… Ⅲ.①城市空间-空间结构-研究-西安-近代 Ⅳ.①TU984.241.3

中国版本图书馆 CIP 数据核字（2019）第 113192 号

责任编辑：任晓刚 / 责任校对：韩 杨

责任印制：张 伟 / 封面设计：楠竹文化

科学出版社出版

北京东黄城根北街 16 号

邮政编码：100717

http://www.sciencep.com

北京虎彩文化传播有限公司印刷

科学出版社发行 各地新华书店经销

*

2019 年 6 月第 一 版 开本：720×1000 1/16

2019 年 6 月第一次印刷 印张：30 3/4

字数：480 000

定价：126.00 元

（如有印装质量问题，我社负责调换）

序

西安作为中外闻名的重要古都，从西周时起，就为古代众多学者、文人所瞩目，记述、唱咏以至研究在西安地区先后建立的都城之诗赋、文章数量甚多。到了近现代时期，更为城市史、建筑史、古都学、历史城市地理学等学科之学者看重，学术成果也更丰硕。然而，当我们回顾、检视这些学术成果时，就会发现大多数研究都是将重点放在都城时期的西安，这些研究成果无疑都是必要且很有学术价值的，对认识、了解西安历史上最辉煌灿烂时期的种种事象大有裨益。然而我们也看到，学术界对西安在唐代以后降为地方中心城市期间的研究相对较少，也不深入；尤其是对近代，即对晚清与民国转型期西安城市的蜕变、发展状况缺乏深入研究，甚至一度出现断层现象。而这段时期因与现代西安相衔接，是西安城市发展史上不可或缺的一个环节，城市演变的许多现象与原因，对今日西安城市建设与发展具有借鉴意义，因而对近代西安城市演变的研究是一项十分重要的工作。任云英教授颇具慧眼，知难而进，特意从历史地理学与城市科学既相交叉又相结合的新的学术视角切入，进行了长达 3 年的深入、细致的考察研究，并三易其稿，撰写出她的博士学位论文《近代西安城市空间结构演变研究（1840—1949）》。她于 2005 年冬季顺利通过博士学位论文答辩，获得博士学位后，她又在教学、科研工作与社会活动繁忙之际，抽出时间对之进行精细打磨，推出了内容更加丰富、体系更加完备的学术专著。此书不仅可以填补西安近代城市空间结构特征及其演变状况这一学术领域的空白，丰富历史城市地理学与城市规划学的研究内容，还对21世纪西安的城市规划和建设工作具有一定的借鉴与指导意义。这更是特别应予指出并加以称道的。

任云英教授能够出色地撰写出这样一部既具有学术价值又富有应用功能的专著，除了她的勤奋努力与执着的科研精神之外，还与她长期的专业积累与学术修养有关。

任云英教授1990年毕业于现西安建筑科技大学的前身——西安冶金建筑学院城市规划专业，获得工学学士学位。后来在该校建筑系留校工作期间，于1995年考上硕士研究生，跟随该系汤道烈教授攻读城市规划学硕士学位，撰写出硕士学位论文《中国古代城镇空间艺术整体构架初探》。1998年，在她参加硕士学位论文答辩时，我被推为答辩委员会主席，经过3个多小时的质询辩难，论文获得答辩委员会的一致好评与全票通过，她被授予工学硕士学位。在此期间，她不但娴熟地掌握了城市规划与设计的理论及工作方法，而且对我国古代城镇发展历史与空间结构特征有相当深入的了解。同时，她还对我国丰富多彩的城市建筑史、城市规划史产生兴趣，并对其进行深入思考与研究。此外，我发现她的治学理念十分新锐，远胜于目光仅限于当代城市规划学范畴的其他学生。因而对她留下了深刻印象，并相信她有广阔的视野，将来定会在相关学术领域做出突出的贡献。她对我国悠久历史中城市规划与城市建筑中蕴含的文化要素、思想观念情有独钟，所以她不顾教学、科研工作之繁忙，2000年9月又考入陕西师范大学，随我攻读历史地理学博士学位，一边学习历史地理学理论、历史城市地理学、地理学思想史等专业课程，又一边通过自身的教学、科研工作进行学术实践。在读博的5年中（2000年9月—2005年12月），她除了出色地完成了自己所担任的西安建筑科技大学城市规划研究所副所长的行政工作与教学任务以外，还承担和参与了多项科研任务，出版了多部著作，发表了多篇论文。上述这些科研、教学实践与她所撰写的博士学位论文之间起到了教学相长、学以致用、相辅相成的作用。

必须提及的是，2008 年任云英教授本已计划将该书送交出版社出版，由于接连担任了国内外多项学术职务，特别是2008年7月作为中共陕西省委组织部选派的博士基层服务团成员，担任了咸阳市乾县建设局（今住房和城乡建设局）局长助理，随后不久又远赴英国伯明翰大学，作为高级客座研究员，师从著名的城市形态学家杰瑞米·W. R. 怀特汉德教授进行研究与学习，致使该书未能及时出版。然而，10 多年来，任云英教授参与了许多国内外学术性实践，承担并完成了 10 余项国家级与省部级科研项目及 70 余项地方政府规划设计咨询项目，主编或参编论著 14 部，发表了 90 多篇论文，获教学、科研工作奖近 20 项，她的学术水平与工作能力都有了质的飞跃。她再次审视修改的这部专著较之原稿又有进一步的提高，这是值得肯定的。

西安在唐末以前 2000 年间曾为我国重要古都，唐代以后 1000 年来被降为地区中心城市，因其深居我国西北内陆，在近代百余年间即自 1840 年鸦片战争清朝战败以来至中华人民共和国成立前这一时期，只能依托传统农业社会经济基础，艰难蹒跚地走向近代化，该书的主体部分是从 3 个方面对其在近代化进程中城市空间结构演变进行深入、具体的剖析。第一个方面是从宏观、中观、微观 3 个层次对西安城市空间结构变化相关的各项要素及其作用进行综合分析，给读者一个全新又十分明晰地看待城市空间结构变化的理念与视域。第二个方面是根据社会政治变异状况，分为晚清与民国两个阶段，对西安城区与郊区几个主要功能类型的空间分布及其变化进行了具体的论述。第三个方面则是以西安近代化为主线，揭示其城市空间演化的主要特征与成因。此外，该书还结合当前西安城市规划与建设的实际需要，论述西安在近代化过程中城市空间结构变化及其形成的格局对当今城市功能分区与发展的影响作用，并运用历史地理学理论对西安城市空间结构在近代化进程中的相关机理进行理论概括与提炼。该书对我国内陆典型城市——西安在近代化时期的城市空间结构变化过程及其特征与机理进行了实证研究，具有重要的学术价值。在历经 10年之后，这部专著在上述3个方面又都有所提升。所以我相信，该书不仅可以丰富、深化当前西安城市规划与建设的理论思想，有利于西安市的城市发展，还对促进历史城市地理学与城市科学中的空间结构理论的发展有积极作用。

当前西安市的社会经济发展与城市建设也都进入了一个新的发展时期。随着产业结构的逐步调整，汉长安城遗址、唐大明宫遗址、曲江池遗址等重要历史文化遗址的保护开发，以及一批城市基础设施的规划、建设，城市空间结构已经发生深刻变化。特别是2018年2月7日国家发展和改革委员会与住房和城乡建设部发布了《关中平原城市群发展规划》，西安市被批准成为我国第9个国家级中心城市，这就要求西安必须加快建设，成为我国西部经济中心城市与具有国际影响力的大城市，担负起国家对外交往中心、丝绸之路科技创新中心、丝绸之路文化高地、内陆开放高地与综合交通枢纽等多项重大功能。如何使西安城市空间结构与形态的变化符合科学发展观的要求，使西安既葆有千年古都风貌与周、秦、汉、唐、明、清、民国的文化要素，又具有科学内涵，成为适宜创业与居住的现代化城市，充分完成国家赋予它的前述职能，显然已是一个十分重要而又现实的问题。我希望任云英教授能在此书出版之后，继续发挥她的学术优势，在西安和其他城市的空间结构研究及成果应用方面取得新的进展，做出新的贡献！

朱士光

2018年8月28日

自　序

近代西安的城市发展道路与沿海、沿江的开埠城市相比明显不同，故对其研究不能泛泛而论或者借鉴开埠城市的研究范式。对近代西安进行全面、系统的历史地理学研究，从时间、经历和研究积累看也是不切实际的。对于西安而言，其近代高度强化的军事功能和突出的政治功能是内陆其他城市无可比拟的，但其作为区域中心城市，又承担着区域社会的经济和文化职能。近代西安城市的发展更多地体现在军事、政治、经济、文化、教育等各个方面，其在国家政策和各项要素干预下的发展路径，并非一蹴而就地彻底改变，而是处于一个变化发展的转型过程之中。即便是辛亥革命拆除满城，在政体改变的空间过程中，各种要素的制约和此消彼长的过程也始终处于矛盾运动中，在这个城市近代化转型的过程中，其从晚清时期的萌动到民国时期的转型呈现出调适性的发展与转变特征。因而，西安的近代化发展过程也体现为军事、政治、经济、文化、教育各个要素此消彼长的发展过程，同时，其城市化的现象也受到城市发展因素的制约，更多地表现为各种城市空间功能要素的近代化发展程度。因此，以近代化作为近代百余年西安城市发展的线索，以城市空间结构的演变作为研究的切入点，探讨近代西安城市空间职能的地域演变与地理条件的互动关系，揭示城市空间结构演变的内在机制，是在研究可行性基础上的有益探索，为后续更为系统和完善的研究提供了一条途径，也是近代西安研究的有益积累和基础工作。总之，立足于前人的研究积累，发前人之所未发，从城市空间的角度入手，对近代西安城市空间结构演变进行较为深入的研究和探讨，是本书的立意和宗旨。

目前，城市空间研究的理论基础和方法日趋成熟和完善，但在历史城市地理的研究中，历史时期城市发展的驱动因素、外部条件与现代城市有着本质的差别。本书基于历史城市地理学的研究视角，利用城市形态学和空间分析方法建构近代西安城市空间结构的研究框架；尝试对历史时期城市空间结构进行分析和研究，通过对近代西安城市发展的社会、经济等空间结构特征进行描述、分析和研究，探讨历史时期城市空间结构发展的空间属性及其社会属性之间的相互关系；进而利用纵向的发生学和逻辑分析方法解析城市空间结构发展的轨迹及其内在机制，并进一步探讨西安城市空间结构发展的特征和规律，从而厘清其纷繁的表面因素，揭示近代西安城市空间结构的演变和发展的深刻内涵，为城市未来发展的性质、规模和战略方向提供科学依据。

因此，可以把历史地理学的研究方法与城市形态学及其空间分析的方法相结合来研究近代西安。不仅能够推动近代西安城市的研究进一步深化，还能对其城市空间结构进行针对性的系统化研究，同时也能够为当代西安城市的发展提供理论和决策依据。

近代西安城市空间结构演变研究是城市研究的重要课题。虽然对空间结构的研究一直以来都是地理学、城乡规划学和历史学等相关学科研究的重要内容，但是将城市空间结构的演变纳入近代化发展的框架下进行研究，目前还没有成熟的理论和方法可以借鉴，尤其是适用于内陆典型城市的近代化研究就更是无从谈起。因此，在建立研究框架的过程中，笔者对近代城市空间结构历时性的各个阶段的城市空间断面进行局部复原，通过对城市发展的历史图层进行时空堆叠的分析方法探究其演变的特征和规律，这也是对城市空间理论与方法的新的探索。而近代百余年的变化又撼动了农业文明及其影响下的城市空间结构，我们可称这一变化为遽变，因此，这一时期城市空间结构的演变体现了城市近代化过程中社会、经济、政治、文化等因素的空间过程，突出特点是转型与重构，这也决定了空间结构演变的核心内容、研究逻辑和研究方法具有其特殊性。

在本书出版之前，笔者对研究内容进行了进一步完善和深化。一方面通过城市空间结构的空间过程，阐释城市空间的历史价值和意义，着重城市的动态发展及其溯源研究，从历时性与共时性的时空场域分析入手，以便更好地认知城市空间的历史价值及其空间要素，从而进一步对其空间文脉的保护与传承进行深入研究；另一方面则结合城市形态学研究的方法，审视城市的历史过程，以便对其空间形态与价值进行分析，进而对旧城更新的规划设计方法提供理论和方法论基础。期望能够通过对西安这一典型内陆城市的研究，为地区规划建构历史与理论基础和方法路径。

任云英

2018年8月26日

目　　录

插 图 目 录

列表目录

绪　论

一、学科属性及其研究范畴

历史城市地理学是历史地理学的一门分支学科。自 20 世纪 30 年代，以顾颉刚先生和谭其骧先生创办的《禹贡》半月刊的英文译名改为 *Historical Geography*（历史地理）为标志，发轫于沿革地理学的中国历史地理学明确了其学科性质，不断走向完善、成熟。中华人民共和国成立后，侯仁之先生进一步明确了历史地理学的学科属性，他指出："历史地理学是现代地理学的一个组成部分，其主要研究对象是人类历史时期地理景观的变化，这种变化主要是由于人的活动和影响而产生的。"[①]

历史城市地理学在孕育之初就具有开放性（或包容性）的特征，包括人类社会活动、地理空间特征及人地关系规律等研究内容。随着研究对象的不断拓展、研究内容的不断充实，以及研究对象本身所具有的广泛性特征，历史城市地理学与社会学、经济学、文化学、文化人类学、生态学等诸多学科不仅在研究内容上有所交叉，还对其研究方法有所借鉴。概括而论，历史城市地理学是一门具有区域性、综合性和边缘交叉

① 侯仁之：《历史地理学刍议》，《北京大学学报》（自然科学版）1962 年第 1 期，第 73 页。

性的学科。历史城市地理学作为历史地理学的分支学科，其学科属性和研究范畴自然顺应历史地理学学科范畴，从时序上与现代城市地理学接续，从学科属性、研究对象和内容上则应着眼于区域性、综合性，从研究方法上呈现出与相邻或相关专业的融合趋势，研究对象则涵盖了城市地理学的研究内容。

历史城市地理学从学科属性上属于历史地理学的分支学科。从研究对象而论，又是城市科学学科群体系下的一门独立学科。历史地理学是现代地理学的组成部分，历史城市地理学研究历史时期城市的起源、发展、演变及其与地理环境之间的互动关系，以及城市内部空间自身演变的规律，在研究的方法和理论体系上却有着自己独特的、不可替代的学科特征，历史城市地理学从历史唯物主义的观点出发，以历史发展、演变的客观过程和规律为研究重点，注重历史城市的时段发展特征，往往通过对其历史演变中各种要素进行分析，揭示其发展过程中人为活动与地理环境之间的相互关系及其内在规律。

城市是不断发展的，城市发展过程中各种地理空间要素及其相互作用和矛盾运动处于动态发展中，所以“并不存在唯一的历史地理学的信条”①。著名汉学家施坚雅在其著名的《中华帝国晚期的城市》一书的中文版序言中指出：“维持学科的独立性已不那么为人注意。一言以蔽之，学术研究已跨过了学科间的界限，尽管无论中西，专业结构总是起着强化学科界限的作用。”②城市涉及人类社会活动的方方面面，不能脱离自然地理环境而存在，历史城市地理学必将适应历史城市的发展，不断适应学科发展的趋势，也必将随着研究对象不断适应人类社会历史的步伐而显示出强大的生命力。因此，历史城市地理学是一门与时俱进的具有开放性的学科，具有区域性、综合性和多学科交叉的属性。其研究的广度、深度必将不断得到发展，从而使其理论体系更为健全、完善。

---

① 寇·哈瑞斯著，唐晓峰译：《对西方历史地理学的几点看法》，中国地理学会历史地理专业会委员《历史地理》编辑委员会编：《历史地理》第4辑，上海：上海人民出版社，1986年，164页。

② （美）施坚雅主编，叶光庭等译：《中华帝国晚期的城市》中文版序言，北京：中华书局，2000年，第10页。

二、研究内容及其概念界定

侯仁之先生早年曾指出："历史地理学的主要工作，不仅要'复原'过去时代的地理环境，而且还须寻找其发展演变的规律、阐明当前地理环境的形成和特点。这一研究对当前地理科学的进一步发展，有极大关系；同时也直接有助于当前的经济建设。"①这里，侯仁之先生提出了历史地理学研究的对象和任务，体现出侯仁之先生对于历史地理学与地理科学之间的发展关系的概括和使历史地理学研究成果能够经世致用的指导思想。基于这一观点，历史城市地理学以历史时期城市的地理空间实体为研究对象，研究城市的兴起、发展和演变的空间特征及其内在规律，其核心是城市空间的组织形式及其演变规律。

历史城市地理学的学科属性决定了历史城市研究的基本内容离不开地理空间这一实体要素，对于一个具体的历史城市而言，"城市的空间结构是指城市功能区的空间结构，表现为具有某种特定功能的城市物质构成要素，如宫殿、官署、街道、作坊、市场、里坊、学校、园林等在城区的空间位置、要素构成及相互关系"②。这些空间要素之间的作用关系，即城市空间结构正是历史城市这一地域综合体研究的核心内容，应对历史城市空间结构的研究进行综合性的考虑。李孝聪曾指出："中国历史城市的地域结构特征是城市文明在中国历史发展的过程中，适应整个中国社会政治、经济和文化上的种种需要，在自然地理环境和人文环境双重影响下的塑造。所以，对于历史城市的研究应从地貌环境、政治、制度、社会文化等多方面，作长时段、综合性的考虑。"③可以说，对于城市这一区域空间现象的规律的综合性研究包含两个层面的内涵：首先，对历史城市演变中的政治、经济、社会、文化、自然环境等各种因素的空间特征及其作用机理的研究，是综合上述各种因素的空间作用的研究。其次，在各种因素作用下，城市各种空间功能要素的

① 侯仁之：《历史地理学的理论与实践》，上海：上海人民出版社，1979年，第3页。
② 耿占军，赵淑玲主编：《中国历史地理学》，西安：西安地图出版社，2000年，第297页。
③ 李孝聪主编：《唐代地域结构与运作空间》，上海：上海辞书出版社，2003年，第248—249页。

相互关系，是综合各种空间现象的研究。

近代西安城市空间结构研究属于历史城市地理学的研究范畴，主要从不同的空间尺度，即城市地域空间结构、城市内部结构等方面，研究近代百余年（1840—1949年）西安城市空间结构的特征及其近代化演变，以及城市空间结构演变的影响因素和内在机理。

这一时期是一个特殊的历史时期，对于西安乃至全中国都是一个非常重要的转型发展时期，伴随着国家沦为半殖民地半封建国家，同时伴随着民族独立和工业文明的发展，以及外来的经济和军事掠夺，从国家到地方发生了诸多变革，其中包括政治制度、教育体系、近代实业、近代警政、近代生活观念等层面所发生的适应社会发展的改变。因此，对于近代西安城市空间的研究，既涉及对城市空间结构的研究，还涉及典型内陆城市近代化的发展线索。目前，虽然西安历史地理研究成果及相关学术研究较多，但在近代百余年时段的历史研究中，从近代化发展过程中的城市空间结构演变这一视角入手进行的系统研究并不充分，不但研究成果相对较少，而且较为分散、缺乏系统性。所以承前人之研究，填白补缺，发前人所未发是本书的初衷之一。

> 城市地理学就是研究城市空间组织的规律性的学科。按它研究的不同空间尺度，可分为两个基本的研究方向，一是把城市看作区域中的一个点，作为一个整体，研究城市与区域的关系，城市在区域中的分布、移动、城市与城市之间的各种配置关系，研究城市的区位、功能和地域影响，即研究区域中的城市空间组织。二是把城市看作一个面，看作占有一定地表空间的一个地域单位，研究城市内部各种地理特征，它们的分布、组合、过程和相互作用；研究城市内部和外部结构，如土地利用系统、居住与邻里空间、人口移动、城市交通以及中心商务区的发展与变化、城郊关系等等，即研究城市内部的空间组织[①]。

① 白明英：《试析城市地理学的本质、学科性质及其研究范畴》，《山西大学师范学院学报》（哲学社会科学版）1998年第3期，第64页。

城市空间结构一般又称地域结构，主要指城市中各物质要素的空间位置关系及其变化移动中的特点，它是城市发展程度、阶段与过程的空间反映。“城市空间结构是建立在特定经济活动基础上的，担任特定经济功能的城市功能区空间分化，城市不仅存在内部功能分区，而且具有外部的地域结构”[①]。它既是城市各种构成要素和功能组织等因素的综合作用及其在城市地域上的体现[②]，又是城市地域内与各种功能活动相应的地域分异和功能区位在空间上的组合[③]，更是“城市各功能要素的地理分布特征和组合关系”[④]。从城市空间结构层次关系来看，本书对于近代西安城市空间结构的研究，主要包括城市的地域结构及内部结构两个方面。

本书中，作为地理学意义的近代西安城市的空间现象的背后是相应的人类活动与环境、社会结构与价值标准之间的关联，具有物质和非物质双重内涵，即“城市表现为‘地域’空间所反映的社会问题，即城市在规模形态、街道布局、职能组织的配置关系、城市建筑景观与历史文化风貌等城市内部地域结构上的差异特征”，这正是其城市空间演变的规律所在。“城市形态和地域结构含有两重内容。其一指城市的外缘形态，对中国古代社会来说，主要指城墙的轮廓；其二是城市内部的空间结构，即街道布局以及功能建筑的选址和配置”[⑤]。本书秉承了历史地理学学科属性及其研究的理论与方法，以城市空间为研究对象，正是基于对城市地理空间实体演变的研究，进而探讨人类活动的影响及其相互关系，揭示特定历史时期城市空间结构演变及其内在的规律。

总之，本书意在填补上述领域的研究空白。同时，对近代西安城市空间结构的研究从宏观区域着眼，从微观的城市地域功能结构入手，以城市近代化发展为主线，涉及不同层面的城市空间，尤其是城市地域空

① 范瑛：《试论城市空间结构的历史演变》，《天府新论》2001 年第 3 期，第 78 页。

② 于洪俊，宁越敏：《城市地理学概论》，合肥：安徽科学技术出版社，1983 年，第 165 页。

③ 申维丞：《城市地域结构·城市结构》，左大康主编：《现代地理学辞典》，北京：商务印书馆，1990 年，第 683 页。

④ 吴启焰，任东明：《改革开放以来我国城市地域结构演变与持续发展研究——以南京都市区为例》，《地理科学》1999 年第 2 期，第 108 页。

⑤ 李孝聪主编：《唐代地域结构与运作空间》，上海：上海辞书出版社，2003 年，第 249 页。

间结构及其内部空间结构，这是本书研究的主体。同时由于城市空间往往又是城市政治、军事、经济、社会和文化综合因素作用的空间实体，必然涉及人的活动与地理空间的相互关系和相关学科领域。因此，本书选取城市基本功能及其空间结构——城市居住空间作为研究对象，将近代西安城市规划这一直接作用于城市空间结构的人类活动对近代西安空间结构的影响作用及其相互关系作为研究组成部分，从而可以全面地反映出近代西安城市空间结构演变的空间过程及其规律。本书综合各相关学科研究的理论探索，对近代西安城市空间结构的演变进行典型个案城市的实证研究，必然对近代西安城市研究具有一定的理论和实践意义。

三、城市转型及其空间演变

当代西安城市空间结构与近代西安城市空间演变有直接的因袭关系，故对于这一历史阶段城市空间的演变进行城市历史地理学研究是不可或缺的。同时，综观当前关于近代城市的研究，从地域分布来看，主要集中在沿海、沿江的开埠城市，以及东部交通发达、城市基础设施齐全和经济较为发达的城市，这些城市自第一次鸦片战争后相继开放，在被动接受外力作用下率先开始了向工业文明发展的进程，成为近代我国经济发展活跃的地区，城市的产业结构、交通、社会文化、空间结构等诸多方面均有巨大的变化。相比之下，西安深处我国西北内陆，近代百余年间，其经历了从封建社会农业经济背景下的内陆商贸型城市，向以机器生产为主的工业社会的地域中心城市的发展、演变。这一过程游离于近代殖民主义直接控制的势力范围之外，依托传统农业社会的经济基础，其发展的外力作用更多直接或间接来自民族独立发展过程中的各种因素，包括战争因素和政策因素，是我国近代传统型内陆城市发展的典型实例。但往往前者更多地得到学者的关注，并且研究成果较为丰富。相比之下，以近代西安为研究对象的论著相对较少。对于西安而言，虽然其近代百余年的历史发展缓慢，但是正是在这百余年的历史进程中，西安经历了由农业文明向工业文明的转变，是西安非常重要的发展时期，是其历史发展不可割裂的重要阶段，对于研究西安城市自身空间特征及其内在机制，以及对于今后城市的建设和规划决策具有重要的借鉴和参考价值。因此，本书聚焦西安近代历史时期的转型及其重构发展的过程，从个案实证研究出发，不仅能够对近代城市自身的空间结构及发展规律有一个全面的认识，而且也是对近代城市的历史地理学研究领域和方法的一次有益的探索，有助于进一步拓展历史城市地理学研究内容和方法体系。

城市根植于自然环境，作用于自然环境，同时因自然环境的变迁而受其影响。城市所具有的辐射作用使其成为区域中重要的聚集点，并且使其在区域中发挥中心城市的职能。因此对于城市的研究不能孤立地看待，必须从所在区域来衡量城市的职能作用及其在地域中的演变规律。城市空间结构涵盖了城市地域结构与城市内部结构两个方面，城市地域结构主要反映城市与自然环境之间的关系，包括土地的功能，自然环境承载力大小，城市自身与外界的人口、物质、能源、信息等相互关系，以及城市各项功能的地域空间组合与自然地理环境之间的相互关系；城市内部结构包括城市经济、社会、政治、文化、军事等诸多因素及其在城市地域空间作用的直观反映，城市各个功能空间遵循一定的相互关系原理，各种要素通过组织和外力作用达到和谐共处，形成有机整体。因此，对于特定历史时期的城市空间个案研究，从理论研究的实践层面有三层含义：其一，对于近代西安城市空间结构及其演变的实证研究，是对拓展历史城市地理学研究领域和研究成果的有益探索。其二，深入研究城市空间结构的演变特征及其内在机制，从城市自身的发展脉络中探讨其发展的规律，进而为修正历史时期城市建设实践和理论认识中的错误和疏漏提供研究依据。其三，在研究内容和研究深度等方面，笔者试图从微观着手，细致深入地通过个案研究和探讨，在研究方法、思路和拓宽研究视野等方面进行有益的探索。

本书研究对象的选择除了从上述学科角度进行学术立场考虑以外，还要考虑主观方面的原因，这与笔者多年从事的城市规划工作有些渊源。由于城市地理空间实体是城市研究和城市建设实践的最终归宿，城市空间是城市社会、经济、文化等各种要素综合作用的产物，从历史的视角来研究城市空间，来验证历史时期城市空间演变与人类活动之间的互动关系，有助于深层次地理解城市的社会、经济和文化内涵，修正城市规划自身所固有的缺陷，并直接为规划决策提供科学依据，从而使历史地理学“有用于世”的学科宗旨在城市规划和建设管理中发挥现实的指导作用。

四、历史分期及其时空考量

本书研究对象的时段选择主要有三个方面的考量。

首先，考虑研究对象历史发展的阶段性特征，进行合理分期，以便于研究。历史地理学界泰斗侯仁之先生曾经在其著作中提出按照历史发展的客观规律进行分期研究，“历史地理学的研究既然涉及到历史时期，那么就必须按照历史发展的客观规律进行分期，而不以主观愿望任意分割历史。同时，还必须认识到地理条件在社会发展中表现为历史属性，因此自然环境的作用，也是应当按照每个历史阶段来进行评价的。反乎上述的基本原则而进行历史地理的探讨，是没有不陷入歧途的”[①]。近代是第一次鸦片战争（1840 年）至中华人民共和国成立（1949 年）这段时间，已经为学界所共识，对于西安而言，虽然其深处内陆，但是作为西北地区的重要城市，其政治、军事及经济发展也受到了一些间接的影响，而且这些影响具有不可逆性，引发了西安这一内陆城市的近代化进程，因此相对而言，近代百余年是西安历史时期中重要的过渡转型发展时期。从这一历史时期的特殊性的考量上，本书选取近代（1840—1949 年）作为研究的断限主要考虑了以下三点因素。

其一，近代西安城市空间的演变正是从农业文明向工业文明迈进的过渡发展时期，研究这一时期城市空间结构在这一历史遽变的过渡发展阶段的特性及其内在机理，对于审视当今城市建设、发展方向和一些重大建设举措都具有重要的理论和实践价值。

其二，西安作为世界四大古都之一，同时又是我国八大古都之一，

① 侯仁之：《历史地理学的理论与实践》，上海：上海人民出版社，1979 年，第 14—15 页。

其历经周、秦、汉、唐的辉煌历史备受瞩目，相应的研究成果的广度和深度都达到了很高的水准。但是唐末以后，西安退居为西北地区中心城市，其战略地位虽为历代所重视，但相比而言，该阶段的研究成果相对于都城时期的研究不可同日而语，尤其是近代百余年，西安深处内陆，交通阻塞，工业发展相对缓慢，对其近代发展、演变的特征和内在机制的研究往往不受重视，尤其是对于民国时期的城市研究在相当长时期内还有所禁忌，导致这一时期的研究成果相对薄弱。因此，选取这一阶段城市空间结构的演变作为研究对象，正是为了从城市空间这一视角来透视西安近代化历程及其特殊性，以期完善关于西安历史城市地理学的研究成果。

其三，选取近代西安作为研究时段和研究对象，主要是因为在这一历史时期，全国范围内的政治、社会、经济、文化和生态环境均面临着现代工业文明的挑战，而现代工业文明却以西方列强对中国的政治、军事和经济掠夺为开端，使中国沦为半殖民地半封建社会，对于西安自身而言，其工业化发展是相对缓慢的，但是百余年的变化却是巨大的，主要表现在城市内部的经济产业结构与城市空间结构逐渐适应了现代社会发展需求而出现质的改变。因此，选择这一历史时期对于研究和探讨近代西安的近代化演变和发展有着重要的理论和实践意义。

其次，是考虑历史城市地理学研究与现代城市研究在时间上的接续关系。朱士光先生指出："对于历史地理学而言，为了更好地发挥其'有用于世'的作用，也当主动适应制定实施可持续发展战略工作的需要。为此可采取两个措施，第一，将历史地理学研究对象的时间下限延至当今，使之与现代地理学其他分支学科研究之内容在时间上更紧密地衔接；第二，将历史地理学的研究内容由仅复原过去历史时期之环境变迁，延伸到对当前环境变迁动态的评估及对今后环境变迁趋势的预测，并提出防止环境恶化、改善环境质量的对策等方面。"[①]历史地理学研究的下限应该与当代衔接，但以往的研究过于偏重古代，近年虽有所改

① 朱士光：《关于当前加强历史地理学理论建设问题的思考》，《陕西师范大学学报》（哲学社会科学版）1999年第1期，第93—94页。

变，但仍然是一个薄弱环节，所以有学者呼吁历史地理工作者“尤其要注重与经济建设有关的重大课题”，建议“历史地理学研究的历史时代应尽量后移，尤其要加强对明清乃至民国时期历史地理的研究……注意将历史现况与现今状况进行比较，在深入细致研究的基础上找出规律性的东西”[①]。正是基于上述观点，本书旨在从细微处着手，使研究能够深入细致，并且能够与现代西安研究在时间上接续，以便为今后进行更为接近现代西安的研究奠定基础，希望从历史城市地理学的立场来修正城市发展决策中的不科学、不合理成分，以便学以致用。

最后，考虑该历史阶段在西安城市历史发展中的重要性，而相应的研究成果却相对较为薄弱，因此，选择近代西安进行研究在于发前人之所未发，论前人之所未及之内容。

对于近代城市的研究，从近代城市史研究的架构中，隗瀛涛提出了两条线索，即近代城市化和城市近代化，而对于个案城市的研究则宜从城市近代化研究入手。西安在近代百余年的发展中，处于农业文明向工业文明发展的过渡转型阶段，直至中华人民共和国成立，这一过程尚未完成，因此，其工业化发展步伐缓慢。在这一时期，其发展呈现出自身的发展周期，西安工业化发展较快的时期是抗日战争时期，尤其是1934年陇海铁路修通至西安后，西安的交通条件得到了较大改善，近代工业发展有了起色，全面抗战期间民族工业内迁也使西安的工业有了较快的提升，同时，西安为抗日战争后方基地之一，其近代工业在炮火中逐渐发展。但纵观这一历史过程，城市工业发展仍然处于初步阶段，总体规模较小，工业结构不甚合理，工业技术基础薄弱，加之近代西安历经战争摧残，其工业化发展总体上处于较低水平，与同时期沿海、沿江开放城市相比，其城市化进程非常缓慢。因此，西安城市近代化的发展进程更能反映出其本质特征，笔者结合近代西安城市发展的时代特征，以近代化作为本书研究的一条主要线索，揭示城市空间演变的规律及其内在机理。

基于上述讨论，本书从城市空间结构入手，“城市空间结构是指城

---

① 邹逸麟，吴松弟：《重视历史地理学在经济建设中的作用》，《求是》1993年第7期，第32页。

市各功能区的地理位置及其分布特征的组合关系，它是城市功能组织在空间地域上的投影”[①]。城市功能组织中涉及政治、经济、社会和文化等因素作用，“综合比较，地理学禀承其一贯的空间传统，注重分析城市相互作用网络在理性的组织原理下的表达方式——城市结构（urban structure）。因此城市空间结构对地理学者而言是在城市结构的基础上增加了空间维度。地理意义上的城市空间结构分析更多涉及与城市功能活动有关的地域结构变迁”[②]。

因此，对城市空间结构的研究不是对城市地理实体进行简单描述，而是结合历史时期的城市空间属性及其演变特征，揭示在近代化发展过程中，城市空间结构的演变特征及其动力机制。

五、研究方法及其交叉拓展

从城市空间结构的概念认识入手，不是对物质要素的形式进行探讨，而是要对其相应的社会过程、历史内涵及其城市发展因素给出相应的分析和诠释，即遵循研究对象所具有的历时性（时间）和共时性（空间）特征，进一步研究其空间发展的社会、经济、政治文化和建设环境的深层结构。同时，对城市空间结构的特征及影响的研究要对历史发展、地理环境因素、交通运输条件、经济发展与技术进步、社会文化、城市的职能作用及政治军事等因素进行全面剖析，从而探求近代西安城市发展的规律。因此，本书采用以下研究方法。

第一，文献档案与实地踏勘的方法。包括运用方志、档案、环境考古成果、照片等资料，并结合城市空间分析的理论和方法，通过对近代西安城市空间结构演进特征、主要因素及其动力机制进行分析，进而诠释其空间结构的演变特征和规律。

第二，系统研究的方法。关注诸如位置、距离、方向、范围、密度、演替或其他衍生事物等空间要素作为函数的重要变量所构成的空间

① 石崧：《城市空间结构演变的动力机制分析》，《城市规划汇刊》2004年第1期，第50页。
② 石崧：《城市空间结构演变的动力机制分析》，《城市规划汇刊》2004年第1期，第50页。

系统，“凡其中一个或一个以上函数上的重要变量是属于空间方面的，就是一个空间系统”[①]。本书将城市空间视为一个整体系统，采用系统研究的方法，结合现象学、发生学的原则，将城市发展各个层次及各种要素划分为若干子系统，进行分解—整合研究，探讨城市空间演变的属性和时空特征。

第三，地理学分析方法。经过百余年的近代化发展，西安城市空间的外在表征、构成要素、发展的内在机制、空间结构发展的规律，均涉及地理、社会经济、政治文化、城市空间建设等方面的问题。本书以跨学科的研究方法为出发点，对研究对象自身的属性及其发展中各种要素成分的表征和特点进行综合分析。同时，笔者借鉴地理学或相关学科研究的理论成果，并结合近代西安城市发展的实际，在研究方法上注重城市空间的物质属性与社会属性之间的相互关系；在理论研究上注重城市空间与社会结构体系之间的相互作用，利用城市空间结构的分析方法和城市空间结构的解析理解论对西安城市空间结构进行研究。

第四，城市空间分布示意图研究的方法。通过对历史档案和方志史料中的城市分布示意图进行复原和分析，阐明城市空间系统的动态过程，利用示意图符号语言揭示其直观的空间现象与特征，以城市空间发展的共时性分析展现其各个时期的静态特征，并对这些静态的历史断面进行对比，从而体现其发展的历时性过程。

第五，计算机辅助方法。运用计算机技术及计量分析的方法，注重统计分析以求证结论的准确性。采用计算机制图及图形分析的方法理论，使研究成果趋于精准。同时，利用计量分析的方法，使研究成果更具有说服力。

综上所述，笔者从发生学的观点出发，综合运用历史地理学和相关学科的研究方法，从相邻学科之间的内在逻辑关系建构本书逻辑框架，融合了城市地理学、城市经济学、城市社会学、建筑学与城市规划学、

---

① （美）普雷斯顿·詹姆斯，杰弗雷·马丁著，李旭旦译：《地理学思想史》增订本，北京：商务印书馆，1989年，第478页。

景观地理学、景观学、人文地理学等学科的研究方法和理论。同时，采用系统方法对以近代西安为中心的城市空间层次和相应的发展演变要素及其内在机制进行深入和全面的分析研究，揭示西安城市的近代化转型和重构的空间过程及其发展的内在规律。

第一章　城市发育的地理基础和社会经济背景

中华人民共和国成立以前，西安城市历史发展从大的方面可以分为两个时期：一是古代时期，从西周建都至清代中期。二是近代时期，从第一次鸦片战争至中华人民共和国成立。其中，依据古代时期其城市的职能性质可以将其历史发展划分为两个主要阶段，即都城时期和府城时期。近代时期是第一次鸦片战争至中华人民共和国成立的百余年间（1840—1949 年），以辛亥革命为分水岭，又划分为两个阶段，即晚清时期和民国时期。近代是西安城市历史发展的转型时期，这种转型主要表现在两个方面：一方面是随着封建统治的灭亡，国家体制的转型所带来的社会经济条件的变化；另一方面是社会经济形态由以农业经济为主向工业化转变的过程及其引发的一系列相关变化，在西安城市发展中表现为各种城市功能要素的早期近代化过程，或称近代化。民国时期西安的近代工业尚未得到充分发展，其工业的全面起步基于交通方式的转型和交通条件的改善，尤其是陇海铁路的修通。而上升发展时期是在抗日战争全面爆发时期，借助于战时工业内迁及后方的军需生产有所发展，抗日战争结束后，由于战争的破坏和全国经济秩序的重新建立，其工业

发展较之前有较大的滑坡。因此，其社会意识形态、经济产业结构、价值观念和社会生活方式等方面均处于转型发展状态，反映在城市建设发展中，则是从农业社会经济背景下以城市自发组织演替占主导的内在发展，向工业社会经济条件下以城市产业发展占主导的城市空间扩展的演变过程，直至中华人民共和国成立，这一过程仍未完成，所以有明显的转型时期的发展特征，处于近代化发展的初期阶段。

近代的百余年间（1840—1949 年），西安从政体上经历了封建君主制向民主共和政体的转型发展，以辛亥革命为分水岭。首先，清代封建统治面临末路，在西方列强的军事压力、政治扩张、经济被疯狂掠夺的社会经济背景下，一些旧有城市功能因不适应社会的发展而逐渐趋于消失，新的功能逐渐产生，并蕴含城市发展和空间变革的动力，城市处于蓄势待发的状态。其次，民国时期封建统治被推翻，新的民主体制代替了封建君主统治，新生事物不断产生、新的观念逐渐形成，城市中为封建统治服务的一些职能与城市基本生活服务职能和社会经济职能产生的极端不协调因素，在社会转型时期得到了某种程度的遏制。随着现代交通技术的进步，以及机器工业的初步发展，西安逐渐由商贸型经济模式向工业型经济模式转变。因此，从总体上说，晚清至民国时期是近代西安的转型发展时期，具有转型时期城市发展的显著特点。

本章从西安城市及其政区沿革、城市地理基础，以及社会、经济的近代化发展背景等方面阐述这一转型时期上述各个方面的基本条件。

第一节　城市发育的地理基础与区域权衡

近代西安延续了隋唐皇城的建设基础，因而其城市空间发育继承了隋唐都城时期的选址、建设和经营的地理基础，延续了城市都城时期区域空间的权衡过程。因此，在近代百余年的一些特殊的、重大的历史事件中，其作为都城的优势仍然迎合了当时的某种政治需求和区域权衡因素，一度成为封建王朝的临时政治中心和南京国民政府的陪都。这些事件对于西安这一具有悠久历史的城市空间结构的影响是深远的。

一、空间发育的地理基础

今西安市位于黄河流域中部的关中盆地，北纬 33°42′—34°44′30″，东经 107°40′—109°49′。南部和东南部以秦岭山脉主脊为界，与佛坪县、宁陕县、柞水县、洛南县、商州区相邻，西部以黑河之西太白山及青化黄土台塬为界，与太白县、眉县接壤；北部以渭河为界，与扶风县、武功县、兴平市（县级市）及咸阳市的秦都区、渭城区隔河相望；东北部大致以荆山黄土台塬为界，与富平县、三原县、泾阳县毗连；东部以零河和灞源山地为界，与渭南市相接。南北宽约 100 千米，东西长约 204 千米，平面轮廓略呈西南倾向的斜长方形。

境内河流基本属于黄河流域的渭河水系，较大的河流有渭河、泾河、石川河、黑河、涝河、灞河、浐河、沣河、零河等。西安城区位于渭河南岸，渭河南岸支流众多而短小，均源于秦岭山区，多从东南流向西北，河道平均比降大，水流急，泥沙含量小，水利资源比较丰富。市区东有灞河、浐河，西有沣河、涝河，南有潏河、滈河，北有泾河、渭河，素有“八水绕长安”之说。八水与远郊区县的众多河流构成密集的地表水文网系，但由于受气候制约，降水时间分布很不均衡，河流径流量季节性变化明显。

西安位于关中中部，属于北半球暖温带半湿润大陆性季风气候。气候温暖湿润，雨量适中，每年 1 月气温最低，平均气温为-1—3℃，7 月温度最高，平均气温为 23—26℃，是我国夏季高温地区之一。关中平原的无霜期为 200 天左右，西安为 207 天。关中地区的年平均降水量一般为 550—700 毫米，西安为 604.2 毫米，降水主要集中在 7—9 月。西安气候四季分明，冬春两季常出现刮风天气，但是远较我国东部的华北平原少。风速也小得多。该气候条件不仅有利于农作物生长发育，也适于人类生存。加之这里属于黄土地带，土壤肥力较高，易于耕作，农业发达，使关中成为陕西省最重要的粮食产地。

从宏观地理关系看，西安位于关中平原中部，“关中地区是我国经济开发较早的地区，经济比较发达，因而关中曾有“‘天府之国’和‘膏腴’、‘陆海’的称誉，是我国著名的农作区”①。同时，丰富的地表水系和地下水系为西安城市用水提供了便利条件。此外，关中所具有的进可攻、退可守的“四塞之固”“金城千里”的地理优势，不仅使关中地区形成其天然的城市腹地，同时，历代对交通的重视使关中和西安地区与外地的商业、经济保持着密切的联系，东出潼关、函谷关，是关中通往东方的咽喉要道；东南过峣关、蓝关和武关，是关中通往南阳、襄樊的大道；西越陇山沿渭河向西，是关中通往西北的必经之路，关中南部秦岭，通过褒斜道、陈仓道、子午道等通往汉中、四川。因此，自唐末以来，西安沿袭了曾经为都的选址优势，具有“内制外拓”②的地理基础，加之其所具有的农业经济优势条件，使其政治中心可以依托农业经济腹地，成为历代所重视的军事战略要地。

从微观地理条件看，近代西安城市范围集中于关中中部西安小平原③，其四周有山水环绕，南边的终南山，为秦岭最北一支，是其南部的屏障；东边的骊山，乃终南山趋向东北后又折而向西的支脉，犹如一只伸出的臂膀，紧紧地回护着小平原之东缘，形成函谷关之后西安东部的第三道门户。小平原上河流密集，泾、渭环其北，潏、滈绕其南，沣、涝经其西，灞、浐流其东。根据现代水文观测资料，灞河的年平均径流量为6.46亿立方米，浐河为1.88亿立方米，沣河为1.49亿立方米，涝河为2.24亿立方米，滈河为1.19亿立方米，合计为13.26亿立方米。再加上泾、渭两河的部分水量，西安小平原拥有的河川径流量在关中地区是颇为丰富的。西安小平原正处于由该地的自然界域所限定的地理空间范围内。

自古以来，西安所处的区位及其独特的地理环境使其自然地貌极具特色：“实据上游，几终南、屏渭水、带五冈、襟三川，浐灞左缠、滈

---

① 陕西师范大学地理系编：《西安市地理志》，西安：陕西人民出版社，1988年，第6页。

② 侯甬坚：《历史地理学探索》，北京：中国社会科学出版社，2004年，第68页。

③ 朱士光：《汉唐长安地区的宏观地理形势与微观地理特征》，中国古都学会编：《中国古都研究》第二辑，杭州：浙江人民出版社，1986年，第83—95页。

潏右抱；白鹿丰梁护其东，凤栖神禾环其南，金銮铜人关其北；千峰拥玉案以遥迎，两雁夹玄都以近侍；代为帝都，世称天府……秦中之奥区神皋也”[①]，这充分概括了西安原隰相间、八水环绕的黄土台塬与自然水系之间的空间关系。

西安市区位于渭河干流冲积平原发育最为宽广的区域[②]。地貌以冲积平原二级阶地为主，东南嵌入三级阶地，间有古河道洼地分布，总的地势开阔平坦，起伏和缓，城区海拔为400—450米。秦岭山脉在西安城南折向东北与骊山东南丘陵相连，受西安市总体地形东南高、西北低的影响，城市等高线呈西南—东北走向，但坡降平缓。城市中心区域在400—410米与410—420米等高线之间距离均宽达2—3千米，城区西南尤其平坦。

平原地貌上的微缓起伏主要是城区内东北—西南向分布的6条坡梁，它们由历史上渭河及其支流河床摆动及地质运动造就，经千余年城市建设填挖，其局部区域已不甚明显。今西安城所处的唐长安城范围内有东西横亘的6条高坡，在红庙坡与大雁塔之间，被附会成乾之“六爻”，被视为“风水”最好的地方。第一条坡梁位于市区北缘龙首原，大致从市区西北的红庙坡向东，沿自强东路的二马路一线而行，等高线为400—410米；第二条坡梁自城区北城墙一线向土门延伸，大致沿400米等高线东西走向；第三条坡梁沿市中心东、西大街一线，恰好与410米等高线吻合；第四条坡梁从小雁塔折向东北李家村一带；第五条坡梁从大兴善寺、草场坡一线延伸到金花路，大致沿420米等高线而行；第六条坡梁则是从大雁塔折向东北的高地，乐游原和铁炉庙以北高地均属于其范围，属于三级阶地，乐游原及以东高地均达到450米。今明西安城位于“九二、九三”之地，即位于第二条坡梁和第三条坡梁的北部，不仅迎合了“六爻”的卦象，而且从今天的城市地质评价标准看，西安城市主要集中在渭河二级阶地上，的确属于理想的城址基地。

近代西安城处于西安小平原的西安城市地理空间，在近代百余年的

① 康熙《咸宁县志》卷一《星舆形势》，清康熙七年（1668年）刻本。

② 西安市地方志编纂委员会编：《西安市志》第一卷《总类》，西安：西安出版社，1996年，第272页。

历史发展进程中，延续了都城选址的地理基础，适应了农业社会都城选址的需求：城市地势较为平坦，东南高、西北低，其间原隰相间，外围八水环绕，气候宜人，土地肥沃，物产丰富，可谓农业社会理想的城址基地。晚清时期，西安所处的关中地区对外有关隘固守，可以保证军事防御安全，对内有沃野肥土，适宜农业生产，可以保证粮食供给，也同样是一个适应封建君主掌控西北地区的重要战略基地。但随着晚清封建统治的彻底瓦解，基于政治、军事、经济、社会文化及环境变迁等各种因素的作用，城市空间适应社会发展的需求，或破或立，不一而足，同时承载着城市文明的进步和发展，开启了农业文明向工业文明推进的历史步伐，即早期现代化或称近代化的进程，近代工业发展成为城市近代化发展的一个主导因素，而工业发展的开放性需求与原有的适应农业经济社会地理基础的相对封闭的地理空间所具有的优势条件产生了一定的矛盾，在现代工业文明的冲击下，曾经的一些优势逐渐丧失，而作用于城市空间结构演变的地理基础也为新的交通技术及其影响所取代。因此，近代百余年间，西安城市空间发育的地理基础及其对城市空间的作用也随着近代化的进程发生了相应转化，这一转化体现了近代西安城市空间结构演变的地理因素随着近代化的发展所呈现的固有特征及其在空间秩序中的重新定位过程。

二、空间权衡与区域条件

近代西安的城址基于隋唐时期国都定位的“区域空间现象”，往往可以“从全局范围内评价所选都城在区域空间中的特殊位置和区位优势”[①]，这一观念与20世纪80年代加拿大城市史专家吉尔伯特·斯蒂尔特发表的《城市史的地区结构》一文中的见解不谋而合，他认为：“在地区的背景下对城市进行研究是一种系统的研究方法，这种研究的意义在于提供了一种关系基础。这一关系基础并不是反对具体的研究，而是

① 侯甬坚：《历史地理学探索》，北京：中国社会科学出版社，2004年，第365页。

对具体研究的一种补充。”[①]近代西安城市空间发展是城市社会、经济及环境变迁在城市地域中的客观体现，对西安城市空间结构进行近代化研究，应将西安置于更大的范围才能真正客观反映出西安的功能、地位与发展趋向。

近代西安城址位于隋大兴城和唐长安城皇城的基础上，其基址的选定是当时统治阶层为了满足封建统治需求的区域空间权衡的结果，注重政治、军事地理和腹地的农业生产条件，以及粮食储运的交通能力等因素。清代陕西巡抚毕沅在其所著的《关中胜迹图志》卷首中云：“陕省外控新疆，内毗陇蜀，表以终南、太华，带以泾渭、洪河，其中沃野千里，古称天府四塞之区，粤自成周而后，以迄秦、汉、隋、唐，代建国都。”[②]即所谓的“被山带河，四塞为固（汉书），践华为城，因河为池（贾谊过秦论），左据函谷二崤之阻，表以太华、终南之山，右界褒斜龙首之险，带以洪河泾渭之川（班固西都赋），广衍沃野，厥田上上，实惟地之奥区神皋（张衡西京赋）。”[③]这皆表明当时人们对这一地区地理特征的总结和认识不仅着眼于单一的军事要素，而且更看重其厥田上上、物产丰富的优势资源条件。

这些条件在近代城市发展进程中发生了变化，原来适应“内制外拓”“四塞之固”的地理形势，在近代城市发展过程中，由于交通阻塞、经济疲敝，已经不能适应时代的发展，无法满足近代社会生产要素和市场流通的需求。因此，基于古都择址的诸多要素，西安曾作为帝都择址的取向，影响到西安在近代中国社会发展过程中的区域权衡，一是发生在晚清时期的“两宫西狩”，使西安一度成为临时的全国政治中心。二是生在南京国民政府建立后，抗日战争全面爆发之前西安被立为陪都，作为战时全国政治中心的备选之地。这两个重大政治事件是近代西安城市社会发展进程中，帝都择址的空间形便再次发挥了其固有的区位和地理优势。因此，近代西安城市空间的发展首先受到历史时期地理

① Gilbert A. Stelter，A Regional Framework for Urban History，*Urban History Review*，Vol.13，No.3，1985，pp.193-205.

② （清）毕沅撰，张沛校点：《关中胜迹图志》卷首，西安：三秦出版社，2004年，第3页。

③ 民国《续修陕西通志稿》卷五十《兵防七》，民国二十三年（1934年）铅印本。

因素的影响。

清代以来，西安是统治者借以控制西部的重要据点。其“四塞之固”的地理环境曾为历代都城的优选之地，即便退居为西北地区重镇，仍然是西北的政治重镇、军事重镇、文教重镇和商贸重镇[①]。这一进可攻、退可守的据险之地曾为历代统治者所重视，构成了近代西安城市地理基础的特殊性。

三、政治权衡与军事边疆

从西安的城市地位来看，其在政治上是封建统治者所关注的战略要地，是控制西北边疆、加强中央集权的政治重镇。在军事上，西安作为扼制西北、西南和东部地区的重要交通枢纽，具有扼制西北，稳定川、鄂，联通豫、晋的重要军事战略地位；在经济上，西安是沟通西北的皮毛、药材和东南的布匹、茶叶、盐等地区经济贸易的重要集散地。在国都鞭长莫及的地区承担了重要的组织、管理和领导职能。因此，体现出清代“重镇—边疆”的区域空间特征。西安作为西北重镇，在政治、军事与经济、文教等各方面形成了不同的辐射范围，而以军事边疆为确定的基线，其政治边疆因与周边的外部关系而有所外拓或内敛，因此，政治控制范围（行政区划）与军事边疆叠加形成了国都—区域重镇—边疆（军事、政治为重心）的区域管理模式。

尽管军事战略地位突出，但西安的社会、经济发展程度与其所具有的军事优势并不能同日而语，各种条件已经失衡，虽然军事防御地位仍然发挥着重要的作用，但是积贫已久的关中地区经济发展历经劫难，其一度繁盛的农业经济、商品贸易已经无法承担巨额军饷和额外的贡赋。晚清时期，在西方列强的威逼之下，西安社会基础薄弱、经济破败，最终其无法适应社会、经济日益发展的需求。因此，西安自身的政治地位、经济地位往往从属于其军事地位。

---

① 史红帅：《西安“重镇时代”城市地位的再认识——兼论“古城”特色的若干问题》，西安市城乡建设委员会，西安市历史文化名城委员会编：《论西安城市特色》，西安：陕西人民出版社，2006 年，第 131—141 页。

在晚清风雨飘摇的年代，西安的政治地位一度因“两宫西狩”驻跸西安，而有所提升。1900 年 10 月，八国联军攻陷北京，慈禧和光绪皇帝在仓皇之下逃往关中，1901 年 10 月，设行宫于“北院”，文武官员随驾，作为临时的政权中心，已有国都之实。因此，也曾在民间和官员之间引发了迁都之议。从国家政治因素出发，西安作为陪都的倡议在晚清时期一度被提出，西安曾作为都城的优势再度成为人们进行空间权衡的依据。

晚清时期我国积弱积贫，在帝国主义武装威胁下岌岌可危，此时民族矛盾已经上升到首位，引发了爱国志士的思考，而西安曾经拥有的攻防优势又再度进入人们的视野，刘光蕡在其维新主张中就曾提出“迁都备战”。他认为：“中、日一战，情见势绌，各国无不垂涎中国……盖通商口岸，多近水际，其利已为西人所据，余利未尽为外人所夺者，惟湖南、山西及陕、甘。”因此，他建议清政府迁都西安，并提出战备措施。如在渭河建立水师，在河套设立屯田，在潼关筑壕堑等。他曾亲赴潼关勘察地形，并撰写《壕堑私议》《管子内政寄军令说》等文，主张寓兵于农。①这一观点在当时官员中产生了一定影响，甚至在国家交通设施建设方面以迁都主张作为其“建路”与否的依据，提出：

> 都城不迁，建路于引寇招敌之地，虽一寸而不为建。陪都于长安，设路于有利无害之方，虽万里而不惜。武汉为天下枢纽，关中实形胜奥区，若由襄樊、龙驹寨、蓝田安设干路以为经营天下之计，而立循序渐进之基。语其利益，约有数端：无黄河之阻隔，省造桥之钜费，力半功倍，易睹厥成，其利一；秦关百二，前有武、潼之险后有葱岭、天山、嘉峪之固，砺山带河，建瓴天下，其利二；陆地万里，到处关山，敌纵垂涎，势莫能往，虽欲恐吓，计无所施，其利三；沃野千里，兴水利、开屯垦，尽堪足食，既免河运之耗费，又免海运之可虞，其利四；土厚民强，人耐劳苦，劲兵健卒，可备

① 秦晖，韩敏，邵宏谟：《陕西通史·明清卷》，西安：陕西师范大学出版社，1997 年，第 375 页。

折冲，其利五[①]。

与此相对，反对派对此则不以为然，他们承认关中所具有的优势：“陕西居四关之中，向称重险，华阴东四十里为潼关古桃林塞，即苏秦所谓东有崤、函之固是也；商州东一百八十里为武关，亦苏秦所谓秦起两军一军出武关一军下黔中则鄢郢动者也；宝鸡西南五十二里为散关，通秦蜀之噤喉，北得之足以启梁益，南得之足以图关中；镇原西北一百四十里为萧关，襟带西凉咽喉，灵武实扼北面之险。综揽全秦形胜，山川四塞，讵非天府之雄欤！顾当秦汉隋唐之世东南未尽辟治，故根据雍州足以统一中原。”然而，反对派认为：“今则势易时殊，辨方建国重在水陆交通，货财盈阜，不仅恃关山险远而已！陕省在今虽不失为西方巨障，而山童土燥、地瘠人贫、输运艰难、见闻滞狭，加以汉回宿怨历久未消，议者谓可卜作陪都，未免囿于往古之成见矣！”[②]这就可以看出，关中的军事优势已不能掩盖其交通运输等方面已经不能适应近代社会发展的需求，而立国的重要条件“水陆交通、货财盈埠”是关中在晚清时期所不具备的，不仅反映出关中地理条件的历史变迁，也反映了关中与发达地区较大的经济差距，同时也反映出西北地区社会环境的不稳定。

晚清时期西安所处的军事地位尤为重要，虽然设立陪都没有实现，但是在危急关头作为首选之地的潜在优势依然存在。

民国初期，西安成为各方军事力量争夺的焦点，关中的军事战略地位为各方所重视。1931 年九一八事变后，面对日本帝国主义的野蛮入侵，国都南京受到威胁，西安再度成为国民政府偏安一方的重要选择之一。1932 年 1 月 28 日，日本帝国主义在上海发动“一·二八”事变，南京及长江下游各重要市镇有日本军舰到处挑衅。国民政府为安全起见，决定移驻洛阳办公。同年 3 月 5 日中国国民党第四届中央执行委员会第

---

① （清）邵之棠编：《皇朝经世文统编》卷一百一《通论部二》，清光绪二十七年（1901 年）石印本。

② （清）刘锦藻：《清朝续文献通考》卷三百十九《舆地考十五·陕西省》，上海：商务印书馆，1936 年。

二次全体会议决议："长安为陪都，定名为西京"。1934年7月，国民党中央政治会议秘书处致函西京筹备委员会，明确西京应设市并直属于行政院，同时初步确定西京市的区域"东至灞桥，南至终南山，西至沣水，北至渭水"[①]。1945年6月30日，西京筹备委员会停止工作，自陪都建立到裁撤长达13年。1940年9月6日明确重庆为陪都[②]，并列长达近5年的时间，可见西安在抗日战争时期，仍然是国家政治因素权衡下的重要区域中心城市。

近代西安城市在区域空间中的地位是非常重要的，尤其是其扼制西北的重要军事战略地位从未被忽视过，抗日战争时期，在中国军队和日本侵略军的对垒时，西安是阻挡日军渡过黄河的重要前线和军事前沿，保障了中国的半壁河山不受日寇铁蹄的践踏，也保障了后方地区的战时供应，尤其是战时西北国际运输线路的安全。西安所处的关中地区又一次成为军事前沿，潼关、黄河天险在近代战争时期仍然发挥了其地理空间所具有的防御作用。从区域关系看，西安的西北军事重镇地位在晚清时期应对西北的军事威胁中可谓深处腹地，但是在对抗日本侵略的战争中又一次成为军事前沿，这一地位相对于深处西南的陪都重庆而言，依然处于"国都—军事边疆"的区域地位。因此，近代时期，西安作为西北军事重镇的地位和作用随着军事技术的发展和战争对象的不同，往往处于区域权衡中的调控状态，在区域空间的地位也处于不断的调适状态。

四、区域经济与空间扩张

从区域经济发展的角度看，经济空间扩张往往突破政治和军事边疆，其因经济因素的作用而有所变化。虽然政治、军事因素往往对经济空间的扩张具有很大的影响，但是最终对经济空间，即对生产、消费和流通市场产生的影响是经济利益的驱使和经济规律的作用。西安地处内

---

① 西安市档案局，西安市档案馆：《筹建西京陪都档案史料选辑》，西安：西北大学出版社，1994年，第93页。

② 西安市档案局，西安市档案馆：《筹建西京陪都档案史料选辑》，西安：西北大学出版社，1994年，第27页。

陆，产业并不发达，主要以小麦、米、棉花等农业产品为大宗商品，然而作为西北地区的商贸重镇，以西安为中心的关中地域及其辐射范围的形成，更多地表现为以西安为中心的商业贸易活动范围。明清以来，陕西商帮以其特有的经济条件开拓了西北、西南、东南地区的贸易区域市场，西安地区成为兰州的水烟，西北的皮毛、药材，西南的药材、木材，东南的茶叶、布匹等商品的集散地。同时，西安的商业运输借助于交通的便利而得以发展，布匹远销甘肃、青海、新疆；水烟、皮毛远销天津、上海；棉花则销往上海。因此，近代西安城市经济的扩张以商业贸易等流通领域的空间拓展为典型特征，表现为“商贸重镇—贸易边疆”的区域空间模式，这一范围与军事、政治边疆并不完全吻合，而是基于市场的影响范围有所伸缩，往往与商业交通的运输格局息息相关。

近代以西安为中心的商业运输格局自陇海铁路延展至西安后有所改变，1934年陇海铁路延展至西安，从此，西安成为贯通东部沿海和西北地区的交通运输大动脉。在当时特定的历史时期，其成为联通西北羊毛通往苏联的国际线路，也是沟通西南地区的重要交通枢纽。陇海铁路使近代西安潜在的经济地位得到全面提升，也是西安城市近代工业发展的一个重要激发因素。

近代关中作为重要的产棉区，原来由兰州经平绥铁路运出的棉花，现在可从西安借陇海铁路进行运输，使得西安的棉花打包业务得到发展。同时，陇海铁路也满足了西安大量产品进出的工业运输的需求。因此，陇海铁路的修通使西安以贸易为中心的区域经济地位有了新的变化，工厂逐步建立起来，纺织业、化学工业、机械工业等也开始有了新的起步，而工业发展是西安城市近代化的重要表征，是西安地区从以制作茶砖、加工毛皮、印制布匹等手工业生产为主的产业结构，逐渐向工业化发展的重要特征。更为重要的是，陇海铁路的交通功能及其影响，也使以西安为中心的关中地区向沿铁路线城市群初步发展。

综上所述，近代西安的发展基于曾为都城的选址优势，凭借其农业条件、水利条件，以及城市交通和军事防御等条件，在相当长时期内仍然保持着农耕文明时期的发展优势。这一优势在面对近代工业的发展和现代交通技术的进步时，其原来所具有的优势条件也相应从适应农业文明向适应工业文明社会发展需求转变，但这一过程需要相应的资本积累、技术进步、交通条件和资源条件。对于西安而言，近代时期兵燹、灾荒、瘟疫等使地方经济疲敝，缺乏内在的发展动力；而辛亥革命后，北洋政府时期西安为各种军事势力争夺的重要军事战略要地，兵燹不断，直至南京国民政府时期，国民党中央政府依然以国防军事建设为其工作中心，中国国民党第四次全国代表大会的重要决议案（1931 年 11 月）“国家建设初期方案”中提出“建设纲要有三：（一）以国防建设为中心。（二）以假想敌为建设对象。（三）以必要与可能为建设范围。其建设方案亦有三：（一）军事建设。（二）经济建设。（三）教育建设。”[①]故政策层面对于军事建设的倾斜也无疑使经济的发展缺乏外在动因。因此，其作为“西北重镇—军事边疆”的重要核心点及其功能的倾斜，使近代西安在区域空间权衡中失去了发展经济和民族工业的先机，但是在抗日战争时期，西安自身的军事战略地位和凭借潼关黄河天险，使其成为战争后方，刺激了军事工业和军事物资的生产，其工业和城市经济的发展又在战争时期得到一定的发展。

第二节　城市近代化发展的时段特征

从近代西安空间结构发展特征来看，以 1840 年第一次鸦片战争为分水岭，其经历了两个时期，即古代和近代。近代经历了第一次鸦片战争以来机器工业生产要素的不断扩充的艰难发展过程，客观上直至中华人民共和国成立以后，全面的工业化进程才真正开始，并逐步实现了向工业社会的转化过程。因此，自 1840 年至中华人民共和国成立（1949 年），西安经历了由农业社会向工业社会转型发展的重要时期。

---

① 中国第二历史档案馆编：《中华民国史档案资料汇编》第五辑第一编政治（二），南京：江苏古籍出版社，1998 年，第 337 页。

西安在晚清时期至中华人民共和国成立的百余年中（1840—1949年），经历了由前工业社会开始向工业化社会过渡发展的过程，先是在洋务运动与辛亥革命的推动下，开始了近代化的发展步伐，后又受到国内军阀战乱及日本帝国主义侵华战争的破坏，这一发展过程中多次遭受战争的冲击和影响，进展缓慢。城市空间结构既呈现出封建农业社会的文脉特征——封闭、内向及防御的空间特质，又呈现出近代工业发展使城市空间逐渐趋于开放、外向和向具有公共社会生活性质转变的需求，这与农业社会内向型的城市空间结构特点相矛盾。

辛亥革命以后，政治体制的变革对近代西安的发展产生了深远的影响，城市空间结构发生了相应的变化，从一个军事堡垒逐渐拜变成了一个多元化、人性化和生活化的城市，在工业、商业、金融和新闻出版等方面都初步具备了近代城市的功能特点。因此，近代西安城市的发展从时间上以辛亥革命为分水岭，可以分为两个大的阶段，即晚清时期和民国时期。

一、晚清时期（1840—1911 年）

自第一次鸦片战争至辛亥革命爆发，晚清时期的洋务运动、戊戌变法至清末新政，是近代社会变革的主要内容，尤以清末新政的变革力度最大，近代中国社会处于急剧变迁之中，经由内部因素的嬗变及外力的冲击，中国社会结构机制发生了巨大的变化。此种变化，无论是在文化象征、行为准则、价值体系等层面，还是在政治制度、经济结构等层面，均有广泛的表现，即所谓的“变革社会”[①]。全面的社会变革体现在城市空间结构中也是显著和突出的，是西安城市空间结构近代化发展的第一个重要时期，可以分为三个阶段。

第一阶段，第一次鸦片战争至中日甲午战争（1840—1895 年）。洋务运动引发了清政府的改革步伐，西安的近代军事工业开始出现，

① 冯筱才：《1911—1927 年的中国商人与政治：文献批评与理论构建》，《浙江社会科学》2001 年第 6 期，第 50 页。

城市空间结构服从于军事和政治统治的需求，依然呈现出内向、封闭和军事防御的特征。

第一次鸦片战争后，陕西的社会经济受到很大影响，繁重的赋税和军饷负担加之连年的旱灾、冰雹、地震、蝗虫和瘟疫等灾害使人民生活极端困苦。清政府一方面加强地方军事力量督办团练；另一方面加紧征收赋税，开始征收鸦片税，种植罂粟合法化。1858年，陕西又开始在省城征收厘金，后推广至各地。沉重的赋税和腐败统治引起下层群众的强烈不满。在沉重的徭役赋税、兵灾及自然灾害的多重重压下，反对剥削、饥饿、腐败统治的人民起义此起彼伏，对陕西社会经济发展造成了很大的打击。

晚清以来，中国的社会经济结构发生了巨大的变化，而西安地区深处内陆，近代化发展步伐缓慢，近代工业起步相对较晚，但是在西安近代工业发展中，用于军事的机器制造局却率先创设，如陕西机器制造局就是左宗棠为了镇压陕甘回民起义，于同治七年（1868年）创立的。同治十一年（1872年）底，左宗棠行营西迁兰州，大约西安机器局也于此时随迁兰州而发展为兰州制造局[①]。光绪二十一年（1895 年），陕西巡抚张汝梅奏请设立陕西机器制造局于西安，制造军装、枪弹，修理军械。这些都可以看作西安近代军事工业发展的起点，而这种发展是以军事需要为主导因素的。西安近代工业在此阶段的不平衡发展可见一斑。

此外，陕西的维新思想比较活跃。同治十二年（1873），官办味经书院在陕西泾阳创立。著名学者刘光蕡任院长期间，他除了把《资治通鉴》《朱子语类》等书列为学生必修课以外，又以读书致用、转移社会风气为己任，并提出了普及教育的理念，将教育作为富国强兵的根本，起到开读书致用的社会风气和传播先进文化的作用。这种文化教育改革对西安社会经济及文化发展起到重要影响。

此阶段西安城市空间结构呈现出自明清以来由于战争而不断强化的军事防御特征，整个城市由以钟楼为中心形成十字道路结构，城市东北为满城，内为城中城格局，外围则由府城四门形成瓮城和外郭城，强

---

① 王致中，魏丽英：《中国西北社会经济史研究》下册，西安：三秦出版社，1996年，第41页。

化了军事防御的功能。

一些近代化设施逐渐发展，如光绪十六年（1890年）八月西安电报局成立，有两条电报线路：一是东经潼关至太原、保定。二是西经长武、兰州至肃州，这是西安有电报通信的开始。

总之，这一阶段城市空间结构发展受到军事及政治因素的制约，城市由外围的瓮城、城垣，以及内部的南城、满城形成三重城垣结构。城市功能和建设规模与军事堡垒之间从功能、用地规模和政策方面显示出极端的不平衡。在旧有城市空间结构特征的基础上，逐渐形成一些近代城市功能，但以满城为重心的结构保持着清代以来的布局特点。

第二阶段，中日甲午战争至八国联军侵华（1895—1900年）期间。这一时期，帝国主义入侵并企图瓜分中国，封建统治腐化，戊戌变法失败，民族意识觉醒，是一个从思想上为近代发展做准备的重要时期，城市空间结构仍然维持着以军事为重心的特征。

中日甲午战争以《马关条约》的签订而告终，中国面临着空前的民族危机，标志着中国半殖民地地位的基本确立[①]。《马关条约》的签订立即引起举国上下的强烈反响，这一时期维新思想活跃，引发了民族觉醒。清政府改变了过去严加限制的老办法，允许民间设立制造厂，使中国民族工商业有了初步发展的机会。大机器生产较为广泛的使用引起了人们思想意识的明显变化，不但为维新变法和民主革命准备了物质条件，同时也奠定了思想基础。陕西的绅商和士人也积极筹款开办纺织局，并派人到湖北织布局学习技术。

1898年，戊戌变法虽然以失败告终，但是它积极提倡资产阶级新学，努力追求西方先进的政治制度，传播西方的社会政治学说和科学文化，点燃了爱国、民主的火炬，唤起了近代民族意识，促进了中国人民的觉醒，也促进了资产阶级革命的早日到来。这一时期，西安的近代化发展几乎是停滞的，但是维新思想逐渐活跃，开办了官办的秦中书局，购置了西安第一台铅字印刷机；创办了《秦中书局汇报》（月刊）。光绪二十三年（1897年），西安最早的民办报纸《广通报》（半月刊，木

① 张岂之主编：《中国历史·晚清民国卷》，北京：高等教育出版社，2001年，第73页。

刻印刷）创办，转载外省的时论文章和时闻报道，宣传维新思想。此时的城市空间结构没有发生大的变化。

第三阶段，回銮新政以后至辛亥革命，新政推动了晚清时期自上而下适应社会发展的全面改革。

回銮新政在陕西推行是由于义和团运动被中外反动势力镇压之后，清政府为了讨好帝国主义，拉拢资产阶级上层，以巩固自己的反动统治，从而于 1901 年 1 月 29 日在西安发布新政上谕，要求各方大员参酌中西政要，就朝章国政、吏治民生、学校科举、军政财政等方面如何改进慎重斟酌，并限两个月内详细陈奏。上谕中特别指出："世有万古不易之常经，无一成不变之治法，穷变通久，见于大易，损益可知，著于论语。盖不易者，三纲五常，昭然如日星之照世，而可变者，令甲令乙，不妨如琴瑟之改弦"[①]，这就是新政的基本原则。"清末新政是清季最后十年社会全面危机时的适时应势之举，清政府为了应付内外压力，主动地进行了一场规模空前的新政改革，较为全面地开启了现代化的闸门，使传统中国开始发生深刻而不可逆转的变化"[②]。新政在陕西的实施可归结为以下几个方面：

一是在"中学为体，西学为用"的思想指导下开办学堂，派遣留学生。1902 年，陕西巡抚升允在省城考院及崇化书院旧址设立"陕西大学堂"。此后几年内，陕西师范学堂、武备学堂、法政学堂、存古学堂、宏道工业学堂等先后设立。1904 年，陕西开始派遣留学生，选拔官费生、自费生赴日本留学，这些留学生成为辛亥革命新军的骨干力量。

二是改练新军。1901 年 9 月清政府谕令各省"将原有各营严行裁汰，精选若干营，分为常备、续备、巡警等军，一律操习新式枪炮，认真训练，以成劲旅"[③]。改练新军加强了对人民群众反抗清朝统治活动的镇压，同时加重了人民负担。

三是设立洋务局、课吏馆，创办《秦中官报》。客观上为打破思想

---

① （清）沈桐生：《光绪政要》第 26 卷，清宣统元年（1909 年）石印本。

② 李绮：《论地方督抚与清末新政》，《淮阴师范学院学报》（哲学社会科学版）2000 年第 6 期，第 73 页。

③ （清）朱寿朋编，张静庐等校点：《光绪朝东华录》第 4 册，北京：中华书局，1958 年。

上的禁锢和提高官员的素质提供了条件。《辛丑条约》签订后，教会势力增强，各县的教堂也相继建立和增多，为了“事有总汇，责有专归”，1902年陕西设立洋务局，其职责以办理外交事务为主，兼理洋务（如路矿等）。1903年4月，陕西当局奉命设立课吏馆以培养提高在职的中下级官吏，使之通晓吏治兼明西学。1903年9月，陕西当局创办《秦中官报》，客观上传播了一些外界消息，起到了开阔眼界的作用。

四是继办邮政、电报事业。陕西的电报事业较东南沿海地区和一些发达城市晚。1889年，商办西安电报局开业，局址设在梆子市街黄公祠，后移至马坊门开办平挂信函等业务，开辟西安经凤翔至成都、西安经潼关至洛阳及西安至商州三条邮路，还设西安至老河口一线。1903年，陕西邮政管理局在西安成立，地址先在马坊门，后移到东大街。此后各地邮局逐渐增设，各州县都设邮政局，一些重要村镇也逐渐设立代办机构。光绪三十二年（1906年），西安府邮政局开办国际信函业务，西安封闭的通信状况有所改变。

这一时期商业也有所发展，光绪三十一年（1905年），陕西巡抚升允在抚院外甬道左右建造楼房10楹招商开业，即后来南院门的西安第一市场。光绪三十四年（1908年），陕西商务总会成立，宣统元年（1909年），大清银行陕西分行在西安成立。此后，西安又出现惠丰祥、庆丰裕、文盛祥等10家“洋货铺”。

另外，近代工业也迈开新的一步。光绪三十年（1904年），西安知府尹昌龄在北院门开办陕西工艺厂，这是西安首家官办手工纺织工厂。同年，商人邓永达集资银2000两筹设森荣火柴公司，这是西安第一家火柴厂，为城市建设发展注入了新的活力。

光绪三十一年（1905年），陕西官绅奏准由本省自办修筑西（安）潼（关）铁路，以布政使樊增祥为总办。光绪三十五年（1909年），西潼铁路公司获准成立，由借外资修建改为商办。近代交通开始有了第一步发展，显示出交通对城市发展的重要作用已经逐渐受到各个阶层的重视。

这一时期，西安近代工业的生产要素还处于一种初始发展的状态，游离于资本与权力之间，而城市空间结构的发展尚未改变清代以来所形成的城市空间结构特点，但是城市在原有的基础上已经有了新的功能内涵，为城市的近代化发展奠定了基础。

总之，自第一次鸦片战争至辛亥革命前夕，洋务运动和戊戌变法从思想意识方面渐开风气，但对于城市内部空间的影响是有限而分散的。西安城市内部功能的改变主要集中发生在清末新政后的 10 年。这一时期西安有机器局、新式学堂、报馆等代表近代化发展的机构和设施。思想界也渐趋活跃，新闻出版单位大约有 10 余个，报纸种类接近 10 种；与此同时，工业经济发展比较缓慢，1894 年成立陕西机器制造局，1896 年又成立军装局，工业仅有森荣火柴公司和从事手工纺织的官办陕西工艺厂。在新政以后政令的推行下，城市内部功能的空间过程仍处于自我演替的发展状态，缓慢而又缺乏近代工业发展的动力支持。

二、民国时期（1912—1949 年）

辛亥革命以后，中华民国建立，满城被拆除，这是西安城市空间结构近代化发展的开端。民国时期西安的发展分为两个大的阶段。

第一阶段，北洋政府时期，主要是指辛亥革命后至西安围城之役期间。在此期间，西安拆除满城，改变了城郭格局，拓宽了东大街，城市东西大街向外延伸，尤其是东大街与东关的交通通畅，南院门、西大街一带的商业中心与东关的商业贸易中心之间出现了沿东大街发展的趋势，促进了城市东西轴向商业繁荣发展的趋势。但这一发展过程由于1926年围城之役而出现停滞甚至倒退，死难军民 5 万余人，城市人口骤减，经济遭到破坏，围城之后“废宇、颓垣、断桥、残路凑成遗篇，蔓草荒烟”[①]，城市百废待兴。1926 年 11 月 28 日，西安解围，从此西安归国民政府管辖。城市建设和发展从军政时期进入新的历史时期，即训政时期。

第二阶段，南京国民政府时期（1927—1949 年）。1927 年，西

① 《陕西长安市市政建设计划》，陕西省政府建设厅建设汇报编辑处：《建设汇报》第一期，1927 年。

安首次设市，城市管理和建设步入正轨，形成了第一部城市建设规划文件《陕西长安市市政建设计划》，这是城市建设职能逐渐独立并纳入近代管理机制的开始。城市建设的社会经济和发展背景呈现如下阶段性特征。

其一，全面抗战爆发前 10 年（1927—1937 年）是西安城市建设步入正轨的初始时期。因抗日战争形势及固边备战的战略需求，陇海铁路延延伸至西安（1934 年），这是西安近代发展的重大事件，缓慢积累发展的近代工业全面起步；在辛亥革命拆除满城、改变了城郭格局后的 21 年，西安被立为陪都（1932—1945 年），以陪都建设为中心的城市管理和建设职能初步形成，尤其在陇海铁路修通前后，西安近代工业全面起步，工业布局在城市中体现出由分散向集中、以交通为导向的空间过程，这是城市空间适应社会发展的调适时期。

西安近代工业发展的缓慢状态在陇海铁路修通至西安后有了飞跃性发展，直接引发了近代工业的全面起步。铁路改变了工业发展所必需的原材料的运输、劳动力的组织，以及产品的流通条件，扩大了工业和经济贸易发展的影响和效益。从根本上看，陇海铁路的修通是服从战争形势下政令推行的产物，南京国民政府直接关注的陇海铁路修筑文件就有民国十九年（1930 年）十一月十五日中国国民党第三届中央执行委员会第四次全体会议通过的《关于完成陇海铁路案》、民国二十三年（1934 年）一月二十五日中国国民党第四届中央执行委员会第四次全体会议通过的《限期完成西疆铁路案》、民国二十四年（1935 年）十一月五日中国国民党第四届中央执行委员会第六次会议通过的《拟请提前完成陇海铁路西兰段以利交通而固边防案》、民国二十四年（1935 年）十一月十八日中国国民党第五次全国代表大会第三次会议通过的《限期完成陇海铁路案》，以及民国二十六年（1937 年）二月十九日中国国民党第五届中央执行委员会第三次全体会议通过的《赶速修筑宝鸡兰州之间铁路案》等决议案。不可否认，陇海铁路修通至西安是近代西安城市发展的重大事件，因为陇海铁路的修通不仅使西安从传统经济结构向近代工业转变，同时也提升了西安城市在区域中的地位和作用。

其二，全面抗战时期的八年（1937—1945年）以筹备和建设西京陪都为中心，逐渐形成城市建设新理念，这一时期是西安城市近代工业发展进一步深化的阶段，城市工业发展由于日军飞机的轰炸破坏出现了波动。城市规划受到西方规划思想的影响，同时城市规划成为改变城市空间结构最直接的人为因素。

全面抗战初期，国民党政府规划并协助将沿江、沿海的许多工厂迁移到后方。本拟在汉口到宜昌、长沙到衡阳两个区域建立新工业中心，不料战事急剧演变，武汉、广州相继沦陷于敌手，遂不得不对这项计划加以改变。于是，四川、云南、贵州、陕西及湘西成为战时新工业建设地区。工厂内迁客观上促成了西安近代工业的持续发展。

陕西省地处西北内陆，全面抗战前夕，较大的民营工厂只有西安的大华纱厂与两家面粉厂。全面抗战时期中国民族工业内迁，由上海、汉口、无锡、九江、大冶、青岛、许昌、郑州、洛阳、漯河、临颍、大营、观音堂、新绛等地迁往陕西的工厂有机器、纺织、食品、化工等在内的42个企业[①]。使省城西安近代工业发展跨了一大步。

1932年3月7日，国民党中央执行委员会政治会议决议“组织西京筹备委员会”，西京筹备委员会“直属于国民政府”，其“职务系为筹备西京，建设陪都，属技术设计性质”。西京筹备委员会秘书处下设文物组、技术组、总务组。

1934年7月，国民党中央政治会议秘书处明确西京的行政机构为市长及其领导下的城市建设职能部门，包括测量处、土地处、工程处等机构。1934年9月，西京筹备委员会、陕西省政府、全国经济委员会西北办事处联合报经国民政府和行政院批准，成立西京市政建设委员会，“在西京市未成立之前，专办市政建设事宜”[②]。其下设工程处，负责测绘、道路、沟渠、桥梁、公园、市场及一切公共建筑等的工程规划、设计、估价、投标、施工等事项。1934年2月，陇海铁路铺轨至西安，

① 孙果达：《民族工业大迁徙——抗日战争时期民营工厂的内迁》，北京：中国文史出版社，1991年，第251页。

② 西安市档案局，西安市档案馆编：《筹建西京陪都档案史料选辑》，西安：西北大学出版社，1994年，第48页。

尚仁路（今解放路）北端开辟中正门（今解放门），新建西安火车站，并在铁路以北的自强路兴建了铁路作业区和铁路员工住宅区等。

西京筹备委员会（1932年3月—1945年6月）和西京市政建设委员会（1934年9月—1942年）设立期间，本着对“筹备西京，首重测绘”的认识，其自行或委托陕西陆地测绘局、参谋本部航空测量队和参谋本部陆地测绘局，先后测量、编绘、印制西京城关（占地 37 平方千米）1/5000和1/10 000彩色地形图、西京市郊（占地832平方千米）1/10 000彩色地形图、终南山（鄠县沣峪到蓝田辋川共 250 余平方千米）地形图、西京（市郊）胜迹图、关中胜迹图、周陵（约八千米）1/3000 地形图、茂陵和昭陵各所辖全区地形图及所有陪葬之全部地形图。还完成修筑公路纵横共达751里，之后“完粮地亩之测丈”。

1937年3月，西京市政建设委员会拟定了一份纲要性的西京市区计划决议①。1941年，西京市政建设委员会又拟订了一份西京规划。包括西京沿革、市区现况（气象、地形）、公地之所在、使用面积、公共建筑物地点及名称、名胜古迹、人口、保甲村落、现有经济状况、道路交通、市区之分区与公园、市区以外之新市区等，计划中将城市道路分为五等，并对城市用地功能进行调整，西南郊为工业区，中学区设于未央宫遗址，大学区设于东南郊之起伏高地，行政区位于新城内，今后移至南郊新区。郊区新设置住宅区并与小型农村区混合布置。小学、公园、水面、医院、广场、运动场等按各区需要星罗棋布。

这一时期是西安城市近代化进一步深化的时期，城市规划明显受到西方规划思想的影响。1941年，西京市政建设委员会拟订的西京都市计划大纲，将西京市区规划为行政区、商业区、工业区、农业实验区、古迹文化区和风景区 6 个城市功能区。这表明城市建设得到总体控制。

抗日战争后期，日军飞机肆意狂轰滥炸，不仅对城市造成了严重破坏，同时也导致了一些工厂的再次迁移，致使西安的近代工业发展出现

① 西安市档案局，西安市档案馆编：《筹建西京陪都档案史料选辑》，西安：西北大学出版社，1994年，第93页。

了波动。在此期间，由于战时军需的刺激，城市手工纺织业有所发展。城市内部道路逐渐完善，由于陇海铁路修通至西安并继续向西铺设，城市东北隅满城旧址及车站以北地区的工业区得到了初步发展。

其三，抗日战争胜利至中华人民共和国成立，在全世界兴起的城市重建浪潮影响下，西安拟订了新的都市计划，包括道路分区计划与用地分区和发展计划，以及整修钟楼、鼓楼和其四周道路的计划。

1947年3月，西安市政府建设科鉴于道路开辟之后，房屋建筑无所遵循，不利于城市长远发展，借鉴国外都市计划之原则，吸取战时空防之教训，权衡城市“向高空伸展”“向广阔伸展”之利弊，按照“防空第一，康乐第一，城市乡村化，乡村城市化”的原则，拟订了《西安市分区及道路系统计划书》《西安市道路暨分区草图》。这一阶段规划思想上受到西方现代城市规划理论的影响，强调城市绿化环境的建设，同时交通问题得到重视，也注意到古城的价值及保护。其后工业化进程的停滞阻延了西安的发展进程。

近代以来，沦为半殖民地半封建社会的旧中国日趋衰败，深处内陆的西安闭塞落后，经济萧条，城市萎缩。这个时期，西安处于城市近代化发展的一个重要的转型时期。陪都的设立推进了城市建设的步伐，但是，西安陪都地位丧失后，没有继续得到建设和投资，城市工业发展趋于缓慢。而近代城市功能要素渐趋完善，城市空间发展处于逐渐积累上升的趋势。至中华人民共和国成立以前，其近代化的使命远远没有完成，其空间结构较晚清时期农业经济背景下的权力中心结构有着较大的差异：没有从根本上改变权力中心结构的布局特征，但是新的经济因素导致城市商业空间和工业布局在原有城市内部的空间演变，近代工业由最初的分散发展逐渐走向集中发展，数量有所增加，刺激了城市商业发展，表现为新的城市要素的产生，以及旧的城市功能要素的消失和演替过程，城市功能要素已经具备现代城市的基本职能，奠定了其后城市发展的基本结构框架。

总之，近代时期西安为西北重镇，受国家政令层面的影响较其自身的变革更为显著，整体呈现出顺应社会整体发展的态势，城市空间结构服从于中央、地方政令推行下的变革进程。同时，随着教育制度、政治体制等改革，意识形态、生活观念和生活方式等因素都对城市发展产生了一定的影响，从物质层面到精神层面出现了全面的近代化面貌。

第三节　近代城市工业进程及其特征

每一次政治冲击对社会秩序所带来的影响表现在城市空间上则是官方意志的表达方式与程度。近代西安城市空间结构演变的背后，是西安城市发展的近代化过程及其一系列因素的客观作用。但近代化并不仅仅是一个经济问题，“它从来就是一个经济、政治、思想、文化等各种因素综合作用的产物”[①]。西安近代工业起步是以左宗棠为镇压回民起义而创办西安机器局开始的，正如有学者所指出的晚清统治者的目的是“用近代的军事技术和近代的工业生产力维护其封建独裁统治。”[②]近代西安工业的全面发展是以陇海铁路修通至西安后开始的，这是因为交通的发展程度在某种意义上可以说全面规定了社会的内部结构。交通系统的完备程度决定着社会组织的规模和社会结构的形式，交通的发展水平又规定着社会生产的发达程度，交通技术的进步和发展推进了近代西安产业结构的发展过程。

一、近代工业及其时段特征

（一）以近代军械工业的兴办为起点的近代工业（1869—1949年）

西安是陕西近代军事工业和机器工业的策源地，从1869年西安机

① 李文海：《对中国近代化历史进程的一点看法》，《清史研究》1997年第1期，第8页。

② 严立贤：《从洋务运动的官商矛盾看中国近代早期两种现代化模式的滥觞》，中国社会科学院近代史研究所编：《中国社会科学院近代史研究所青年学术论坛（2000年卷）》，北京：社会科学文献出版社，2001年，第111页。

器局创办到 1949 年中华人民共和国成立，西安近代军事工业历时 80 年，经历了清末、北洋政府和南京政府 3 个时期。

晚清时期是西安近代军事工业初创起步时期，1868 年 10 月，陕甘总督左宗棠以西安为据点，开始全力镇压西北回民起义。当时，陕西境内清军兵力增至 120 营，所需军火数量巨大，依靠上海的外国洋行代为购买，“运太难，费太贵”，且“购买亦费周折”“缓急难济”。为此，左宗棠于 1869 年初，奏请清政府拨银 30 余万两，向外国购买机器，从浙江招募工匠，创立了西安机器局，就地生产洋枪、铜弹、火药和开花子弹等，以供军需。随着战争重心西移，左宗棠行营进驻兰州，西安机器局也于 1873 年春迁往兰州。西安机器局规模不大，存在时间也仅有 4 年，但它是陕西历史上最早创立的近代军事工业，是陕西近代机器工业的发端，也是洋务运动中内地省份创办最早的军事工业，影响颇为深远。

1894 年，中日甲午战争爆发后，清政府从陕西紧急调派援军。陕西巡抚鹿传霖以省内枪炮储存无几为由，奏请清政府要求将兰州制造局停办后所存制造军火的全套机器运回陕西，创立陕西省机器制造局。局址选定在西安城内风火洞。1895 年，陕西护理巡抚张汝梅奏准把陕西机器制造局更名为陕西机器局。1894—1909 年该局修厂房、买机器、支付工薪费及生产支出共计用银 36 万多两，主要产品有铜火幅、铜拉火、纱布、硫酸、硝酸、盐酸、铜引信、铜底火、火药、铅丸、指挥刀和修制的各式前后膛炮等。

1905年，陕西火药局成立，局址在西安城内风火洞，当年生产仿洋火药 8 万斤[①]。1911 年 8 月，火药局迁到城东隅火药厂附近。

辛亥革命后的北洋政府时期，西安的军事工业基本上处于停滞状态，没有新的发展。当时，陕西机器制造局仍在原址继续存在，主要从事枪械修理。军阀刘镇华当政时，曾于 1923 年购买了一套制造马克沁机枪和修理枪械的机床，对该厂予以充实。与此同时，刘镇华还筹办过弹药厂和铜元厂，并从德国购买了 83 万元的机器设备，厂址选定在西

① 1 斤=500 克。

安西关外，由德国人设计，外购建材也已到货，但刘镇华在 1925 年“胡憨战争”中失败，将机器献给阎锡山，建厂工程即告终止。

南京国民政府成立后，西安军事工业的规模较前更大。其发展变化可分为以下两个阶段。

第一阶段是抗日战争全面爆发前 10 年。国民党实行“以国防为建设中心”的方案，拟议将西安作为陪都，军事工业有一定程度的发展。其中主要单位有四家：一是宋哲元于 1927 年 11 月将西安北马道巷面粉公司改为兵工厂，有工人 2000 多人，主要生产步枪、手提式机枪和马克沁机枪。二是 1929 年冯玉祥将河南巩县兵工厂部分机器运到西安，扩充陕西机器局。三是 1930 年杨虎城率师回陕，对陕西机器局进行改组，由连仲玉负责。1931 年下半年，杨虎城将冯玉祥时期各路军械所改为 6 个工厂，统归陕西机器局管理。同年，南京国民政府军政部命令将西安的一、二、三厂制造军火的专用机器调往华阴，与潼关、华阴的四、五、六厂合并为华阴兵工厂，此后陕西机器局下设北厂（西安北马道巷）、南厂（西安南马道巷）和二厂（西安梁家牌楼），有工人 1500 多名，机器 200 余台，主要产品有七九步枪、勃朗宁机枪、步枪子弹，并修理枪械等。四是 1932 年陕西机器局局长窦荫山等人集资 12 万元，建立了西安集成三酸厂，为陕西机器局生产子弹及制造硫酸、硝酸、盐酸，最高年产 400 吨，工人最多时有 100 人左右（表 1-1）。

表 1-1　1927—1937 年西安军械工业发展情况一览表

厂名	工厂规模	主要产品	地点	负责人及创办时间	备注
兵工厂	工人 2000 余人	步枪、手提式机枪、马克沁机枪	北马道巷	宋哲元 1927 年 11 月	—
陕西机器局	—	—	—	冯玉祥 1929 年	将河南巩县兵工厂部分机器运至西安，扩充陕西机器局
	—	修补枪械，制造枪支	—	连仲玉 1930 年	—

续表

<table>
<tr><th colspan="2">厂名</th><th>工厂规模</th><th>主要产品</th><th>地点</th><th>负责人及创办时间</th><th>备注</th></tr>
<tr><td rowspan="3">陕西机器局</td><td>北厂</td><td rowspan="3">工人1500余人，机器200余台</td><td rowspan="3">七九步枪、勃朗宁机枪、步枪子弹、修理枪械</td><td>北马道巷</td><td rowspan="3">杨虎城
1931年下半年</td><td rowspan="3">重组冯玉祥时期的各个军械所，并改为6个工厂，西安有一、二、三厂，后与潼关、华阴的四、五、六厂合并，形成三厂共存局面</td></tr>
<tr><td>南厂</td><td>南马道巷</td></tr>
<tr><td>二厂</td><td>梁家牌楼</td></tr>
<tr><td colspan="2">集成三酸厂</td><td>集资12万元，工人最多时有100人左右，产品最高年产400吨</td><td>生产子弹及制造硫酸、硝酸、盐酸</td><td>—</td><td>窦荫山
1932年</td><td>—</td></tr>
</table>

资料来源：王鸿鹰：《西安近代军械工业》，中国人民政治协商会议陕西省西安市委员会文史资料委员会编：《西安文史资料》第19辑，西安：西安出版社，1993年；窦荫三，贺志云，晋震梵：《从西安机器局到陕西机器局（1869—1936）》，中国人民政治协商会议陕西省西安市委员会文史资料委员会编：《西安文史资料》第19辑，西安：西安出版社，1993年

第二阶段是抗日战争全面爆发到中华人民共和国成立前的12年。抗日战争全面爆发后，国民党在西安设立了陕西第一兵工厂、兵工署驻西安办事处。抗日战争胜利后，国民党调整兵工厂布局，主要兵工厂外迁，在西安新设了兵工署储备库、西北林场管理处等单位。西安的军械工业及其相关场所有4处：一是1937年9月，济南兵工厂迁到西安，占用了陕西省机器局北厂厂址。下辖机器厂、枪弹厂、炸弹厂、物资库、检验室等，共有工人、职员、官佐 1173 人，机器设备 400 多部。该厂1938年5月迁往重庆，改为兵工署第三十工厂。二是军政部兵工署驻西安办事处。成立于 1937 年 9 月 3 日，地址为西安柴家什字 31 号，1939年 3 月 1 日奉命改称兵工署驻西北办事处，三是兵工署第四储备库和西北林场管理处，均设在西安。四是陕西省机器局，1938年以后，几经变迁，几次易名，直到 1948 年 8 月又改为兵工厂。1949 年中华人民共和国成立后，西安军管会接收该厂，定名为西安人民机器厂。

（二）陇海铁路修通至西安促成了近代民用机器工业起步（1934—1949年）

晚清至民国初年，西安尚处于以手工业生产为主的商品化初期，规模小、资金少，以手工业为主，“迩来（1917）创立之大小公司，其体制甚备。除延长石油公司之外，有粉面公司、工艺厂、皮革公司、服装公司、木器公司、绩织公司、电灯公司、电话公司、人力车公司、造胰公司、火柴公司等。其中电话虽能通用，而电灯之营业则尚未发达，其他甚或皆昙花一现，久存者少”[①]。经济社会环境也不稳定，各种公司时有倒闭现象。

同时，西方列强将其劣质、低廉的商品大量倾销到西安市场。西安的主要外来货物也以日、英等国的“品劣”而价廉的工业品和药物为大宗，由天津、汉口输入，并进而输出到甘肃等地，“至于西安交易之洋货，则以英日两国出品为多，而以日本货为最，日品多由天津、汉口两处输入，来者多为大阪制造，品质虽劣而式美价贱，故适于需要者之嗜好；药物之输入有仁丹、宝丹、胃散、清快丸、眼药、头痛膏、万今膏、臭虫药等，每年输入额约十五六万两。就中以仁丹为大宗，每年至少亦占全额半数。更由此地远输出于甘肃方面……”[②]。因此在民国初期，西安的工业发展处于资本的原始积累过程中，又受到帝国主义商品的倾轧，其发展的空间是非常有限的。

据民国资料统计，由于陕西省“僻处西北，工业幼稚，加以兵燹之后继以荒旱，地方元气未能恢复，各项小规模之工业虽或有官家之提倡办理以及私人之出资经营者，旋均时兴办而时停顿，至大规模之工业更不能论及矣”[③]。西安的工厂原料来源于郑州、汉口、甘肃一些地区及本地，其所生产的产品主要销往本地，因此从工业的原料产地和产品市场来看，其原料主要来源仅为交通相对通达的邻省武汉和甘肃一些地

① 刘安国编著：《陕西交通挈要》上编，上海：中华书局，1928年，第33—34页。
② 刘安国编著：《陕西交通挈要》上编，上海：中华书局，1928年，第35页。
③ 陕西省建设厅第一科统计股：《陕西建设统计报告》第一期，西安：陕西省政府印刷局，1930年。

区。西安工业以手工业为主，原材料主要来自农业产品，其产品也以服务本地的消费为主，因此，其工业发展未脱离农业社会自然经济的框架，工业和技术革命的影响还非常薄弱。总之，此时西安的工业处于一种缓慢积累和维持生存的落后状态，仍然处于一种自然经济条件下农业与手工业结合的过程当中。

1926年，围城之役后，西安的经济环境逐渐稳定，但随之而来的大旱使建立在农业经济发展基础之上的手工业备受打击。1929年，从全省各项工业统计情形来看，西安乃至陕西的工业发展低迷而缺乏内部动力和外部条件，且均为手工业（表1-2）。

表1-2 1929年陕西省各市（县）工厂一览表

项目		西安市			南郑县		榆林县	朝邑县	澄城县	陇县
厂名		军人实习工厂	制革厂	精业厂	益汉火柴工厂	县立平民过场	惠记毯业工厂	县立平民工厂	县立平民工厂	县立平民工厂
厂址		西安东宪门	西安大油巷	西安中山大街	南郑西后街	县城内十字宫官坊	县城内定慧寺	县城内旧考院	县城内南街	附设建设局内
工业种类		纺织、肥皂、粉笔、印刷	制革作皮件	栽绒、漆木器	火柴	纺织	栽绒	纺织、制粉笔	纺织、栽绒	纺织、栽绒
成立年月		1928年11月	1913年	1917年	1917年	1929年1月	1920年6月	1929年2月	1928年9月	1928年8月
管理人员		厂长张志宽	监督陈克武	经理张子宜	经理郑宗周	厂长况正阳	厂长杨丹初	厂长岳镇东	厂长李文华	经理张和甫
场地面积（亩）		70	20	1	4	5	8	1	2	—
资本总数（万元）		2	5	0.5	7	0.2	0.5	0.118 8	0.06	0.15
原动力		人力	人力	人力	人力	人力	人力	人力	人力	人力
原料	种类	棉花、牛油、漆料、烧碱、石膏	牛、羊、马、各种皮张	各种木料、漆、羊毛	硫化磷英胶玻粉盐酸加里	棉纱	羊绒、棉线	棉纱、染料	棉纱、羊毛	棉纱、羊毛、棉花
	来源	郑州、汉口	本省	本省、甘肃	药品系英国，其他系汉口	本地、汉口	蒙古、山西	本地、郑州	河南省、大荔、洛川	西安、本县

续表

项目			西安市			南郑县		榆林县	朝邑县	澄城县	陇县
出品	种类及每年出数		布匹15 000斤、棉纱15 000斤、毛巾4500打、线袜4500打、肥皂33 000盒	药皮3600张皮件成品（定额未详细计算）	各种漆品770件，栽绒毯、靠垫（定额未计）	火柴500箱	布720板、毛巾360打、线袜子180打	羊毛毯子860块	线袜100打、手巾70打、粉笔700盒	织绒200匹、栽绒800方尺、毛毯250条、毛裤150条	线袜360打、棉布360丈、栽绒360方尺、毛巾1800条
出品	每年出品总值（万元）		3.25	7.2	0.5882	1.8	0.2	1.7	0.02	0.27	0.162
工人状况	人数（个）		391	132	20	400	6	60	21	—	10
工人状况	工资（元）	最高	13	12	8	8	8	7	18	—	10
工人状况	工资（元）	最低	8	5	5	6	6	3	4	—	—
工人状况	工资（元）	平均	12	8.5	6.6	7	7	4	12	—	—
工人状况	工作时间（小时）		8	10	10	9	8	8	8	—	8
销路			西安	西安	西安	本省宝鸡等县	甘肃	蒙古及邻省	本县	本县	本县

资料来源：陕西省建设厅第一科统计股：《陕西建设统计报告》第一期，西安：陕西省政府印刷局，1930年

陕西省僻处西北，从北洋政府结束到西安被定位陪都之前的5年，是西安从围城之战后的破败中逐渐恢复建设的时期，西安城市建设严重缺乏产业发展的外力和社会需求的内力。因此，城市经济处于一个逐渐恢复的转型发展时期，城市建设秩序逐步恢复，城市的管理组织及产业发展处于自适应调整状态。

这种状态一直延续到陇海铁路修达西安以后，总体状况有了一定的改善。除军事工业以外，西安逐步有了面粉工业、纺织工业、化学工业、铁器工业，以及制革、医药等工业。1934年12月，陇海铁路通车西安。由于交通运输条件的改善，外省客商纷纷到西安经商办企业，本地人士也踊跃投资兴办各类企业。西北地区最早最大的纺织厂——大兴纺织公司第二厂（后改名长安大华纺织厂）和规模较大的机械化面粉厂——华峰、成丰两个面粉公司就是在此时期建成投产的。1932—1936年，陕西相继建立了集成三酸厂（西安）、秦丰火柴厂（华县）、华丰面粉股份有限公司（西安）、大兴纺织股份有限公司第二厂（西安）、成丰面粉公司（西安）、西安中南火柴厂（西安）、西安协和火柴公司虢镇分厂（虢镇）等具有近代工业性质的工厂。

此外，西安市的机器铸造业起步较早，大概在陇海铁路西通至潼关、渭南时陆续由河北、山东人投资在西安开设机器铸造铁工厂。1926年，西安的铁器工业均为手工业，当时通称“炉院”，属于小型手工业作坊，从陕西省整个的铁器工业来说，有铁厂的地区是渭南、三原、铜川、白水、宝鸡、凤翔、兴平、汉中、留坝、安康，其他各县虽有炉院，但均不具备铁厂的规模。西安为省城所在地，陇海铁路未通车前就有上海亚东铁厂投资开设的亚力机器铁厂、蚌埠面粉厂、徐州铁厂联合投资经营的义聚泰大型机器铁厂。其后火车通到西安，还相继开设了几个大型机器铁厂，到20世纪40年代西安市已有大、中、小型铁厂132家，除几家大型厂以外，其余均为小型工厂或炉院。西安的4家大型机器铸铁工厂为亚力（后改为中兴）、义聚泰、同发祥、德记，均在1933年前后投入生产，均开设在西大街西段，中型工厂有两家，东大街的华兴厚和西大街的华兴，此外几家小型工厂均分布在城内及四关。4家大型铁厂投资均在三万银圆左右，其经营方式基本相同，拥有的机器及生产的成品和销路均大同而小异①。

西安机器织布工业也在陇海铁路通至西安后发展起来。光绪二十二年（1896年），在陕西学政赵维熙支持下，刘光蕡等人集股筹办陕西保富机器织布局。光绪三十年（1904年），西安知府创设陕西工艺厂之后，不少有识之士先后在西安筹建机器织布纺织工厂。1930年，陕西省建设厅厅长李仪祉，决定在临潼设立官商合办陕西第一纺织厂，后因资金难筹和人事变迁等因素而流产。1934年，陕西地方绅士集资，在西安西门外筹设裕秦纱厂，预筹资本150万元，筹足半数，还从英国、日

① 晋震梵：《义聚泰机器铸造厂与铁器业》，中国人民政治协商会议陕西省西安市委员会文史资料委员会编：《西安文史资料》第19辑《西京近代工业》，西安：西安出版社，1993年，第14—16页。

本、德国预购纺纱机 15 000 台，布机 200 台及锅炉等设备，并已筑墙建房。但因抗日战全面爆发，所购设备未能运到而停办。1935 年石家庄大兴纱厂将部分设备迁到西安，在北郊郭家圪台购地建厂，定名“大兴纺织股份有限公司第二厂”，1936 年 3 月开工生产，它是陕西办成的第一家现代机器纺织工厂。1936 年 7 月，该厂又增加投资，增购设备，扩大生产规模，改名“长安大华纺织厂”。1936 年，该厂实开纱锭 12 000 枚，布机 320 台，拥有资本 100 万元，职工 760 余人。1937 年，该厂又新购设备安装投产，使纱机开到 25 000 台，布机 820 台，资本 350 万元，这就是西安机器纺织工业开始起步的基础[①]。

1935 年底以前，陕西的近代工业虽寥寥无几，但机器工业生产所需要的基础条件已经有了一定的积累，包括劳动力和一些熟练的手工工人，是西安由近代手工业向机器工业发展的一个重要阶段，这一时期机器工业刚刚起步，手工业生产在广大关中腹地仍然占有较大的比重。

据 1936 年陕西省统计资料显示，陕西省内登记在案的工厂共 7 家，已经出现了机器工业生产的厂家，除生产化学三酸原料的集成三酸厂此外，还有 1 家纺织厂、2 家面粉公司和 3 家火柴公司，主要产品是生活必需品和消费品；其中 5 家在西安，宝鸡、华县各有 1 家火柴公司，而宝鸡火柴公司是西安协和火柴公司的一个分厂（表 1-3）。由表 1-3 来看，西安工业发展的类型是以生活必需品和消费品为主，以当地农业产品为原料，主要满足本地市场需求，其生产及产品销售对农业的依赖程度较大。另外，从表 1-3 的工厂数量及产品种类可知，西安乃至陕西全省的工业发展极其缓慢，而西安在工业发展中具有绝对优势。

表 1-3　1935 年底陕西省商营工厂调查统计表

工厂名称	地址	资本		成立时间	产品种类
		性质	总额（万元）		
西安集成三酸厂	西安	股份有限	12	1933 年 2 月	盐酸、硫酸、硝酸
秦昌火柴公司	华县	股份有限	1.5	1933 年	火柴

① 中国人民政治协商会议陕西省西安市委员会文史资料委员会编：《西安文史资料》第 19 辑《西京近代工业》，西安：西安出版社，1993 年，第 57 页。

续表

工厂名称	地址	资本		成立时间	产品种类
		性质	总额（万元）		
华丰面粉股份有限公司	西安	股份有限公司	30	1935年	一、二、三四等面粉及麦麸
大兴纺织股份有限公司第二厂	西安	股份有限公司	150	1936年	粗细棉纱及平斜布
成丰面粉厂西安分厂	西安	股份有限公司	40	1935年	一、二、三、四等面粉及麦麸
西安中南火柴厂股份有限公司	西安	股份有限公司	5	1935年	火柴
西安协和火柴公司虢镇分厂	宝鸡	股份有限公司	1	1932年	火柴

资料来源：《陕西省战前统计资料（1936）》

在1936年的一份对西安的工厂调查资料显示，西安的工厂有24家（包括手工业生产性质的作坊），除了前述工厂中的华丰面粉股份有限公司、成丰面粉厂西安分公司、集成三酸厂外，其他21家工厂均为作坊式的手工生产，其资产小的仅30元，高的也只有3900元，主要产品为生活用品和部分机械产品，主要销往本省，一部分销往甘肃，仅集成三酸厂产品同时销往山西、河南。显然，此时的产业基础非常薄弱，并且以手工生产为主。其中1/4的工厂产品为各种简单机械、原料为铁，其他工厂的生产原料本地均有出产，如棉花、小麦、皮革等（表1-4）。

表1-4　1936年西安工厂情况调查统计一览表

序号	工厂名称	地址	资产（元）	产品	年生产（年使用量）	路贩
1	义聚泰机器铸造厂	西大街	1000	铁锅及各种机械	100吨	陕、甘
2	亚力机器铁厂	西大街	1000	铁锅及各种机械	100吨	陕、甘
3	人和工厂	西大街	300	押花机、压面机	400台	陕、甘
4	广泰铁工厂	西大街	2000	铁锅及各种机械	200吨	陕、甘
5	益民工厂	西大街	150	各种粗机械	100台	陕
6	育德工厂	西大街	200	押花机、压面机	70吨	陕
7	晋泰合织工厂	大麦市街	50	粗布	300匹	陕
8	豫西长工厂	城隍庙巷	30	浴巾	3000打	陕
9	振兴成工厂	东广济街	100	浴巾	3000打	陕

续表

序号	工厂名称	地址	资产（元）	产品	年生产（年使用量）	路贩
10	同义长工厂	第一市场	50	浴巾	4000 打	陕
11	德盛昌	东广济街	500	绸	100 匹	陕
12	福源皮件工厂	院门巷	100	各种皮制品	100 枚	陕
13	新履制革工厂	保吉巷	3900	底皮面皮靴皮制品	800 枚	陕、甘
14	同和硝皮厂	保吉巷	500	赤黑皮	550 枚	陕
15	兴合皮革厂	南广济街	100	提包	500 枚	陕
16	小麦皮件工厂	正学街	50	提皮包	200 张	陕
17	名扬工厂	东关	500	粗布	1000 匹	陕
18	名扬工厂	北大街	500	浴巾、靴子	50 打	陕
19	大丰饼干工厂	骡马市街	200	饼干	10 000 斤	陕
20	丰华面粉股份有限公司	北关外	30 万	麦粉	600 000 袋	陕
21	集成三酸厂	香米园	5 万	硫酸	100 000 磅	陕、甘、豫、晋
				硝酸	2400 磅	
				盐酸	1000 余	
22	成丰面粉厂西安分公司	玉祥门外	30 万	麦粉	70 万袋	陕
23	民生面粉厂	西木头市街	300	麦粉	15 万斤	陕
24	杨记工厂	北广济街	100	浴巾	3000 打	陕

资料来源：《满铁资料汇编·西安工场调查》一一、一四、一五、郑州第三号，昭和十一年（1936 年）

由表 1-4 可知，1936 年，西安的工厂分为两类：一类是在原有手工业基础上发展而来，规模和资金投入较小的手工厂；另一类是新式工厂，采用机器生产，其生产工艺和设备都具有近代工业的特点。这两类工厂主要分布在西大街和城市的西南隅各传统商业中心，其产品主要是以本地农产品为原料的消费品和军需品。

陇海铁路通至西安后，在西安的近代工业逐渐兴起的同时，战争的威胁也接踵而至，1937 年，抗日战争全面爆发以后，日本侵略军占领中国大片领土，沿海的民族工业遭敌人破坏或被敌人占有，西安原来从省外、海外输入的物资，由于交通受阻，来源锐减；南京沦陷后，国民政府迁都重庆，无论是军需品还是民用产品，均需要在后方组织生产和供应，西安更成为军需、民品生产与运输供应的重要枢纽。在此形势下，沦陷区的资金、人员大量流入西安，兴办各类企业，使西安近代工业得到迅猛发展。据不完全统计，在全面抗战期间，西安共兴建各类工业企业79个，据1942年民国档案资料统计，西安商营公司总数为46个，外县33个，西安的厂家占全省厂家的58.23%。其中机器工厂39个，化学工厂8个，医药工厂7个，机器纺织厂8个，机器面粉厂6个，机器制革厂6个，火柴厂1个，机器造纸厂2个，机制烟草厂1个，电力工厂1个。投资总额约为1177万元（法币），其中机器工业和机器纺织业合计占 50%以上，化学、面粉、电力工业各占8%—9%。职工总数约为8200人，其中机器工业和机器纺织业合计占70%以上。企业性质除官办的和官商合办的之外，其余都是私人独资、合资、集资开办的民族资本主义工业①。20世纪40年代初期，西安电气工业有北关各面粉厂、大华纱厂，城关之各铁工厂，约计50余处；另外，手工业，如东关之织布、毛巾、造胰、火柴、造纸、印刷各工厂，计约百数十号。

在此期间，内迁工业促进了西安工业的迅速发展。全面抗战初期，武汉地区的民营工厂内迁时，工矿调整处一则为了加快内迁速度，避免内迁地点过于集中。二则因为陕西汉中地区盛产棉花与小麦，而且较为安全，因此命令武汉当地的一些纱厂与面粉厂迁往陕西。

从1938年8月31日起，从武汉迁往陕西的民营工厂开始陆续分批出发。工厂内迁前后历时3年多，到1940年才基本结束。其迁移的先后顺序，首先为“国防上即可利用者”，其次为“现在民生必需者”，再次为“不属以上两种而可藉培植工业中心者”，最后才是“保全资源免资敌用者”②。主要物资有：申新四厂的20 400 枚纱锭、500 台织布机及印染布匹的全套设备；福新第正面粉厂的12部大型钢磨与3000千瓦的发电机一组；福新、甚昌新、东华和隆昌 4 家染织厂的全套设备；震

---

① 西安市地方志编纂委员会编：《西安市志》第三卷《经济卷（上）》，西安：西安出版社，2003年，第87页。

② 中国第二历史档案馆：《抗战时期工厂内迁史料选辑（一）》，《民国档案》1987 年第 2 期；朱英，石柏林：《近代中国经济政策演变史稿》，武汉：湖北人民出版社，1998年，第476页。

寰纱厂的 16 000 枚纱锭，湖北官纱局与官布局的 20 000 枚纱锭、200 台织布机；民康药厂制造药棉和纱布的设备，此外还有成功织袜厂等 14 家工厂因机件不多，联合起来迁移。据统计，到 1940 年底，经国民政府促助内迁的工厂共约 450 家，机件共重约 12 万吨，其中钢铁工业机件重 37 242 吨，机械工业机件重 18 578 吨，化学工业机件重 9756 吨，煤矿业机件重 7457 吨，电力及电气工业机件重 5375 吨，纺织工业机件重 3226 吨，其他工业机件重 5842 吨，随各工厂内迁的技术工人总人数为 12 080 人。由于内迁时间过晚，行动十分匆忙，一些内迁工厂在起运时受到不同程度的损失。但客观上对西安的工业发展起到了重要的促进作用。

按行业数统计，各行业所占内迁工厂总家数的比例分别为：机械工业 40.4%，化学工业 12.5%，纺织工业 21.65%，钢铁工业 0.24%，电气工业 6.47%，矿业 1.78%，饮食加工业 4.71%，教育文化用品工业（包括事业单位）8.26%，其他工业 3.99%。内迁工厂分布的地域以四川为最多，计 254 家；湖南次之，为 121 家；广西 28 家；陕西 27 家；云南、贵州等省共 23 家[①]。但孙果达认为，全面抗战期间从各地迁往陕西的民营工厂有 42 家，具体情况见表 1-5。

表 1-5　迁往陕西的民营工厂一览表

类别	厂名	原设地点	负责人	前往地点	主要产品	备注
机器业	西北制造厂	太原	张书田	陕南	各种机床	部分机件前往川北
	洪顺机器厂	汉阳	周文轩	陕中[②]	机器配件	—
	成通铁工厂	济南	苗海南	陕中	织机配件	—
	华兴铁工厂	河南孟县	李宏寰	陕中	机器配件	—
	申新纱厂铁工部	汉口	李国伟	陕中	织机修配	—
	吕方记铁器厂	汉口	吕方根	陕中	—	出租机器
	光华机器厂	郑州	—	陕中	—	并入农本局
	利用五金厂	上海	沈鸿	陕北	各种机床	迁入陕甘宁

① 朱英，石柏林：《近代中国经济政策演变史稿》，武汉：湖北人民出版社，1998 年，第 477 页。
② 原文为陕中，但笔者据上下文分析，应是关中。

续表

类别	厂名	原设地点	负责人	前往地点	主要产品	备注
纺织业	申新四厂	汉口	李国伟	陕中	棉纱	分设陕、渝两厂
	震寰纱厂	武昌	刘笃生	陕中	棉纱	机器租给西安大华纱厂与重庆裕华纱厂
	成通纱厂	济南	苗海南	陕中	棉纱	后改组为益大机器厂
	湖北官纱厂	武昌	刘光兴	陕中	棉纱	部分机器租给申新纱厂
	东华染厂	汉口	陈福穆	陕中	—	—
	善昌新染厂	汉口	陈养甫	陕中	—	—
	昌隆染厂	汉口	倪麒时	陕中	—	—
	同济轧花厂	汉口	晏清祥	陕中	—	—
	成功袜厂	汉口	成秋芳	陕中	袜子	—
	德记布厂	汉口	李伯平	陕中	棉布	并入工业合作协会
	义泰布厂	汉口	鲍子英	陕中	棉布	并入工业合作协会
	正大布厂	汉口	—	陕中	棉布	并入工业合作协会
	同泰布厂	汉口	—	陕中	棉布	并入工业合作协会
	必茂布厂	汉口	—	陕中	棉布	并入工业合作协会
	协布厂	汉口	—	陕中	棉布	并入工业合作协会
	协昌布厂	汉口	—	陕中	棉布	并入工业合作协会
	豫中打包厂	郑州	金颂陶	陕中	—	—
	全盛隆弹花棉厂	郑州	孙令斋	陕中	—	改组为隆安弹花厂
	业精纺织公司	山西新绛	王瑞基	陕中	棉布	—
食品业	福新面粉厂	汉口	李国伟	陕中	面粉	分设陕、渝两厂
	大通打蛋厂	河南临颍	姚君	陕中	—	并入蔡家坡纱厂

续表

类别	厂名	原设地点	负责人	前往地点	主要产品	备注
食品业	大新面粉厂	河南漯河	杨靖宇	陕中	面粉	—
	农丰公司豆粉厂	郑州	明德	陕中	—	并入蔡家坡纱厂
	和合面粉厂	许昌	孔子杰	陕中	面粉	—
	三泰面粉厂	许昌	徐滋叔	陕中	面粉	—
	同兴面粉厂	青岛	徐宏志	陕中	面粉	后改组为象丰面粉厂
	仁生东制油厂	青岛	徐伯铭	陕中	—	—
化工业	泰昌火柴公司	山西绛县	段连岑	陕中	火柴	—
	民康实业公司药棉厂	汉口	华迩英	陕中	药棉、纱布	内迁机器分设陕、渝两厂
	德记药棉厂	汉口	李仲平	陕中	药棉、纱布	后改名为汉光药棉厂
其他	大营电灯厂	河南大营	—	陕中	—	并入华兴铁工厂
	通俗印刷厂	郑州	孟紫萍	陕中	—	—
	华兴卷烟厂	洛阳	—	陕中	卷烟	—
	民生煤矿	河南观音堂	张伯英	陕南	—	—

资料来源：孙果达：《民族工业大迁徙——抗日战争时期民营工厂的内迁》，北京：中国文史出版社，1991年，第249—251页

据1941年工业调查显示，各企业拥有动力设备78台，各种机械加工设备672台，纱锭3万枚，织布机905台[①]。各企业所需的原材料，如生铁、熟铁、钢、颜料、香料、烤胶等主要依赖进口；小麦、棉花、棉纱、食盐、硫黄、皮张、木材等基本上在陕西采购，少量为西安自产或在邻近各省采购。各企业生产的工业产品主要有棉纱、棉布、针织品、面粉、皮革、皮件、皮鞋、火柴、西药、香烟、纸张、肥皂、硫酸、盐酸、硝酸、枪支弹药、印刷机械、造纸机械、机砖、机瓦等，基本上都在西安和陕西销售，少量产品（如棉布）销往西北各省。产品质量较好的企业有西京机器厂（原陕西机器制造局）和大华纺织厂。盈利最多的

① 陕西省银行经济研究室：《西京市工业调查》，西安：秦岭出版公司，1940年。

是大华纺织厂，该厂1939年盈利470万元，相当于当时陕西省财政收入的1/5。

这一阶段手工业仍有较大发展，据1940年工业调查统计，全市手工业有23个行业，1270多户，从业人员9490人。同时还出现手工业合作社这一新型组织形式。据统计，1942年有26个手工业合作社，主要产品有布匹、服装、铁器、木器、竹器、铜器、针篦、雨伞、皮件和部分军需品（表1-6）。

表1-6　1942年底陕西省商营公司分类统计表

工业类别	工厂个数（个）			资本（万元）
	西安市	外县	共计	
火柴业	2	3	5	407.5
面粉业	3	2	5	210
煤矿业	—	17	17	279.1
制革业	3	—	3	75
电料五金业	3	—	3	16.3
信托业	4	—	4	725
纺织业	3	2	5	372.4
食品业	3	—	3	11
钟表业	2	—	2	11.5
纸烟业	2	—	2	150
土货业	3	4	7	181.2
造纸业	3	1	4	270
机器业	4	1	5	132
制药业	2	—	2	130
其他产业	10	2	12	1254
总计	47	32	79	4225

资料来源：《陕西省立案商营公司分类统计表》，1942年

20世纪40年代中期，陕西全省工业发展情况已较前大有提高，

“统计全省工厂现有162家，西京即有64家，占全省1/3强。各工厂分布情形，西京64厂，宝鸡9厂，泾阳7厂，鄜县7厂，南郑6厂，同官、宜川、宁强、岐山各5厂，咸阳4厂，渭南、三原、城固、华阴各3厂，耀县、武功、镇巴、兴平、榆林、留坝、略阳各2厂，白水、凤翔、周至等19县各1厂，此全省工厂之总资本为40 053 030元，由上分布情形观之，陕省工业，当以关中区为第一，汉中区次之，陕北区最少，此皆由政治经济交通等条件所致”①。据民国档案资料统计，截至1943年5月，西安的工厂已达132家，占全省厂家总数的53.44%（表1-7）。

表1-7　1943年经济部核准陕西登记工厂分类统计表中在西安的厂家统计

工业类别	在陕工程总数（个）	在西安情况统计	
		在西安工厂总数（个）	所占比例（%）
面粉业	10	4	40
机器铁工业	57	41	71.93
纺织业	106	44	41.51
制革业	14	9	64.29
化学业	15	12	80
酒精业	4	—	—
打包业	2	—	—
火柴业	2	2	50
水泥业	2	—	—
造纸业	4	2	50
玻璃业	3	3	100
印刷业	4	4	100
制油业	3	1	33.33
瓷器业	3	—	—
其他产业	18	10	55.56
总计	247	132	53.44

资料来源：陕西省建设厅：《经济部核准陕西省登记工厂分类统计总表》，卷宗号：72-2-1180，西安：陕西省档案局

① 中国人民政治协商会议陕西省西安市委员会文史资料委员会编：《西安文史资料》第19辑《西京近代工业》，西安：西安出版社，1993年，第190页。

据民国时期档案统计资料记载，“查陕西工业向极落后，自抗战以来，各工业工厂多行内迁”，在西安建厂，于短时期内“次第完成，开工复业”。有资料表明在短时期内工厂数量发展很快，“本省各种工厂增加……多在省垣与宝鸡各地。据陕西省建设厅三十四年登记工厂统计：纺织业161家，机器铁工厂42家，化学工厂16家，面粉厂13家，制车厂11家，造纸厂6家，酒精厂5家，制油厂5家，印刷厂4家，火柴厂3家，玻璃厂3家，打包厂3家，水泥2家，瓷器2家，其他为19家”①。

全面抗战前陕西省工厂有72家，至1943年，已增至247家，这一数字仅“就经济部核准登记而言，其未经登记者不在内”。全面抗战前工厂资本总额为1813万元，动力总和为1290马力，而在1943年的统计中，资本总额已达6933万元，动力总和为6969马力，较前提高了近3倍（表1-8）。

表1-8　1943年经济部核准陕西省登记工厂分类统计总表

产业	战前情形			现在情形		
	工厂数量（个）	资本（万元）	功率（马力）	工程数量（个）	资本（万元）	功率（马力）
面粉业	2	88	7	10	639	622
机器铁工业	3	296	88	57	772	611
纺织业	50	1238	1004	106	3437	3641
制革业	11	63	63	14	118	27
化学业	2	68	68	15	285	172
酒精业	—	—	—	4	650	94
包业	1	50	50	2	100	478
火柴业	3	10	10	2	84	275
水泥业	—	—	—	2	320	740

① 中国人民政治协商会议陕西省西安市委员会文史资料委员会编：《西安文史资料》第19辑《西京近代工业》，西安：西安出版社，1993年，第194页。

续表

产业	战前情形			现在情形		
	工厂数量（个）	资本（万元）	功率（马力）	工程数量（个）	资本（万元）	功率（马力）
造纸业	—	—	—	4	172	79
玻璃业	—	—	—	3	7	—
印制业	—	—	—	4	104	135
制造业	—	—	—	3	30	10
瓷器	—	—	—	3	15	—
其他产业	—	—	—	18	200	85
总计	72	1813	1290	247	6933	6969

资料来源：陕西省建设厅：《一九四三年经济部核准陕西省登记工厂分类统计表》，卷宗号：72-2-1180，陕西省档案局

由于战争对物资的需求，西安手工纺织工厂也有较大发展，至1945年初“本市手工业纺织工厂共计三百余家，每年出布达十数万匹，即以本市而论，有军布厂 46 家，平价布厂 68 家，每厂平均有 15 部织机，率皆为高阳式与日本之石丸式二种，织机二十文纱之机器，每月可出布 24 匹，十六支纱之机器，月出 26 匹左右。据此计算则本市手工纺织工厂每月可出布35 000匹至40 000匹之间，于民用军需裨益极大，陕西省手工业纺织工厂促进会，近为推进业务扩大生产起见，拟筹集资金300 万元，设立模范工厂，其次拟筹办各厂消费合作社，同时并设立纺织事业传习所”①。可见，手工纺织业的发展也促进了西安工业的进一步发展，并不断扩大其影响。

随着抗日战争的推进，其潜在的战争威胁随着日本军队向中国腹地的深入而逐渐显露。抗日战争期间，日军曾先后多次对西安进行轰炸，一些重要工厂和设施遭到严重破坏。据不完全统计，日军飞机轰炸至少有 13 次，其中轰炸地点包括大华纱厂（先后 3 次）、西京电厂、火车

① 中国人民政治协商会议陕西省西安市委员会文史资料委员会编：《西安文史资料》第 19 辑《西京近代工业》，西安：西安出版社，1993 年，第 192 页

站、东大街闹市区（8次）和西安郊外等地[①]，大华纱厂遭到彻底破坏。1942年以后，日军占领山西省、河南省，直抵晋、陕、豫3省交界的风陵渡，与中国军队在潼关隔黄河对峙，西安成为日军进攻和空袭的目标。在此形势下，新的投资者望而却步，正生产的企业也出现人心恐慌，经营困难，从而逐步向陇海铁路、川陕公路、西兰公路沿线的中小城镇转移。这一时期，西安新建的工业企业仅有利民米厂、福豫面粉公司等少数工厂，而外迁和倒闭的工业企业数则大大超过新建企业数。据统计，1943年底，全市共减少21户企业，约占原有企业的30%。手工业者有不少外流或外迁，手工业日趋衰落[②]。

抗日战争胜利后，外地工业品和外国商品大量涌入西安，西安本地方工业在竞争中处于劣势，生产愈加衰退。不久国民党政府发动内战，西安成为国民党军队包围和进攻陕北解放区的前沿阵地；除军需品生产畸形发展以外，其他工业均不景气，加之交通受阻，物价飞涨，临近中华人民共和国成立时一些资本家或抽走资金外逃，或运走设备，或关厂停产，西安本地工业奄奄一息。大量手工业者也流散各地谋生。

据1948年西安市政府统计室的调查，当时西安共有工业企业69个，其中棉纺织厂6个，印刷厂16个，面粉厂和机器厂各9个，火柴厂6个，碾米厂7个，肥皂厂5个，玻璃厂4个，卷烟厂3个，翻砂、三酸、毛纺、染织各1个。全部工人总数为6817人，其中棉纺织工人3714人，占工人总数的54.1%（表1-9）。

表1-9　1948年西安市工业调查表

行业	企业数量（个）	功率（马力）	产品	月平均产量	职工人数（个）	其中	
						职员（个）	工人（个）
翻砂业	1	—	铁锅	155口	6	—	6
玻璃业	4	—	器皿	21.89万件	163	34	129
卷烟业	3	13	纸烟	130箱	182	56	126

① 西安市地方志编纂委员会编：《西安市志》第一卷《总类》，西安：西安出版社，1996年，第104—111页。

② 西安市地方志编纂委员会编：《西安市志》第三卷《经济类（上）》，西安：西安出版社，2003年，第87—88页。

续表

行业	企业数量（个）	功率（马力）	产品	月平均产量	职工人数（个）	其中	
						职员（个）	工人（个）
碾米业	7	84	机米	1.58 万袋	168	60	108
面粉业	9	3486	面粉	22.79 万袋	973	257	716
三酸业	1	22.5	硝硫盐酸	3600 磅	86	16	70
肥皂业	5	13.5	肥皂	4.95 万条	119	45	74
机器业	9	86.5	机器	51 部	344	62	282
毛纺业	1	20	毛织品	450 件	158	22	136
印刷业	16	—	表册账本	4798 万张	335	84	251
染织业	1	40	染色布	3750 匹	112	22	90
火柴业	6	56	火柴	3632 箱	457	71	386
棉纺业	6	1127	纱	1.29 万件	3714	204	3510
			布	2.12 万匹			

资料来源：西安市地方志编纂委员会编：《西安市志》第三卷《经济类（上）》，西安：西安出版社，2003 年，第 87—88 页

总体上，这一时期西安经济十分落后，主要以农业为主，生产力水平低下，人民生活困苦，生产总值极其有限。至 1949 年生产总值只有 1.89 亿元（按当年现行价格计算，下同）。其中第一产业占 60.32%，第二产业占 17.99%，第三产业占 21.69%。第一产业内部（由总产值计算，以下如遇产业内部结构分析，均同），种植业占 90.76%，林业占 0.58%，牧业占 7%，副业占 1.66%，渔业很小，几乎不占比例；第二产业内部，轻工业中主要是手工业，占 93.86%，重工业占 6.14%，其产业结构尚未完善。西安仍然是以农业种植业为主的农业型经济和商业服务型城市，其工业格局则以轻工业为主，而手工业占绝大多数，依然徘徊于近代产业格局转型发展的初级阶段。

近代西安的工业发轫于军事工业，但在清末，以西安为中心的关中地区乃至陕西省的机器工业长期处于停滞状态，处于一种缓慢积累的发展状态。在自然经济条件下，手工业生产在实现农业手工业品的商品价值、推动商业贸易的发展与促进市场繁荣等方面，具有重要的作用。由于交通阻塞，西安与外界的能源和信息交往的通路不畅，外来资金投入十分有限，在陇海铁路通至潼关以前，手工业生产是实现城市社会经济基础积累的一个重要途径，但这种积累过程过于缓慢，没有直接促成西安近代工业由内而外发展。

以西安为中心的关中腹地以农业经济为主，在地区经济社会中发挥着重要的中心城市的作用，但因处于外部闭塞的环境，内部道路交通状况和路面质量也非常低下，因此，在陇海铁路修通到西安之前，近代西安地区产业结构的发展从近代军事工业起步，由以自然经济与手工业结合的传统手工业占主导地位发展成为近现代机器工业生产与传统手工业生产并存的二元格局，生产逐步向近代机器工业生产方式转变，近代西安工业化发展过程，即近代机器工业比重逐渐提高的过程，而以城市为中心的经济产业的近代化进程中，西安以其地理区位和城市集约发展的优势，成为二元结构中近代工业在城市地域集结的大本营，其中心城市的工业生产职能逐渐得到强化，在作为农产品集散地的同时，也逐渐成为以棉纺织工业、面粉工业生产为主的轻工业产品生产地和对外运输的集散地，以及手工皮革生产和集散中心，城市在地域中工业经济中心职能的加强，是实现西安突出军事战略为主导的西北重镇向近代西北经济中心职能逐步加强的重要阶段，体现了西安城市近代化转型发展的又一重要特征。

（三）近代西安城市产业发展的时段及其特征

近代西安城市产业发展的时段按照阶段性的特征分为四个阶段。

其一，近代工业初始时期，首先发轫于军事工业，这一阶段以西安机器制造局为标志，是西安近代产业的起点。同时民用工业以手工业为主体，从自给自足的自然经济向商品化方向迈进，由于战争和灾荒等影响，西安工业发展较慢，不能满足人口增长的需要，同时无法与外来商品竞争，只能在缓慢发展中积累资金与技术力量，这是近代西安机器工业发展的酝酿阶段，该阶段城市产业以传统手工业为主。

其二，近代民用机器工业的起步，以陇海铁路修通至潼关为契机，逐渐有了机器铁厂（1926 年），随着陇海铁路延展至西安，机器织布业开始设立并投入生产（1936 年）。而军事工业虽然早在 1869 年就已创办，围城战役之后又于 1927 年创办军工厂，也对这一时期形成西安近

代机器工业的规模起到一定的促进作用。同时全面抗日战争一触即发的时候，西安作为陪都，加之西北开发声浪日高，西安被投资商看好。在陇海铁路西延至西安的前后，陪都建立了机器纺织工业、机器面粉工业、铁器工业及化学工业等，使传统手工业占主导的产业结构有所改变。

其三，近代工业持续发展阶段，抗日战争时期西安机器工业和手工业发展有两个方面的因素：一方面民族工业内迁，促进了西安近代工业发展的步伐；另一方面西安作为抗战的大后方，在缺乏外援的情况下，许多军需订单和大量涌入的战争移民，给西安近代工业的发展提供了一个少有的战时发展机会。民族工业内迁使近代机器工业在城市产业结构中所占比重有较大提高。但战争在客观上也制约了机器工业发展，反而促使手工业得到了一定的发展，两者之间此消彼长。

其四，抗日战争后期，西安遭到日机轰炸，因此一些工厂外迁，打击了西安的机器工业，西安不再具有战争后方的优势，同时陪都撤销，国家建设方向投入的战略转移，都是西安经济发展的不良因素。后来，货币贬值和金融秩序混乱使西安近代经济产业原本脆弱的结构和表面的繁荣受到极大打击。

总之，近代西安产业具有二元结构的特点。一方面，近代机器工业逐渐发展，在产业结构中所占比例逐渐上升，打击了竞争型手工业，如纺织业的发展，但战争时期机器工业受到严重制约而生产能力下降并趋于萎缩时，手工纺织业又替代了其不足，因军需生产而有所发展；另一方面，新式手工业发展的同时，非竞争型传统手工业依然保持了一定的发展潜力，以小额资金和传统手工作坊式的生产方式推动了近代产业的发展。

二、二元产业及其结构特征

近代西安城市工业—传统手工业的二元产业结构体现在两个方面：一是近代工业在西安的集中及传统手工业和近代工业在西安周边地域的分散布局。二是西安城市内部手工业与近代机器工业各占一头的分化和在城市内部空间扩散的现象。

以西安为中心的关中近代工业的发展远较陕北、陕南地区发展为快，关中的民用工业类型主要有三种：一是本地原有手工业。二是陇海铁路修通以后形成的一些机器工业。三是战争因素所致外来迁入的工业。上述工业以机器生产为标志，分为近代机器工业与传统手工业两种主要类型。

西安近代工业发轫于军事工业，而以本地区的手工业发展优势为其重要基础。在以西安为中心的关中腹地，农业历来较为发达，其粮棉生产为手工业发展提供了充足的原材料，从而促进了以纺织和面粉工业为先驱的近代工业的发展，有力地促进了自然经济向商品经济的转型，进而为西安近代工业做了资金、技术、人员及外部环境等方面的准备，随着交通、原材料及市场等近代工业要素的不断成型，以西安为中心的关中腹地，逐渐形成了具有近代工业性质的经济秩序和产业结构，尤其是陇海铁路通达西安之后，其近代工业发展逐渐步入正轨。

西安近代工业以纺织与面粉工业率先发展为标志，对关中腹地的农业原材料生产具有较大的依赖性，同时技术、生产机器也依靠外来输入，近代以轻工业为主导的纺织与面粉工业等发展在区域经济结构中尚属于新生事物。陇海铁路修通前，近代西安虽然是挽毂西北的交通枢纽，但落后的交通状况又使西安无法吸引外部的投资和增强地域经济发展的活力，在相当长的时期内，西安的工业发展处于自然经济与农业经济相结合的家庭手工业状态，仅有很少部分手工业产品进入市场，但是这也是农业地域中商品的主要来源之一。

陕西关中盛产棉花，是西北各省中棉纺织业较为发达的省份，但陕西地处内陆，新式工业非常落后，其棉布、毛布纺织主要以手工业为主，全省各县甚为普遍，多由家庭中妇女任之，其出品不事精巧，唯以坚朴相尚，其生产量有限，劳力费时，经济效益低下，“泾渭流域宜于植棉，而八百里间曾无一新式巨大之纺织工厂，以容纳此原料而衣被西北”[①]。

陇海铁路修通后，西安近代工业此时开始有了起步，陇海铁路在激

① 张其钧，李玉林编著：《陕西省人文地理志》，《资源委员会季刊》1942年第1期，第45页。

发了西安近代工业发展的同时，也促进了外来商品的倾销，对西安本来脆弱的经济产业结构造成了很大的冲击。陇海铁路修通之前，陕西虽为产棉区域，但纺织业并不发达。其土布、土纱的产量较多的有兴平、醴泉、乾县、渭南、三原、泾阳、郃阳、高陵、咸阳、韩城、宝鸡等地，“率皆为农村妇女利用农暇而纺织者”①。陇海铁路修通至西安后，外路洋布逐渐输入，价廉物美，土布遂大受打击。“近年以洋布之倾销，此种土布工业遂大形衰退”②。

近代工业在区域经济产业中的比例有所增加。至全面抗战时期民族工业内迁，西安的纺织、机器、食品、化工工业迅速聚集，仅内迁的民族工业达 42 家，近代工业初具规模。

西安区域近代工业产业在二元化结构中不断发展的过程中，其空间布局也有了新的发展。一方面，近代工业在西安聚集；另一方面，传统工业则基于对原材料的依赖性，分散布局于关中地区各县。

陇海铁路延展至西安之前，陕西的工业发展依附于农业生产的原材料产地，以手工业为主，呈现地域分布的特征，总体上分为关中、陕南、陕北 3 个地域，陕南有陶瓷器（南郑出产最多）、五金制品（以铁器、金银器为最盛，多产自汉中一带）、丝织（南郑）、纸业（以皮纸、毛边纸产量为最多，产地多在汉中一带）。陕北榆林一带为羊毛驼毛之产区，盛产地毯、产褥毯（府谷、保安、白河、榆林），也有蜡烛（延长石油官厂）等。关中则集中了酿酒（凤翔、凤县）、丝织（凤翔）、棉织（长安、凤翔）、烟草（凤翔）、淀粉（长安）、罐头（长安）、蜡烛（长安）、火柴（长安）、皮革（长安）等以手工业为主的各类产业③，具体见表 1-10。

表 1-10　20 世纪 30 年代中期陕西省各类工业情况一览表

序号	工业类别	年产量	总价值	主要产品	主要产地
1	酿酒	809 万余斤	923 000 余元	烧酒（年产约 477 万余斤）	凤翔产酒最佳，凤县次之

① 张其钧，李玉林编著：《陕西省人文地理志》，《资源委员会季刊》1942 年第 1 期，第 45 页。
② 张其钧，李玉林编著：《陕西省人文地理志》，《资源委员会季刊》1942 年第 1 期，第 45 页。
③ 张照宇：《开发西北实业计划》，北平：著者书店，1934 年，第 307 页。

续表

序号	工业类别	年产量	总价值	主要产品	主要产地
2	丝织	—	33 万余元	丝绸	凤翔、南郑
	棉织	—	50 万余元	国布大布、毛巾	长安凤翔
	毛织	—	14 万余元	产褥毯、地毯	长安、凤翔、府谷、保安、白河、榆林
3	烟草	—	1 356 000 余元	水烟、旱烟	凤翔
4	淀粉	200 206 万余斤	80 244 000 余元	麦粉、豆粉为最多	长安有小规模磨面机厂一处，其他多用牲畜磨面
5	罐头食物	—	12 038 000 余元	各种食品，饼干、肉类	—
6	蜡烛	10 800 余斤	—	—	长安设有蜡烛工厂，出品不佳，延长石油官厂，也制造蜡烛
7	火柴	—	6161 万余元	—	制造厂设于长安
8	纸业	—	54 600 余元	皮纸毛边纸产量为最多	产地多在汉中一带
9	皮革	—	356 万余元		长安设有皮革公司，民营居多
10	工业药品	187 万余斤	186 000 余元	以硫黄及石膏制品为最多	—
11	陶瓷器	—	653 000 余元		南郑出产最多
12	五金制品	—	810 000 余元	铁器、金银器为最盛	多产自汉中一带
13	其他	—	413 000 余元	香类、笔墨类、革制器为多	—

资料来源：张照宇：《开发西北实业计划》，北平：著者书店，1934 年

陕西传统手工业主要有棉织、毛织、丝织、制裘、皮革、制毡、制磁、造纸等产业。抗日战争对西安机器工业发展产生了很大的影响，西安近代传统手工业经历了陇海铁路前的稳态发展时期；陇海铁路修通后机器产品的倾销使手工业遭受到巨大的打击；但全面抗日战争期间，由于物资短缺，其机器工业发展受到影响而出现滑坡，但是战时军需用品的需求，又刺激了其近代传统纺织工业的发展。

全面抗战以后，外来洋布即渐断绝，而自织布也日渐减少。因民用及大量军用品需求，加之布匹缺乏，陕西土布重新抬头，不过已“由纯粹的家庭手工业，渐进为工场手工业罢了。目前如西安、咸

阳、宝鸡等地工场的手工业，都是以铁机为中心，在技术及纺织方面，均较家庭手工业为进步了"[①]。小型棉织（也有毛织）工厂，乃应运而兴，"全省计有手工工厂约九百余家，共约有石丸式及高阳式织机一万架左右"。"近年以来，由于民纱之购买不易，而军布需要日增，乃大部承织军布。""其余织机多购买民纱自行织布，买于附近市场，近以纱源断路，多相继停工"[②]。

陕西省手工纺织原不及河南省之发达，"自敌寇侵占我华北，陕西乃成为我后方唯一之产棉区，且因军装民服之迫切需求，手工纺织厂之生产，几如雨后春笋，遍地皆是"[③]，"陕省机户零星，散在各处之农村纺织副业，尚无法统计外，凡略且工厂规模。而处在各重要城市的织布工厂，为数不下五百余家，平均每厂具石丸式或高阳式织机十二部，五百余家即共有织机六千余部。每机每日产布以一匹计，每月能产布十八万匹，较之大华、甲新、咸阳等机器联合所产之布，多出数倍，其贡献于抗战以来之军需民用者，诚非浅鲜"。唯此项手工纺织业，零散分布在各处，素乏整个组织，其技术及管理方面，从未有彻底加以研究改进者，且因受统治的影响，前途渺茫[④]。而纱厂情况为，除各大纱厂以外，尚无小型纱厂的设立，仅农村妇女利用农暇之余，以旧式手车纺织，平均每人每日可纺八支粗纱六两，以之织成土布，售于陕、甘、青各地。宝鸡之阳平镇、三原之大成镇，均为土纱、土布集散市场。

西北畜牧业发达，因而兽皮产量较多，但制革工业并不发达，有制革工业的仅有陕、甘、宁、青和新疆少数地方。在陕西为西安、榆林、肤施、大荔 4 处，其主要业务为硝皮，制皮箱、皮包、皮鞋等。随着西安交通等外部条件的改善，其制革业有了较大发展，同州皮货以其制晒及雕琢之技术较他处精良而著名。"陕西制裘一业，以大荔为盛，大荔为旧同州府治，西北各省所产羊皮，皆集中于此。硝制成裘，质轻毛

---

① 邬翰芳编著：《西北经济地理》，1944 年，第 34 页。

② 张其钧，李玉林编著：《陕西省人文地理志》，《资源委员会季刊》1942 年第 1 期，第 45 页。

③ 彭泽益编：《中国近代手工业史资料（1840—1949）》第四卷，北京：生活·读书·新知三联书店，1957 年，第 313 页。

④ 彭泽益编：《中国近代手工业史资料（1840—1949）》第四卷，北京：生活·读书·新知三联书店，1957 年，第 313 页。

软，遐迩闻名，年产约十万张左右，营业达七八十万元。”“大荔昔为同州，皮业很盛”，经大荔的洛水及蒲城的南乡所产的硝，适于硝皮之用，故硝皮多集中在这个地方，今因销路不畅，已大非昔比”[①]。

总体上，陕北的皮革以皮料为主，而关中的皮革以皮革产品为主，如肤施、定边等县年出虎豹狼狐等皮料，即马鞍驼件等物，每年总产值六七万元。长安皮革、皮鞋、皮带、马鞍等出品年值五万余元。乾县、渭南县等年出皮绳两万余斤，值一万余元，蒲城淳化年出皮料六万余元[②]。比较而言，西安已经形成了生产各类皮革制品的企业，比各县的分散生产更具有竞争力，导致其他各县的皮革业“因不能和西安的制革业竞争，大半都停业了”。

陕北各县羊毛产量较多，所以毛纺织业以陕北较为发达。其中最盛的为榆林、府谷、神木、安塞、肤施、中部等地，出品均以毛毡为多。陕西关中各县也经营毛纺工业。制毡及制毯业则以长安、白水、扶风、横山、三原、榆林、耀县等地所出织绒彩毡、栽绒毯、毛口袋等为主，“（年）总值约十四五万元，其中犹以榆林之制毯业为最盛，榆林全城计有地毯厂大小三十余家，共有工人两千左右，某日出地毯两千方尺，制造不用机器，仅大小木架数床，而出品坚固美观，不亚平津各厂之出品”[③]。

蚕桑陕西南部出产，陕西关中、陕南各县的丝织品仅有项帕与纺绸两种，织绸之业在民国元年（1912年）至民国七八年（1918—1919年）间甚盛，长安县内计有坊房 30 余家，每家每月织绸百余匹，计每年可织绸 30 000 余匹，每匹价二十四五元，可获银 60 余万元。民国七八年（1918—1919 年）至民国十四五年（1925—1926 年），则减少至 20 余家，每家月织 50 余匹，每年共织 12 000 余匹，仅获银 20 余万元。民国十四五年（1925—1926 年）至陇海铁路修通至西安前后，则减少至八九家，每家月织 30 余匹，每年共织 2400 余匹，仅可售银 40 000 余元。织绸之法与乡间妇女织布之法相同，置经线于大木机上，织时终日整坐机

① 邬翰芳编著：《西北经济地理》，1944 年，第 32—33 页。
② 张其钧，李玉林编著：《陕西省人文地理志》，《资源委员会季刊》1942 年第 1 期，第 45 页。
③ 邬翰芳编著：《西北经济地理》， 1944 年，第 32—33 页。

上，一丝一缕，梭以纬线而成[②]。据现代实业志载，陕西蚕丝的生产每年共有 61 138 000 000 余斤，除向川、甘两省输出以外，其余供本地消费。陕西的蚕丝纺织各县均有，尤以南郑、安康、洋县等地为发达。除陕南各县以外，关中、陕北也有经营蚕丝纺织的。例如，西安、韩城、青涧、商县等地，均有织绸小工厂，不过家数很少，产量也微小。以上各地的蚕丝纺织均是旧式木机，幅宽约 1 尺余长[①]。

陕西的同官处于产煤地区，因此煤矿的副产品磁土资源丰富，同官的磁业，在宋即已出名，而同官黄堡镇的出品，其式样彩色都较为出色，收藏家称之为宋磁。陕西磁业除同官以外，尚有白水、澄城、长安、蒲城、咸阳、雒南、商县、南郑、镇安等地，均有小规模的磁业。而同官则以县属之陈留村一带及白水县各乡镇间为佳，白水县所出磁盆、磁瓮、砂锅最佳，同官陈留村则以磁碗著名，耀州磁仅产砂锅一种，且出品远逊白水县之砂锅[②]。

陕西的制纸业最著名的有镇巴、西乡、长安、蒲城、凤翔、商县、宁羌等县。陕西西乡、蒲城等县产量较高，南郑、商县、镇安、长安各县也有出产。陕西的制油业以植物油生产为主，油厂设备很简单，仅备大小磨各一个，炒锅一口及木榨一具而已，多为家庭手工制作。凤翔、岐山、澄城诸县酿酒业甚盛，凤酒尤其有名。西北民族有饮酒的生活习惯，所以制酒工业较为普遍。陕西制酒原料为本地生产的高粱、大麦及豌豆，凤翔最为出名，主要生产烧酒和米酒。“在抗战前，凤酒除推行陕省外，更可沿陇海路销至青岛、上海等处。陕西除凤翔外，其余各地亦有制烧酒米酒的”。此外还有制造火柴、肥皂之类。

总体上，关中地区手工业数量和分布较为密集，其中纺织业、皮革业主要集中在西安，而其他如羊毛纺织、手工制纸业、手工制磁业、手工制酒业、丝麻纺织、手工制油业等，分散布局在陕西各地。这些手工业中除制酒业和羊毛纺织业主要外销以外，其他主要供应陕西省内消费，体现出农业经济自给自足的封闭性特征。以纺织和制革为主的手工

---

① 邬翰芳编著：《西北经济地理》，1944 年，第 32—33 页。

② 张其钧，李玉林编著：《陕西省人文地理志》，《资源委员会季刊》1942 年第 1 期，第 46 页。

业与西安近代工业构成了这一时期的二元产业结构。

三、工业发展及其产业格局

近代西安在陇海铁路修通之前，农业经济较为发达，绝大部分人口从事农业，生产力水平很低，以自给自足的小农经济为主，没有大规模的农业商品生产基地，以县治为依托的手工业和集市贸易在区域经济中较为活跃，并在一定程度上起着组织区域商品生产和流通的作用，呈现出传统社会的产业格局特征。

随着陇海铁路向西延至西安，近代产业逐步产生，在民族工业内迁之后，其得到了迅速的发展，逐步向以近代工业为主的工业化结构转变，形成以纺织、机器、食品、化工为主的近代产业结构。同时交通运输业不够发达，经济发展的外部环境非常不利于工业的集聚发展，城市布局呈现出分散的状态，城市之间经济联系松散，近代城市产业体系尚未形成。总体上，区域产业格局处于工业化发展的初级阶段。

在这一过程中，近代机器工业与传统手工业出现了此消彼长的态势，形成两种生长过程。

第一，具有竞争性的近代工业和传统工业之间的消长过程。

以纺织业为例，一方面，机器纺织工业在陇海铁路修通之后逐渐发展，外来商品的倾销使本地手工纺织业受到很大打击；另一方面，战争因素导致大的机器工业生产因原材料等短缺而关闭、破产或萎缩，但手工业在军需生产中得到了一定的发展。然而这种发展的动力并非来自其自身的生产技术改造或者生产效率的提高，因此，这种表面繁荣在战争结束之后必然回落，并跌入新的低谷。另外，基于区域经济布局的区位优势，西安在区域中的地理位置、交通枢纽，以及社会、经济和文化中心的地位，使其具有优先发展的优势。

第二，非竞争性传统工业在自我发展空间中，凭借原材料产地、环境及手工工艺的优势而逐渐发展，受销售、市场需求及战争局势的影响而波动。

在这一此消彼长的过程中，以陇海铁路的修通和民族工业的内迁为

两次契机，前者使近代机器工业逐渐发展，后者使其数量迅速扩大。总体上，至1949年这一此消彼长的局势并未有大的改观。

陕甘调查统计表明，在陇海铁路通达西安之前，陕西的“‘现代工业’则更谈不到，所有工业十之九仍系古老的工业的方法，与旧式的工业生产品而已”[①]。陕甘调查列举了14项陕西的工业，包括酿酒业、织物业、烟草业、罐头业、蜡烛业、火柴业、造纸业、皮革业、工业药品、陶器业、金属品业等（表1-11）。从地理空间来看，其主要分布在关中，而关中以长安、凤翔、凤县、咸阳为手工业分布较为集中的城市，其中以长安（西安）为最，其分布主要沿陇海铁路沿线；陕南以南郑、汉中为中心，依赖四川省、武汉市的交通优势；陕北以榆林、府谷、延长、保安、白河等为集中分布的城市，一方面接近其产品原料产地；另一方面位于陕西南北交通主干线上。因此，陕西工业的区域布局与其地理区位特征、条件有极大的关系。

表1-11　1935年陕西各地工业年产值统计表

工业类别	出品种类	每年产品价值（元）	出产地
酿酒业	白米酒	923 000	凤翔、凤县
绢织业	缎、绢、纺	330 000	凤翔、南郑
棉织业	爱国布、大布、毛巾	50 000	长安、凤翔
毛织业	绒、缎	140 000	长安、凤县、府谷、保安、白河、榆林
烟草业	水烟、叶烟	1 350 000	凤翔
淀粉业	面粉、豆粉	80 200 000	长安
罐头业	食料、肉类、饼干	12 000 000	长安
制蜡业	蜡	—	长安、延长
火柴业	火柴	66 000 000	长安、南郑
造纸业	造纸业	546 000	汉中、凤翔、咸阳
皮革业	羊皮纸、粉莲纸	3560 000	长安
工业药品业	硫黄、石膏	186 000	—
陶器业	陶器	652 000	南郑
金属制品业	铁制品、金银制品	810 000	汉中

资料来源：陈言：《陕甘调查记（上）》，1936年

关中地区以丰富的农业、手工业以及其他物产资源与外界进行交

① 陈言：《陕甘调查记（上）》，1936年，第118页。

换，并基于西安与关中地区其他城市产业发展的历史，形成了以关中为核心的包括工业、手工业、矿业、农业（种植业）等在内的城市产业体系，在这个地域内，各个城市借助自身的资源优势和交通优势在关中地区承担着各自的产业职能。

近代城市产业的分布呈现出由产业类型导致的差异性，陕西近代工业主要集中于西安，传统工业分布于西安与其他各个传统产业生产地。由于特殊的地理空间特征，关中形成了沿渭河为主干的东西交通发展趋势，沿渭河的陆路和铁路交通轴线也制约了西安产业发展的空间格局。近代西安区域产业空间结构的主要特征体现在工业类型不同而导致的布局特征，一是由于工业产品的市场竞争而产生的分散、孤立的布局特征。二是中心城市的服务功能加强了其他城市与中心城市的联系，具有单极化发展的趋势。这一空间格局中，西安作为西北地区的中心城市，从工业经济发展和区域交通的中心地位，以及地域的外部经济作用来看，其综合职能作用有了很大提高。

第四节　“西安府”到“西安市”

西安具有悠久的建城历史，近代百余年西安从一个封建社会统治下的府城，成为具有近代意义的城市建置，经历了由体制变革而引发的相应的城市管理机构、城市范围、城市行政建置等一系列变化；而适应这种变革的同时，城市的行政建置、管理形式及城市性质、职能发生了诸多变化，是近代西安城市转型发展时期的一个显著特点，尤其体现在设市建置及城市各个时期城市范围的变迁方面。

一、今城与今名沿革

在西安自西周为都至今长达 3000 多年的城市营建历史中，为都时

间长达1133年（表1-12），其间城址几经变迁，西周以丰、镐为都，秦以咸阳为都，汉以长安为都，至隋唐时期移至今址。今天的西安内城区为明城区范围，即唐皇城所在，即所谓的长安新城。唐末以后，西安不再为都，历五代、北宋、金、元、明、清，随着长江流域经济发展，中国政治、经济、文化中心东移，西安退居为区域中心城市。五代、北宋、金时期，西安称京兆府，元世祖至元十六年（1279年）改称安西路，后称奉元路，西安城则称奉元城。明太祖洪武二年（1369年）改称西安府，清代沿用此名。

表1-12　西安城市发展及变迁情况一览

朝代	性质	城市	地点	起止时间	历时（年）
西周	都城	丰镐	西安市西南郊	公元前1046—前771年	275
秦	都城	栎阳	西安阎良区武屯镇	公元前383—前350年	178
		咸阳	咸阳、西安西北郊	公元前349—前206年	
西汉	都城	栎阳	西安阎良区武屯镇	公元前205—前200年	5
汉	都城	长安城	西安西北郊	公元前200—8年	214
新	都城	汉长安城	西安西北郊	8—23年	15
东汉献帝初	都城	汉长安城	西安西北郊	190—196年	7
西晋愍帝	都城	汉长安城	西安西北郊	312—316年	5
前赵	都城	汉长安城	西安西北郊	319—329年	11
前秦	都城	汉长安城	西安西北郊	351—385年	35
后秦	都城	汉长安城	西安西北郊	386—417年	32
西魏	都城	汉长安城	西安西北郊	534—556年	23
北周	都城	汉长安城	西安西北郊	557—581年	25
隋	都城	隋大兴城	西安市区	581—618年	37
唐	都城	唐长安城	西安市区	618—904年	271
五代、宋金	府城	新城	旧明城区	至明初	—
元	府城	奉元城	旧明城区	—	—
明	府城	西安城	今明城区范围	1370—1378年扩大新城	—
清	府城	西安府	今明城区范围		—
民国	省会	西安西京	今明城及其东北区	1911—1949年	—

资料来源：西安市城建系统编纂委员会编：《西安市城建系统志》，内部资料，2000年

明代城址是在唐代皇城基础上建设的，明代又经拓筑而延续至今。唐末战乱，唐都长安遭到毁灭性破坏。佑国军节度使韩建不得不放弃已成废墟的外郭城和宫城，以皇城为基础缩建长安城。缩建后的新城实测东西宽2820.3米，南北长1843.6米，周长9327.8米，面积约为5.2平方千米，仅相当于唐长安城的1/16[①]。城池虽小，但是紧凑坚固，全城共五座城门。城内有官府、学校、市肆、寺观、民居等一系列建筑，布局不太规整。城外建筑很少，除东边的万年（大年）和西边的长安（大安）县以外，没有新的设置。唐代建筑保存下来的只有小雁塔和大雁塔。五代、北宋、金、元代仍然维持这一城市规模，直到明朝才对西安城进行了拓筑。

明朝建立后，洪武二年（1369年），奉元路改称西安府。洪武三年（1370年）四月，明太祖朱元璋分封诸子。封次子朱樉为秦王，坐镇西安。钦定秦王府城依原奉元城东北隅的元代陕西诸道行御史台署旧址而营建。为加强西北重镇西安的防卫和准备秦王就藩，明代的西安城以唐末新城为基础，把西安城墙分别向东、向北扩展约1/3，扩大了城区的范围，平面形制为一横长方形。包括城墙厚度在内全城面积较原隋唐长安皇城扩大了1倍有余，城市面积扩展为7.9平方千米，形成延续至今的城市格局。

清代城垣范围与形制因明之旧，曾在城区建立满城，也对城墙防御工程多次修葺。清代西安城中满族居住的内城称为满城，其中分屯八旗驻防兵，所以也称八旗驻防城，位于府城中部至东北隅，清顺治六年（1649年）以明秦王府城改筑而成。满城以明秦王府城为基础，将王府外城（萧墙）四面向外拓筑，东墙从今尚德路拓至西安东城墙，北墙从今后宰门街拓至西安北城墙，南墙从今西一路拓至东大街，西墙从今尚朴路拓至北大街。满城所占地区除原明秦王府城外，还将旧属咸宁县领府城东北隅七街九十四巷全部包括在内。拓筑后的满城，南墙从长乐门南侧至钟楼东门南侧，西墙从钟楼至北面安远门，东、北两墙借西安府城城墙，形制为横长方形。民国《咸宁长安两县续志》云："满城周二

① 史念海主编：《西安历史地图集》，西安：西安地图出版社，1996年，第109页。

千六百三十丈，为十四里六分零”，其“东西距七百四十丈，为四里二分零；南北距五百七十五丈，为三里一分零”，根据有关实测资料，“西安城墙周长 13 912 米，其中东城墙 2886 米，西城墙 2708 米，南城墙 4256 米，北城墙 4262 米。所包括面积包括城墙厚度在内为 11.5 平方千米有奇”。满城实测周长 8767 米，东西长 2466 米，南北宽 1917 米。据此推算满城面积为 4.8 平方千米，约占西安大城面积的 42%①。除满城以外，康熙二十二年（1683 年），曾在满城的东南隅修葺南城，“康熙二十二年添驻汉军，复于端履门至东门中间筑墙，抵城南垣，为南城”②，乾隆四十五年（1738 年）汉军出旗，南城仍归汉城，隶属于咸宁县。

民国初年，陕西督军张凤翙拆除满城南墙、西墙，重新恢复修筑了城内东大街与北大街，即形成了今明代城区范围的城市格局。

二、“市”与行政建置

南京国民政府时期是西安市级行政建制诞生和逐步形成的时期。据民国政府公布之《市组织法》③（1928 年 7 月 3 日）对于设市以后的城市职能有明确的规定，其中城市建设管理方面包括市政；土地；街道、沟渠、堤岸、桥梁、建筑及其他土木工程事项；交通、电气、电话、自来水、煤气及其他公营事业之经营；市内公私建筑之取缔事项；市公安、消防及户口统计等事项；市公共卫生及医院、菜市、屠宰场、公共娱乐场所之设置、取缔等事项；市教育、文化、风纪事项。因此，市的设置及其相应管理机构职能的转变，是西安城市管理近代化发展的重要体现，直接导致西安的建设管理乃至城市空间结构发生演变。1928 年，西安首次正式设市，仅短暂存在两年。随着城市工商业的发

---

① 吴宏岐，史红帅：《关于清代西安城内满城和南城的若干问题》，《中国历史地理论丛》2000 年第 3 辑，第 123 页。

② 嘉庆《咸宁县志》卷十《地理志》，清嘉庆二十四年（1819 年）刻本。

③ 中国第二历史档案馆编：《中华民国史档案资料汇编》第五辑第一编政治（二），南京：江苏古籍出版社，1998 年，第 337 页。

展和人口的增加，西安于 1944 年再次设市，从此以后市的建制才稳定下来，市辖区的建制也随之产生并延续发展。

（一）民国时期西安行政隶属沿革

民国时期西安市域内各县依旧，但行政上先后隶于关中道及有关行政督察区[①]。

1911 年 10 月 22 日，新军起义光复西安后，未恢复西安府建制，原西安府辖地由省民政府（后改为民政部）直辖。1913 年 1 月 8 日，北洋政府颁布《划一现行中央直辖特别行政官厅和地方各级行政官厅组织令》规定“废府设道”。同年 11 月 12 日陕西省置中、东、西、南、北 5 道，为陕西省派出机构，中道驻西安，西安地区归属中道。1914 年 5 月 23 日合并中、东、西 3 道为关中道，成为一级行政建制，与汉中、榆林并为全省三道之一。关中道辖地东至潼关县、西至陇县、北至今铜川市、南至柞水县，道尹公署驻西安城西大街东段北侧（今社会路）。1924 年 1 月，北洋政府通令撤销道级建制，关中道尹官职保留到 1926 年 11 月。撤道后，各县归陕西省直辖。

1935 年，根据国民政府规定，陕西省逐步设立行政督察区。1938 年 10 月，陕西设立第九、第十行政督察区，今西安境内的长安、临潼、蓝田、鄠县、高陵五县隶于第九行政督察区（驻咸阳），周至隶属于第十行政督察区（驻宝鸡）。1948 年 6 月调整区划后，长安、盩厔、鄠县隶属于第十行政督察区，临潼、蓝田改隶属于第二行政督察区（驻华县），高陵改隶属于第三行政督察区（驻富平）。这种格局一直维持到 1949 年[②]。

（二）民国时期历次设市的管理机构及其职能

辛亥革命后，1913 年 1 月，北洋政府宣布前清的府、州、厅一并废弃，省下为道、县两级制[③]。在关中地区设关中道，道治今西安城，辖

---

① 西安地方志编纂委员会编：《西安市志》第一卷《总类》，西安：西安出版社，1996 年，第 239 页。

② 西安市地方志馆，西安市档案局：《西安通览》，西安：陕西人民出版社，1993 年，第 55 页。

③ 西安市地方志馆，西安市档案局：《西安通览》，西安：陕西人民出版社，1993 年，第 50 页。

长安等 41 个县。1914 年撤销咸宁县，并入长安县，结束了西安城由两县分管的局面。1928 年割长安县城郊设立西安市。1930 年中原大战后西安市被撤销。因省市财政矛盾，撤销西安市，划归长安县。1931 年设立西安绥靖公署，杨虎城任绥署主任。

九一八事变后，国民党中央执行委员会常务委员会提议以洛阳为“行都”，以西安为“陪都”，并成立西京筹备委员会。1933 年设立西京市，由南京国民政府行政院直辖，成为全国 6 个直辖市（首都市、上海市、北平市、天津市、青岛市、西京市）之一。市政府设在今西安市第六中学。1938 年长安县迁至城南大兆镇。1941 年西京市辖 7 区、26 联保。但这一时期西京市有名无实，具体工作由西京筹备委员会主持，同时由陕西省与全国经济委员会西北办事处联合组成西安市政建设委员会等机构进行西安城市建设与管理，直至西安再次设市。

1943 年复设西安市，改为省辖市。1947 年 8 月，西安市又升为直辖市，成为全国 13 个直辖市（首都特别市、北平市、天津市、上海市、沈阳市、旅大市、鞍山市、抚顺市、本溪市、西安市、武汉市、广州市、重庆市）之一。

1927 年 11 月 25 日，陕西省政府决议设立西安市，初名为西安市政厅，1927 年 12 月 7 日改名西安市政委员会。1928 年 1 月 16 日，陕西省政府公布施行《西安市暂行条例》，规定西安市为陕西特别行政区域，定名为西安市，“在本市市政府成立以前，为办理本市行政及筹备市政府与市民自治等事宜起见，设西安市政委员会”“直隶于陕西省政府”。同年 9 月 22 日，西安市政府成立，驻五味什字中州会馆西侧（今西安市第六中学西侧大院），辖区以原属长安县之西安城内及四关为范围，面积 15.5 平方千米。

1930 年 5 月，南京国民政府颁布新的《市组织法》，提高了设市标准，在第一章第二条中规定：“凡人口满二十万之都市，得依所属省政府之呈请暨国民政府之特许建为市”[①]，西安人口不足 20 万，不够设市

① 中国第二历史档案馆编：《中华民国史档案资料汇编》第五辑第一编政治（一），南京：江苏古籍出版社，1998 年，第 82 页。

标准，同年1930年11月8日，陕西省政府通令撤销西安市建制，辖区复归长安县。同年11月19日，陕西省政府主席杨虎城向行政院呈报裁撤西安市理由：西安“僻处西北，交通阻滞”“连年荒旱，户口减少，商业萧条，原无设市政府的必要”等，行政院准予备案。

西安被立为陪都是在1932年3月5日，中国国民党第四届中央执行委员会第二次全体会议决议：长安为陪都，定名西京，成立西京筹备委员会，直属国民政府。同年4月7日，西京筹备委员会于西安训政楼开始办公，6月4日迁至东木头市2号（今西安市第二十四中学）。同年中国国民党中央执行委员会政治会议第三三七次会议决议：“西京设直隶于行政院之市”“西京之区域，东至灞桥，南至终南山，西至沣水，北至渭水”“西京筹备委员会为设计机关，西京市为执行机关”。1934年8月，西京筹备委员会、全国经济委员会西北办事处和陕西省政府联合组成西京市建设委员会，进行了一些市政建设，但西京市政府始终未成立，西京市的建制未成现实。1945年4月，西京筹备委员会被撤销。

从1930年11月撤销西安市建制，到1941年筹备西京市实际工作停止期间，西安城关地区的行政管理处于一个特殊阶段，名义上西安城关在长安县行政区划内，但实际上长安县逐渐不再管理西安城关。1939年5月，长安县政府关于县治迁往大兆镇的呈文说：“长安地处省会所在，城关住户早经划归省会警察局管理，在城内施政之对象大部消失，县政府设在与市政关系甚少之城市，反与工作对象之乡村距离太远”。这期间西安城关的行政管理，少数事项由陕西省政府有关厅局直接办理，多数事项组成专门机构管理。陕西省民政厅直属的省会公安（警察）局、省会地政处，陕西省建设厅直属的西安市政工程处、西安园林管理处，陕西省卫生处直属的省会卫生事务所，陕西省合作事业管理处直属的西京市和指导处等部门，都是分管西安城关的专门机构。

西安不为陪都后，经历了短暂的过渡时期，1940年9月重庆被定为陪都后，国民政府、陕西省政府将原定的西京市改称西安市。1941年12月，国民政府行政院奉蒋介石令，为整顿西安市政建设，撤销西京市政建设委员会，改设陕西省西安市政处（简称市政处），开始接办原由

西京筹备委员会进行的部分工作。市政处于1942年1月1日成立，驻西大街公字3号原长安县政府旧址（今西大街东段路北）。市政处直隶于陕西省政府，行政区域以陕西省会城关为范围，包括火车站、飞机场区域，面积约为20.5平方千米。市政处主管业务限于市政工程建设、自治财政稽征、园林管理及一部分公益事项，范围较小，且不领导基层行政机构。实际上市政处是向正式成立西安市政府的准备和过渡。

西安再次设市是在1943年，1943年3月11日国民政府行政院训令，照准陕西省呈请“将西安市政处改组为西安市政府”，1944年9月1日，西安市政府正式成立，为陕西省辖市，陆翰芹任市长，驻原市政处旧址。直属于陕西省的西安市正式成立，“实际上说明国民党中央已经放弃初衷，拟中止陪都西京建设计划，而专注于新陪都重庆的建设”[①]。西安市辖区除省会城关以外，将长安县在西安市郊的4个乡划入，东至浐河中心线，西至皂河中心线，南至毛家寨（今缪家寨）、新开门、宋家花园（今瓦胡同北侧）、吴家坟、丈八沟一线，北至光太庙什字、白花村、翁家寨、刘家寨一线，东西长18千米，南北宽13千米，面积为234平方千米。

1947年8月1日，西安市升格为国民政府行政院直辖市，为全国13个院辖市之一，同年12月内政部核准西安市简称镐。

西安设市由南京国民政府时期开始，在短短的20年间，城市建制屡变，从侧面反映出国民政府在新的历史时期对西安城市地位和城市职能的认识处于一种适应性的调适过程中，有其历史发展的必然性。

三、行政界域与城市边界

西安市行政界域是指其下所属各县所形成的管理范围，或称西安政区；城市界域指西安城郊范围，为便于叙述，该范围内地域空间称为城市地域，简称市域；市区主要指西安的建成区范围。晚清以来，西安政

---

① 吴宏岐：《抗战时期的西京筹备委员会及其对西安城市建设的贡献》，《中国历史地理论丛》2001年第4辑，第47页。

区范围有一定的延续性，建成区范围也相对比较稳定，反映出农业社会经济条件下城市建设规模的局限性。但是，辛亥革命以后，西安设市屡有改变，因此，相应的市域范围也时有变化。

明洪武二年（1369 年）三月长安被明军占领，废奉元路，设西安府。治所在今西大街东段路北社会路口西侧，隶属于陕西等处行中书省（后改为陕西等处承宣布政使司）。辖境东至潼关、西至武功、北至同官、南至镇安，约今西安市、咸阳市、铜川市（不含宜君县）和渭南、商洛地区辖地。明初西安府辖地 6 州 31 个县，包括今西安市境内的长安、咸宁、临潼、蓝田、高陵、盩厔、鄠县 7 个县。清顺治二年（1645 年）正月长安被清军占领，沿明制设西安府，治所在明西安府旧址，隶属于陕西承宣布政使司，康熙三年（1664 年）隶属于左布政使司，后改隶属于陕西布政使司。乾隆年间在省下设道级巡视区，西安隶属于西乾鄜道。西安府辖区缩小为东至今渭南、西至盩厔县、北至同官（今铜川市）、南至宁陕县。清代西安府辖 15 县、1 散州、2 厅，仍然包括今西安市境所属长安、咸宁、临潼、蓝田、高陵、鄠县、盩厔 7 个县。

清代承明旧制，西安由长安、咸宁二县分治，长安“附郭治府西偏，东西距二十七里，南北一百九十里”，咸宁“附郭治府东偏，东西距四十八里，南北二百八十里”①。明时县以下在城关为里，农村设乡、里两级政权。长安县城关有 8 里，其下分 4 乡 41 里，共辖 49 里；咸宁县在城有 12 里，下辖 3 乡 54 里，共辖 66 里。清代西安府城关改里为坊，咸宁县辖 41 坊，下辖 29 仓；长安县辖 53 坊，下辖 18 廒。城区内各按方向将坊划分为东路、西路、南路、北路等。晚清时期，西安城仍然分属于咸宁、长安两县管辖，“自光绪三十一年改设警察。分两县东西南北为四城，城各四区，东关二区，西、南、北关各一区，满城别为一区，统隶巡警道，于是诸坊仅有其名，惟乡约、地保应役者仍隶于县而已”②。这是城市管理体制的一次变革，是适应社会发展的城市基层户籍、治安管理的进步。

---

① （清）毕沅撰，张沛校点：《关中胜迹图志》卷二，西安：三秦出版社，2004 年，第 38 页。
② 民国《咸宁长安两县续志》卷四《地理考上》，民国二十五年（1936 年）铅印本。

民国时期，西安的城市管理权属有了改变，同时市域范围也由于设市问题而屡有改迁。1913年，置陕西省治于西京，并咸宁入长安，这是历史以来长安分治的结束（表1-13）。

表1-13　西安市域分治变迁一览表

年代	西部县名	东部县名
秦代	咸阳县	芷阳县
汉高帝五年（前202年）	设立长安县	—
汉文帝九年（前171年）	—	撤销芷阳县，设立霸陵县
汉景帝二年（前155年）	—	增设南陵县
汉元康元年（前65年）	—	增设奉明县
汉元始四年（4年）	—	撤销南陵、奉明二县
曹魏时	—	霸陵县西魏称霸城县
北周武成二年（560年）	—	在长安城增设万年县
北周建德二年（573年）	—	撤销霸城县辖地，并入万年县
隋代	长安	大兴县
唐武德元年（618年）	—	把大兴县改称万年县
唐武德二年（619年）	—	复设芷阳县
唐武德七年（624年）	—	撤销
唐乾封元年（666年）	分长安	万年增设乾封、明堂二县
唐长安二年（702年）	—	撤销增设乾封、明堂二县
唐天宝七年（743年）	—	万年县改称咸宁县
唐至德三年（758年）	—	复称万年县
五代梁开平年间（907—911年）	大安	大年
后唐同光元年（923年）	长安	万年
宋宣和七年（1125年）	—	万年县改称樊川县
金大定二十一年（1181年）	—	改称咸宁县
1912年	—	撤销咸宁县，辖地并入长安县

资料来源：吴镇烽：《陕西地理沿革》，西安：陕西人民出版社，1981年

1924年，北洋政府废除关中道，西安直隶于陕西省政府。城市建成区为府城包括4个关城的范围，而咸宁、长安两县辖区为其郊区。

1932年，西安定为陪都，易名西京，并设置西京筹备委员会，以为筹建西京之先声。国民政府划定其范围：“东至灞桥，南至终南山，西

至沣水，北至渭水”[①]。

1942年1月1日，西安市政处成立，暂以西京城关内为施政范围：“原设于西大街之长安县政府，则迁移于城南之大兆镇，西京城关以外之地区，仍归长安县政府所管辖。”[②]应该是西安城郊独立分治之始。

1944年9月1日，西安市政处改组为西安市政府，陕西省政府委任陆翰芹为首任市长，其行政区界限由陕西省政府划定：“市区南部界限，自马登空起，经毛家寨，循大车道，经新开门，曲江池，瓦谷洞，杨家村，沙谷洞，南三门至丈八沟，至皂河西岸止，北自浐河西岸起，经光大庙，浮沱寨，白花村，陆家堡，郭家村，樊家寨，唐家寨，讲武殿，刘家寨，夹城堡，至皂河东岸止，东以浐河为界，西以皂河为界。”[③]

1947年8月，西安升为直辖市后，西安市辖12个区，名称按数字顺序排列。1949年5月20日西安解放，5月25日西安市人民政府成立，仍辖12个区，隶属于陕甘宁边区政府。1950年西安市改为西北军政委员会辖市，1952年改为西北行政委员会辖市，1953年3月升为中央直辖市，1954年6月改为陕西省辖市。同时，把原来12个区调整为9个区，即碑林、新城、莲湖、灞桥、草滩、未央、雁塔、阿房和长乐。从此以后，西安市的领属关系再未发生变化，但所辖区县不断变迁，直到1983年以后才稳定下来。

综上所述，近代百余年间，西安经历了作为封建行政体制下的府城到近代设市的历史变迁；而设市之后又屡有变化：或撤销市制，或设立陪都，或为行政院直辖市，在此期间城市辖区范围屡经调整，管理体制的转换过程体现出城市转型发展中的调适特征，这一时期各种变化都是直接或间接导致城市空间结构演变的重要因素，而导致这一演变的重要作用来自政策制度与行政政令等直接作用。在此过程中，城市建设管理职能走向独立，城市建设活动成为导致城市空间结构发生变化的直接动因。

---

① 西安市档案局，西安市档案馆：《筹建西京陪都档案史料选辑》，西安：西北大学出版社，1994年，第93页。
② 曹弃疾，王蘧：《西京要览》，西安：扫荡报办事处，1945年，第4页。
③ 曹弃疾，王蘧：《西京要览》，西安：扫荡报办事处，1945年，第4页。

四、战争破坏与城市建设

西安的重镇地位也使西安历经战争破坏，每一次政治变革都在西安城市发展中留下烙印。近代百余年间，西安经历了1862年爆发的回民起义、1911年辛亥革命、1926年围城之役、抗战期间日军的轰炸。每一次战争都无法避免对城市的破坏，尤其是抗日战争时期，日军空袭、挖城墙为防空洞不仅破坏了城墙，还形成了一些贫民窟。除此之外，荒旱、瘟疫直接导致人口大量减少，均对西安城市自身的社会、经济等方面产生了不同程度的影响。

陕西是连接西北、西南和东部各省区的主要交通要道，历来为兵家必争之地。近代百余年来，西安战事不断，尤其是1862年爆发的回民起义和辛亥革命，对西安城市建设和发展具有较大的影响，而以辛亥革命结束了清政府在西安的军事和政治统治。交战往往对城市造成直接的损坏，辛亥革命不仅摧毁了满城，也使西安城市获得了新生（参见第三章第一节）。1926年围城之役，军阀刘镇华率领镇嵩军，由潼关入陕，围攻西安，妄图“据天下上游，以制天下之命”，为北洋军阀扩大地盘。围城8个月期间，吴佩孚曾派一架飞机抛洒传单，并投放两枚小型炸弹，企图威慑城内的军民，最终无功而返。围城一役不仅对城墙造成破坏，而且城内军民由于缺衣少食而战死、冻死、饿死，人口减少了5万余人，对西安城市发展带来了极其不利的影响。而对西安城市造成重大影响的莫过于抗日战争时期的日军空袭。

全面抗战期间，西安作为全国战略后方的桥头堡，拥有西通甘、新，南通川、鄂，东接豫、晋的战略交通枢纽地位，成为日军的重点空袭城市，也是历史以来对城市破坏最为严重的一次。1937年3月1日陇海铁路通车到宝鸡，对外正式办理客货营运任务，加之国民党中央政府迁都重庆，沿海大批工厂又开始内迁，陕西日益成为抗日战争的后方基地。日军为破坏我军抗日的有生力量和战争潜力，将陕西作为狂轰滥炸的重要目标。1937年7月7日抗日战争全面开始后，日军于1937年11月7日首先轰炸潼关县城，6天后开始轰炸西安，一直到1945年1月4

日最后轰炸安康为止，轰炸延续时间共 7 年 1 个月零 28 天[①]。轰炸的重点为西安、宝鸡、延安、汉中、潼关等地，范围遍及全省 55 个市、县、镇，其中对西安的轰炸最为严重。从空袭的次数看，全省共遭日机空袭 576 次，其中西安遭空袭 145 次，居全省第一位；从飞机架次看，轰炸全省的日机共 3789 架次，其中轰炸西安的 1106 架次；从死伤人数看，全省共死伤 10 073 人，其中西安 2489 人，居全省第二位，其中一次死伤百人者，多达 6 次。从毁坏房屋看，全省共毁房屋 43 825 间，其中西安 6783 间，居全省第三位。

日军对西安的轰炸不分是否是军事设施，不仅对火车站等交通设施进行轰炸，甚至还对贫民区进行狂轰滥炸。1938 年 11 月 23 日是回族开斋节，“日军以市中心及西北隅大、小皮院和各清真寺为目标，进行疯狂轰炸，投弹 80 余枚……被炸清真寺 4 座，民房 150 余间，回族难民收容所全毁，死伤 160 余人”[②]。“1939 年 3 月 7 日下午 4 时，日本飞机 14 架狂炸西安市区，投弹百余枚，死伤平民 600 余人，毁房千余幢，实为西安古城最大的一次空前浩劫。被炸地区有东大街、东木头市、西大街、糖房街、土地庙什字、莲湖公园、大麦市、桥梓口等处。东大街从大差市口到北柳巷口，长达 1 千米的商业区内大火熊熊，消防队在警报期间驰往抢救，各个队员置敌机轰炸于不顾，奋不顾身地抢救 2 个多小时，终将大火扑灭”[③]。悬挂着意大利旗帜的土地庙什字街天主堂和糖房街天主堂北堂均被炸毁。

为了躲避日军的空袭，一些市民自发在城墙挖掘防空避难处。1940 年 12 月 22 日，陕西省防空司令部为了加强空袭时的市民安全，决定增筑城墙公共防空洞，沿城墙一周，共建 625 个洞口，总长 5100.3 米，洞高 1.5 米，宽 3.1 米，全部用砖衬砌，历时一年才完成。这一工程破坏了城墙墙体，导致以后这里成为新的贫民窟。因此，西安近代化发展过程

① 肖银章，刘春兰编著：《抗战期间日本飞机轰炸陕西实录》，西安：陕西师范大学出版社，1996 年，第 6 页。
② 肖银章，刘春兰编著：《抗战期间日本飞机轰炸陕西实录》，西安：陕西师范大学出版社，1996 年，第 17 页。
③ 肖银章，刘春兰编著：《抗战期间日本飞机轰炸陕西实录》，西安：陕西师范大学出版社，1996 年，第 19 页。

中夹杂着战争破坏的历史。

近代西安在遭受战争破坏的同时，其建设从未停止过。晚清新政以后，西安作为省城所在，主要建设以备练新军、倡办新式教育、劝办实业等为主，尤其是在新政颁布后，其间也有对城墙的修葺。民国时期对城市建设、卫生环境、市容市貌及基础设施建设有了专门的管理机构和建设任务[①]，其城市的管理职能也有了明确的分化。与此同时，民国时期西安的城市发展及其建设的程度和变化的速度是空前的。其主要分为两个阶段：一是作为省城的建设时期。二是作为陪都的建设时期。南京国民政府成立初期，作为省城所在地，西安的城市管理体制和建设开始了新的阶段，并形成了一些现代城市规划文件，西安的基础设施有了很大改善。抗战胜利后，西安作为陕西省首府，其建设延续了陪都时期的管理基础，并形成了相应的规划文件，对城市建设具有非常重要的指导意义，也反映了城市建设与规划管理的近代化发展水平。因此，近代西安的建设历史又是近代城市理念和实践相结合的重要发展阶段。

本章小结

近代西安城市空间基于历史以来都城选址的地理区位优势，不仅发挥了其作为西北地区军事、文化重镇的作用，同时也承担着西北与西南、东南及东部地区之间的商业贸易职能。在近代百余年的历史发展进程中，由于其地处西北内陆，城市对外交通条件闭塞，经济基础薄弱，近代工业经济要素凭借城市自身原始积累的发展是非常有限的，而政治因素是其近代发展中最为突出的动力因素之一，西安近代化的每一个阶段多依赖于国家或者地方政令的推行。以辛亥革命为分水岭，晚清时期所推行的近代化改革——洋务运动、戊戌变法及清末新政等，推动了军

① 中国第二历史档案馆编：《中华民国史档案资料汇编》第五辑第一编政治（二），南京：江苏古籍出版社，1998年，第337页。

事工业、官办手工业、新式教育及新的金融机构的产生，但清末新政以前这些变化是分散的，集中的变化主要发生在清末新政以后，清末新政的推行所引发的城市功能的变化与城市空间结构的演化是在国家政治控制范围之内发生的。辛亥革命后，城市适应新的政治体制及社会经济发展的需求，南京国民政府时期的西北开发和适应战时需要的陪都的设立，更是将西安城市的发展纳入到国家控制的范围之内。西安近代工业发展的缓慢状态在陇海铁路修通至西安后有了飞跃性的发展，直接引发了其近代工业的全面起步。

在陇海铁路延至西安之前，近代西安地区产业结构的发展从近代军事工业起步，经历了自然经济与手工业相结合，并由传统手工业占主导地位的历史阶段，后来逐渐发展成为近现代机器工业生产与传统手工业生产并存的二元格局。近代西安工业化发展过程即近代机器工业的比重逐渐上升的过程，而在以城市为中心的经济产业的近代化进程中，西安以其地理区位和城市集约发展的优势成为二元结构中近代工业在城市地域集结的大本营，其中心城市的工业生产职能逐渐得到强化，在作为农产品集散地的同时，也逐渐成为以棉纺织工业生产、面粉工业生产为主的轻工业产品生产地和对外运输的集散地，以及手工皮革生产和集散中心，城市在地域中工业经济中心职能的加强，是实现西安突出军事战略为主导的西北重镇向近代西北经济中心职能逐步加强的重要阶段，是西安城市近代化转型发展的一个重要特征。

民国时期是西安城市建设管理体系逐渐从分离走向独立的过程，民国时期西安城市建制几经变化：从设市、撤市到西京陪都并作为行政院直辖市，以至于再次设市，是适应现代城市管理体系的重要表征，期间城市从晚清的两县划区、城乡一体到二县合并以至城、郊分离的二元管理体系的出现，体现了城市从管理体制上自上而下的变革发展及转型发展中的调适特征。

在近代百年的历史中，西安经历了多次战争，主要有同治时期的回民起义、1911 年辛亥革命、1926 年围城之役、抗战期间日军的轰炸。每一次战争都不可避免地对城市造成直接破坏，尤其是抗日战争时期，日军空袭不仅炸毁了许多城市建筑，导致城市人口减少，还造成了对城

市的间接破坏，如挖城墙为防空洞不仅破坏了城墙，还形成了一些贫民窟。除此之外，战争的副产品——荒旱、瘟疫直接导致人口大量减少，均对西安城市自身的社会、经济等方面产生了不同程度的影响。

近代西安城市空间结构的演变，即城市近代发展的空间过程，是基于其自身特有的地理基础和社会经济背景而存在的。正因为如此，近代西安城市空间结构的演变是在特定历史时期发生的，其城市社会、政治、经济、文化乃至军事等多种因素综合作用下的近代化过程，也决定了其作为内陆中心城市近代化发展的独特性。

第二章　城市地域交通结构及其演变

城市地域是指以城市为中心的城市功能要素的作用范围，近代西安城市地域范围超越了高大的墙垣，一些功能区域在城垣外围形成，成为城市的有机组成部分，构成城市地域结构整体。明清时期西安城垣范围内的核心城区与城垣外围的功能区域（即外部交通门户）之间的功能联系及变化，是西安城市地域近代演变的显著特点，这一过程既包括西安城市内部结构的近代演化过程，同时也深受城市地域结构变化的影响，两者之间相互联系、互为依据。因此，探讨城市地域交通结构就是基于把城市与其相关发展的周围地区看作一个有机整体这一出发点而进行的研究，避免孤立地看待城市空间结构发展演变的过程，以及在此发展过程中出现的各种矛盾和问题，从而深刻揭示城市的地域结构及其内部结构的特征和内涵。

本章从近代西安城市地域的空间界定因素入手，通过对其地域空间的基质特征、交通结构及城市功能地域分异的表象特征进行分析，探讨近代西安城市地域空间结构演变的内在机制，进而探讨近代西安城市地域空间结构演变及其成因。

第一节　城市地域交通与空间界定

城市位于区域交通网络的结点，即人流、物流、信息流的汇聚点，同时由于城市自身在地区政治、经济、社会、文化生活中所具有的组织和领导作用，又往往从不同程度上影响着周围地区的社会、经济、文化等方面的进一步发展，这种作用被称为城市在地区的辐射作用。城市的辐射作用使城市与周围地区形成一种相互作用关系，这种关系的大小与城市之间的通达性和交通方式直接关联，交通的改善可以使城市拥有更为广阔的腹地，进而影响城市人口规模乃至城市空间结构的改变。交通涵盖了“交往和流通”等形式，是一种重要的社会文化现象，交通的发展程度，可以说在某种意义上全面规定了社会文化的面貌[①]。因此，城市空间结构的演化与交通的发展密不可分。

近代西安城市地域交通功能经历了由马车时代向汽车时代转变的历史过程。因此，对西安地域空间的研究要建立在其所处地域的交通格局演变的基础上，这涉及近代西安城市地域空间发育的交通格局、交通结节点及其相互关系，以及由此引发的地域空间结构的演变。

一、城市地域交通及其约束条件

笔者通过对近代西安城市空间发育条件进行分析，发现城市地域受自然地理条件的制约，同时也受对外交通条件的限制。自然地理条件要素限定相对完整的城市地域空间界域范围，在不同的交通技术条件下，对城市地域结构产生相应的影响。交通方式是城市对外交往的基本条件，城市对外的人口、货物、信息、能源等流动，无不依赖于城市地域交通要素的综合作用。因此，西安所处地域的自然山水格局及交通条件

① 王子今：《交通与古代社会》，西安：陕西人民教育出版社，1993年，第1页。

共同构成了西安城市地域的界定要素。同时交通方式及其演变也与城市自然山水格局之间有着内在联系，两者之间的相互关系及作用则形成近代西安城市地域结构演变的动态过程。近代西安城市地域的交通格局受自然地理条件和交通技术条件（交通方式、交通工具及交通能力）的制约，经历了由马车时代向汽车时代转变的过程。

基于马车时代城市地域的山水格局，不同地貌单元之间的主要交通方式也有所不同，也就是交通方式的差异性。近代西安由自然地理条件和交通方式差异引发了其在城市地域进行交通转换的需求，在不同地理单元结合的部位往往形成一些交通的结节区，这些交通结节区承担着城市的部分交通功能。由于西安特有的南山、北水格局，城市地域范围则以山前洪积平原为主，因此在城市的南部和北部，集中形成了两种类型的城市交通门户功能空间。

一是南部的出山码头。山区与平原之间货物运输方式不同，山区主要以骡驮、肩背为主；在平原地区中转，主要包括休息、为货物找销路、进入目标城市——西安及其市场领域，交通运输方式包括马车、牛车等交通工具。因此，在南部山区通往平原的主要出口处，往往形成地区货物、信息和人流集散的旱地码头——出山码头。

位于城南五十里的尹家卫（或称引驾回、引镇），是库峪、大峪、小峪道出山的会聚之所，其商业活动颇为繁盛，嘉庆《咸宁县志》记载："南乡南带终南，水泉所会，土宜秫稻，入谷溪路纡折，通兴汉、商洛而大义峪为通衢，峪北尹家卫其会聚也，市廛之盛冠于诸社。"①

咸宁县所辖狄寨镇在城东南三十里，明清均为咸宁八大镇之一，为狄寨仓驻地。狄寨镇历史上即古长安去蓝田远至豫鄂的交通孔道。清末民初，由于车辆、驮骡日多，路面不断修拓。东路山区的土产山货和西安运往这些地区的布匹、百货等，除一部分车辆行经灞桥外，狄寨成为必经之途②。据嘉庆《咸宁县志》载："自浐、灞南接蓝田，北接临潼，

① 嘉庆《咸宁县志》卷十《地理志》，清嘉庆二十四年（1819年）刻本。
② 西安市灞桥区志编纂委员会编：《灞桥区志》，西安：三秦出版社，2003年，第347页。

通衢所经，轮蹄所辐辏也。”[1]借助于其位于南部东路所具有的交通区位优势，自民国初期逐渐发展成为有钱铺、当铺、酒馆、饭馆、烟馆（鸦片烟）、客店、粟店、肉店，以及药材、染房、小百货等百业俱兴的集镇，有定期的集市，在长时间内有西安“小东关”之称。

清代长安县所辖子午镇在县南五十里，除辖村外，尚辖有豹林峪（今抱龙峪）、子午峪[2]。子午峪峪长 700 多里，山路崎岖蜿蜒，峪南北口都有关隘，命名子午，因而山峪得名子午峪。子午镇建于明嘉靖二十五年（1546 年）[3]，因处于子午峪北，故名子午镇，四川、汉中、宁陕等地的土产北运都取道于此，出山货物多以桐油、漆、巴稠、茶叶为主，入山货物多以盐、布等日用品为主，在封建社会时代交通不便时，子午镇便成了川陕交通的枢纽，一年四季，进山、出山的运货脚夫络绎不绝。辛亥革命后，市面曾一度较为繁荣，为秦岭山麓的一个重镇。

上述各镇在近代已经作为各个峪口出山的会聚之所，具有流通货物和贸易往来的优势条件，同时也具有作为出山码头的基本条件，各个峪口的交通功能及其出山码头与这些峪口商路的兴衰有很大关系，形成不同时期的西安城市对外交通功能的转运点。而这一中转功能往往形成了城市对外交通功能的延伸。

二是北部的水旱码头，用来满足渭河水运与陆地运输之间的水旱交通转换的功能需求。

西安地域内，周初即有水运，《诗经·大雅·大明》已有“亲迎于渭，造舟为梁”的记载。春秋时期，渭河水运有了发展。《左传》有“秦输粟于晋，自雍及绛相继，命之曰泛舟之役”的记载，说明早在公元前 6 世纪西安现辖境内的渭河即有水运过境。秦统一六国后，渭河下游一直是一条重要的水上运输线。西汉时，汉高祖在渭河沿岸和长安附近设立了许多仓库，主要接纳从关东运来的粮食，每年约 100 万石左右。汉武帝时，漕渠凿成通航后，渭河航运逐渐萧条。唐末，京都东

① 嘉庆《咸宁县志》卷十《地理志》，清嘉庆二十四年（1819 年）刻本。
② 嘉庆《咸宁县志》卷十五《土地志上》，清嘉庆二十四年（1819 年）刻本。
③ 长安县编辑委员会编：《长安新志》，内部资料，1960 年，第 8 页。

迁，漕渠日渐湮没，渭河航运再次复苏[①]。

草滩镇曾长期作为渭河下游的一大河港，是承上转下的货物集散地，“自秦汉至晚清，由长安城北去的驿路，多经由中渭桥或中渭渡，而中渭桥和中渭渡就在草滩附近”[②]。清末民初，渭河航运已达鼎盛时期。上行以盐、铁、煤炭和京货为主；下行以木材、毛皮、药材、棉花为最。每年盛水时期，商船昼夜穿梭，舟楫灯火通明，东到东滩（今柳树林），西接西滩（今东兴隆），南临九龙渠（今幸福渠），规模宏大的草滩水旱码头，一派繁荣景象。除了山西的盐、炭、碱、铁外，河南、河北、山东及黄河下游各地的货物也在此登陆。民国时期还有从海外运来的美孚油、亚西亚油等“洋货”也在此上岸批发销售。

上述两种货物运输转换点往往成为商业经济发展较为活跃的地区，并形成集镇，这些集镇成为中心城市对外交通集散功能的外延部分，体现出马车时代城市对外交通格局受交通方式限定，以及城市地域功能外延至交通转换点的特征。

城市功能的外部延伸点与城垣范围内的核心城区之间有一定的距离，但却承担着城市对外运输和货物集散的主要功能，因交通转换需求而形成飞地型城市功能区，构成城市地域交通功能的分散格局。

前述城市功能区主要有两种类型：一是位于同质地域不同地貌类型的交通转换点，为旱地码头或称出山码头，如子午、引驾回和狄寨等镇。二是异质地域的水、陆转换点，或称水旱码头，以位于草滩镇的渭河码头最为突出。前者原来以农业生产为主，加之其所具有的交通区位优势，因此成为兼有城市外部交通功能的集镇；而后者草滩镇，则完全是由于所具有的城市外部交通功能而形成集镇。这些集镇具有交通区位优势，借助于交通转换功能而逐渐发展，形成具有适应交通转换功能的交通服务设施和商业服务设施，并逐步具备了相应的城市的外围门户功能。

---

① 陕西省地方志编纂委员会编：《陕西省志》第二十六卷（二）《航运志》，西安：陕西人民出版社，1996年，第125页。

② 陕西省地方志编纂委员会编：《陕西省志》第六十二卷（四）《工商联志》，西安：西安出版社，2002年，第55页。

这种马车时代的城市地域交通方式在汽车交通和火车交通发展起来之后，其交通运输功能被逐步取代，从而导致了城市地域交通结构的演变。据有关资料记载：1915 年袁世凯拨给当时的陕西督军陆建章两部汽车，是西安最早出现的汽车[①]。随后，西安开始了一系列拓筑路面、加宽街道、发展汽车交通运输的举措，1922年上半年，冯玉祥以工代赈修筑西潼公路，聘请美国人史迪威任总工程师，陕西第一条公路从此诞生。1922 年 8 月下旬开办了西安至潼关的汽车运输，使陕西的陆路交通跨入了一个新的发展时期[②]。1923 年 1 月，长潼汽车公司开办钟楼至东门的“环城汽车”，投入车辆汽车营运，是西安公共汽车之始。城市交通形式开始逐渐向汽车交通运输方式转化。而这种转化过程从当时西安乃至陕西的交通状况看，不仅在全国居于落后地位，同时自身的发展条件也是极为有限的。

> 西安至潼关之汽车，每日开一次或二、三次不等，视搭客多寡而定，不过六小时即抵潼关矣！陕境交通论其形式，直在中古以上，陕西民智闭塞，欲求教育实业之发达，舍便利交通别无良策。然陇海铁路若修至西安，至少尚需六年，全路告成尚无时日。治标之法，惟多辟省道，多购汽车，交通自便，民智自开，不惟出口土货，销路日增；行旅往来，节省时日；而调兵运饷，迅捷无伦；匪患或亦因之消灭，愿陕人之急起直追也！[③]

上述文字阐明了当时社会经济发展，以及军事发展对交通条件的需求，并指出陕西交通条件是极为落后的，停留在“中古时期”，导致了“民智闭塞”的状况。同时指出，便利的交通对于教育、实业发展是十分重要的。在陇海铁路尚未修通至西安之前，开辟省道对当时社会风气、商业往来及日后调兵运饷的重要性。因此，西安由马车时代交通方

---

① 西安市地方志编纂委员会编：《西安市志》第一卷《总类》，西安：西安出版社，1996 年，第 78 页。

② 陕西省交通史志编写委员会编：《陕西公路史》第一册《近代公路》，北京：人民交通出版社，1988 年，第 10 页。

③ 陕西省交通史志编写委员会编：《陕西公路史》第一册《近代公路》，北京：人民交通出版社，1988 年，第 5 页。

式向汽车交通运输方式的演变必然经历了一个曲折的发展过程，通过对省内汽车交通条件的逐步改善，同时借助于铁路运输的便利交通实现内陆城市交通的近代化。而这一过程伴随着交通对城市地域交通结构的直接影响，导致了城市交通功能及空间关系的演变。

随着陇海铁路的修通，西安的对外交通运输状况有了根本的改变，1936年6月，西安与兴平间已正式通车，1937年3月延伸至宝鸡。陇海铁路关中段的修筑不仅加强了关中东西部的交通联系，而且使西安腹地与东部地区的区域交通有了很大的改观，成为联系东部与西北内陆的交通枢纽，不仅带来了经济的发展，同时其区位优势在全国交通网络中凸现出来。可以说使西安近代交通的发展又跨越了一个台阶：一方面，对外的交通辐射范围和作用增强；另一方面，逐步取代了渭河水运在关中东西交通中的主导地位及其所承担的一些区域间大宗货物的运输职能。以西安为中心，陕西与我国东部的交通联系在关中地区形成了渭河水运、陆路运输和铁路运输并存的运输形式，虽然这种发展并不是一蹴而就的，如在陇海铁路修通至潼关时，汽车道路的路况非常差，因此，在相当长时期内西北运输线路是走宁夏段、黄河水路，继而走平绥铁路而达于京、津。同时，由于运输价格所限，三者之间在交通运输方面也存在市场竞争关系。

火车站和汽车站的区位适宜靠近城市核心区域，汽车交通和火车交通实现了城市交通中转功能的集中布局。因此，城市地域交通结构经历了由水运和陆运结合而形成的交通功能要素向城市集中的空间分化过程。在这一过程中，自然地理条件和交通运输条件是西安城市地域结构形成和演变的基本约束条件。

二、城市地域交通及其地理基础

通常在城市节点区域内部系统中，各种相互作用流比系统之间的相互作用流更为密集。在诸多影响要素中，很多因素会对相互作用构成障碍，从而形成城市的发展边界。在农业社会经济发展时期，行政边界是长期历史发展的产物，往往成为影响城市发展的最大障碍，在这一历史

发展过程中，地理边界——河流、山脉、海洋等，常常会有效地限制城市之间的相互作用流，甚至限制同一系统内部的相互交流，当然在有些地区，其行政边界和地理边界有重合的部分。西安城市的山水格局具有独特的军事地理、农业地理及文化地理特征，在晚清时期由于交通技术相对落后，自然地理边界在地域空间交通格局中具有举足轻重的作用，往往由于自然条件所限而产生交通条件的差异，导致城镇衰落和兴盛的不同命运，从而使城市地域结构发生变化。

以西安为中心的城市地域独特的自然地理条件限定了西安城市地域及其腹地范围，同时也决定了在当时的交通方式和交通技术条件下城市对外交通和内部交通的时空特点，从而构成近代西安城市地域交通格局发育的基础条件。城市对外交通条件在很大程度上受到自然地理条件的限制，因而也限定了城市地域空间的范围及其内部空间格局。

西安城市地域的自然地理的大势为南山、北原、八水环绕的山水格局，具有鲜明的地方特点，同时对城市地域空间起到了限定作用，这种限定作用体现了马车时代城市空间发展的显著特点，归结起来有以下三点。

第一，“南山、北原、四塞之固”的宏观地理格局对城市地域空间的限定作用。南山、北原、四塞以自然地理关隘限定了以渭河冲积平原为核心的平原地貌单元，在关中平原内部形成了行政原则下的城镇分布层级体系，同时由于微观地理条件而表现出一定的适应性，即结合自然条件及其区位特点的分布特征。

西安凭借南山的择址理念和因此所构成的城市区位，在近代的发展过程中形成制约南部山区与平原之间的交通阻隔，山区的交通方式主要是骡驮、肩背，进入平原地区则需要进行交通转换，在两种地貌单元之间形成一些交通转换点，并由此使城镇发展起来。这些城镇成为城市核心地域辐射的飞地型边缘区，成为两种地貌类型的交通转换点。

有清一代，对南山的军事战略地位极为关注，对于人迹罕至的深山老林则采取封禁山林的做法，但其后为了在有限的时间内使军情奏报得以迅速传达，遂开辟了封禁了的南山道路，并逐步设兵、置汛，安置流民，使交通和经济得到一定的发展。

> 陕西封禁山，为终南里山，绵亘八百余里，地界岐山、凤翔、郿、武功、盩厔、鄠（县）、咸宁、长安、蓝田九县，分段管理，谓之老林，向例封禁，其中子午谷一道，亦封禁，乾隆四十年间，以金川军报开此道，较旧驿为近。嘉庆四年十月，议开山内地，斫伐老林，垦田设营，五年四月，于五郎厅地方，立宁陕镇，设总兵，置墩汛，老林量渐斫伐，地亩拨给流民，其幽仄险峻人迹罕到之区，查明封禁①。

因此，终南山的交通往往得益于军事的发展和关隘的设置与经营，“南山边防有外边、内边之分，与楚、豫、蜀三省接界者谓之外边，与同州、西安、凤翔三郡连境者为之内边，即俗云南山七十二峪口是也”②。终南山的经营不仅是对军事交通的布局和经营，还是在山区设立一级地方组织以利于驻防，因此南山的经营使其丰富的出产借助于交通的改善而得以运出，而出山码头所具有的交通转换点的区位优势使其商业贸易功能逐渐发展起来。例如，东南的狄寨镇“历史上即是古长安去蓝田远至豫鄂的交通孔道”；引镇是出库谷而通西安的交通要冲：“由安康经旬阳，循旬水、乾佑河（古称柞水）河谷而北越秦岭由库谷通到长安的”③；子午镇是出子午道的要冲：“子午道是由汉中经宁陕县境旬阳坝附近，循池水谷北行，越秦岭到长安”，南山位于西安通往南部山区的主要通路的转换点，并在相应历史时期得到了一定的发展，形成当时较为繁荣的集镇。

第二，“八水环绕”、原隰相间的微观格局对城市地域空间的限定作用。“八水环绕”的自然格局也成为西安城市地域与外界沟通的天然阻隔，“虽丈五之沟，渐车之水，尚能御寇”④。因此，近代西安城市地域交通结构受到八水所限定的自然地理空间的制约，并与当时的交通

---

① （清）盛康辑：《皇朝经世文续编》卷三十九《户政十一屯垦》，清光绪二十三年（1897 年）武进盛氏思补楼刻本。

② 民国《续修陕西通志稿》卷五十《兵防七》，民国二十三年（1934 年）铅印本。

③ 《陕西军事历史地理概述》编写组：《陕西军事历史地理概述》，西安：陕西人民出版社，1985 年，第 198 页。

④ （清）毛凤枝：《南山谷口考》，西安：陕西通志馆，1934 年。

技术条件密切相关。在八水限定的空间范围内，其交通处于同质条件下，出行时间成为该区域出行交通较为重要的选择标准，除了在南部山区与关中小平原交界部位形成两种地形条件下的交通转换点，以及借助于交通的节点位置形成具有地域门户交通集散功能的城镇以外，渭河水运是西安东西方向交通的重要交通方式。

渭河航运交通在相当长的历史时期肩负着关中地区东部潼关、西部凤翔等地货物的转运及其与西安的交通联系功能，渭河在西安的最大的水旱码头位于城市以北的草滩镇，为渭河水运在该区域的水陆运输转换点，这一转换点的目标市场是西安，因此，在草滩形成西安北部的交通转运门户。渭河在沟通了关中地区东西方向的外部交通以外，又成为西安与渭河以北的南北交通屏障。草滩位于当时中渭桥附近，同时承担着渭河南北的人、车、轿和货物的输运功能，在造桥技术和施工能力没有达到能够方便地联通渭河南北的时候，渭河成为一个天然的屏障。可以说渭河水道对西安城市地域的发展有着两方面的作用，即东西通、南北阻，这与当时的交通技术条件也有着很大关系。

同为河流，西安城市地域中东部的浐、灞二水，西部的皂、沣二河，以及南部的潏、滈二河，由于流经西安腹地，成为其农业发展的重要依托条件，同时，也制约了东部、西部及南部的交通，但总体上，由于这些河流的流量和河道宽度不同，各个方向的通达性则与河流的阻断作用成反比。从交通方式看，东部的灞桥和西部的三桥处于东西的交通门户区位，但东西方向来往西安的交通方式无须转换，其大车站以驿站作为站点，因此，东西方向的运输方式则相对较为通达，反而形成南北方向门户城镇与东西方向交通节点城镇的差异性。这种交通功能的差异性也导致了各个方向码头具有不同的商业经济功能，其所形成的市场、主要货物类型、交通运输货物的来源地与西安的交通联系条件直接相关。东、西方向以本地农业产品和经潼关、凤翔等方向来的外省、陕南山区的货物为主，南部以山货为主，北部以煤炭、盐和经渭河运输的木材等为主。

南北的差异性也表现在微观地形方面，北部城镇地势平缓，同时与渭河北部的高产田地区接近，因此往往形成地区农业产品的集散地，以新筑、三桥、斗门较为典型，而南部各镇则以农具产品和山货等为主。

第三，在几案终南、临水依山的地势条件下，形成了城市地域空间尺度及其各空间要素的层级关系。农业社会理想的城市基址限定了空间尺度和农业地域的基质特征，构成行政原则下的村、镇层级分布的匀质地域。

形成于马车时代的城市地域空间及其尺度受到当时交通工具的限定，按照马车时代的交通工具，城市外围交通门户与西安城区的时空距离基本上为45—50里，大约为大车行走一天的时间，不仅存在出行时间、距离因素的转换，而且存在从山区到达平原地区的心理转换和休憩的需求，因此，这里往往成为必要的交通中转地。

西安城市区域农业基础条件具有同质性，同时由于地缘关系和严格的行政管理体系，形成了城镇按行政等级分布的格局。西安城市地域内部以省城为核心，集镇外围分布，其中以码头承担部分交通中转职能，一部分商业集镇兼有农业生产管理职能和地域内部商业服务的功能；另一部分商业集镇则仅承担地域内部农业生产管理的单一职能；其余则为农业聚居点，形成地方社会在行政原则下的层级分布模式，同时受到自然地理条件和交通条件的制约，形成城市职能区域在该地域的分散布局。

内部的社会经济交流、外部的经济社会交往则往往在局部地区遵循市场原则，即用就近原则和降低运输成本来追求经济效益，形成市场资源的自我调适，并构成城市地域空间商业要素的布局关系。均质空间与自然地理空间要素作用下的地域交通格局及其与各个结节点之间的内在功能关系和演变构成了近代西安城市地域结构的基本特征。

综上所述，自然地形、地貌不仅是马车时代西安城市地域的天然界域线，同时在农业社会经济发展状况、历史文化背景和人的价值观念的制约下，西安地域空间在农业社会经济均质地域的发育中，其城市区域、道路、水路及城市外围的交通转换点所形成的交通型集镇镶嵌在农业经济主导下的均质地域，其对外交通运输的结节点与府城之间的交通方式和时空关系构成了西安城市地域基于城市功能的外展而形成的分散

布局特征。

这种局面的改变，是以汽车、火车等交通方式逐渐发展起来的，改变了西安城市地域对外的社会、经济及文化等方面的交通联系方式，从而使原有的城市功能得以替代，由此导致城市地域空间出现集中化的发展过程，然而这一集中化发展经历了一个较长的时期，并非一蹴而就。

三、城市地域交通与空间界定

不同的交通技术条件决定了城市时空的差异性特征。近代汽车交通和铁路交通的发展改变了原来马车时代的交通条件，如在马车时代，马车一般一天走一大站，约六七十里的路程，而牛车仅走三四十里的路程，这就决定了人们的交通行为，同时行旅客栈和车马店必须以天为计算单位决定中途的休憩和行程。而在汽车时代，如果按照汽车时速 40—60 千米/小时，那么与马车时代相比，同样的路程则时间大大缩短了，原来一天的路程则仅仅在一小时内就可能达到，原来需要驻足休憩的交通转换地也失去了其必要性。尤其对于长途转运而言，进入城市地域的范围因交通技术条件的改变相应地缩小了。近代西安城市地域空间正是经历了这种交通技术条件的变化过程，在技术条件改变的同时，原有的界定因素及其范围相应地发生了一定的变化。

（一）自然因素界定的地理范围

如前所述，近代西安兴建于隋大兴城、唐长安城基础之上，除明代城垣向北、东方向扩建以外，城市基址自唐代以来未曾变更，因此，西安秉承了基于都城选址的区域空间权衡的区位优势，其选址具有农业社会时期“对内安全指向”和“对外发展指向”[①]的区域权衡的结果。“四塞之固”一方面显示出西安所处的关中平原，因自然关隘的限定而具有一定的内向封闭性和对外防御性；另一方面也使西安在地域单元上具有一定的空间完整性，因此，“四塞”是自然地理因素对以西安为中

① 侯甬坚：《历史地理学探索》，北京：中国社会科学出版社，2004 年，第 369—375 页。

心的城市区域空间的第一次限定，这一范围，在秦为内史之地、在汉为三辅之地、在唐为京畿之地，均为都城的腹地。

随着都城地位的丧失，西安依然借助于挽毂西北、东南与黄河中下游地区的交通区位优势，具有西控甘、新，东连豫、晋，南界鄂、川等省的战略地位，被历代统治者所倚重。但其腹地范围也随之萎缩，作为区域性中心城市，其行政管辖范围为长安、咸宁、咸阳、临潼、兴平、三原、泾阳、蓝田、孝义厅、盩厔、鄠县、同官等地。但在晚清时期，自然山水的限定作用使西安府所辖各县之间又因自然地理、交通条件的差异而形成了行政分区下的第二次限定，即所谓的“西安小平原”的自然地理范围。朱士光在他的《汉唐长安地区的宏观地理形势与微观地理特征》一文中，提出了“西安小平原”的地理界域概念：“位于八百里秦川中央，四周有山水环绕……其南之终南山，为秦岭最北一支，是其南部之屏障；其东之骊山，乃终南山趋向东北后又折而向西的支脉，犹如一只伸出的臂膀，紧紧地回护着小平原之东缘，形成函谷关、潼关之后西安东方之第三道门户。小平原上河流密集，泾、渭环其北，潏、洨绕其南，沣、涝经其西，灞、浐流其东。……若以渭河、秦岭间而论，临潼以东或周至以西，南北长均不过二、三十华里，独西安以平原长达百里。”①这一地区自然界域与渭河以南西安府的行政界域基本吻合。

若从西安小平原的范围和“八水”环绕的地理环境特征分析，当时跨河交通受到造桥技术、材料等限制，因此，跨河交通往往成为平原地区交通的门槛。以渭河跨河交通为例，西有咸阳桥（西渭桥）、中有中渭渡，“渭水自长安流经县北，东北左合皂河，余水又东北右会灞水，又东北入高陵，过社二行二十里，有草店渡，入高陵三原路也，咸宁高陵旧以水为界，今渭日移而北，高陵遂有渭南地，水浊且泛涨无常，不可以渠”②。可见，渭河本为划县之界，只是因为河床北移而有所改变。东渭渡则为经耿镇通往高陵的官道。出西安西行，必经咸阳渭河桥，该桥位于咸阳“县东南百步即西渭桥所”，该桥始作于汉武帝建元

① 朱士光：《汉唐长安地区的宏观地理形式与微观地理特征》，中国古都学会编：《中国古都研究》第二辑，杭州：浙江人民出版社，第 89 页。

② 嘉庆：《咸宁县志》卷十《地理志》，嘉庆二十四年（1819 年）刻本。

三年（前 138 年），是西安以西的重要关津，该桥“唐末废，乾德四年重修，后为暴水所坏，淳化三年徙置孙家滩，至道二年复修于此，县志汉名便桥，唐名咸阳桥”，而这一西去的重要交通要道并不能保证全年畅通，“秋后作桥，夏间水涨用船，自明嘉靖间，以舟为浮桥，又曰渭阳古渡，今仍其制”[①]。又如灞河桥，明清时期时修时圮，“霸桥自明成化间修筑以后，圮塞不时”[②]，“康熙六年，造大小船各一，水夫给军屯田。水落架木桥，水涨船渡”[③]。城市西以渭河（咸阳桥）、东以灞河为其自然界域范围。因此，“八水环绕”是自然地理因素的第三层限定，而西安城市建设范围除南部以秦岭北坡为界，在近代其东、西、北部没有超越自然水系所限定的这一范围：东以浐、灞，西以皂河，北以渭河，南有滈、潏并依南塬。形成了马车时代由于交通技术条件所限而形成的天然界域线，构成了近代西安城市地域的核心范围。

综上所述，以西安为中心的空间界域涉及三个层次的地理因素界定范围：第一层次为关中地区。第二层次为西安小平原。第三层次为西安城市地域。这三个层次的划分均以自然地理因素为主，辅之以交通通达条件为限定因素。本书主要以第三层次为研究核心范围。

（二）交通时空界定下的城市地域范围

按照行政原则所形成的政区范围在地域时空格局下的空间限定，涉及本书研究的核心范围，以下分为三个层次进行说明。

第一层限定：清代西安府下辖范围，包括西安所辖各个县的范围。

第二层限定：咸宁、长安两县所辖范围，主要是西安城郊范围。

第三层限定：八水所限定的范围，即西安城市地域功能要素直接作用的范围，处于第二层限定范围之内。

在农业社会经济背景下，疆域划分注重“道里均输”的原则。“长安道里居中，应接近便，从容一处，可制四方”[④]。符合农业社会交通

---

① 乾隆《西安府志》卷十《建置中·镇堡关津》，清乾隆四十四年（1779 年）刻本。

② 乾隆《西安府志》卷十《建置中·镇堡关津》，清乾隆四十四年（1779 年）刻本。

③ 乾隆《西安府志》卷十《建置中·镇堡关津》，清乾隆四十四年（1779 年）刻本。

④《后汉书·寇恂传》，北京：中华书局，1965 年。

条件下、均质地域中的“区域中心地原则”[①]。

近代在西安城市地域的各级行政界域的划分上则充分体现了这一原则。关中的城镇从行政建制来划分，则以各府、州、县治所形成组织严密的城镇体系层级，从其疆域关系来看，各府、州、县治所位于其疆域居中之地，各府、州、县治所之间的距离体现出“道里均输”的时空特性，同时受到交通和地形条件的限制而有所差异。以西安为例，西安西至咸阳县为50里，东至临潼50里，北至泾阳为70里，至高陵70里，东南至蓝田90里，其中蓝田位于东南部山区，因此路程较平原地区远，为90里；而高陵与泾阳则因位于渭河北部，有渭河阻隔而次之，为70里；与咸阳、临潼之间虽有渭河、浐河、灞河等河流自然阻隔的影响，但总体上位于东西交通要道，为官马大道，也是主要对外交通干道，其距离则接近于驿站的距离，在当时的马车时代条件下，其距离均为一日的路程，也就是一站之地，总体上体现了均输道里的分配原则。各县县治基本位于其行政界域的中心区位。因此各县距离相邻县各个方向基本均衡，在这种时空关系中，除受到自然地理条件的限制以外，各县与处于居中地位的省城西安则为一种均质地域下距离叠加的关系。

在以西安为中心的地域，按其行政区划原则，是以西安为中心的包含各属县的一个完整地域；若以自然地理要素界定，则扩及以西安为中心的关中盆地。无论是行政原则下的划区原则，还是以自然地理要素界定的关中盆地，其农业地区在生产方式、生产关系及产出等方面保持着均质性，是农业社会经济背景下的均质地域，因此各个城市之间的相互作用则具有一定的相似性。由于城市距离衰减规律，以西安为核心，在西、北、东3个方向的时空距离方面，形成了各城镇以西安为中心的梯度分布和镶嵌格局。

首先，咸阳、鄠县、兴平、临潼、泾阳、三原、高陵为内核，其距离西安在50—70里范围圈附近，为第一圈层城镇。

其次，盩厔、武功、乾州、淳化、耀州、富平、渭南、华州等距离西安在120—180里范围圈附近，为第二圈层城镇。

---

① 侯甬坚：《历史地理学探索》，北京：中国社会科学出版社，2004年，第66页。

再次，郿县、岐山、扶风、麟游、邠州、三水、同官、白水、同州、华阴等距离西安300里左右范围圈附近，为第三圈层城镇。

最后，以凤翔、长武、宜君、郃阳等县为主，分布在距离西安350里左右范围圈附近，为第四圈层城镇。

清代的畜力大车分为客用、货用及客货两用三种。客用轿车为传统的篷盖车，有篷盖、窗户、布幌；可带乘客两人，携带行李100余斤。近距离且非急事者，用一匹骡马拽引，远程用二三匹骡马拽引，俗称"二套车""三套车"。日行一大站，约六七十里①。第一圈层的城镇位于1天的车行交通时空范围。第二圈层的城镇位于2—3天的车行交通时空范围。第三圈层的城镇位于4—5天的车行交通时空范围。第四圈层的城镇位于5—6天的车行交通时空范围。

从交通的可达性和人们出行的需求和心理看，和西安发生交通联系的行为则分为1日出行、2日出行、3—4日出行和5—7日出行。西安与周围城镇由于交通的通达性而存在距离衰减规律，从晚清时期交通空间关系和行政体制关系看，西安作为地方的中心城市，凤翔、邠州、乾州、耀州及同州均位于西安在关中地区交通空间的边缘，其行政界域基本在以西安为中心的第三圈层范围，这一范围离西安的距离远远大于以各州府为中心的圈层范围，同时从管理来说属于并列的行政区域，各州府对于本辖区范围的控制力则必然超过以西安作为中心城市的吸引力，因而必然对西安产生反磁力作用。

这种由交通通达性所造成的地域分异现象是近代西安农业社会经济条件下地域城镇关系的空间背景因素，这种马车时代交通时空条件下的反磁力圈层随着交通方式的改变而改变，如汽车、火车等交通工具，按现代城市汽车交通的一般时速40—60千米/小时计算，则360里只需要3—4.5小时的出行，交通出行由以日为单位到以小时为单位计，交通瓶颈则趋于消亡，同时也改变了地域之间的时间和空间关系，在汽车交通条件下，反磁力圈层则在行政管理职能方面有所体现，其他纳入市场体系的经济社会发展则以市场要素为导向，生产要素的分配过程以交通的

① 王开主编：《陕西古代道路交通史》，北京：人民交通出版社，1989年，第459页。

通达程度不同而呈现出反磁力作用的消长态势，以中心城市的交通通达程度而呈现相应的物质、信息、人口的极化趋势。

关中交通空间格局的形成与其作为军事重镇的地位密不可分，清代除西安、潼关、凤翔等地有军队驻扎以外，其他各县还分兵驻守在主要驿路方向上。这样，在军事管理和军事交通往来方面，加强了位于主要驿路上各个城镇之间的相互关系，形成了晚清时期交通的军事性特征。

（三）城市地域空间的心理认知范围

西安城市交通功能的延伸范围即城市地域的作用范围，因此，主要以八水环绕的范围为核心，由于交通通达条件不同而有所伸缩，因此，这一范围是动态的，而变动的依据是交通技术水平和人们的出行需求。

近代西安城市地域交通的直接作用范围，由当时的交通技术条件与交通的通达程度可以推及其地域范围。当时的资料记载，东灞桥、西渭桥是人们临别送客的城市外围界限。

从"灞桥来迎去送，至此黯然，故人呼销魂桥"①到"灞桥跨水作桥，都人送客至此，折柳赠别"②。可见，古人有灞桥折柳赠别的习惯，这种习惯可追溯到前汉时期，至唐代更是留下了脍炙人口、耳熟能详的诗句③。唐人权德舆《送陆太祝赴湖南幕同用送字》诗云："新知折柳赠，归僧乘篮送"。灞桥在唐代诗人李益所做的《途中寄李二》中有"杨柳含烟灞岸春，年年攀折为行人"的诗句，宋代陆游在其《秋夜怀吴中》一诗里，也有"灞桥烟柳知何恨，谁念行人寄一枝"等"灞柳送别"的描述，从某种意义上反映出当时城市核心区域的日常生活辐射的范围。当然与造桥技术条件有密切的关系，至元代时"初，灞水适秋夏之交，霖潦涨溢，波涛汹涌，舟楫不能通，漂没行人，不可殚纪，常

① 乾隆《西安府志》卷十《建置中·镇堡关津》，清乾隆四十四年（1779年）刻本。
② 乾隆《西安府志》卷十《建置中·镇堡关津》，清乾隆四十四年（1779年）刻本。
③ 长安县地名委员会，长安县民政局：《陕西省长安县地名志》，内部资料，1999年，第6页。

病涉客。”[①]因此，河水在洪水季节往往成为交通的限制条件，灞桥在人们的心理上强化了对西安范围的界定作用。

1771 年，陕西巡抚明德等奏请由县丞专职管理灞桥往来交通事宜，得到批准，详文如下。

> 吏部等部议准、陕西巡抚明德等奏称：西安省东二十里灞桥地方，系咸宁县所辖，为晋、豫、川、甘、通衢，因往来差务繁多，设有所，夫一百四十名，凡饷鞘等事，俱令按运护送。惟是所夫众多，奸良不一，俱应稽查督率。知县身居省会，不能兼顾，查咸宁县设有县丞一员，同驻省会，并无专办事件，请将该县丞移驻灞桥，管理董率，灞桥公馆一所改作衙署，另给钤记，以昭信守，再该县丞管理所夫桥梁，关系紧要，必得干练之员，始克胜任，应定为要缺，在外拣调。从之[②]。

由此可见，灞桥在东西交通的地位和作用之重要。咸宁县丞移驻灞桥，并将灞桥的交通管理纳入到其主要管理职能范围内，可见灞桥在当时交通技术条件下的交通状况，也是形成这一城市心理认知边界的一个重要因素。

西安西出长安的公私行旅，在汉唐则多迎送于西渭桥头（因在咸阳境内，后更名咸阳桥）。唐朝王维送元二使安西，曾作《渭城曲》，留下了“劝君更尽一杯酒，西出阳关无故人”的名句，后经唐人谱成歌曲，成为有名的《阳关三叠》。杜甫在其著名的《兵车行》一诗中慨叹道：“车辚辚，马萧萧，行人弓箭各在腰，爷娘妻子走相送，尘埃不见咸阳桥……”，咸阳桥在历史时期一直具有屏障西部来犯之敌的重要作用，那么从当时的交通技术与条件看，是单程半天多的路程，属于都城腹地范围，同时也由于有跨河之旅，河流成为当时人们对城市的心理认知范围的限定因素。

唐代以后，西安虽不为都，但仍然作为区域中心城市，成为封建

---

① （元）骆天骧撰，黄永年点校：《类编长安志》，北京：中华书局，1990 年，第 201 页。
② 《清实录·宣宗成皇帝实录》卷九十三，北京：中华书局，1986 年。

统治者控制西北边陲，钳制西南、东南的战略要地。由于城市腹地范围大大缩小，交通出行时空则以当天往返为极限，与灞桥相对称的三桥介于西安与咸阳桥之间，又处于城市辐射区域外围，这就使得三桥在与西安的时空距离上取得了一定的发展优势，这一点与灞桥极为相似，所不同的是，西渭桥不仅是联系西安以西地区的干道，同时也是渡渭而往南直达西安的重要关梁。因此，位于西去道路要冲的三桥的交通地位则远远不及西渭桥，但由于适应了当时出行时空的需求，成为西出西安的一个交通节点，“三桥自唐宋以来为长安西去要冲，明、清、民国均设为镇”[①]，同时也构成了西安城市西北外围城镇真空区域的一个界定因素。

总之，城市核心区的范围基于自然地理环境的界定，随着历史时期城市功能的变迁，交通方式制约下人们对西安城市生活空间尺度的认知就形成了。其范围基本东至灞桥，西以三桥为界。西安的南部、北部则基于自然地理环境，南以终南山、北以渭河为界，构成了以城垣为核心的城市地域的外围。

第二节　城市地域交通与空间格局

有人说在近代，“‘利炮’即热兵器的使用，使‘城’的功能淡化了；‘坚船’，以蒸汽为动力的轮船的使用，使‘市’的功能强化了”[②]。对于近代内陆城市——西安来说，“利炮”并没有完全淡化“城”的功能，因为在民国时期的“围城之役”中，城墙依然成为守城凭借的重要屏障，加之西安在中国西北的战略地位，其为各种军阀势力所倚重，因此近代西安城市所具有的防御功能是其重要特征。然而，其“市”的功

① 西安市地名委员会，西安市民政局编：《陕西省西安市地名志》，内部资料，1986年，第209页。

② 熊月之，沈祖炜：《长江沿江城市与中国近代化》，《史林》2000年第4期，第66页。

能也就是商业经济功能的强化，的确是在机器动力——汽车、火车等发展之后而得到迅速发展的。可以说机器动力交通方式改变了西安城市地域的交通功能，促使西安城市地域空间的分化和结构性调整。

因此，从近代西安城市核心城区与外部交通结节点的联系及其职能关系、交通功能空间的演化、城市外部交通结节点（码头）的分布及其与城市内部功能的空间关系方面逐层深入，可以探讨城市地域交通功能结构演变的机理。

一、府城外部码头及其交通功能

特定的自然地理条件限定西安城市地域的交通转换方式。西安对外界的交通，东西方向沿渭河有官马驿路，而南北方面的交通，北部以渭河为自然限定因素，草滩为水旱码头；南部则在山地与平原的转换处形成一些交通转换点，特别是南部山区主要以骡驮、肩背为主要运输方式，进入平原地区后存在交通转换的需求，而这些货物的目标市场是西安及其市场区域，这些交通转换点往往成为城市对外交通功能的延伸部分，因此呈现出城市交通结点，即码头的外围分散布局，构成近代西安城市地域内部各个结点之间特定的时空关系。在西安城市地域内部，除了以城市对外交通集散功能为主的码头所形成的集镇以外，尚有一些分布于地域腹地且承担一定地域职能的集镇类型，这些集镇是城市地域整体结构的有机组成部分，其相互之间的时空关系所形成的空间尺度体现了农业社会经济生活的特征，即城市外围农业地域的各级集镇及其所承担的以农业生产和服务为主的功能分布的分散化和均质性。随着近代工业的发展和交通的进步，城市功能要素得以集中发展，这些集镇与中心城市之间的行政隶属关系逐渐演化为一种适应社会经济发展需求的内在经济联系，是近代城市地域功能结构演化的主要特征之一。

根据各个集镇在城市地域所承担的功能，可分为门户型商业集镇、腹地型商业集镇。从门户型商业集镇形成的基本条件看，有两种情形：一为因单纯承担交通功能而形成的商业集镇——草滩镇，草滩镇的形成主要是由于其作为渭河的水旱码头，从而形成了商业群集的商业集镇。

二是在原有集镇的基础上加上交通区位优势而形成的集镇，兼有组织农业生产的功能。如南部狄寨、引镇、子午镇，西部三桥镇，东部灞桥镇等，但是由于交通的通达性而产生了功能的差异，三桥和灞桥位于东西交通驿路上，对于平原地区交通相对于南部处于两种地形交界处的城镇而言，其交通转换功能因其交通通达性而大为减弱。因此，三桥和灞桥两镇虽然均位于东西交通要道，但其交通功能与南部城镇却有很大的差异。

腹地型商业集镇以新筑镇为典型。新筑镇号称“十八镇之首”，“位于西安城东北 50 华里处。相传，汉元丰年间（约公元前110年），在渭河设渡口后，各地商贾云集，车马行人，来往不绝，住户日益增多，形成集镇，得名‘新住镇’。后因河床位移，该镇受到威胁，后迁住现址，另建一新镇，更名‘新筑镇’”[①]。晚清时期，新筑镇四周有“八堡、四围墙”。八堡有铜人堡（西坡村）、万顺堡（南吴村）、万胜堡（北吴村）、万安堡（东里村）、北里堡、杨货堡、文昌堡、永兴堡；四围墙有复兴围墙（仓南）、兴盛围墙（涝池岸）、兴庆围墙（仓北）、小围墙（文昌村西的小庄）。镇居其中，街道成“十字形”，南北长约 2 里，为主要商业区。由于处于腹地内的农业地区，其所具有的农业生产服务功能显得尤其重要。

上述城镇分布于府城周围，由于均位于城市地域核心范围，因此，忽略地形的微观变化不计，其与府城之间的交通联系在各个方向具有相对均等的条件，反映出这一地域的均质性特征。其中按照当时的交通工具及出行条件，形成与西安城垣之间不同的时空关系圈层，具有一定的规律性：码头与中心城区的距离在 30—50 里的范围；而腹地型商业镇在腹地内部占有一定的交通之便，并具有较强的农业生产能力，以新筑为典型，这类城镇位于核心城区辐射的真空区与码头之间，其他如灞桥、斗门、三桥等镇均属于腹地型集镇，其交易以本地出产粮、棉为大宗。

这种交通时空关系的形成与农业生产、生活有直接关系。首先，在

---

① 西安市灞桥区志编纂委员会编：《灞桥区志》，西安：三秦出版社，2003 年，第 345 页。

均等划区的社仓所属范围内，其下所属各村的分布需要保证农民耕作的出行要求，而集镇往往在交通较为便利且相对较为均等的服务范围内形成。其次，与该区域居民的生活服务的辐射范围有关，真空区（以西安城为中心15里范围）内的居民，其主要生产和生活服务更多来自城关的商业服务设施，如东关的城隍庙会、骡马大会、忙笼会等，其影响范围很大，货物交易种类和数量也很大。这就使得该地域内的其他集镇无法与城关相对集中的商业服务功能抗衡，或者说处于城市零售商业的影响范围之内而形成了真空圈层。而在该圈层外围，各村镇距离城垣的出行距离相对较远。因此，其生活服务需求必须就近解决，在这一前提下该区域内的集镇往往借助于内部交通的比较优势而形成该区域内的次一级生活服务中心，形成在城市地域内对城市功能的补充。

总体来看，近代西安城市地域空间内部是以广大的农业地区为腹地，该区域内部的农业生产条件相近，农业生产技术也无大的差别，而在自然地形条件限定的区域内，基本保持了均质特性，这是西安城市赖以存在的环境背景。

西安城市地域外围是不同地貌和交通条件限定的区域，不同地貌和交通单元之间的转换点即码头，构成城市外围交通运输的节点，由于承担着城市对外交通和货物运输功能，其客观上成为城市功能的延伸部分，在这些城市功能延伸处，由于交通方便，往来人流、货流频繁，往往会形成门户镇。通过城市外部道路的联系作用将城市地域中的各个功能区域联系起来，构成了近代西安初期发展的地域交通模式下的城市地域空间格局：府城—码头在均质地域中的异质性镶嵌结构。

从近代西安城市交通技术条件的发展来看，直到辛亥革命后，西安才逐渐开始有了汽车，在此之前，对外交通主要以马车为主，而没有修通官路的山区则以骡驮、肩背为主；同时渭河的天然阻隔也限定了西安城区北部对外联系的界域线，因此码头则在城市外围分散布局。这一空间格局直到西安有了汽车运输之后，为了适应汽车交通需求，城市道路交通技术及通行条件逐渐有了改善。因此，在近代西安交通方式转化的过程中，城市地域空间结构也随着这一变化产生了质的改变。

首先，汽车交通逐渐向外围扩展，逐步替代了马车工具，并远远超越了马车的交通时空范围，于是，在借助于马车作为主要交通工具的陆路转换点，则往往由于汽车道路的改道或者替代作用，其交通的集散功能和商业贸易功能逐渐衰退，位于西安城东南约30里的白鹿原的狄寨镇，历史上即古长安去蓝田远至豫、鄂的交通要道，清末民初，由于车辆、驮骡日多，路面不断修拓，东路山区的土产山货和西安运往这些地区的布匹等货物，除一部分车辆行经灞桥以外，狄寨镇成为必经之途，后逐步发展成为集镇，每年清明节过会，前来进行物资交流的人数比集日增加数倍。

西安通往蓝田汽车道路的修通就是曾被誉为“小东关”之称的狄寨镇衰败的主要原因之一；加之中华人民共和国成立前后国民党溃军（约一个团的兵力）的骚扰破坏，使狄寨镇商业兴起的诸种因素消失殆尽，镇上的集市陷于萧条。

其次，陇海铁路的修通沟通了西安东西对外的铁路交通联系，由于不用转运，适用于长距离、大量货物运输的特点，铁路逐步分担了渭河作为关中东西航运的交通运输功能，同样导致了作为渭河水旱码头草滩镇的衰落。由于中心市区汽车总站及陇海铁路车站的修建，城市外围的交通功能逐步向城市内部集中，城市交通功能则趋于集中发展。

当然，汽车交通运输与火车交通运输真正完全取代已有的运输方式经历了一个发展过程，因此，近代西安城市地域的交通联系方式的改变经历了一个过渡时期，这一时期正是适应了交通方式由以马车为主向以汽车为主的转变过程，城市核心区与外部交通结节点的联系及其职能也发生了变化。

二、地域交通功能及其结构演变

近代西安城市交通格局中的干道系统是在明、清时期驿路交通格局基础上发展而来的，同时，清代西安作为扼控西北的战略要地，军事交通的需求强化了这一交通格局及其交通功能的发挥，对城市空间结构发展带来的直接影响，则是西安对外经济贸易的交通往来及其对城市社会经济、政治、文化等方面的交流和传播。由此引发了城市空间结构及其

功能的强化，尤其是借助于驿路的交通格局及其交通功能所发展起来的商路，使西安在其所处的地域中发挥着中心城市的经济职能，推动着西安城市空间结构随着社会经济的发展而不断适应和调整。

我国于同治四年（1865 年）“在北京宣武门外造小铁道，有一里多长，试行小火车”[①]，自此以后至清朝末年，铁路首先在东南、东北经济较为发达地区发展起来。与此同时，随着汽车的引进，各地逐渐修建公路。截至 1920 年，全国修建的公路已达 1100 多千米。与“旧日陆路交通情形，逐渐有本质上的改变。向来以马车为主要工具者，至是渐以火车铁路代之，更以汽车及国道辅火车铁路之不足。向来以驿站为最方便最敏捷的陆路交通组织者，至是千里之间，火车汽车朝发而夕至，驿站已无所用。向来以驿站为中心的机关和法令，至是全部废弃，而另代以以铁道、汽车、国道为中心之机关及法令”[②]。因此，火车与汽车交通的发展改变了马车时代的运输结构和交往方式，是城市地域结构改变的一个重要因素。

西安城市地域交通功能的空间演变主要在两个方面对地域空间结构具有较大的影响：其一是交通运输方式的改变，汽车交通逐步代替马车交通，改变了出行的时空关系。其二是一些汽车线路的修筑导致交通运输量分布不均衡，一些大宗货物运输转而选择汽车运输，在陇海铁路向西通至西安后，铁路运输又进一步代替了渭河运输，逐渐导致了水路运输的衰落。因而，那些处于马车交通要冲的集镇逐渐趋于衰落。

（一）驿路交通格局及其演变

近代西安城市对外交通是在晚清时期所形成的驿站和铺递交通路网的基础上发展起来的。清代沿袭明代的驿传制度，设驿传以达军国急报，置铺司以递送官衙文书。驿站不仅成为重要的信息交换中心，同时也将道路交通组织起来，形成当时社会的物质和信息交往的重要空间载体。

---

① 白寿彝：《中国交通史》，台北：商务印书馆，1975 年，第 232 页。
② 白寿彝：《中国交通史》，台北：商务印书馆，1975 年，第 231 页。

清代中后期，陕西省境内共有驿站130处，均位于各府、县或其之间的重要关隘。全省铺递共563处。根据清代后期陕西省80个州、厅、县的统计，全省共设置铺递537处，较清雍正年间的铺递715处则相对减少。清朝后期则设有"在城铺"，"在城铺"为州、厅、县铺递的总汇，具有总铺的职能。光绪年间陕西开办邮政后，驿传系统一部分传递官府文报的任务虽为邮政局所取代，而县乡之间的邮路绝大多数仍因袭铺路，铺路为官马驿路的有机组成部分。特别是商贩行走的驮道，一般就是铺路。铺路遍布各州、县、乡镇，在交通运输上也惠及里甲百姓。

清康熙、乾隆、嘉庆年间，驿传"呼应较灵，责成较专"。后驿政逐渐废弛，特别是光绪三十二年（1906年）设立邮传部推广邮政、电话以后，官府一部分传递公文情报的任务为邮政部门所取代，驿站只侧重于接运官使、转运官物。另外，由于绝大部分军事物资运输改由各州县的"帮差局""官车局"所承担，驿站便日趋衰败。到了光绪、宣统年间，多数驿站空有其名。而这些驿站之间相互联系的道路则延续发展，形成西安对外交通的空间格局。而铺递之间的道路联系形成了干路之下的次级道路交通网络。

清代中期，西安府递运所与驿站，按其方向分为西路、西北路、北路、东北路、东路、东南路、西南路七路。乾隆《西安府志·建置志》引《陕甘资政录》载，清代西安府于各地置有十驿，"无驿者设有递"，共"铺递九十三所"。"西安府共七路，西：长安、咸阳、兴平、醴泉；西北：泾阳；北：三原、耀州、同官；东北：高陵、富平；东：咸宁、临潼、渭南；东南：蓝田；西南：鄠县、盩厔。置驿十，无驿者设有递马。除抽拨协济夫、马外，实存驿递马六百匹，夫三百十名，铺递九十三所，铺兵三百六十名，扛夫九百七十九名。并归各州县管理"[①]。其中以西安为中心的七路驿传路线如下所述。

第一路为西路驿传，有长安县京兆驿、咸阳县渭水驿、兴平县白渠驿、醴泉县店张驿；驿下设铺司，这些铺递一般都分布在州县的东、西、南、北，使得各州县铺路四达。

① 乾隆《西安府志》卷十一《建置志下·驿传》，清乾隆四十四年（1779年）刻本。

其路线及里程由西安府长安县京兆驿—西至咸阳县渭水驿（50 里）—西北至兴平县店张驿（40 里）（西南至兴平县白渠驿 50 里），由此分为两路：

一路：由兴平县（白渠驿）—西北至醴泉县（30 里），西经乾州过永寿县、邠州、长武县西至平凉府界瓦亭驿 50 里。

另一路：由兴平县（白渠驿）经武功县西至凤翔府扶风县，经宝鸡县陈仓驿，西南至黄坝驿，可达四川省广元县界；或由陈仓西经汧阳至陇州。

第二路为西北路驿传，由西安府—泾阳县 70 里，西北经淳化县、三水县北至庆阳府界。有泾阳县一驿，总铺在城内，城外永乐、宋村、党家桥、寨头、张家、马家、冶峪、千夫、百谷九铺。

第三路北路驿传，由西安府—三原县建忠驿 90 里—北至耀州顺义驿 80 里—北至同官县漆水驿 70 里，经宜君县接陕北地区驿路。三原县建忠驿、耀州顺义驿、同官县漆水驿，其下除各县城内设总铺以外，城外共有 12 铺。

第四路为东北路驿传，由西安府—高陵县—北至富平—东至蒲城县（计 210 里），以蒲城为结点，其下分为三路：

一路东北至澄城县经郃阳县至韩城县（计距西安 390 里），东至黄河接山西省界 25 里。

二路正北至白水县 50 里（分岔：东至澄城县 90 里，西至同官县 120 里，北至中部县 160 里）。

三路东南至同州—东至朝邑县（计距离西安 310 里），朝邑县东至黄河接山西省界 28 里。

西安府所属驿铺有高陵县和富平县及其下属铺递共 9 个。

第五路为东路驿传，由咸宁县京兆驿—临潼县新丰驿—渭南县丰原驿再经华山驿至潼关，里程 310 里，西安府属 3 驿：咸宁县京兆驿、临潼县新丰驿、渭南县丰源驿。铺司共 23 铺。

第六路，包括东南路驿传，其中东南路由西安府经蓝田县东南至商州 210 里（共计 300 里），由商州分为二路：一路由商州南经山阳县，再南至湖广郧西界 120 里。另一路由商州经洛南县东北至潼关驿

150 里。

第七路，西南路，由西安府经鄠县西至盩厔县 80 里，盩厔县岔道分两路：一路西至郿县 100 里；西北至武功县 50 里。

西安府属有蓝田县、鄠县、盩厔三驿。铺递共 15 处（表 2-1）。

表 2-1　清代中期西安府西路驿传铺司一览表

序号	驿站名称	位置	铺司名称
1	长安县京兆驿	在县署东南	总铺在府志东
			城外郭村、祝村、枣林村、泗池四铺
2	咸阳县渭水驿	在城中	总铺在城内
			城外河南、宫字、泉下、上照、双照五铺
3	兴平县白渠驿	在城内	总铺在城内
			城外朱曹、汤台、马嵬、店张、四铺
4	醴泉县店张驿	在县东南	总铺在城内
			城外雒村、晏村、二铺
5	三原县建忠驿	在城内	总铺在城内
			城外孙村、曹师、陵前、阳村、西阳五铺
6	耀州顺义驿	—	总铺在城内
			—
7	同官县漆水驿	在城内	总铺在城内
			城外飞仙、朝阳、丰泽、曲掌、神水、渠赤六铺
8	高陵县	—	总铺在城内
			城外姚子、梁村二铺
9	富平县	—	总铺在城内
			城外牛村、庄子、都村、坡峪、横水六铺
10	咸宁县京兆驿在	县署南	总铺在城内
			城外浐河、灞桥、留村、豁口、永辛、草店、大峪、陈沟、车河九铺
11	临潼县新丰驿在	县东 20 里	总铺在城内
			城外阴盘、新丰、戏河、零口、建平五铺

续表

序号	驿站名称	位置	铺司名称
12	渭南县丰源驿	在城内	总铺在城内
			城外新安、赤水、胡村、杜化、盛店、孝义、凭修七铺
13	蓝田县	—	总铺在城内
			城外七盘、北渠、蓝桥、新店、开张、故景、储景七铺
14	鄠县	—	总铺在城内
			城外庞村、秦渡二铺
15	盩厔	—	总铺在城内
			城外红花、界尚、冯尚、灰渠四铺

资料来源：乾隆《西安府志》卷十一《建置志下》，清乾隆四十四年（1779 年）刻本

由表 2-1 可见，西安的驿传路线是以西安为中心，以长安—咸阳—兴平为西路，以西安—鄠县—盩厔为西南路，以长安—泾阳为西北路，以西安—三原—耀州—同官为北路，以西安—临潼—渭南为东路，以西安—蓝田为东南路，以西安—高陵—富平为东北路的放射形驿传交通干道系统。由各地铺递所形成的铺路为官马驿路的有机组成部分，往往以总铺为核心，在本县的东、西、南、北 4 个方向按照 10 里左右为一铺形成驿路下一层级联系便捷的交通组织系统，铺递之间的距离也因各县的地理条件不同而有所差别，一般关中腹地为 10 里左右，向外围距离逐渐增大为 20—30 里。铺路遍布各州、县、乡镇，使百姓的近距离出行和交通联系较为方便，而商贩行走的驮道一般就是铺路。因此，这些驿传路线为地方经济的发展提供了基本的交通条件，以铺递为邮路末梢所形成的次级邮路系统构成了其道路系统的支线网络，这种格局一直持续到辛亥革命以后。

民国初期，陕西全省驿路干、支线里程共约 100 000 华里。就其分布举其大者，计主轴线有：京西官马路一段的西安至潼关官路；皋兰官路一段的西安至长武官路；四川官路一段的西安至凤翔官路，凤翔至宝鸡经褒城的北、南栈道至宁羌官路。这几条主要轴线把陕西与京都和我国西北、西南连接成一体。

围绕着这些主轴干线，东北向的有出西安灞桥，经高陵、富平、蒲城、澄城、郃阳至韩城的官马支路，从禹门口渡黄河可至山西河津。东南向的有出西安经蓝田、商州、龙驹寨（今丹凤县）、武关、商南的官马支路，东到南阳与豫、鄂相通。北向的由西安草滩跨渭河，经三原、耀县、同官（今铜川）、宜君、中部（今黄陵）。这些干、支官马驿路，把关中与陕南、陕北贯通起来。另外，陕南有汉中经城固、西乡、石泉、汉阴、安康、平利、白河的官马支路，通湖北襄樊一带；陕北有以榆林为中心，沿长城内外通往神府和靖边、定边的塘路和草路，分别通内蒙古和宁夏。这些官马支路，除左宗棠整治过的关中平原少数路段（西安至潼关）宽度在3丈（1丈≈3.33米）左右以外，一般干线可并行二车，支线有的仅能过一车或一驮。部分路段用板石或卵石铺砌路面。经过的河沟，除历史上遗留下来的少数桥、涵以外，大多涉水而过。欲占有陕西，必须首先控制关中。因此在军阀盘踞争霸的年代里，争夺的重点是关中地区。所以，各路军阀对关中地区官道的整修较为重视。1919—1923年，陕西省长公署曾4次下令整治道路。1919年4月，陕西省省长刘镇华曾下令通饬各县限期修补道路，“以安商旅”。由于民穷财困，地方官无能为力，鲜有成果。随后虽然屡经修筑，但终因资金、技术等条件始终通而不畅。1912—1921年是陕西驿运的衰落时期；1922—1931年，关中地区的一些主要驿道逐渐被改建成公路，尚未改建的也处于自生自灭之中，因而是驿道向公路过渡且逐渐被废弃的时期①。

到1927年南京国民政府成立时，铁路尚未兴筑，当时仅在原有的大车驿路的基础上先后修筑汽车道路。水运则非常有限，除南部汉水有沔县、南郑一带通航至湖北老河口暨汉口一带以外，“中部渭河可由咸阳通航至潼关三河口一带”②，其他地区仅有为数很少的小型舟运。

1928年以前，陕西省的陆路交通非常落后，可通大车的道路以西安为中心，东可达潼关，西至宝鸡，西北至长武，西南至蓝田，北到耀县，南至子午镇。由三原至同州（今大荔）为大车道，除此以外，由以上各点向外延伸则靠驮骡。因此，货物和客运运输的通路以关中

---

① 陕西省交通史志编写委员会编：《陕西公路史》第一册《近代公路》，北京：人民交通出版社，1988年，第2—5页。

② 陕西省建设厅编印：《陕西省建设统计汇刊》第一期，1931年。

地域范围最为发达，但路面质量和道路宽度却仍然维持旧有道路现状（表 2-2）。

表 2-2　1929 年底陕西省道现状统计表

路名	起点	终点	宽度（尺）	长度（里）	备注
西潼路	西安	潼关	24	290	全路可通大车
西长路	西安	长武	24	420	全路可通大车
西荆路	西安	荆紫关	5	690	西安至蓝田可通大车，由蓝田至紫荆关可行驮骡
西汉路	西安	汉中	西安至凤翔 24	1100	西汉路有二：一是由西安经凤翔、宝鸡至南郑。二是由子午镇间道经宁陕一带至南郑
		南郑	宝鸡至南郑 4		
西榆路	西安	榆林	（平均）5	1375	西安至耀县可通大车，由耀县至榆林可行驮骡
西兴路	西安	兴安（今安康）	西安至子午镇 24	685	西安至子午镇可通大车
			子午镇至安康 4		由子午镇至安康可行驮骡
肤延路	肤施	延长	（平均）4	150	能行驮骡
肤定路	肤施	定边	（平均）4	500	能行驮骡
原同路	三原	同州（今大荔）	10	190	通大车
宁安路	宁陕	安康	（平均）4	400	能行驮骡
合计	10 条	—	11.33	5800	—

资料来源：陕西省建设厅编印：《陕西省建设统计汇刊》第一期，1931 年

九一八事变以后，日本帝国主义侵占了辽宁省、吉林省、黑龙江省，进逼热河，觊觎华北；1932年1月28日，日军又在上海燃起战火，企图迫使国民党政府承认它占领我国东北的既成事实，同时取得一个进攻中国内地的基地，从而使东南沿海地区岌岌可危。在此种形式下，国民党政府向西南、西北地区实行战略转移。当时西北地区极少有现代工业，加之多年军阀混战造成的创伤尚未恢复，交通闭塞，经济落后，根本难以适应战略转移的需要。因此，南京国民政府又把 1930 年提出的“开发西北”的口号重新提到了重要的地位，强调开发西北的“第一要务便是修路”，陕西是通向西北、西南广大纵深地区的交通枢纽，公路建设更为重要，因而得到了较高的重视，促使了陕西公路的初步发展。

当时陕西的公路虽有初步发展，但均集中在关中平原，陕南、陕北

尚无公路。陇海铁路通到西安，陕西的现代工业开始萌芽，西安等主要城市先后建立了纺织、面粉、火柴、化学、发电、榨油、机器制造等工业，经济的起步对公路建设在客观上提出了新的要求。由于政治、军事、经济的需要，1932—1936 年，陕西的公路建设迅速由关中向陕南、陕北推进，出现了公路建设的第一次高潮[①]。在这期间，先后改建了西兰，新修了西汉（宝汉段）、汉宁、咸榆、长坪等几条主要干线公路，以西安为中心，东、西、南、北各路均与邻省沟通，全省公路网的雏形初步显现出来。

1936 年，西安事变后，抗日民族统一战线初步形成，1937 年 7 月 7 日卢沟桥事变发生，民族矛盾上升为主要矛盾，国共两党实现了第二次合作，开始了全面抗日战争。在全面抗战初期，日本帝国主义者气焰嚣张，仅一年多的时间里，就侵占了我国华北、东北、中南、中原等大片国土和北平、上海、武汉、南京等大城市，国民政府被迫迁都重庆。1938 年 3 月，日军侵占山西，进逼潼关，隔黄河炮击陕西河防阵地，双方交战以黄河为界。从此，陕西既是抗日战争的前沿阵地，又是支援华北和中原军民抗战的大后方，并成为连接西南、西北地区和沟通各个战区的纽带，战略地位十分重要。

由于政治、军事等方面的因素，在全面抗日战争期间，陕西公路以改善提高和新建并重为特点，形成了第二次发展高潮。修通了汉（中）—白（河）公路，贯联陕南，通达湖北；修建了宝（鸡）—平（凉）、长（武）—益（门）公路，加强陕西与甘肃、四川两省的联系；同时陕南秦巴山区支线公路得以修建并逐步发展。

因此，近代西安城市地域在清代以来马车时代交通格局的基础上，逐渐适应汽车交通的发展，在原有道路基础上修筑路面，改善路况，提高运输能力，使汽车交通得到一定的发展。陇海铁路西展至西安，改善了西安对外的交通往来，也改善了以西安为中心的政令、商贸、文化传播的途径和交通能力，从而不仅改变了西安的外部交通结构，也改变了

① 陕西省交通史志编写委员会编：《陕西公路史》第一册《近代公路》，北京：人民交通出版社，1988 年，第 26 页。

西安城市地域的交通方式与空间关系。同时，陇海铁路也加强了关中沿渭河城市的轴向关系。

（二）商业交通及其功能的演变

商路主要建立在驿路通达的基础上，是沟通省内及其与邻省之间货物往来的主要通道。近代陕西主要商路以西安为中心，东沿渭河以南东通潼关的官路为主，出城垣过浐、灞两河，经新丰通渭南、华阴，达潼关，为东出潼关之官道。西出西安城，经咸阳跨渭河，通凤翔后西达陇关。南经陈仓道而至汉中、广元，达成都。其中凤翔是四川、汉中货物的会聚之地。北则过草滩水旱码头，跨渭河而形成北路的联系通道。北为通往陕北的官路；由灞桥东南往蓝田、商州，是通往湖北、河南、湖南等地的主要官道，其中以龙驹寨（今丹凤县）为水旱码头，曾繁盛一时；西北则为皋兰官路。因此，西安是省内陕南、陕北与关中经济往来的交通枢纽，是湖北一带的布匹、京货、广货，西北的药材、皮货，湖南的茶叶，山西的盐、煤炭、铁，陕西的粮食等区域性商业贸易的会聚之地。

在西安城市地域范围，由官马驿路构成城市对外商业经济与贸易往来的主要交通骨架，行旅往来则形成了以西安为中心的主干商路。除此以外，基于商业经济交往的需求，还形成了一些次级商路。次级商路的形成是对已有的驿路交通骨架的补充，这些因商业往来而形成的商路，较为突出的是位于城市南部边缘，联系西安与陕南地区的各个峪道。早在隋唐时期，长安城南过秦岭的交通除子午道以外，又辟有锡谷道、库谷道、采谷道等路。锡谷即今小峪谷，义谷为今大峪谷。锡谷道和义谷道分别沿二谷越秦岭后，并为一路，沿乾佑河南下至唐安业县（即宋乾佑县），再赴金州（今安康）、兴元府（今汉中）等地。库谷即今浐河支流库峪河。库谷道是长安通金州（今安康）的要道之一，唐代置官戍守。库谷以东有石门谷，石门谷东为采谷，采谷水与石门谷水、库谷水合而为一，应为今汤峪河东的岱峪河。采谷有细路通商州上洛县。从地形上看，采谷道应由岱峪河转而沿网峪河上源西采峪越秦岭，再沿丹江支流乳河至商州[①]。有清一代，陕南山区与西安之间主要凭借已有的道路形成商路分支，这些道路有：东路有库峪、大峪、小峪等商路；西路有子午谷、石砭峪等所形成的次级商路。

库谷为镇安达西安之间道，“（库谷）在蓝田县西南五十里，咸宁县东南八十里，为蓝田、咸宁交界处。有库谷水，北入灞，三省边防道路考：由镇安县东行五里曰旧寺……苦峪口（即库谷），又九十里，沿山西行，至引驾回，又四十里西安省城”[②]。

大义谷为孝义赴西安孔道，俗名大峪口，“在咸宁县东南六十里，潏水出焉，西北流会镐水（即交谷水），又西会沣水入渭”“今由大峪口至孝义，其正南通兴安，其西南通汉中，与古路合。惟山路峻峭，较栈道尤险也，三省边防及咸宁县志道路考：由西安省城南行二十五里曰鲍陂，又二十五里引驾回，又十五里大峪口，又二十五里……孝义厅城计程二百七十里，大峪口逼近省垣”。清代安康、汉中通往西安的通路，大峪口、子午谷依然为重要峪道，“兴安、汉中与长安相通山路，一由安康琉璃沟。经洵阳北境镇安县孝义厅，而至大峪口，兴安达西安之路也”[③]。小义谷，俗名小峪口，“昔之锡谷”“在咸宁县东南六十里”“合大义谷路，通汉中”[④]。

子午谷为汉中、兴安两郡通往西安之孔道，在长安县南 60 里，“有子午谷水北流会交水注沣入渭，通典云由汉中入长安取子午谷，路凡八百四十一里，顾氏景范曰：子午道南口曰午，在汉中府洋县东百六十里，北口曰子，在西安府城南百里（案，今由省城至子午谷口仅六十里），谷长六百六十里，或曰即古蚀中也”，石鳖谷（即石砭谷）东南可通往孝义厅，西南可达宁陕厅，“入谷东南行，七十里至岳坪岭，为达孝义厅路，入谷西南至董子坪，为达宁陕厅路，《宁陕厅志》云：

---

① 辛德勇：《隋唐时期长安附近的陆路交通——汉唐长安交通地理研究之二》，《中国历史地理论丛》1988 年第 4 辑，第 162—163 页。

② （清）毛凤枝：《南山谷口考》，西安：陕西通志馆，1934 年。

③ （清）贺长龄辑：《皇朝经世文编》卷八十二《兵政十三·山防》，台北：文海出版社，1972 年。

④ （清）毛凤枝：《南山谷口考》，西安：陕西通志馆，1934 年。

石鳖谷（即石砭谷）在厅北五百一十里”[①]。“由石泉之迎风坝、西乡之子午镇，经宁陕厅、东江口营、夹岭汛，而至子午峪，石泉西乡达西安之路也”[②]，这些通道成为西安南部与陕西南部山区相通的商旅通道。

这些商路形成的主要功能是促进了陕南山区的山货与平原的粮食和农产品之间的商业贸易交通。往往在交通转换结节区域，或称交通转换点，商业贸易繁盛，并借助于城市外围交通功能的延伸为其带来潜在的商业发展优势。

西路的转换点主要有子午镇，东路主要有引镇，“由西安省城南行二十五里曰鲍陂，又二十五里引驾回，又十五里大峪口”，出山 15 里则可达引驾回镇，距省城 50 里，为大车行驶近一天的路程。子午镇与子午谷的位置与引驾回相似，由子午谷口“又十里子午镇，又十里出平原至黄良镇，又三十里西安省城”[③]，谷口距离省城大约 50 里，而子午镇距离省城约 40 里，均为出山的第一站，且与省城之间有近一天的路程，因此，必然成为行旅出山修整、驮运货物出山中转的重要交通转换点，同时也由于与西安之间有一天的路程，行旅在此的驻足时间必然相对较长，不仅要休息、餐饮，而且要给骡马等喂养饲料和进行修整。因此，客观上成为城市外围交通功能的外延部分。

总结起来，近代西安外围交通中转地存在三种不同的类型。

第一，是同质地域不同地貌单元之间的交通转换点，主要是不同地貌单元之间的交通转换点所形成的商业支路，在近代主要是指位于终南山沟通陕南和关中商业的南部通道。南部通道的异质性地域交通转换点主要有子午镇、引镇、狄寨镇等，其中狄寨镇的兴起是在清末民初时期。

微观地貌导致了城镇分布格局的不均衡性特征。西安地区与南部山区的交通，历史以来形成的主要通路有陈仓道、褒斜道、党骆道、子午道和武关道，此外还有库谷、大峪、小峪、石鳖峪（即石砭峪）等。其

---

① （清）毛凤枝：《南山谷口考》，西安：陕西通志馆，1934 年。
② （清）贺长龄辑：《皇朝经世文编》卷八十二《兵政十三・山防》，台北：文海出版社，1972 年。
③ （清）毛凤枝：《南山谷口考》，西安：陕西通志馆，1934 年。

中，交通转换点位于西安城市地域范围内的则有子午路、库峪和大、小峪道等，也因此成为山区与平原之间商业交往的通道："子午、石鳖诸谷，道通兴汉，商旅络绎，市多榷酤"[①]，而这些出山码头也就自然成为不同地貌单元之间的交通转换点。

第二，属于同质性地域交通节点，主要是指在平原地区所形成的交通关系，在城市地域主要指连接东西交通所形成的结点。西部有三桥镇、斗门镇，东部有灞桥等镇，三桥、灞桥位于西安东西路的主要官马驿路上，斗门镇位于西安至鄠县的要冲。

第三，异质性地貌单元转换点，即渭河航运的水陆转换点—草滩镇，也是西安境内的水路和陆路之间的主要交通转换点。回民起义以后逐渐发展并成为"巨镇"，"县境滩地，多于长安回乱后屯军，客佃开辟沮洳，远方耜耒来者日众，而河岸商船萃集，盐碳云屯，尤称巨镇焉"[②]。

这三类交通转换点借助于其交通优势，往往成为具有商业贸易功能的集镇。一方面借助于货物转运的优势；另一方面是自身所具有的发展基础和潜力，包括其商品市场范围和商业往来的对象等，形成较为繁荣的商业市场。因此，在承担城市外围交通转换职能的同时，其商业借助于这一交通优势发展起来，并与西安城市的商业经济关系密切，其大宗的商业贸易以西安为其目标市场，这些货物大量进入西安，因此批发成为必要的环节，是形成西安四关以货栈、行栈为主的商业功能的重要促成因素。同时，这些交通转换点也为西安提供了一些必要的商业和生活服务功能，成为城市外部经济活跃的地区，也是城市郊区的边缘地带，这种以集镇形式存在的飞地型城市边缘地区的发展，直接折射出城市与郊区之间的相互依赖性。

三、外围码头集镇及其功能结构

门户是指位于城市外部与城市交界地带，具有交通转换功能的场

① 嘉庆《长安县志》卷十九《风俗志》，清嘉庆二十年（1815年）刻本。
② 民国《咸宁长安两县续志》卷四《地理考上》，民国二十五年（1936年）铅印本。

所。交通门户镇主要指具有交通集散地功能，即人流、货流及信息流转换功能的场所，往往形成一些相应的商业服务和集散功能，成为城市的有机组成部分，但在时空关系上往往有多种类型，包括依附型、分离型和飞地型。本书所涉及的门户镇主要指出山码头和水旱码头，或通称码头。近代西安门户镇经历了由飞地型向中心依附型的演变。这些门户与城市内部功能之间存在着直接的内在联系，是促成城市四关功能分异的主要原因。

西安门户镇主要由城市各个方向交通道路与西安的交通转换点形成，主要有草滩、子午、引镇、狄寨等镇，这些码头的兴衰与交通能力和交通区位有着直接的关系，一旦交通区位优势和交通能力丧失，码头则随之而衰落。

（一）北部的水旱码头——草滩镇

北部的水旱码头——草滩镇的兴盛和渭河航运有着密切的关系，草滩镇曾长期作为渭河下游的一大港口，是承上转下的货物集散地，“自秦汉至晚清，由长安城北去的驿路，多经由草滩附近的中渭桥或中渭渡，而中渭桥和中渭渡就在草滩附近”[①]。草滩镇的码头有三类：第一类是专用码头（俗称上码头），占地 150 亩左右，专卸煤炭和食盐。当时煤炭和食盐都用专用船只装载，由官衙调遣。第二类为车马渡口，用平板木船摆渡南来北往的车马。当时殷商富贾和官员多乘骡马轿车，轿车要在车马渡口摆渡。草滩镇为西安府、三原县之间官路所经之地，公私行旅多在草滩歇息、进餐，因而，草滩镇的饮食业特别兴旺，大饭馆有 8 家之多。官路两旁摊点无数，小商小贩蜂集蚁涌。第三类码头专门装运日用百货和过往旅客，以小木船为主，少装轻载，快来快去，为过往行人和小商小贩服务。从秦岭采集的药材，常用排筏由宝鸡直运草滩镇，转销西安府。陇县关山、秦岭出产的木材，也由渭河中游各地放排至草滩，加工后再转运各地销售。那时草滩有木材加工厂 5 家，各占地

① 陕西省地方志编纂委员会编：《陕西省志》第六十二卷（四）《工商联志》，西安：西安出版社，2002 年，第 55 页。

十余亩，木材堆积如山，生意十分兴隆。

“货船日流量少则几十艘，多则100余艘。”“每当载重量40—50吨的盐炭货船到岸时，装卸的车马密集，人力车数以百计，日夜装卸，货堆如山”。位于现草滩镇农具厂周围的上码头，占地约10公顷。今贾家滩村北部的下码头为堆放盐、碱的专用码头。另外还有专门用以装卸百货、接送旅客、摆渡南北往来车马停靠的码头。草滩以地处渭河航运码头南堍的地理优势而享誉一时。“每逢集日，车水马龙，人群熙攘，日流量达数万人”①。

清代草滩镇的集市区有旅店5家，专门接待过往客商和出差官员。另有为陆运提供服务的骡马店和大车店及为骆驼队歇宿的骆驼场。草滩集市上设有厘金局（即税卡）②。1900年，由于草滩集市繁荣，刑名钱谷税务量越来越大，咸宁县曾在草滩镇设立分县衙门：

> 再据布、按二司详称：西安府咸宁县县丞，向系分驻灞桥，该处现时事务稀少，官同虚设。惟查该县北乡草滩同为盐船、炭船卸载之埠，商民杂处，良莠不齐，且辟地开荒，客民麇集，自屯军遣撤后，遇垒繁难，常有鞭长莫及之虞，应将该县县丞移驻草滩，即以已撤屯军营房作为该县丞衙署。凡酗酒赌博、匪类滋事，均准随时弹压，并可兼办警务以靖地方，惟一应词讼仍不准该县丞擅理，以示限制等情，请奏咨前来（臣）复查无异，除咨部外谨会同陕甘总督（臣）升允附片具陈，伏乞圣听，谨奏。③

据资料记载：“清光绪二十八年至三十二年，咸宁县县丞署设此”④，民国初年撤销了草滩的分县建制，又恢复为镇。进入民国时期以后，在水路未停、公路未改线前，草滩经济仍然兴旺发达。“镇内新建一些教堂、戏院。另有货栈、行店10余家，经销粮食、棉花。还有金

① 西安市未央区地方志编纂委员会编：《未央区志》，西安：陕西人民出版社，2004年，第298页。

② 陕西省地方志编纂委员会编：《陕西省志》第六十二卷（四）《工商联志》，西安：西安出版社，2002年，第55页。

③ 抚都院书：《奏将咸宁县丞移驻北乡草滩镇附近片》，（清）课吏馆编：《秦中官报》，西安：陕西课吏馆，光绪三十二年（1906年）铅印本。

④ 西安市地名委员会，西安市民政局：《陕西省西安市地名志》，内部资料，1986年，第220页。

银首饰店（俗称银匠炉）2 家，绸缎布匹店 4 家，杂货铺 22 家。另有租赁书店，专门出租书刊。旅客日流量达 10 万人次之多”[①]。1935 年 1 月，陇海铁路通车后，渭河航运日渐衰败[②]。1937 年抗日战争全面爆发后，黄河水运受阻，山西被日军占领，盐、煤运量锐减。加之民国中期咸榆公路和咸铜铁路皆绕经咸阳，草滩的航运业、商业、服务业走向衰败。

（二）南部出山码头及其职能

南部出山码头，即南部山地与平原的异质性地域空间转换点，如前所述，西安南部的出山码头自西向东主要有子午镇、引镇和狄寨镇。

城郊南部西路孔道出山码头镇——子午镇，位于西安城西南 50 里处，据民国时期统计资料，至 1929 年西安南部大车道仅通至子午镇，可见，子午镇在西安城市地域的重要作用。

南部东路间道出山码头镇——引镇，对西安南大街的盐业发展具有一定的影响和促进作用。光绪末年，关中、陕南被划为山西潞盐销售区，西安南关是山货集散地区，商贩运来土特产，在返回时，必须趸购食盐、杂货运回销售。他们运来的货物，如生漆、桐油、木耳、茶叶、烧纸、黄表、黑白麻纸、花椒、桂皮及银耳、麝香等，零售或经行店代卖，远销省内外。其中大宗山货必须归行出售，缴纳百分之三到百分之五的佣金，行店从中牟利[③]。

引镇地处大、小库峪山口要道，距离西安约 50 里，由客商自由投宿，自找货主选购食盐或以货易盐等办法自由买卖，这样既可自由选购，又可省去行佣，因此山客多不愿把货运往西安南关。引镇食盐的销量日增，吸引了南大街的盐店到引镇招揽生意。其经营方式多采用赊销方式，即把食盐赊给引镇商店，再由引镇商店卖出，双方有利。以后又

---

① 陕西省地方志编纂委员会编：《陕西省志》第六十二卷（四）《工商联志》，西安：西安出版社，2002 年，第 56 页。

② 西安市未央区地方志编纂委员会编：《未央区志》，西安：陕西人民出版社，2004 年，第 298 页。

③ 刘文礼：《旧社会的南大街盐店》，中国人民政治协商会议西安市碑林区委员会文史资料研究委员会编：《碑林文史资料》第 2 辑，内部资料，1987 年，第 49 页。

以这种方式把生意扩展到盩厔、鄠县、蓝田等地。运用这种经营方式既可以使乡镇商业得以周转，又可以换取山货赚钱，因而促进了盐业的扩大和发展。1921年前后，南大街陆续增设了不少盐店，较著名的有广积丰、太和成、广裕合、积厚丰等盐店。不少盐店还在引镇开设了分店，繁荣了乡镇的商业市场①。

因此，引镇作为南山通道的一个交通中转地，由于其商品交易活动的地域性和交易方式的灵活性，逐渐形成了和南大街盐店在商业活动中的产业链效应，既担负了中转地的集镇功能，同时也是城市盐业贸易活动的延伸地，形成了近代西安城市的门户商业集镇。

处于南部东路孔道、西安城东南约30里白鹿原上的“小东关”狄寨镇，相传宋天圣年间，大将狄青征西夏时，曾在此扎寨练兵，后遂名元帅驻地位居白鹿原中心的村子为“狄寨”。据嘉庆《咸宁县志》载：“真武庙在狄寨镇”。

1916年，商洛一带几家富贾，在狄寨开设了“元兴祥”“天光号”等钱铺和当铺，出现了酒馆、饭馆、烟馆（鸦片烟）、客店、粟店、肉店、药材、染房、小百货等各业俱兴的市面。周围各村及蓝田东原、长安南原的农民，用日常生活消费品和生产上需要的一些物资来进行买卖交易，使狄寨镇逐步形成具有相当规模的集镇。

（三）腹地市镇及其职能

除码头以外，尚有一些位于交通孔道而无须交通转换的集镇，如三桥、灞桥、新筑、斗门等镇，虽位于交通孔道，但外来的陆路运输物资无须进行转运，因此，在这些地方，往往形成一些具有大宗商业贸易功能且具有一定地域范围的专业市场，同时也因其交通区位优势而在不同程度上得到一定的发展，成为城市地域内的有机组成部分。

城市地域东西部交通要道的灞桥镇位于在西安城东20里的灞河桥头东岸，是西安东去临潼、渭南，北往三原、陕北，南至商洛的必经之

---

① 刘文礼：《旧社会的南大街盐店》，中国人民政治协商会议西安市碑林区委员会文史资料研究委员会编：《碑林文史资料》第2辑，内部资料，1987年，第49—51页。

地。灞桥是渡河进入西安的要冲，历来也是兵家必争的战略要地，咸宁县分县衙门曾驻灞桥，于1906年后，才移驻草滩镇[①]。

关中地区内部以平原地形为主，沿渭河的东西交通较为通畅，辛亥革命之前，其交通的尺度以驿站为参照，一天的行程一般为一大站，即即驿站的设置距离是60里左右。例如，由长安京兆驿西至咸阳渭水驿，而由咸宁京兆驿东至临潼新丰驿，均为由西安西出、东出的长途运输中一天的驻足之地，大宗货物的目的地往往以西安城为主，因此，灞桥、三桥两镇虽然位于东西交通孔道，但往往不作为长途货物贩运者的驻足和存货之地。其原因正是在马车条件下两处距离西安为半天的路程，所以人、货的通过性较强。

据嘉庆《咸宁县志》记载，隋开皇三年（583年），以镇西灞河上的古桥和在此形成的集市而得名“灞桥街”，至今已有1400余年的历史。灞桥自古以来就是人们折柳送别的地方，是西安东部门户。近代由于其地处西安郊区，因此往往成为外来人员落脚之地，客观上吸纳了外来人口向城市集中。全面抗战期间，“更多的是从外省、外县逃荒或谋生的人”[②]，但作为西安的东部门户，其发展并不充分：“街镇的路面又窄又脏。雨天更是泥泞不堪，车辆难行”。

西部的三桥镇地跨沣河桥与灞桥的区位条件非常接近，在西安地区的周期性市场中，三桥镇、斗门镇形成了粮、油、棉交易市场[③]。三桥镇是通往西部渭河以北交通干道的重要集镇，位于沣河以西农业产区的腹地，借助其交通地位，成为以粮食交易为主的市场。

新筑镇是位于城市郊区农业腹地的商业集镇，位于西安城东北50里处。其曾因处于渭河渡口而繁荣，是一个历史悠久的农村集镇，素有“长安十八镇之首”的称誉[④]。1949年5月以前，以粟花行、杂货行、食品业为主；东西街道较短，约1里，经营日用家具、铁木器及山货土

---

① 抚都院书：《奏将咸宁县丞移驻草滩镇附近片》，（清）课吏馆编：《秦中官报》，西安：陕西课吏馆，光绪三十二年（1906年）铅印本。

② 西安市灞桥区志编纂委员会编：《灞桥区志》，西安：三秦出版社，2003年，第345页。

③ 西安市莲湖区地方志编纂委员会编：《莲湖区志》，西安：三秦出版社，2001年，第314页。

④ 西安市灞桥区志编纂委员会编：《灞桥区志》，西安：三秦出版社，2003年，第345—346页。

特产者居多。街镇中心有一座小钟楼，镇的四端有古庙四座，各庙之侧均建有戏楼。这些建筑物的基础遗址至今犹存，说明新筑镇有过一段兴盛的历史。新筑镇的商业在明清之际曾经繁荣过一段时间，是渭河南岸的农产品集散地。清代同治年间，由于回民起义，新筑镇周围的建筑物及商号房舍尽被毁坏。1926年，在刘镇华围困西安城期间，新筑镇设有镇嵩军的后方医院和兵站。刘部士兵骚扰四乡，哄抢市场，以致商号停业，集市冷落。同年11月，刘军败逃后，这一带农民才得以休养生息。但当时新筑地区的大量耕地种起了鸦片，仅镇上就开设了十余户大烟馆。吸毒者倾家荡产，沦为盗贼，社会不安。1934年，禁种鸦片之后，才有扭转。之后，新筑地区种植棉花转入高潮，镇上的棉花行也随之兴起。新筑的棉花开始被恒兴何、东轧厂、德新明、乾昌丰等几家棉花行少量收购，主要售给陕南、川北一带的棉花客商。后随着种植面积一再扩大，产量不断提高，遂招来了郑州“豫丰纱厂”每年来此订货，以马车运往渭南田市镇装船，由渭水转黄河到郑州。同年，陇海铁路通车西安以后，又有上海的“申新纱厂”来此订货。镇上商业销售的主要对象是农民。农业种植结构以种棉为主以后，这里的集镇便日趋活跃（表2-3）。

表2-3　民国时期西安各镇棉花店统计一览表

镇名	棉花店数量（家）	自办数量（家）	代客收卖数量（家）	兼办数量（家）
北关	8	—	8	—
东关	3	—	3	—
新筑镇	23	—	23	—
斗门镇	5	—	5	—
草滩镇	9	—	9	—
合计	48	—	48	—

资料来源：铁道部业务司商务科：《陇海铁路西兰线陕西段经济调查报告》，1941年，第55页

新筑镇为长安主要棉花集镇：“该镇地居长安东北，渭河南岸，浐灞两河之间，距西安约三十里，铁路未通以前，直由渭河东运，现时火车经过，以在灞桥车站装运为最便利，该线距车站约十里左右，为采摘

棉花者不可不到之地，该镇去年领种灵宝棉种共 15 万斤，其棉花品质，甚有足称。”[①]1937 年，全面抗战爆发，东路断绝，便以骡车、汽车转运宝鸡及成都、云南、贵州等地，新筑镇的棉花行便很快增加到 30 多号。全镇棉花行每年成交皮棉均在 3 万担（1 担=50 千克）以上，最高曾达 4 万担[②]。

全面抗日战争时期，“西安常遭敌机轰炸，城内居民疏散来新筑地区居住的不少，城市的一些商人资本家和农村一些大户老财，也通过各种渠道向新筑商业投资，当时的‘天余堂’、‘万育生’、‘德兴裕’等一些大商号，都是来自西安的股东。一些从沦陷区来的住在陇海铁路沿线的难民和出卖劳力的贫民，也来新筑镇摆摊设点做生意。当时，镇上白日天天逢集，夜晚灯火不熄，人群整天川流不息。到了棉花上市的季节，从四面八方来此售花的棉农，担挑背送，车拉马载。新筑镇商会为了招徕远近顾客，常请来西安的秦腔名演员到镇上演戏扩大影响，推动商品销售”[③]。可见，此时新筑镇成为西安富商设立分号投资、绅民避难和难民聚集的地区，其商业地位及其经济发展已经具有一定的影响。

四、地域交通运输及其空间特征

城市是人类进行各种活动的集中场所，各种运输通信网络使物资、人口、信息不断地从各地向城市流动，城市具有这种集结作用，因此被称为结节点，连同其吸引区组成结节区域。城市对区域的影响类似于磁铁的磁场效应，随着距离的增大，城市对周围区域的影响力逐渐减弱，并最终被附近其他城市的影响所取代。每个结节区域的大小取决于结节点提供的商品、服务及各种机会的数量和种类。一般来说，这与结节点的人口规模成正比。不同规模的结节点和结节区域组合起来，形成城市的等级体系。

晚清时期，西安尚处于农业社会经济环境中，在行政、军事手段的

① 铁道部业务司商务科：《陇海铁路西兰线陕西段经济调查报告》，1941 年，第 55—56 页。
② 西安市灞桥区志编纂委员会编：《灞桥区志》，西安：三秦出版社，2003 年，第 346 页。
③ 西安市灞桥区志编纂委员会编：《灞桥区志》，西安：三秦出版社，2003 年，第 346 页。

严格管理和控制下，交通条件在客观上超越其他社会经济发展条件，成为独立作用于城市地域的发展因素。因此，本节所要讨论的西安地域交通空间结构，主要探寻交通条件及其可达性对地域城镇关系的影响，交通条件指交通工具与道路条件，因为近代西安由马车时代向汽车时代发展的转型中，交通工具和交通方式为近代社会、经济和产业要素的发展提供了不同的交往平台，从而导致了人流、物流和信息流在各个城市之间以不同的流通方式和时空距离进行交换，交通方式变化的本身就是社会转型的重要促成因素之一。西安地处西北内陆，在其农业商品经济缓慢积累发展过程中，交通条件的改善从某种程度上刺激了近代社会经济要素的萌发、运行和整合过程，因而成为近代西安地域空间结构的重要条件。

（一）对外交通集散地分布及其货物运输

在以陆路为主的交通格局的基础上，渭河航运成为城市对外交通的重要组成部分。渭河航运为历代所用，明清时期，黄渭水道主要用于转运大宗粮食、食盐、煤炭及土特产品等。其中，按照食盐划区规定，运销陕西关中、汉中地区的食盐，必须以山西运城解盐为主，运输路线即通过黄渭水路，再经水运陆转，达于各州县。其中运至咸宁、长安两县的解盐上船点均在黄河口，起旱点则在草滩；运至镇安的解盐起运点在夹马口，而起旱点也在草滩。另外韩城一带的煤炭，也是“利用黄河北干流运至潼关三河口，再西溯河渭，运往西安、盩厔、鄠县及其以西各地销售”[①]。除此之外，利用渭河水道转运的土特产品也很频繁，来自秦岭山中的木材、木炭、药材、木耳、土纸；来自山西的“炭、铁、枣、酒，及诸土产之物，车推舟载，日贩于秦”[②]。《鄠县乡土志》载：“铁货如铁钉、铁销之类，除自制外，由山西泽州、潞安等府，水运至河口，由河口陆运至户，每年共销六七万件。铧辟由山西河津樊村镇水运至咸阳，由咸阳至户，每年共销十万余叶。镰刀由省城运自户，每年

① 陕西省地方志编纂委员会编：《陕西省志》第二十六卷（二）《航运志》，西安：陕西人民出版社，1996年，第137页。

② 光绪《平遥县志·杂录》，清光绪八年（1882年）刻本。

共销七八万张。”[①]可见，渭河水道的运输能力在当时的条件下仍具有一定的优势。

至 1934 年陇海铁路修通至西安以前，由于西潼公路（西安—潼关）路况差，货运汽车少，关中东西部的物资转输主要依靠渭河航运。据民国时期陕甘调查显示，渭河为关中主要航路，经宝鸡、咸阳、西安、临潼、渭南，于三河口入黄河。“惟水浅流缓，并非四季通航。咸阳以下，可通载重近千担之民船，咸阳以上须在洪水时期，始能通三百担以上船只。上运货物有韩城之煤，山西之盐，及东来之布匹、茶、糖。下运货物则为药材棉花等。运费之昂约与黄河相埒，惟不若黄河行舟之险。沿河航运繁盛之码头为白杨寨（属渭南县）、交口镇（属临潼县）、草滩镇（属长安县）、虢镇（属宝鸡县）四处。”[②]“由西安之草滩，东至潼关二百九十余里，由草滩上溯至咸阳五十里，均可驶行民船，水浅时水位为三尺，低可通行小船。其运输之货物，以小麦、棉花为主，船之大者可载棉一万担，能容人五十至六十名。潼关咸阳间，上航四日至五日，下航二日至三日”[③]。

当时宝鸡—咸阳一段，平时能行木筏，丰水时可通行木船。此段重要码头为虢镇（宝鸡）、咸阳两处，四川的卷烟、汉中的茶叶，多于虢镇码头装船或用木筏东下。咸阳邻近西安，兴平、武功一带的棉花、小麦，也多自咸阳装船下运。自西安城北的草滩镇以下，河水较深，载重6万斤的行船和载重1万—2万斤的圆船均可航行。西安至潼关一段，渭河的重要码头为草滩镇、交口、白杨寨三处。草滩镇属于长安，为盐码头，由山西运城运来的盐多汇集于此，航船也以陕西的方船为多。交口属于临潼，当河水小时，甘肃运来的皮货、药材，关中西部运来的棉花、药材，均在此卸载倒装。白杨寨属于渭南，为煤炭总码头，由山西或韩城运来的煤炭多在此倒装[④]。因此，对于西安来讲，城市外围靠近

---

① （清）佚名：《鄠县乡土志》，清光绪末年抄本。

② 张其钧，李玉林编著：《陕西省人文地理志》，《资源委员会季刊》1942年第1期，第51—52页。

③ 陈言：《陕甘调查记（上）》，1936年，第57页。

④ 陕西省地方志编纂委员会编：《陕西省志》第二十六卷（二）《航运志》，西安：陕西人民出版社，1996年，第139页。

对外水路交通转换点的草滩镇，则具有优先发展的交通区位优势：一方面承担了西安地区官盐的运输，不仅为西安的盐业提供运输服务，还为西安与陕南之间的商业往来提供商品交流的基础，也承担着其他的货物的往来运输等，同时也是为西安供应煤炭的码头，“即前志北辰社之炭码头镇”[①]和木材码头，分析当时的地名就可以得出这一推断，“王家棚（王又作汪），木厂村……”，均是由码头集中停放货物地点的名称发展而来；另一方面，由于码头具有货物和人流集散的功能，从而借码头的集散功能形成具有一定规模的商业市场。

综上所述，晚清时期至民国初期，以西安为中心形成了放射形陆路交通网络结构，各州、县城市的行政、军事地位相对较为突出，强化了这一交通网络结构关系，成为社会经济发展的重要基础条件。相对而言，水运交通成为西安东西方向交通的重要补充，沿渭河的码头不仅成为重要的交通集散地，其商业也得到了一定程度的发展，形成地域经济发展的活跃点。

在陇海铁路延展至西安后，大量的对外货物运输和贸易则逐渐转为由铁路完成，在这一转移过程中，渭河在相当长一段时期内仍然通航，但一部分原来由渭河所承担的货物运输逐渐被铁路运输所取代。渭河航运在 20 世纪 60 年代初期完全停航，因此，可以说渭河水运在西安乃至关中对外交通运输中曾经具有重要的作用。

（二）码头的交通集散功能与关城货物集散功能之间的内在联系

晚清时期，西安地域内的对外交通除以西安为中心的驿路交通格局外，渭河水运也成为潼关—西安以至于咸阳的东西交通中大宗货物的运输方式，草滩作为水旱码头，成为西安与潼关、宝鸡等地水陆转运的码头，同时也是西安城市外围飞地型码头。除此之外，由于西安与陕南之间的交通通道以骡驮、肩背为主，因此，西安通往陕南地区的通路在终南山与平原交界处往往形成货物转运点。

位于子午谷孔道出口 15 里的子午镇，位于库峪间道出口 10 里的引

---

① 民国《咸宁长安两县续志》卷四《地理考上》，民国二十五年（1936 年）铅印本。

镇和清末民初位于通往蓝田孔道的狄寨镇，分别距离省城 50 里左右，成为城市外围飞地型码头。这些码头承担西安输出、输入货物转运的功能，同时，其与各城关之间形成相互依存的商业贸易关系，为各关城货栈、行栈的形成和发展提供最为基础的货物运输功能。例如，东关、南关的山货多来自南部山区通路的货物运输，北关的煤炭、粮食、食盐、棉花多经自草滩转运，在南关和南大街一带形成了盐店集中分布的景象。这种交通枢纽与集散地实际上承担了城市的对外集散功能，因此，它们是晚清时期城市地域空间结构的重要特征。在农业社会经济交通技术条件下，形成了分散式地域空间结构模式。

与此同时，位于平原腹地交通道路上的集镇，如灞桥、三桥、斗门等，来往的货物无须交通方式的转换，因此，它们的发展与具有交通转换功能的码头有所不同，更主要的是利用其交通区位往往形成地方专业型集市市场，主要以粮食交易为主，促进了该集镇的商业和规模的进一步发展。

民国时期，西安 4 个关城位于城市东、南、西、北 4 个主要方向上，是城市与各个方向道路交通联系的交通结点，因此，它们与外界的联系因为不同交通方向和所联系地域的不同，形成了 4 个关城的功能特征和空间差异性。表现在以下两点。

一是由于不同方向的外来货品的集中，而形成不同类型的货栈或者为之服务的店铺，使各关城呈现出商业繁荣的景象。

二是由于处于城市对外道路交通的出口，因此往往成为脚夫店和轿子铺较为集中的地方，是城市对外交通联系的门户。

货栈行业的发展和兴盛是近代西安城关商业发展的一个突出特征，西安是西北地区历来的经济中心和物资集散地，一般日用工业品多由沿海各大城市运到西安，再由西安转销西北各省及邻近地区，而西北五省及四川、河南、山西部分地区的农副产品及畜牧产品也通过西安转销，全国各地的这些交易活动向来多是委托货栈以代购、代销、代存、代运等方式进行的，所以西安的货栈贸易业一向很发达。

1934 年以后，陇海铁路通车西安，交通更为便利，特别是全面抗战开始以后，人口大量内迁，社会游资充斥，使西安的商业全面发展。在解放战争期间，国民党又以西安作为他们的前哨基地，军队云集，在当时交通阻塞、地区割裂的情况下，工商业有了更大发展，货栈贸易业务也就随之更加兴旺，呈现出一片前所未有的虚假繁荣景象。

据有关资料统计，到1949年中华人民共和国成立前夕，西安各种类型的货栈已发展到310户，从业人员多达4900余人。货栈贸易是近代西安大量商品流通的主要渠道，其营业额是相当可观的，“据中华人民共和国成立后行栈旧有人员对某些品种交易量的回忆，积信诚、新兴协两家大的干鲜果行栈，每年每家经营的红枣都在百万斤以上，北院门十一家干鲜果货栈，总计每年经营的红枣达一千万斤；土产山货行的忠厚兴，每年经营的卷烟达两万多捆一百万斤以上”[①]。其业务对象，主要是经营批发业务的厂商、运销商。可见当时西安货栈业的兴盛及其在城市中的功能地位。

这些货栈贸易，具有联系面广、耳目灵通、经营方式灵活多样、服务周到等特点，通过它进行商品交易，可以减少流通环节和流转费用。因此在社会商品流通中，尤其是农副产品流通方面，货栈贸易逐渐形成了固定的而且是主要的渠道，对沟通城乡间和地区间的物资交流起着极其重要的作用。这些货栈有经营多种商品的综合性货栈，也有经营日常用品的专业性货栈，如粮行、棉花行、药材行和干鲜果行等（表2-4）。

表2-4　民国时期西安城、关各类型货栈一览表

货栈类型	数量（户）	经营产品	分布
粮行	93	粮食	北关、东关
棉花行	26	棉花	北关
土特产山杂货行	57	麻、棕、桐油、生漆、漆油、桃仁、木耳、花椒等	东关、南关
药材行	32	药材	东关
烟茶行	6	湖南茶叶和兰州水烟	东关
百货行	29	棉针织品、西药、五金、颜料、纸烟、交通器材等	—

① 刘升昌：《旧社会西安的货栈贸易业》，中国人民政治协商会议陕西省西安市委员会文史资料研究委员会编：《西安文史资料》第6辑，内部资料，1984年，第129—132页。

续表

货栈类型	数量（户）	经营产品	分布
青干果油行	11	干果、青果、油	北院门
木材行	22	木材	—
煤炭行	8	煤炭	北关
皮毛行	12	皮毛	东关
猪羊行	12	猪、羊	西关
铁器行	2	铁器	西大街
合计	310	—	—

资料来源：刘升昌：《旧社会西安的货栈贸易业》，中国人民政治协商会议陕西省西安市委员会文史资料研究委员会编：《西安文史资料》第 6 辑，内部资料，1984 年，第 129—132 页

行栈承担着城市的货物集散运销功能，根据接近产区、便利购销、运输等条件，这些行栈在西安的分布情况大致是土产、山货、杂货、烟行集中在东关和南关；棉花、煤炭行集中在北关；猪、羊行集中在西关；青干果、油行集中在北院门，其余各行分别设在城区主要街道[①]。

其中各关城行栈的形成与相应的交通运输条件有着十分密切的关系，如北部草滩镇是渭河水运码头，从清代到抗日战争以前它是往来渭北必经的要道，抗日战争全面爆发前咸铜铁路（咸阳到铜川）未修筑之前，渭北的耀县、同官一带的煤炭和用船由渭河运来山西的无烟煤（俗称“船炭”），都是过渭河经草滩镇到北关落脚，还有渭北及北郊运来的粮食也在北关落脚。此外，1934 年前后，“泾惠渠修成，渭北棉花连年丰产，渭河南岸一些地方也广种棉花而且丰产，全都运来落脚北关出售，所以往来的车马行人不少。当时在北关正街有些规模较大的煤炭店、棉花行和粮店，还有一些出售日用品的小商店和供应旅客的零食摊、饭铺，以及有些车马店和出租大车、轿车的车行，要坐车去泾阳、三原一带，就需要到北关雇车”[②]。

---

① 田克恭：《西安城外的四关》，中国人民政治协商会议陕西省西安市委员会文史资料研究委员会编：《西安文史资料》第 2 辑，内部资料，1982 年，第 206—217 页。

② 田克恭：《西安城外的四关》，中国人民政治协商会议陕西省西安市委员会文史资料研究委员会编：《西安文史资料》第 2 辑，内部资料，1982 年，第 217 页。

南关的货栈则以山货为主。

> 南山里的山货运到西安时，首先落脚在南关，因而在南关正街和东西火巷，开设了些收购和寄卖桐油、五棓子（作染料）、生漆、猪鬃、大麻、丝、漆蜡、核桃、板栗、茶叶（紫阳、石泉一带的）和木料等土特产山货行店，以及向山里贩运的棉花、食盐等行店。清代到一九二六年以前……这条山路畅通，来往的行人颇多，背的、挑的、花竿（用两根粗竹竿绑成的肩舆）、轿子络绎不绝，不仅沿途的客店、饭铺生意兴隆，西安南关的行店旅店和饭铺的生意也很旺盛。抗战以前，由关中到陕南未通汽车时，“邮差”就是日夜步行（换班）走这条山路，往返于西安和陕南之间送信的。西安的人若要到陕南去，想雇花竿、轿子和挑夫，都得到南关的脚夫店和轿铺子去。南关也是木炭的集散地。几十年前在西安过冬天，多数人是烤木炭火，在天暖时就需要储存许多木炭[①]。

东关的货栈集中药材、毛皮、土布、山货、京货、广货、洋货等多种货物种类，因此东关的货栈在四关中最为发达。由于交通中转地位，东关较早形成了货栈业，这是由一些客商存放货物的行栈而兴起的，逐渐发展为专门收存货物代客出售的栈房，以后再进一步发展为货物分类存放的行栈（如药材行栈、卷烟行栈等）。从清代到抗日战争前后，东关一直是西安中药材的集散地。大药材行店多集中在这一带。西安最早的货栈设在东关的义盛行、万盛行和南关的心仪行、德秾行等。义盛行和万盛行创建于清朝道光年间，心仪行和德秾行创建于清朝同治年间，都有悠久的历史[②]。“在抗战前，东关的药材还经过细致的加工炮制，如分类炒、灸、粉碎等，然后精致包装，运销香港和东南亚等地。此外，东关也是白布集散地。几十年前没有西兰公路时，西北来西安的骆驼帮，把药材、布匹这两大宗货物和卷烟、茶叶（多是泾阳县制的砖

① 田克恭：《西安城外的四关》，中国人民政治协商会议陕西省西安市委员会文史资料研究委员会编：《西安文史资料》第 2 辑，内部资料，1982 年，第 210 页。

② 刘升昌：《旧社会西安的货栈贸易业》，中国人民政治协商会议陕西省西安市委员会文史资料研究委员会编：《西安文史资料》第 6 辑，内部资料，1984 年，第 129—132 页。

茶）等山货运往甘、宁、青、新等地。东关还是生漆、桐油、白蜡、卷烟、茶叶等山货的集散地”[①]。

如前所述，西关主要为“本境出产，由乡运城之物”，如牲畜、杂油、挂面、杂木、烟靛、水烟等。西关也是晚清以来西安较早形成粮食市场的地方：由于同治年间回民起义数次围攻西安，同时附近许多县发生战事，许多小康之家纷纷逃来西安“避难”，西安人口大增，粮食需求量倍增，因而西关西火巷经营土面的磨坊为了赚钱开始收购粮食，形成了较早西安市的粮食市场，至 1911 年辛亥革命前，桥梓口附近集中了 12 家粮店，垄断了西大街桥梓口一带粮食交易，以后，西大街桥梓口、粉巷、东关等处逐渐形成粮食集市[②]。此前西安的粮食供应除了农民自产者以外，大部分集中在附近集镇，如灞桥、韦曲、三桥、草滩、曲江池等地，这些集镇何时形成粮食交易市场，虽然无从稽考，肯定与当时城市内部人口及粮食需求有一定关系，但是交通条件不便应该是主要原因之一，在当时的交通条件下，上述集镇均分布在距离西安市一天以内的区位，既有利于农民将粮食就近出卖，以换取生活必需品，也有利于城市居民前来购买。随着城市人口的增多，粮食需求增加，粮食交易有利可图，逐渐形成城市内部市场。辛亥革命前后，西安经营粮食商业生意的有 50 余家，其中 40 户都集中在桥梓口，大粮行有 27 户，小粮行 13 户[③]，可见西关的交通区位也是形成以地方物产为主、集中分布的商业区的一个重要条件。

由于马车时代区域交通条件的制约，城市核心区域远离交通门户区域，而交通门户与城市之间尚不能建立密切的联系，其交通运转功能由处于交通转运点的门户型城镇来承担，其货物储存和销售则在各关城及相应分布的地域完成，从这个意义上看，城市的交通集散功能超越了城垣的范围，而通过道路交通的联系作用，自外而内形成了“码头—关

---

① 田克恭：《西安城外的四关》，中国人民政治协商会议陕西省西安市委员会文史资料委员会编：《西安文史资料》第 2 辑，内部资料，1982 年，第 207—208 页。

② 西安市工商联：《解放前西安市的粮食业》，中国人民政治协商会议陕西省委员会文史资料委员会编：《陕西文史资料》第 23 辑，西安：陕西人民出版社，1990 年，第 175 页。

③ 陕西省地方志编纂委员会编：《陕西省志》第六十二卷（四）《工商联志》，西安：西安出版社，2002 年，第 40 页。

城—府城”的空间模式，联合承担了城市对外交通运转的功能，使城市集散功能的影响范围超越了城垣，同时城市的对外交通联系和运销依赖于这种交通结构，因此，这一“码头—关城—府城”结构，构成了近代西安城市地域空间的初期模式特征，体现为城乡经济的相互依赖和一体化发展。

从近代西安的“码头—关城—府城”地域功能结构看，其经济发展因素已经突破城垣，这一突破从当时西安的自然与交通条件看是合乎情理的，城市对外部交通条件的依赖性，使其能够在一定的历史时期和发展条件下得以发展，是符合当时西安地方社会的发展状况的。

但是，随着汽车交通的发展及陇海铁路的修筑，西安城市发展逐渐适应现代社会经济发展的需求，同时随着工业的起步和发展，城市与乡村之间的相互依赖关系逐渐转为以工业为主导、以农业为原料产地的城乡依附性关系。首先，这种依附性表现在以西安为中心的关中地区向省外输出的粮食、棉花等农业产品。其次，城市周围地区向城市提供轻纺工业原料，如棉花和棉纱等货物。同时，农业地区的生产出现了以工业生产和市场经济为导向的转化，如棉花的生产，一方面为农民带来了较高的收入；另一方面也为工厂提供了原料。而大面积的棉花种植则是在陕西省农业生产改进所的推动下出现的。

从表象看，汽车交通的发展带来了城市地域空间的结构性变化，其实质则是近代西安工业发展及其所引发的城市化进程的内在动力的结果。

第三节　城市地域交通的结构演变

近代西安城市地域空间结构往往受行政、军事等因素的直接控制，尤其是城垣范围内的城市空间更是适应封建统治和军事防御等需求而具有强烈的内向性和防御性。但是随着社会经济的不断发展，同时也是适应封建统治和军事控制自身的需求，城市的经济发展因素往往超越某种

行政、军事的直接控制而形成有利于其自身发展的格局。晚清时期西安的社会经济发展不仅超越了城垣的范围，同时近代西安城市地域商业市场体系的结构，正是在农业社会经济背景下地域商业经济网络自我演替发展的重要体现，其分散布局的时空特点体现了近代西安城市发展的时代特征。

随着汽车时代的到来，西安城市地域空间经历了一次较大的结构性变化。在农业经济社会、马车时代的交通格局背景下，城市外部交通功能形成了分散布局的地域结构，在汽车交通逐渐发展和陇海铁路修通之后，城市对外的交通集散功能集中于城市核心区域，交通门户型城镇因丧失其城市对外交通的优势地位而逐渐衰落，同时随着工业的发展，城市各项功能得以在城垣及其周边集中布局和发展，城市要素的聚集和近代工业的发展，促成了城市的极化发展、城市化的近域推进和发展过程。

如前所述，近代百余年由农业社会向工业社会发展的进程中，西安城市地域功能也经历了由马车时代的分散布局向汽车时代集中化发展的演变。体现出转型时期社会经济发展的时代特征。晚清时期以马车为主的交通方式导致了西安城市地域功能具有明显的空间分层特征，主要表现在以下两个方面。

第一，以省城为核心的城市核心区，与其外围的城郊之间的功能分层关系。

第二，城市功能在城市地域具有分化和分散布局的特征。

以省城为核心，集中了以行政、军事、文化、商业等多功能为主的城市核心区；在其外围关城则主要集中分布了一些以货物集散和批发为主的商业货栈、行栈，以及一些服务于行旅的马车店、轿子铺等商业机构。这些商业货栈、行栈的大宗货物与其所在城市所处的交通方位有直接关系，导致了四个关城之间的货栈业各有业务侧重；在城市郊区的对外交通要冲则往往形成城市的对外交通门户，其货物往来直接为城市服务，往往又为关城等货栈业务的运转提供交通运输条件。

基于城市地域功能的这一分化可以看出，西安城市地域的空间分化导致其空间的分化，可以分为三类，即城市的核心区域、城关区、飞地型交通门户区（各类城市码头）。

1915年，汽车在西安出现，是西安交通方式从马车时代向汽车时代转变的开始，这一过程并非是一帆风顺、一蹴而就的，而是经历了一个从无到有的过程。首先，对已有道路的修筑，使其能够适应汽车的交通需求。其次，陇海铁路通车至西安是一个重要的转折点，是导致西安近代工业形成的一个主要外部条件之一。自此以后，西安近代工业的发展有了新的起步，棉纺织业、粮食加工业、化学工业、机械工业等新的产业崛起，并集中分布于城垣及其周边。而城市的飞地型交通门户区域因其交通区位已不再具有以往的优势条件，而呈现出不同程度的衰落，从具有城市外部交通功能的门户区域逐渐演化为城市外围的附属性集镇。

因此，近代西安城市地域功能的演进及空间分化体现了马车时代向汽车时代发展的时代特征和缓慢过渡发展的阶段特征。城市地域空间的分散布局所呈现出的相互依赖的地域共同体的格局，被集中化发展的城乡依附性关系逐渐取代，而这一过程在西安彻底脱离国民党统治（1949年5月）之前并未得到充分的发展，也就是这一过程尚处于过渡阶段，因为直至中华人民共和国成立后的若干年内，渭河下游的航运在相当长一段时间内仍然存在，而渭河南北两岸的交通也未能很快得到解决，因此，这一过程一直延续到中华人民共和国成立以后。

一、地域交通结构特征及其演变（1840—1934年）

在近代西安百余年的发展中，其地域空间结构总体上可以划分为两个阶段。陇海铁路西延至西安后，西安的发展变化是巨大的。因此，笔者以1934年陇海铁路修通至西安这一事件为标志，将近代西安城市地域交通结构的发展阶段分为初期发展阶段（1840—1934年）和后期发展阶段（1935—1949年）。在初期发展阶段，其地域空间结构是以府城为核心的城郊一体的分散型空间格局，这一空间格局基于经济发展的需求，以“码头—关城—府城”的地域分层形式体现了城垣之外封建统治和军事控制的相对松散性，而经济活跃因素往往是在可能的条件下向最优的方向发展，在封建统治和军事控制下，近代西安城市的这种分散性空间结构也体现了城市外围经济要素的加强及其发展活力。这种分散格局主要体现在其空间的分布，以及城郊商业市场体系的一体化发展的相互关系中。

（一）“码头—关城—府城”的空间格局

如前所述，城市地域汽车交通开始发展和陇海铁路修通以前，西安跨省交通形式除了沿官马驿路为主要交通渠道以外，其中东西方向的交通以马车路为主形成沿渭河的交通干道，渭河的下游航运也是西安至潼关之间重要的交通通道。省内交通（如南部山区与关中平原之间）则以骡拉、驴驮和人背、肩扛为主。因此，城市的交通集散点往往在渭河水运码头或南部山区的交通孔道形成，导致城市与外部区域的经济社会交往空间范围扩大，形成以府城为中心，以各门户城镇负担外来货物的集运功能，在各关城形成相应的具有仓库堆放和销售中介等运销功能的货栈、行栈等城郊运销联合体的模式，构成以府城为中心的城郊一体化的地域空间结构，这一结构的内部经济交往则通过周期性市场和庙会（村会、镇会）担负起西安地域的商业经济流通职能。这种以府城为单一核心、以各“码头—关城”为主体的空间联合体发展模式，适应了近代西安马车时代农业社会经济及其出行的需求。

（二）西安城郊商业市场体系

基于上述地域交通结构，西安城郊商业市场以城垣为中心，以城关为副中心，以各集镇为外围商业点，形成了以西安为中心，外围集镇环绕分布的商业格局。除此之外，还有各种地方性集市、庙会，共同构成城市地域的商业网络分布格局，由于市场因素的作用，这些商业集镇在城市地域呈现分层布局现象，在城市地域发挥其商业价值。

清代至民国的一段时间，陕西的商业活动已经十分活跃，在近代西安的地域范围超越了城垣，形成了“府城—关城—码头”这一地域格局，同时，由于西安地处农业社会经济地域中，集市贸易广泛展开[①]，

---

① 长安县地方志编纂委员会编：《长安县志》，西安：陕西人民教育出版社，1999年，第339—340页。

城乡周期性的市场在这一地域范围内承担着沟通地域社会经济往来的职能和作用，具有城乡一体化分布特征。

近代西安城郊周期性市场以集市和古会（村会、庙会）等作为载体，形成其商业交往和流通的主要方式。清康熙（1662—1722年）时，咸宁县灞桥、新筑、狄寨、鸣犊、引镇、杜曲、王曲、草店与长安县三桥、甘河、斗门、贾里村、郭杜、子午、黄良、姜村、马坊17个村镇有集会交易市场。民国时期，集市大致与清代相同。集日时间以夏历计，灞桥、三桥、郭杜等为双日集，大兆、斗门、子午等为单日集，杜曲镇为二、五、八、十日集，韦曲、王曲、韦兆、鸣犊等为一、五、七日集，引镇为三、六、九日集。“狄寨为三、六、九定日逢集的集镇”①。全面抗战时期新筑镇成为西安城内躲避飞机轰炸的疏散地，其商业得到发展，“镇上白天日日逢集，夜晚灯火不息，人群整天川流不断”②。“清末及民国年间，城乡市场贸易有早市、庙会、农忙会等形式，手工业者、农民以车拉肩挑方式，把自产粮食、蔬菜、瓜果、土布及一些手工艺品和其他杂品，拿到集市上销售，然后买回自己所需要的生产资料、农具和日用品”③。沿渭河的商业重镇在西安城郊主要有草滩镇，“清乾隆时设集市于草滩，嘉庆时趋于兴盛。每旬三、六、九和二、五、八日开集一次，每逢集有官员收税。……清代草滩镇除正式集日外，每天早晨还有露水集，即日出开市，早饭后收市，主要是卖菜、卖粮。此外还有人市，即劳务市场”④。

这些周期性市场，其主要交易物资大多为土特产品。但也有一定的空间分布差异性：“子午、王曲多为木炭、药材、干鲜果品、杈把、扫帚等。沣西、斗门、三桥等地以粮、棉、油为主。惟引镇，山西潞盐、渭北粮食、关中牲畜及棉花、各地名酒及工业品，秦、巴山区之丝、麻、木耳，漆、桐油、皮纸等，皆集散于此，为秦岭山南山北物资的一

① 西安市灞桥区志编纂委员会编：《灞桥区志》，西安：三秦出版社，2003年，第347页。
② 西安市灞桥区志编纂委员会编：《灞桥区志》，西安：三秦出版社，2003年，第346页。
③ 西安市莲湖区地方志编纂委员会编：《莲湖区志》，西安：三秦出版社，2001年，第316页。
④ 陕西省地方志编纂委员会编：《陕西省志》第六十二卷（四）《工商联志》，西安：西安出版社，2002年，第55页。

个重要集散地。”①

从市场分布来看，其交易物资具有地区性差异，这与地区的货物交通往来有直接的关系。以引镇为例，它是关中和陕南秦、巴山区物产交换的主要集散地。而斗门、三桥、沣西、新筑等地处于关中农业地区，故以粮、棉、油交易为主。

近代西安城郊还形成了一些古会，包括村会和庙会，这些村会、庙会往往是人们围绕农业生产所进行的一些文化娱乐和亲情交往等活动，同时也往往成为一些贸易活动的载体或者刺激一些传统的消费。而一些影响大的庙会也是集市贸易的一种常见形式。

在一些乡村流行的古会主要有忙前会、忙后会、曹坊古会、五星十堡江村古会、梁家桥古会、韦曲骡马会、郭杜骡马会等，这些古会是西安城郊地方文化娱乐生活和商业活动的主要形式，构成了城郊地方社会公共生活的主要内容之一。

> 看娘会，亦称“看忙会”，谚曰：“麦梢黄，女看娘。”各村堡寨“看娘会”时间不一，大都在农历三四月间，会日，出嫁女儿携油塔馍、点心等礼品看望父母。县东部讲究父母要给新女婿回送一顶草帽和一条毛巾。
>
> 忙后会日期不一，大多在农历六月初六至八月中旬。会前数日，家家打扫卫生，粉刷墙壁，割肉买菜，酿造稠酒。会日，人们着新装，宴亲朋。出嫁女儿给父母送油塔、点心等，外婆、舅舅给外孙、外甥送“曲莲”，外加桃、沙果等，朋友多送点心。村会多唱大戏或小戏两天三夜，热闹程度似春节。一些地区夏忙后也有父母给女儿送曲莲的“曲莲会”，所以有“场里卸驳架，老娘看冤家”一说②。

西安郊区庙宇林立，个个都有庙会，一般在夏历一至五月之间。内容、形式大同小异。庙会大都延续至今，规模不及以前。长安庙会及会

---

① 长安县地方志编纂委员会编：《长安县志》，西安：陕西人民教育出版社，1999年，340页。

② 长安县地方志编纂委员会编：《长安县志》，西安：陕西人民教育出版社，1999年，824页。

日：南五台庙会，农历六月初一为庙会正日；王曲城隍庙会，每年农历二月初八祭祀纪信被刘邦封为十三省总城隍，后遂成庙会；嘴头庙会三月初八、初九；引镇庙会四月初八。

这些古会作为地方社会文化娱乐和商业交往生活的主要形式，其周期性活动和空间分布构成了近代西安城市地域空间的商业服务和贸易活动的空间特征。

城关的庙会活动具有典型的农业产品交易特征，因此，城关的庙会从某种意义上与四郊的庙会活动并无根本区别。东关在1949年前为“四关之首，文化经济较其它三关发达繁盛，建制属西安市第七区。这一区之特点是半城半乡，半农半商，沿廓城（土城）街坊，多为农户，如唐宫遗址窦福巷、景龙池、索罗巷、北火巷、长关坊、兴庆坊以及南廓门附近之永宁庄、小庄等街坊”[①]。东关是一个“农村包围城关”的区域，农业人口占本区居民的大半，因此，人们把东关称为“半农半商，半城半乡”的地区[②]。“东关在解放前属西安市第七区，幅员十二多平方里，所谓‘农村包围城关’是以农户和商业区的分布而言，即生活在沿廓城内附近的二十多条街坊多半都是农户，正街，南街、东西板坊、柿园坊、更衣前后坊、炮坊街、长乐西坊以及大新巷，中和巷部分大院都是商业区”[③]。

城关人口稠密，因此古会的影响也比较大，八仙庵每月初一、十五都有庙会[④]。东关大型交易活动的古会以四月初八城隍庙古会（四月初一至初八）和八仙庵吕祖会（四月十六至十八）的贸易活动繁盛、会期长、影响大，其中城隍庙古会包含三个会，即城隍庙古会、忙笼会、骡马会，古会以敬神、烧香、逛会等活动为起点组成，同时为准备“三

① 黄云兴：《长安花神会》，中国人民政治协商会议西安市碑林区委员会文史资料研究委员会编：《碑林文史资料》第1辑，内部资料，1987年，第100—101页。

② 黄云兴：《八仙庵〈忙笼会〉》，中国人民政治协商会议西安市碑林区委员会文史资料研究委员会编：《碑林文史资料》第3辑，内部资料，1988年，第126页。

③ 黄云兴：《八仙庵〈忙笼会〉》，中国人民政治协商会议西安市碑林区委员会文史资料研究委员会编：《碑林文史资料》第3辑，内部资料，1988年，第126页。

④ 陕西省地方志编纂委员会编：《陕西省志》第六十二卷（四）《工商联志》，西安：西安出版社，2002年，第40页。

夏”农具，一些买卖农具和牲口的人进行一些商品交易活动，形成了定期的大型交易会，即忙笼会和骡马会。忙笼会主要交易主要货物为“三夏”用具，应有尽有，有忙笼、扫帚、钐子、镰架、刃片、磨石、麦耙、草耙、麦杈、铙钩、拣拿（一种杈头可以左右倒用挑拣碾场麦苋的长把斜杈）、蒲篮箕簸、升斗量具、线绳口袋、刮板、尖杈、杈头、锨把，还有耧、犁、耱，耙、镢头、铁锨、锄、铲、耙刀、挽具、车排、拨架，风车、辕架、架担、饭篮、蒸笼、草圈、锅、碗、盆、盘、风箱、案板，种类繁多。骡马会主要为农用牲口交易。吕祖会的交易物品有香蜡纸表、儿童玩具、绸缎布匹、日用杂货、土特产、锅盆灶具等，除此之外，古会还有一些饮食摊点和文化娱乐活动：拉洋片的、唱扁担戏的、耍猴的、耍把戏的、卖大力丸的、算卦测字的、说相声的，以及说书的、劝善的等①。不但加强了城乡物资的交流，同时也丰富了城关人民的文化生活。

城关庙会的这种半城、半农的性质与四乡集镇的集市贸易有很大的相似性，因此，从整体来看，西安的农业经济社会生活占有很大比重，而且城乡经济生活的联系也较为密切。从地域分布来看，体现了西安所处的农业地域的社会生活特点。

近代西安的古会、庙会在城市社会生活中具有重要的意义，从一些零星的记载中可以发现其反映社会生活的冰山一角。西安的古会有五岳庙会、音乐古会、花神会等。

古代长安每年都有两次传统的游艺佳节。一是农历正月的社火，是长安的“舞蹈节”。狮子、龙灯、高跷、旱船、大头和尚戏柳翠等传统的民间舞蹈，在鼓乐声中涌向街头，把古城装点得十分热闹。二是农历六月的音乐古会，这是长安的“音乐节”。各乐社活动的地点是：城外有终南山，观音台的圆光寺，长安县的何家营、南五台；城内有西五台、迎祥观、城隍庙、大吉厂、八仙庵等。但乐社最集中的是城南的南五台和城里的西五台，因而，人们称之为“五台盛会”。五台盛会可以

① 黄云兴：《八仙庵〈忙笼会〉》，中国人民政治协商会议西安市碑林区委员会文史资料研究委员会编：《碑林文史资料》第3辑，内部资料，1988年，第129页。

追溯到唐代。据《乐府杂录》记载，唐德宗贞元年间，长安大旱，皇帝诏令东、西两市祈雨，“祈雨逗乐”成为古城长安沿袭千年的风习。以后历代都在每年农历六月十七、十八、十九这三天来这里逗乐。首先，长安具有农业社会文化生活的特点，六月出现旱情在西安地区较为常见，祈雨符合民意。其次，从春节到这时已有半年没有群众性的娱乐活动了，“祈雨逗乐”也是广大市民的一种精神享受，因而能沿袭千年。据老人们回忆，即使在兵荒马乱的刘镇华围城时期和天灾严重的1929年，祈雨逗乐也从未完全停止过。全面抗战时期，日寇飞机对西安狂轰滥炸，而城内的“祈雨逗乐”却照样进行。这一民间习俗一直延续到“文化大革命”前[①]。

花神会是东关一带种植花木的行业神庙会，当时的东关多辟地建园种植花木，“时至清末民初，大小花园颇多，规模较大者有朱、安、戎、杨等家”[②]，民国建立后，长安县政府将东关“娘娘庙”辟为“花木试验场”，由几家大花园联合管理，在庙院内广植名花异草。花神会于每年9月举办，以赏菊为主，除园内培植名品外，各大花园均将其名贵菊花送至园中供展。1926年刘镇华围城后，试验场遭兵燹，园事荒芜。

城市内部的古会存在明显的农业社会生活特征，虽然近代西安城市内部功能不断完善和发展，但是农业社会生活的历史文化积淀在相当长的时期内一直延续，不仅从物质层面，也从精神层面成为维系城市社会文化持续发展的精神纽带。

（三）城乡商业市场的农业经济时代特征

庙会和定期的集市是农业经济时代的产物，其交易活动直接为农村居民与农业生产服务，同时在以庙会为载体的城乡市场之间差异较小，如前所述，西安城郊社会经济与文化生活具有一体化特征。内城、关城

---

① 张静华：《长安城的音乐古会》，中国人民政治协商会议西安市碑林区委员会文史资料研究委员会编：《碑林文史资料》第4辑，内部资料，1989年，第144—145页。

② 黄云兴：《长安花神会》，中国人民政治协商会议西安市碑林区委员会文史资料研究委员会编：《碑林文史资料》第1辑，内部资料，1987年，第101页。

和郊区各集镇的商业和社会文化生活没有根本性的差异。而周期性的市场体现了农业社会的供需关系、市场形势及商业影响范围。在西安城市地域空间中，交通条件是重要的决定因素，正如施坚雅所认为的："需要指出的是，无论人们怎样解释传统市场的周期性，交通水平都是一个决定性的变量。正是'距离的摩擦力'既限制了商号的需求区域，又限制了一个市场的下属区域。因此，根据上面的分析，在传统农耕社会中，市场的周期性起到了补充相对原始状态的交通条件的作用。"[①]西安的这种商业空间结构在中华人民共和国成立初期依然在社会生活中起到重要的作用，由此可见，近代西安从农业文明迈向工业文明的进程在百余年的发展中并未完成。而周期性的市场和庙会形式是近代城市商业空间演变的重要表征。

二、区域交通结构特征及其演变（1935—1949年）

随着汽车交通的发展，陇海铁路向西延展至西安，西安近代工业逐渐发展，城市的对外交通和集散功能逐渐集中于核心城区，即城市建成区，表现为功能要素的集中化发展。城市各项要素的集中，形成城市由内而外的近域推进和空间发展过程。这一过程中，汽车交通和铁路交通的发展是草滩镇和狄寨镇衰落的主要原因，同时城市地域各个码头的交通功能逐渐丧失，直接导致了南关、北关的衰落。与南关有交通联系的门户城镇，除了狄寨镇以外，西有子午镇、东有引镇，因此，南关衰落与这三个镇的道路交通及其货物的运输能力息息相关。主要是山路出现了匪患，交通通道不畅，导致货物运输衰落，并直接影响南关的货栈业。可见，在当时的社会条件下，商业经济的发展除了要具备一定的交通区位优势以外，尚需要良好的治安条件，在当时的社会经济条件下，

① （美）施坚雅著，史建云、徐秀丽译：《中国农村的市场和社会结构》，北京：中国社会科学出版社，1998年，第13页。

码头的衰落也反映出其自身的脆弱性，这种脆弱性来自对城市的依附性和对交通的依赖性。陇海铁路修通至西安后，这种城市功能要素趋向集中的空间过程较为显著，因此，本阶段以陇海铁路的修通划分时段，但是这一过程不是孤立的，是孕育在汽车交通与火车交通逐渐发展的过程之中的，因此，本阶段所体现出的城市空间结构特征与其时代发展密切相关。

（一）民国时期西安城市地域道路交通格局的演变

民国时期以西安为中心的交通发展有两个方面的原因：一是其自身所具有的交通区位和资源优势。二是历史时期的发展机遇，包括其作为陪都的建设与西北开发的政策性因素；西安作为西北开发桥头堡的地位，以及全面抗战期间开辟西北国际线路的重要性凸现出来，因此，西安作为欧亚通道的交通地位和作为挽毂西北与东南、西南和华北地区的重要交通枢纽，得到了一定的发展。借助于这一有利的发展时机，以西安为中心的省际交通干道、省内交通干道及西安城市地域内的道路交通均有一定的发展。

民国时期以西安为中心的对外交通网络涉及西北地区、省际、省内各主要汽车公路交通路网的形成，该交通网络的核心集中于关中地区，各个方向道路由经过拓宽的大车道路和修砌的路面逐渐形成。这一过程同时伴随了区域交通方式的多元发展过程：一是陇海铁路的逐渐西展和陕西省内铁路支线的形成。二是航空运输线路的开通。三是渭河水运在相当长的时期内仍然发挥作用，承担一定的运输功能，渭河水运虽然不能全线畅通，然咸阳以下可以行舟，以上则必须在洪水期方可行舟，也承担了部分货物运输功能。因此，总体上西安的对外交通干道是以公路网络为基本交通构架的多种交通方式相结合的交通空间体系。总的来说，陆路交通网络的形成限定了西安地域的空间结构。民国时期西安对外交道路交通的发展经历了三个阶段。

第一阶段，辛亥革命后到西安被立为陪都（1912—1932 年）。1915 年，西安开始有了汽车，为了适应汽车交通的需求，在原有大车道的基础上修建了省内汽车道。

第二阶段，全面抗日战争在即，西安被立为陪都，其城市对外交通立足于陪都及西北在全国的战略地位（1932—1945年）。一方面，主要是沟通西北、西南的区域性交通，以及与西北国际线路的连接；另一方面，陕西作为抗日战争的大后方，省内干道系统也得以完善。作为陪都的城市建设，以省城为中心，城市周围道路系统得到了改善。同时由于战争形势的紧迫，陇海铁路得以延展至西安乃至宝鸡，成为贯通关中与我国东部地区的铁路大动脉。构成了以近代西安为中心的交通系统的多元化发展。

第三阶段，解放战争时期，国民党大军云集陕西，为了适应军事交通的发展需求，西安的商业发展出现了一时的虚假繁荣，这一虚假繁荣很快随着解放战争的全面胜利，以国民党军队的溃败而结束。西安道路交通系统仍然处于汽车、马车、人力、畜力共存的多元发展阶段。

伴随着交通的发展，原来依赖于城市外围交通转运点的集镇所具有的交通区位优势丧失，其作为城市码头的功能也逐渐衰退，但是其所在地域的生活和商业服务中心的功能依然具有一定的发展空间。随着集镇所承担的城市门户职能的丧失，它们与中心城市之间的相互依赖性转化为单一的商业生活服务功能的依附性关系。由于汽车交通的发展，城市的对外交通能力在核心城区内部得以提高，城市内部的商业功能则得到进一步加强，对周围郊区的辐射能力也进一步提高，辐射范围还大大增加。因而，各个集镇自身的商业发展则逐渐从服务于不同地区的商贸运转，成为所在地域的商业生活服务次级中心，而这种次级中心又服从于城市中心在地域商业发展中所具有的领导职能。因此，各个码头出现了内部功能的自我演替，在码头的对外交通功能衰退的同时，城市核心区域的交通功能集中化发展，从而形成近代西安城市地域的“城—郊”单向依赖关系，或称依附性关系。

（二）城市外围商路的变化与码头功能的丧失

辛亥革命以后，汽车交通逐渐兴起，只能在原有官马驿路基础上不断修筑公路以适应汽车交通需求，南京国民政府时期，交通建设发展较为迅速，加之陇海铁路西展至西安乃至宝鸡，西安外围码头交通功能逐渐丧失，同时这些对外交通功能逐渐向城垣内的城市核心区转移，促成了城市从分散的地域空间格局向集中发展的城市空间格局演进。

陇海铁路的修通使西安的经济联系区域进一步扩大，陇海铁路的修筑对西安近代城市空间结构的发展具有重要的影响作用，陇海铁路兴建于 1895—1909 年，开封与洛阳间开始通车，称为汴洛铁路，全线仅长 253.5 千米。1916 年东段延展至徐州，西段延展至观音堂，全线长 550 千米。1926 年，海州与灵宝完全通车，全线长 825.5 千米。1931 年底，陇海铁路西段通车至潼关，潼关以西至西安的交通主要依赖公路和汽车。1931 年 4 月，陇海铁路管理局正式成立潼西段工程局，积极从事于测量及修路事宜，该工程持续进行了 3 年多，至 1934 年底，潼西段正式通车，这样则有铁路可以由西安直达海口连云港，全线共长 945 千米。1936 年 6 月，西安与兴平之间已正式通车，并很快延展至宝鸡。陇海铁路关中段的修筑不仅加强了关中东西部的交通联系，而且使西安与东部地区的交通有了很大的改观，使关中近代交通的发展又跨越了一个台阶。

陇海铁路向西延展至西安则可以逐步实现以西安为中心的铁路交通系统向东西扩展，为沟通西安与各地的交通奠定基础。当时以西安为中心连接东西的交通大干线，在西北乃至全国的战略地位都极为重要。这一交通系统构架的形成不仅连通西安与洛阳、郑州、开封、徐州、海州而至黄海边的连云港，而且东渡黄河至风陵渡，可连通同蒲铁路联系太原而至大同，循平绥路直通绥远、包头；陇海铁路自郑州向北循平汉路可经石家庄、保定而至北平，在北平又接通北宁、平绥两路，自郑州向南循平汉路可经至汉口，向南循粤汉铁路可直达广州；自西安循陇海铁路向东至徐州，以徐州为结点向北接通津浦路，经济南、德州而至天津，更自天津由北宁路至北平及东三省各地，自徐州向南，经蚌埠、滁州而至浦口，渡江接京沪铁路可至南京、上海、杭州，成为沟通西北与东部地区交通网络的重要干线。

为确保陇海铁路机车用煤，陇海铁路局会同陕西省政府于 1939 年 4 月动工修建了咸（阳）同（官）铁路支线，全长 138 千米，1941 年 11 月竣工通车。另外，为了开发白水煤源，陕西省政府于 1937 年派工兵修建了渭南至白水的轻便铁路，1939年修成通车。

汽车公路修筑使原有商路有所变化，20世纪30年代可以说是西北公路建设的实际推进时期，大型的国道干线、西北地区的省际联络公路、省内公路建设都取得了很大成就，西北公路网初具规模。根据民国时期的资料，20世纪20年代末至30年代初期的交通网络主要依据1912年以前的驿路官道。仅对局部道路进行拓宽以适应汽车交通。抗日战争全面爆发后，大规模全范围的筑路计划已无法实施。国民政府因时而变，将公路处并入交通部，重点强修抢筑对中国抗日战争有战略意义的西北、西南公路，使国家不致断绝外援，以存我民族一息血脉。

西北苏联援华物资进入中国的必经公路主要是西兰公路（西安—兰州）、西汉公路（西安—汉中）、甘新公路（甘肃—新疆）、成汉公路（成都—汉中）、西兰公路（西宁—兰州）及兰星公路（兰州—星星峡）。当时苏联的援华军用物资车队都是从中苏边境进入我国新疆，再由新疆入甘肃，再入陕西、四川，是中国抗战的生命线。

抗日战争的后期阶段，西北原有的交通已大有改观，比较重大的国道工程项目主要有西兰公路，全长700多千米；西汉公路全长447.6千米，自西安起至陕西的汉中，为川、陕两省交通要道；汉宁公路自陕西汉中起，向西南延伸，至川、陕两省交界的六盘关，全长约143千米，是川、陕两省交通要道，于1934年开始修筑，该路段与西南地区相连接，军事政治意义巨大。西北各省之间的交通联系更为密切，其交通辐射范围有所扩展，其辐射作用得到加强。与陕西省有直接交通联系的省份主要有河南、甘肃、四川、山西及湖北，形成省际交通干线（表2-5）。

表2-5 民国时期西安对外交通通路一览表

名称	起讫点	备注
河南通路	西安潼沿渭水之南侧经潼关可达洛阳	西潼公路
甘肃通路	北道自西安经泾州、平凉至兰州	西长公路
	南道自咸阳沿渭水由凤翔经秦州至兰州	

续表

名称	起讫点	备注
四川通路	西安经凤翔折循陈仓道至四川广元	西汉公路
山西通路	由渭南经大荔、蒲州至朝邑经大庆关	—
	由吴堡县渡黄河至永宁县	—
	西安至延川县延水关渡黄河至永和县	—
湖北通路	西安经蓝田过荆紫关至湖北省	西荆公路

资料来源：刘安国编著：《陕西交通挈要》下编，上海：中华书局，1928 年，第 3—12 页

抗日战争后期，陕西已经形成了以省内干道为主、各县交通为辅的交通网络体系，不仅加强了西安与东南、西南及西北地区的交通联系，同时也加强了关中各县的交通联系。西兰公路全路长 478 千米，其在陕西境内者 236 千米，陕西境内连通了经咸阳、醴泉、乾县、永寿、邠县至长武之窑店镇，此路经 1934 年全国经济委员会于西安成立西兰公路公务所开始勘测，于5月间施工，至1934年底全线改善竣工，即行临时通车，1935年，全国经济委员会于西安设立西北国营公路管理局，综揽养路及运输事项，定期行驶客车，自西安至兰州，4 日可达[①]，大大便利了省际交通，缩短了交通时间。

对西安城市地域具有较大影响的是西汉公路与西荆公路的修筑。西汉公路的通车对子午路的商业贸易往来产生了一定的影响，西汉公路全长 500 多千米，自西安至宝鸡一段长约 250 千米，自西安渡渭河经咸阳、兴平、武功、扶风、岐山、凤翔、宝鸡重渡渭河而入北栈道（即连云栈）以抵南郑。宝鸡至南郑一段全长 254 千米，1936 年 5 月全路修竣直达通车。自南郑延展至宁羌阳平关入川，与成都广元间的公路相衔接。成为与四川省联系近便的公路，也是由汉中至西安的通衢大道，吸引了大量的货物转而经西汉公路运输，因此西安境内原来由子午路转运西安的货物则更多是近便的地方土特产品，其运输量必然受到很大的影响，而其交通辐射范围也随之大大缩短，但是并未被公路网络所取代。

① 张其钧，李玉林编著：《陕西人文地理志》，《资源委员会季刊》1942 年第 1 期，第 49 页。

西荆公路则对于通往蓝田的狄寨商路有很大影响，该路由西安起，经灞桥、蓝田，越梯盘山，过黑龙口、商县、商南等地抵达豫、陕、鄂交界之处的荆紫关，全长约263千米，于1935年5月开工兴筑，于1936年5月全路竣工，当年6月即已通车。该路与河南省之南荆（南阳至荆紫关）公路衔接，当时南郑至信阳已有公路，由信阳复可贯通浦信、信襄、汉襄各路，使湖北、河南、陕西三省连在一起，东南直达长江中部南京、武汉等处，西北直通甘肃、新疆，成为全国西北—东南交通运输的大干线，经济、政治、军事战略地位极其重要。因而，原来转经狄寨通往蓝田的道路则退而居其次，成为地方货物运输的商业支路。

总之，汽车交通在为西安城市发展带来更大机遇的同时，也影响了城市原有的交通结构，使其适应汽车交通的变化而产生相应的功能变化，原有的城市外围交通功能不同程度地丧失或者被替代，代之以城市核心区直接影响范围的扩大，以及由此而引发的城市活力得以强化，城市内部也因此而发生结构性的变化。

渭河水运的兴衰直接关系到草滩镇码头的地位。明清以来经渭河—黄河水道是转运粮食、食盐、煤炭、土特产品的重要途径，1934年陇海铁路通至西安以前，由于西潼公路（西安—潼关）路况较差，货运汽车少，关中东西部的物资转运主要依靠渭河航运。陇海铁路修通至西安后，原来由北洛河转运经渭河航运的煤则“多利用火车转运”①。

中华人民共和国成立以后，渭河航运以潼关港为中心，主要向西进行航运活动。在三门峡水库未蓄水以前，由潼关通往大荔、渭南、华阴、华县的船只或转运煤炭，或装运农产品，往返不断，运营状况良好。渭南、大荔、韩城一带公路等级很低，路况很差，加之渭南县渭河上涨渡、大荔县北洛河石槽渡均无桥梁，用木船渡运汽车很不方便，所以，凡韩城县芝川乡运往西安的棉花和大荔、朝邑县运往西安的粮食、棉花、花生、红枣等物资，以及经由潼关运往大荔县的食盐，多由马车

① 陕西省地方志编纂委员会编：《陕西省志》第二十六卷（二）《航运志》，西安：陕西人民出版社，1996年，第139页。

先集中于沿河各码头，再利用船只运输。直至 1963 年以后，原来用于渭河航运的 7 艘拖轮改作渭河耿镇、新桥、修石、上张渡等渡口的渡船用，其余船只封存以后，渭河航运才彻底退出历史舞台。

渭河航运功能的衰落与相应的铁路交通、公路交通的运输能力增强直接相关，渭河航运的衰落经历了一个相对较长的时期，中华人民共和国成立以后的 14 年，它适应了关中东部水路运输需求。民国时期渭河航运功能衰退，潼关以东的货物运输受到战争的阻断，货物量减少，天灾、战祸造成草滩在一定时期内出现衰落。因此，渭河航运的几度衰落与其所处的社会经济发展程度及交通运输水平有关。

（三）城市地域交通条件的演变

在西安被立为陪都期间，交通建设的重点是以西安为中心，筹筑西北各地的交通线网，使陕西乃至西北的交通在三个方面有所改观：第一是陇海铁路潼关—西安段的通车和继续向西扩展。第二是陕西各公路网初步完成。第三便是西北航空线的开始通航，以及对水运交通的疏浚。这些构成了西安近代机器工业发展的重要条件，也对西安城市内部和外围道路结构的形成产生了一定的影响。

西安城市空间结构的近代发展与城市和区域道路交通有着直接的关系，近代西安的道路交通体系在民国时期得到了很大发展，在原有驿路的基础上拓宽道路，使其逐步适应现代汽车运输方式，并使陕西的交通网络系统得到一定的改善。此外，在建设陪都的目标下，西安近郊道路也得到了修筑，西安城郊道路的修筑有以下四个特点。

其一，城市郊区外围道路的修筑，注重周、秦、汉、唐四朝古迹与西安的联系。如四朝路东起斡耳垛，西南至斗门镇，纵贯四朝古都遗址。

其二，道路修筑充分结合原有的地域交通结构，注重南部山区各个出山码头与西安城市的联系。如西安通往子午镇、引镇的道路有：子午谷路（由何家营至子午镇，中经温国寺连接城南各路交通，为长安至子午之捷径）、西安至子午路（自西安新开四府街新门起经杜城嘉里村以达子午谷）、引镇路（自西安南关东南达引镇，经大峪入秦岭通安

康）、西京至引镇路（自西安新开柏树林城门至引镇路）。

其三，各支路之间的联系，尤其是以城南一带为重点，如南山路（东起太峪口，中贯子午镇，西至沣峪口）、紫阁路（东起草堂寺，与草堂寺路接，西达鄠县西南关，东通子午谷、太峪、汤峪，西过鄠县而达盩厔、郿县以至虢镇，襟带秦岭半壁）、汤峪路（西北起古道原，中经引镇、石佛寺，东南达汤峪口）、樊川西路（东起韦曲，西至丈八沟，与仓颉路接）、樊川东路（西起杜曲，东至古道原）、濛溪宫—留村路（联络城南交通）、汉京北路（东起卢家寨，北行至六村堡，南与四朝路接）。

其四，注重与区域性干道之间的沟通。如左村—王桥路便沟通西兰路与泾阳大道，以便利泾阳、醴泉商运，汉京南路（北自未央宫，南至土门，与西兰路接）等。

从城市地域交通线路来看，西安—引镇、西安—子午镇之间的道路，以及引镇、子午镇之间的联系得到了加强，可见陪都时期城市建设所涉及的范围不仅在城垣（建成区）内，而是注重城市地域的整体发展，从对南部集镇与城区之间交通联系的重视来看，也反映出该镇与城区之间的密切关系，并具有比较重要的地位。同时，由于交通方式的改变，南部集镇与西安之间的出行时间则大大缩短，其相互之间的关系有别于马车时代的出行方式，按照马车的出行时间，从子午镇、引镇至西安需要近一天的时间，而汽车通行后仅需要不到一小时的时间。因此，集镇与西安城区之间的联系必然趋于密切，原来南部集镇与西安之间存在松散的关系已经完全改变，因此在子午镇或引镇进行转运的时间、目的、方式有很大的差异，码头对核心城区的依附性必然增强，其商业发展必然在中心城市商业市场辐射范围之内，原来城区对码头交通转运功能的依赖及其所具有的相对独立性已经发生改变，由于城区辐射能力的加强和码头交通转运功能出现减弱，码头逐渐处于城区商业辐射范围之内，原来相互依赖的关系逐步向码头对城区的单向依附性关系转化。

建立在近代交通空间构架下，基于汽车交通的发展，初步形成城郊之间单向依附性的关系，不仅是城市近代交通发展的必然结果，而且也是城市内部产业结构发生变化，进而整合城市空间资源而进行演替发展的必要条件。

（四）码头功能的衰退及其影响

随着城郊地域道路交通网络的形成，交通条件逐步得到改善。与此同时，原来处于马车时代承担城市对外交通运输功能的码头则往往由于汽车交通改变了交通时空，失去了作为交通门户所具有的交通区位优势，以及其自身商业发展所依托的交通功能，从而逐渐走向衰败。衰败的主要原因有两种：一种是与核心城区之间的时空距离有所改变，因而与核心城区之间的关系有所改变，如子午镇、引镇。另一种是汽车交通发展导致原有交通地位的丧失，如狄寨镇。子午道通往汉中的交通联系，以及库峪、大峪道、小峪道和汉中、安康地区的交通联系均受到不同程度的影响。但在必要的时期内仍然保持其交通门户地位和必要的发展条件。

在西安被立为陪都之前，西安有通往子午镇的大车道，后在大车道的基础上修筑了汽车道，可见子午镇作为城市码头的重要地位，子午道的交通是频繁的，而且在以西安为中心的交通网络中具有重要的地位。在西安被立为陪都之后，西安郊区的子午镇、引镇均有通往省城的道路，各码头与西安城市核心区之间的交通时空大为缩短，因此，改变了原来的交通出行规律，大量出山的货物不必在出山码头做长时间的停留，可以直接与西安核心区进行交易，因此，子午镇与引镇原有的交通中转优势逐渐丧失，其跨区域的商业贸易转而成为山区与平原地区货物交换及生活需求的商业行为，其商业贸易因此逐渐衰退。

被誉为小东关的南部东路集镇狄寨镇处于南部山区与平原地区之间的交通中转区位，由于西荆公路的修筑，西安至蓝田的汽车路在1929年底已经修通，虽为土路，但改善了西安与湖北、河南等地的货物运输条件。客观上由西安通往蓝田的行旅多经灞桥、豁口而至蓝田，因此，狄寨已经不具备交通要冲的地位，只能渐渐趋于衰落。

西安被立为陪都后，其区域交通地位得到重视，西荆公路的修筑大大改善了西安与外界的货物交通联系。因此，由西安东南去往蓝田的行

旅往往由灞桥走汽车道而达蓝田，这就代替了狄寨的通路，狄寨在西安南部东路的交通优势地位丧失，大量长距离运输的货物转向汽车运输，仅陕南山区的一些货物因近便而经其地转运，无疑，狄寨的交通区位优势随着汽车交通的不断发展而日趋消解。因交通而发展的狄寨则由此走向衰落，其后兵匪的骚乱则加剧了其市场的萧条。

码头功能的衰退直接影响了四个关城的商业发展，近代西安四个关城是货物汇聚之处，因处于城市外围，成为城市的主要货物集散地。据清末陕西省清理财政局编印的《陕西清理财政说明书》记载，各关城入境货物除东关兼有“洋货荟萃之区”以外，各关城入境货物均为土特产，但各关城又有不同分工，东关局入境货物有南部来的山货、药材，以及西部的牛羊皮、兰棉、水烟等货物；南关局主要有来自凤县、郿县、盩厔、鄠县等运往省城销售的货物、西来的牲畜，以及东南来的纸张、油漆等；西关大多是本境出产运往省城销售的猪、羊、骡、马、驴等牲畜，以及杂油、挂面、杂木、烟靛、水烟等货物；北关局多是杂皮、棉花、土磁、清油、红枣、花生、骡头、猪、靛，以及盐鹾、铁、煤炭、皮货等货物，为入城之大宗商品（表 2-6）。

表 2-6　1909 年省城各厘局百货厘金收入及入境货物一览表

<table>
<tr><th>厘局</th><th>方位</th><th colspan="2">大宗货物</th><th>来源、去向</th><th>实收厘银总数</th></tr>
<tr><td rowspan="5">东关局（附关有南、北、东及东南分卡四处）</td><td rowspan="5">吊桥坊</td><td colspan="2">洋货</td><td>潼关、大庆关</td><td>五千七百六十六两有奇</td></tr>
<tr><td rowspan="4">土特产</td><td>大宗：牛羊皮、山纸、木耳、生漆</td><td>—</td><td rowspan="4">八千八百二十二两有奇（含洋货）</td></tr>
<tr><td>其次：棓子、花椒、蜂蜜、桐漆、油</td><td>—</td></tr>
<tr><td>再次：药材</td><td>—</td></tr>
<tr><td>其他：兰棉、水烟</td><td>西来</td></tr>
<tr><td rowspan="3">南关局</td><td rowspan="3">南关钓桥</td><td rowspan="3">土特产</td><td>大宗：烧酒</td><td>自凤县、郿县、盩厔、鄠县，运往省城销售</td><td>一千三百三十三两奇</td></tr>
<tr><td>其次：油漆、火纸、皮纸</td><td>—</td><td rowspan="2">两千一百九十二两奇</td></tr>
<tr><td>再次：牲畜</td><td>西来赴东南</td></tr>
<tr><td>西关局</td><td>西关钓桥</td><td>土特产</td><td>较多：猪、羊、骡、马、驴</td><td>本境出产，由乡运城之物</td><td>两千一百两有奇</td></tr>
</table>

续表

<table>
<tr><th>厘局</th><th>方位</th><th colspan="2">大宗货物</th><th>来源、去向</th><th>实收厘银总数</th></tr>
<tr><td rowspan="2">西关局</td><td rowspan="2">西关钓桥</td><td rowspan="2">土特产</td><td>其次：杂油、挂面、杂木、烟、靛等</td><td rowspan="2">本境出产，由乡运城之物</td><td rowspan="2">两千一百两有奇</td></tr>
<tr><td>再次水烟</td></tr>
<tr><td rowspan="3">北关局</td><td rowspan="3">北关钓桥</td><td rowspan="3">土特产</td><td>较多：杂皮、棉花、土磁、清油</td><td rowspan="2">—</td><td rowspan="3">四百四十七两有奇</td></tr>
<tr><td>其次：红枣、花生、骡头、猪、靛</td></tr>
<tr><td>再次盐鹾、铁、炭、皮货入城之大宗</td><td>征税不在厘局</td></tr>
<tr><td>合计</td><td>—</td><td>—</td><td>—</td><td>—</td><td>一万八千五百六十两有奇</td></tr>
</table>

资料来源：（清）陕西省清理财政局编：《陕西清理财政说明书·厘金》，宣统元年（1909年）排印本

可见，位于城市建成区外围的各关城承担着城市货物集散的功能，因而有较多从事以批发为主的货栈、行店等机构。但因所处区位不同，四关城之间又具有一定的差异性，东关“地当大道之冲，左近有各行店，生理甚盛，凡东北南各路大宗货物若布匹、绸缎、京货、杂货、药材等项，其来或入城、或投行”。从厘局的设置和厘金收入来看，东关均较其他四关为盛。东关的厘局下设四处分卡，“局实为之枢纽，而得详稽其数，初抽落地之时每年报厘以万计。自改归并征各货皆由入口之潼、庆寨局，悉数截取抵关仅司查验而已，惟税单洋货一项，例须落地而后抽，会垣为洋货荟萃之区，故此厘较他处为多”。

随着社会经济的不断发展和汽车时代的到来，四个关城中北关、南关原来与南部的出山码头和北部的水旱码头之间交通联系的优势逐步被汽车交通及火车交通所替代，失去了所承担的城市外围交通门户的功能地位，并逐渐趋于衰落。西关主要是“本境出产，由乡运城之物”，西关从清末到中华人民共和国成立前，虽不像东关那样的商业茂盛、市面繁荣，但是由于西路各县来西安经商或贩货的行商不少，同时城西的居民也颇多，所以有一些日用品小商店、修理推车和骡车的木匠铺、饭铺、旅店和车马店等。因此，其发展相对较为稳定和缓慢。

而东关地当东西要冲，因历史发展已经形成了城市商业服务与货栈、行栈等多种功能于一体的综合体系，在汽车交通不断发展、陇海

铁路修通至西安之后，不仅强化了其城市功能，同时东关成为原来南部东路和北部的区域性货物运输的转运中枢和目标市场。因此，东关的兴盛与其交通区位、职能地位和在新的交通条件下具有很强的市场适应性相关，东关在清代和民国北洋政府时期与南院门同为城市的商业中心。东大街、解放路新兴商业区的发展是在陇海铁路修通至西安以后逐渐兴起的。

北关是渭河航运到西安的中转处，山西的煤炭、盐及同官的煤炭等均经草滩码头运往西安。“以地处渭河航运码头南埠的地理优势而享誉一时。每逢集日，车水马龙，人群熙攘，日流量达数万人”[①]。1935 年 1 月陇海铁路通车后，渭河航运日渐衰败停航。用牲口、推车、马车和船等交通工具从渭北及渭河往西安运输货物的事几乎绝迹了[②]。而草滩镇也从此衰落。

由北稍门向北走不远折向东北原为直通草滩的马车大道，抗战中期，由北稍门外折向西北到草滩新修了汽车路以后，马车路就成了荒凉小道。北关城内，离北门近的北关正街南段商店较多，颇为繁华，越往北稍门就越荒凉。

南关是山货集散地区，商贩运来土特产，贩运的商贩俗称“山客”，他们多来自镇安、柞水、兴安、汉中及川北广元，担挑背负，结队而来。他们运来的山货有生漆、桐油、木耳、茶叶、烧纸、黄表、黑白麻纸、花椒、桂皮，以及银耳、麝香等货物，零售或经行店代卖，远销省内外，大宗山货必须归行出售，在返回时，他们必须趸购食盐、杂货运回销售，因此盐的销量越来越大，不仅带来了南关行店的发展，也使南大街的盐店得以发展，盐店也由两三家发展到数十家[③]。南山里的山货运往西安时，首先落脚在南关，因而南关成为土特产行货店往山里贩运出售棉花、食盐等行店最为集中的地方，也是木炭的集散地（提供

① 西安市未央区地方志编纂委员会编：《未央区志》，西安：陕西人民出版社，2004 年，低 298 页。

② 田克恭：《西安城外的四关》，中国人民政治协商会议西安市碑林区委员会文史资料研究委员会编：《西安文史资料》第 2 辑，内部资料，1982 年，第 217 页。

③ 刘文礼：《旧社会的南大街盐店》，中国人民政治协商会议西安市碑林区委员会文史资料研究委员会编：《碑林文史资料》第 2 辑，内部资料，1987 年，第 49 页。

西安过冬用的木炭）。承担着城市对外商业交往的经济功能，同时服务于城市的生活需求。

南关的形成与南部的通路有关。从南关直往南郊，经过韦曲镇（今长安区政府所在地）、王曲镇，直达秦岭北麓的进山口，由子午口进山前往陕南，是西安南部西路到秦岭山脉南麓的捷径，也是关中与汉中之间的主要商路。从清代到1926年以前，山路畅通，来往的行人颇多，背的、挑的、花竿（用两根粗竹竿绑成的肩舆）、轿子络绎不绝，因而不仅沿途的客店、饭铺生意很兴隆，西安南关的行店和饭铺的生意也很好。但是自1926年刘镇华“围城”以后，这条山路土匪很多（穷苦百姓和散兵迫于生活而当土匪），经常拦路抢劫，还时常有绑票（土匪把行人拉去勒索银钱叫做“绑票”），扰得这条山路上除少数胆量大的背木板、捎木炭、背盐的人以外，逐渐成了路断人稀，导致南关的商业日渐衰落①。中华人民共和国成立前，只有一些秦岭北麓一带的农民来南关卖木炭、庄面（装满整布袋用土磨磨的面粉）、蔬菜。

南部东路的引镇经鲍陂、三兆而至省城，既可通东关也可通南关，而东关与南关相比，东关的商业地位更有优势，因此，在新的交通方式下，东关凭借原有的综合发展的优势而发展，不似南关只有单一性质的行栈，在失去货源优势后趋于衰落。

总之，北关、南关的兴衰与其交通的通达性和交通区位有很大关系。而东关的发展则相对较为稳定，是由于东关不仅占据了门户地位，其货物来源有东部官马驿路、东南部的蓝田官道，以及北部的渭河码头，因此，该线路的货物来源较为稳定，相关的货栈和货行等依赖交通运输的发展更趋发达。同时，由于其社会、经济及产业多样化发展、结构渐趋完善，形成了规模经济，加之东西向交通历来是沟通关中东西部与外界往来的交通要道，故其地位非常重要。因此，东关在清末至中华人民共和国成立前商业一直比较发达。

---

① 田克恭：《西安城外的四关》，中国人民政治协商会议陕西省西安市委员会文史资料研究委员会编：《西安文史资料》第2辑，内部资料，1982年，第210页。

本章小结

近代西安城市地域结构经历了转型发展的空间过程，即由农业社会向工业社会转型发展。通常人们讨论晚清时期的西安城市空间往往局限于城垣的范畴。本书的研究表明，在晚清时期马车时代的交通运输条件下，西安城市空间的对外运输功能在局部有所延伸，即城市外围的交通结节点，它们分布在不同地貌单元的交接部位，南部为出山码头，包括引镇、子午镇和狄寨镇，北部为渭河水旱码头草滩镇，借助于交通区位，它们承担了城市对外交通转运的职能，并因此而繁荣。因此，晚清时期，西安的城市功能在地域出现延伸的时候，形成了其分散布局的结构特征。城市功能也呈现地域分层现象，出现了府城、关城和外围交通结节点的不同功能空间，其中外围交通结节点承担了货物的转运功能；关城承担了外围交通结节点货物的集散功能，形成了行栈、货栈等商业机构的集中分布，服务于西安城内和周围地区的消费；而内城作为该地区最大的目标市场，综合了城市的各种功能空间。

辛亥革命以后，汽车交通逐渐发展，特别是陇海铁路修通至西安，改变了地域交通格局，原来依赖于渭河水运的大宗货物运输逐渐转由火车运输承担，而汽车公路的修筑也逐渐替代了原有的出山线路，各出山码头逐渐趋于衰落，城市对外交通转运功能也转向了城市核心区域。同时，随着陇海铁路的修通，西安近代工业全面起步，工业布局对运输条件的需求，促进了火车站工业区的形成。因此，西安空间结构的近代化是近代工业布局要素逐渐向城市核心区域集中发展的过程，这一过程导致了外围交通结节点的衰落。城市地域结构的演变则表现为城市空间要素向心性的集中过程。城市功能的地域分层的现象有所改变，除东关的交通集散功能和城市综合服务功能得到强化以外，其他三个关城均出现衰落，尤其是北关与南关的衰落更为明显，这是由于外围交通结节点的运输功能被取代，其所承担的货物集散功能也逐渐衰退，让位于日益加强的城市东西向新型交通方式。因此，城市功能呈现出交通导向的空间趋势。

此外，与城市生活息息相关的农村商业市场体系也发生了相应的变化，体现了农业社会的超稳态发展特征及其缓慢的变化过程。长期以来周期性的市集、定期的庙会和古会就是农业社会主要的市场形式，而庙会和定期的集市本来就是农业经济时代的产物，除满足一些基本生活需要以外，其交易活动直接为农村居民生活与农业生产服务。以庙会为载体的城乡市场之间差异较小，如前所述，这体现了西安城郊社会经济与文化生活的一体化特征。内城、关城和郊区各集镇的商业和社会文化生活没有根本性的差异，而周期性的市场体现了农业社会的供需关系、市场形式及商业影响范围。在西安近代工业全面起步发展的同时，西安城市内部的商业市场也在逐渐繁荣，但这一过程的突出表征是城市商业功能逐渐强化的同时，农业经济社会所形成的周期性的市场、庙会和古会等在相当长的时间内依然承担着重要的商业市场职能。周期性的市场和庙会形式是近代城市商业空间演变的重要表征。

在某种意义上，交通方式往往作为先决条件，限定了各种空间秩序及其层级关系的建立，它是城市各种功能相互之间的外化形式。而城市在发展过程中，其空间秩序、社会秩序及人的行为秩序具有一定的关联耦合性，这种关联与人们的出行规律及生活方式是相互影响的。因此，交通对于城市空间秩序的建立和形成具有重要的作用，归结起来具体表现在以下两个方面。

一方面，交通结构限定了城市地域各个功能区的区位关系，以及空间要素之间的相互作用关系。另一方面，城市发展空间的改变能够影响城市土地的利用方式，进而影响城市功能结构的改变，直至地域结构的变化，反映出各种社会生产关系和经济利益的空间占有和分配情况。因而，交通的发展往往对城市空间结构具有决定性的影响。

近代西安城市产业，以商业贸易为主、以手工业为辅，在陇海铁路通车后，其工业逐渐发展，成为城市的主要产业之一，城市的经济功能也逐渐从商业贸易型向商业和工业生产并重的方向发展。这一发展经历了以下三个阶段。

第一阶段，第一次鸦片战争后至辛亥革命前，城市政治、军事占有

很大比重，城市商业处于长期、缓慢的积累发展中，城市内部以商贸为主，手工业、军事工业有所发展。第二阶段，辛亥革命至陇海铁路通车至西安前，西安军事工业发展的同时，官办、民办手工业逐渐有所发展，机器工业开始出现，城市产业主要以商业为主、手工业为辅。第三阶段，陇海铁路修通至西安后，城市现代工业起步，加之全面抗战期间民族工业内迁，近代工业发展较快，形成商业贸易与工业共同发展的局面，工业产业比重不断提高。

从某种意义上看，西安近代工业的发展受到交通条件的直接影响，陇海铁路的修通则直接引发了西安产业结构的根本变化，虽然陇海铁路的修通不是近代西安工业发展的唯一条件，但却是非常重要的条件之一。近代西安地处我国东西部的交通枢纽，但区域交通却长期通而不畅，阻碍了人口、物质、信息等要素的流动，而长期以来形成的重农思想，又使守土观念深入人心，因此“力农致富，以商求财”是商业资本原始积累最主要的方式[①]，形成了城市产业以商贸为主的历史根源，同时，陕西“财东多乡居”[②]的生活方式也是造成西安城市人口发展缓慢的原因之一。陇海铁路的修通不仅改变了交通运输的方式，更带来了人们观念的改变，尤其是对机器动力的认知，而交通方式带来更为直接的客观结果是西安近代工业应运而生。因此，交通发展对于长期处于军事、政治统治下缓慢发展的城市产业与空间结构的改变，都是十分重要的条件之一，也是西安近代化发展的一个重要特点。

近代西安城市地域空间的发展是在行政原则、交通原则和市场原则等多重作用下形成的，经历了由适应于马车时代交通方式的地域空间结构模式，开始向适应于汽车时代交通方式的地域空间结构模式转变。这一城市地域空间结构性的变化，使一个经历三千余年封建社会、农业经济及其自然地理环境条件下以政治和军事为核心的封建统治堡垒和区域中心城市，逐步打破了以往的超稳态结构，渐渐适应现代交通的发展，其近代城市的交通集散功能得到加强，从“府城—关城—码头”的分散

---

① 李刚：《陕西商帮史》，西安：西北大学出版社，1997年，第93页。

② 李刚：《陕西商棒史》，西安：西北大学出版社，1997年，第476页。

格局逐渐转化为城市功能向核心城区集中的“城—郊”地域发展模式。

陇海铁路的修通及汽车公司的营运，使外部货物可以直接到达西安，交通时间大大缩短，并且无须经过转运等复杂过程，无论是南部出山码头还是北部草滩水旱码头，其具有的货物转运功能都不同程度被替代。因此，西安外围门户城镇逐渐丧失了所承担的城市外部交通集散功能，这一演变直接导致了各关城相应城市功能的衰落。而西安城乡一体的地域模式开始发生了相应的变化，这一变化表现在以下两个方面。

一是城市对外交通功能的空间转移：由处于外部交通集散地的码头逐渐向城市核心区域的空间集中过程。二是城市地域内码头的集散功能丧失导致四个关城交通区位优势消失，以码头为主要货物来源的四个关城的货栈和行栈等商业功能也随之出现衰落，均直接或间接被城市内部的汽车交通转运点和火车交通转运点取代。

“码头—关城”运销功能丧失的过程，也是城市核心区域功能加强和空间集中的过程，而城市对外交通功能在城市核心区域的集结，导致了原来四个关城运销功能在城市内部适应这一变化的重组过程，进而导致城市内部各功能地域分异格局的改变和自我发展，同时这一过程必然也是城市功能和空间职能的极化发展过程。

与此同时，区域交通的发展为近代工业的兴起提供了必要的外部条件。西安所处的关中地区农业较为发达，能够给近代以粮食加工和棉纺织业等轻工业为主的工厂提供所需的原材料，使西安郊区乃至整个关中农业地区成为城市工业发展的原料产地。此外，在城乡之间的货物往来中，原有的相互依赖、互为依托的关系转而成为以城市为主导的依附性关系。同时，工业的进一步发展促进了城市用地方式的改变，城市内部相应地产生了功能的演替和用地调整的过程，向城市外围扩展的趋势愈演愈烈，成为城市用地的近域推进的助力器。

可以说，近代西安从农业文明向工业文明发展的进程在百余年历史进程中并未完成，在西安城市地域结构演变中，交通技术条件的改变是重要的决定性因素，而城市所处的地理环境条件决定了城市地域结构演变的特征。

第三章　晚清时期城市空间结构及其萌动

近代西安城市地域空间结构经历了由马车时代向汽车时代转变的过程，这种物质现象转变的背后包含着城市内部人们的思维方式、生产方式、生活观念、出行方式、交往方式变化等超出物质层面的丰富内涵。同时也是西安城市内部空间结构适应其政治、军事、经济、文化等各项城市功能发生相应变化的过程，这一过程是近代西安城市社会经济发展不可逾越的重要阶段，是城市由传统农业社会走向近代工业社会的转型过程。城市内部空间结构的发展变化相对于城市地域空间结构来说更为复杂，受到政治、军事、经济、文化发展因素的直接作用和影响更大，各种作用叠加在一起，并适用于城市内部各种功能区域，导致城市内部空间结构的不断调适和改变。

辛亥革命结束了清朝的封建统治，八旗军队全面瓦解，满城拆除以后，城垣内部的城市空间格局发生了变化，城市的军事功能也随之而发生了根本改变，同时相应的政治、经济、文化等功能均顺应历史发展，从而寻求新的发展空间。新的政权形式、新的国家体制和机器、新的管理组织的建立等一系列社会变革，都在改朝换代过程中成为城市发展的驱动因素，进而导致城市内部空间结构发生变化并适应变化的过程。不仅如此，这些驱动因素对城市空间发展的作用是多种角度的、诸多因素的综合叠加作用。从这个意义上来看，辛亥革命瓦解了清政府的统治，结束了西安自唐末以后近千年来其作为封建王朝扼控西北地区的军事堡垒的历史，这是西安城市近代发展的一个重要事件。因此，本书以辛亥革命为分水岭，把西安城市近代化发展分为两个阶段，即晚清时期（1840—1911年）和民国时期（1912—1949年），本章着重讨论晚清时期西安城市空间结构的演变特征。

第一节 城市内部空间功能要素的变化

西安城市空间处于“四塞之固”的地理空间中，具有严密的军事防御功能，城市空间结构的发展长期处于这种军事和政治因素主导的背景下。但是第二次鸦片战争后，在西方列强用洋枪、洋炮打开国门的同时，清政府内部的改革也悄然萌动，戊戌变法虽然失败，但国家内忧外患，仍处于十分尴尬的境地，列强虎视眈眈，国家机器又十分落后，变法虽为祖制所不容，却为时事所逼迫，1901年清政府发布上谕实施新政，是迫于当时的政治形势而推行的改革，壁垒森严、处处以祖制为依据的封建统治开始松动，城市内部从军事、行政、文化教育、工商实业等方面呈现出一系列新变化。

西安是一个从来就为统治者所重视的战略要地，作为全国政治、军事战略上的重要枢纽，清政府不会容许该城市出现任何有违于国家体制和安全的因素，更不能有任何超出统治者掌控范围的隐患。但是，历史总是要遵循一定的规律进行发展，西安的社会、经济和文化发展虽然在高压政治和军事手段的控制之下，但仍然处于一种缓慢积累的发展过程之中，新政的实施使西安的发展出现新的特点。城市内部产生了新的城市功能，城市空间开始发生一系列新变化，如出现了官办手工厂、劝工陈列所，建立了新式教育、教会医院等机构。这些变化并没有从根本上撼动旧的城市结构，而是在原有城市结构的基础上逐渐形成、发展和变

化的过程，是一个较为平和的维新式的演变过程。

一、城市空间功能要素的基本构成

清代西安承明旧制，除了由于满族统治以驻防八旗驻扎而形成的满城，以及所带来的城市空间结构的差异以外，其城市内部构成与当时周围其他同类城市相比并无差异，各个城市则均“有城郭焉，其所在山川各异，则规模亦殊；有公署焉，有学校焉，有庙社及诸坛宇焉，其所在方所虽异，而制度则同”[①]。各个城市均秉承了封建社会政治中心的建设模式，即以公署为中心，学校、庙社和诸坛宇在周围环绕的布局。西安也不例外，更有甚者，西安的军事防御地位所带来的是城市军事设施分布更为完善，这是其他城市难以比拟的。

据民国《咸宁长安两县续志》和其他史料记载，晚清时期西安城市的空间构成包括官府衙署、学宫书院、寺庙祠观、兵营校场、官仓典狱、各地会馆、商业店肆、手工业作坊、居屋府第、私宅园林、农地及空地、城墙与城壕、城市道路、城市水道等方面。归结起来，直接反映城市的政治、经济及社会文化职能，其空间功能要素则包括行政、军事、教育、宗教、商业、手工业、居住几个主要方面（表3-1）。

表3-1　晚清时期西安城市空间功能要素一览表

功能要素类别	空间构成	备注
行政	官府衙署	—
军事	驻防城、绿营	城墙、城壕及其构筑物
教育	学宫、书院	—
宗教	寺庙、祠观、教堂、清真寺	—
商业	商业店肆、会馆	—
手工业	手工业作坊	—
居住	坊里、坊巷	—

① （明）马里等纂，董健桥等校注：《陕西通志》卷七《土地五·建置沿革》，西安：三秦出版社，2006年。

在19世纪末所出现的各种社会变化中，城市功能在原有基础上逐渐产生新的功能。如适应新式教育的发展，各类教会学校、私人学校和官办学校，甚至女校同时并存。在各类医院中，既有中医医院，也有西医医院；城市商业形式既有传统店铺，也有洋货铺。城市处于新事物不断出现，但传统事物仍然稳固的发展进程之中。因此，晚清时期是西安城市的各项功能处于逐渐分化和丰富发展的时期。

二、清末新政城市功能及其置换

1900年8月14日，八国联军攻入北京，慈禧太后携带光绪和一些皇族、亲贵避难到西安，将巡抚衙门（即原总督衙门，后移驻兰州）作为行宫，至1901年9月离开西安，在此约驻一年。1901年1月29日，慈禧发布上谕，表示为了“强国利民”要实行新政；4月21日成立督办政务处，为举办新政的专门机构；在帝国主义要求下，7月24日将总理衙门改为外交部；又下令从1902年开始，在科举考试中不再用八股文；要整顿京师大学堂，并把各省书院改成学堂，要各省设立大学堂，各府设中学堂，各县设小学；要各省选派官费留学生等，这种变革对于现代教育的意义是深远的，对于西安这样一个深处内陆而又维新思想活跃的城市来说，客观上促进了新式教育的发展，也改变了人们的观念，成为城市发展的催化剂。

晚清时期西安城市内部功能要素较前有了很大的变化，据史料统计，在行政、金融、商业、医院、新式学堂、新闻出版、文化娱乐、工业企业、邮电通信9个方面，均有新的发展。

在商业金融方面，道光十七年（1837年），西安第一家钱庄景盛永钱庄开业。光绪三十一年（1905年），陕西巡抚升允在抚院外甬道左右建造楼房10楹，招商开业（即后来南院门的西安第一市场）。1909年，西安出现了惠丰祥、庆丰裕、文盛祥等10家洋货铺。在商业形式方面，兴建了“劝工陈列所”，用于展览工业品和手工艺品；也陆续出

现了一些销售洋货的商店和药房[①]。西安的社会面貌开始有了一些新的变化。

在行政管理方面，1905年5月，陕西省城西安警务总局成立，1908年，改名省城西安警务总署，下设7个分署。新的城市人口及治安管理体制初步产生。1910年12月，西安府地方审判厅、西安府地方检察厅同时成立，是司法与行政分离之始。

1884年，外国教会进入西安，开始在城内和关厢陆续修建天主教堂、耶稣教堂9处，外国人还设立医院、孤儿院等机构。1886年西安人口增加到32万人，1889年开办了第一所电报局。

1898年，英国基督教浸礼会派医学博士姜感恩、医师罗伯逊、荣安居等人前来西安，在东木头市街开办英华医院，西医由此传入西安。1911年，由康毅如发起组织红十字战地医疗救护队，并成立西京红十字会医院，这是西安最早的公立医院。

在工业方面，1869年，由钦差大臣督办陕甘军务左宗棠在西安创办的生产洋枪铜帽、开花子弹和火药的西安机器局随军迁往兰州后，直至1894年，鹿传霖奏准成立陕西机器制造局，将原西安机器局迁往兰州的旧机器运回西安，专造子弹，以济军用。1904年，由西安知府尹昌龄在北院门开办陕西工艺厂，这是西安首家官办手工纺织工厂。同年商人邓永达集资银2000两筹设森荣火柴公司，这是西安第一家火柴厂。这些近代产业要素以点的形式分散布局在城市中，体现出当时近代城市功能发展的微弱趋势。

在城市外部交通方面，围绕陇海铁路的修筑有一些活动，但没有促成西安铁路的发展。1905年，陕西官绅请准由本省自行修筑西（安）潼（关）铁路，以布政使樊增祥为总办。1908年，由赵元中、崔志道、郑当贞等人发起的陕西官绅、商界、学界要求西潼铁路由借外资修建改为商办的活动。他们在西安召开第一次筹修西潼铁路大会，通过《筹办西潼铁路处简章》成立西潼铁路办事处，发表宣言，联名上书，于翌年

① 西安市地方志编纂委员会编：《西安市续志》第一卷《总类》，西安：西安出版社，1996年，第67—74页。

获准成立西潼铁路公司。后来由于财力薄弱，收效甚微。

西安邮电通信的发展较快，1890年有了沟通西安至太原、保定、兰州、肃州的电报线路，1902年开通了西安经凤翔至成都、经潼关至洛阳及西安至商州的三条邮路。1906年，西安开办国际信函业务，近代邮传体系已经初步建立（表3-2）。

表3-2　晚清时期西安邮电通信建设年表

时间	建设项目	说明	地点
光绪十六年（1890年）八月	西安电报局成立	有东经潼关至太原、保定，西经长武、兰州至肃州两条电报线路。西安开始有电报通信	南院总督部院东侧，今陕西省图书馆驻地
光绪二十八年（1902年）九月	西安邮政局成立	开办平挂信函等业务，开辟西安经凤翔至成都，西安经潼关至洛阳及西安至商州三条邮路	马坊门
光绪二十八年（1902年）	陕西洋务局成立	主办外交事务兼理邮政、路、矿等洋务事宜	西安
光绪三十年（1904年）	成立西安府邮政副总局	—	—
光绪三十二年（1906年）	西安府邮政局开办国际信函业务	由上海经转出口	—

资料来源：西安市地方志编纂委员会编：《西安市志》第一卷《总类·大事记》，西安：西安出版社，1996年，第69—72页

这一时期，1908年陕西商务总会成立；1909年陕西图书馆在梁府街学务公所创立，这是西安第一所公立图书馆，1915年迁至南院门，与劝工陈列馆合并，称中山图书馆。1909年，大清银行陕西分行在西安成立。

这些新的功能要素的产生在1902—1911年相对较为集中。也就是说，近代西安在辛亥革命前的70年间，西安近代城市功能要素的发展在前60年几乎停滞，而新的城市功能要素的变化主要集中在后10年当中，并且这些新的功能要素以点的形式分散在城市中，其发展仍然是一种缓慢积累、维新式的演变过程。

西安的新式教育和新闻出版活动的功能要素则非常活跃，包括官方和民间创办的各种新闻出版单位，共计约10家，其中7家是在1902—

1911年创办的。而新式学堂的创办则最为系统，由官方派往日本的留学人员主要学习军事、农业、矿业、税务、法律等知识，陕西省学务处派杨宜瀚等人赴日本考察学堂、工艺、巡警等要务。1902—1911年，西安设立了邮政局，创办了陕西大学堂，又陆续创办了武备学堂、巡警学堂、政法学堂、农林学堂（今西北大学）、师范学堂、女子小学堂、女子师范学堂等一批新式教育机构（表3-3、表3-4）。

表3-3　晚清时期西安城市建设年表——新闻出版

时间	发起人	内容	说明
光绪十七年（1891年）九月	陕西学政柯逢时奏准	创设刊书处	捐俸筹款
光绪二十二年（1896年）四月	陕西布政使樊增祥	开办秦中书局	购置西安第一台铅字印刷机
	吴廷锡	创办《秦中书局汇报》（月刊）	是西安第一份报纸，1898年停刊
光绪二十三年（1897年）	阎培裳（甘园）、毛昌杰（俊臣）、王执中（立斋）等人	创办《广通报》（半月刊，木刻印刷），戊戌变法失败后停刊	转载外省的时论文章和时闻报道，宣传维新。是西安最早的民办报纸
光绪二十八年（1902年）	—	《时务丛钞》创刊	西安
光绪二十九年（1903年）	—	编印《秦报》（旬刊）	年终停办
光绪三十年（1904年）	陕西布政使樊增祥主持，课吏馆姚才波等人承办	创办《秦中官报》，1908年改名《陕西官报》，一年后停刊	报馆订有英国路透通信社电讯稿，是西安最早登载外国电讯的报纸
光绪三十二年（1906年）	张拜云、焦子静	创办公益书局	在南院门，师子敬任经理，秘密印刷、购运革命书报
光绪三十二年（1906年）十月	岳觐唐等	创办《关中日报》	西安
光绪三十四年（1908年）	井勿幕	在西安创办《教育界》杂志	以陕西教育总会名义宣传革命
宣统三年（1911年）八月	同盟会成员康毅如、聂小泉	创办《国民新闻》（日刊）	西安梁府街

资料来源：西安市地方志编纂委员会编：《西安市志》第一卷《总类》，西安：西安出版社，1996年，第70—73页

表 3-4 晚清时期西安文化教育建设年表

时间	发起人	内容	说明
光绪十一年（1885 年）	署盐法道黄嗣东，咸宁知县樊增祥	重建鲁斋书院，1903 年改为咸宁县立两等小学堂	捐俸集资，在西安东关长乐坊重建
光绪十六年（1890 年）	—	修建少墟书院，1906 年改为长安县立高等小学堂	在西安冯公祠（今西安市四十二中校址）
光绪二十三年（1897 年）	陕西巡抚魏光焘	在东厅门咸长考院（今西安高级中学校址）设立游艺学塾，翌年，并入陕西中学堂	除经、史之外，加授数、理、化、兵、农、工、商、舆地等学科，14—17 岁的学生加习英文
光绪二十四年（1898 年）	—	6 月创设陕西武备学堂（校址在西安西关），9 月成立随营武备学堂	1902 年两个武备学堂合并，1906 年改为陆军小学堂
	—	1900 年，陕西中学堂因校舍被占用停办	利用咸长考院房舍设立
光绪二十七年（1901 年）	—	设立陕西大学堂，1905 年改为陕西省高等学堂	11 月，护理陕西巡抚李绍芬在咸长考院及崇化书院旧址设立，调选学生 200 名
光绪二十八年（1902 年）	—	陕西巡抚升允在抚院新址（南院）东花园修建一座两层楼房和两厢廊坊，成立劝工陈列馆（现为陕西图书馆旧馆的一部分）	展示慈禧回京时所留各地供奉的丝绸、漆器、家具、工艺品等，俗称亮宝楼
光绪二十九年（1903 年）	—	5 月，改关中书院为陕西师范学堂	聘牛兆濂等人为教习
	英基督教浸礼会	乐道学校和尊德（女子）学校	在西安东关创办
	阎培棠等人	创办绅立蒙学堂，翌年改名为甘园学堂	这是西安第一所私立学校
	陕西布政司提学使	在西安设立课吏馆	培养、提高中下级在职官员，兼习西学
光绪三十年（1904 年）	—	官费派魏国均、张益谦等人前往日本振武学校学习军事	均为陕西武备学堂学生
	—	陕西中等农林学堂	在西关创办，附设农业教员讲习所
	—	创建陆军中学堂	在北校场

续表

时间	发起人	内容	说明
光绪三十年（1904年）	—	甘园学堂附设雅阁女子学校	1908年停办
光绪三十一年（1905年）	西安知府尹昌龄	西安府官立中学堂	在庙后街盐法道署旧址
	陕西省高等学堂和师范学堂	派学生东渡日本学习农学、矿物、税务、法律等知识	选派的官费生马凌甫等30人，官籍子弟自费生樊宝珩等10人
	陕西省学务处	派人前往日本考察	派杨宜瀚等赴日本考察学堂、工艺、巡警等要务
光绪三十二年（1906年）	—	陕西巡警学堂，后于1909年改为高等巡警学堂	在粮道巷粮道署旧址
	焦子敬、李桐轩、王子端等人	设立健本学堂	在西大街富平会馆
	邹良等人	开办女子小学	在西岳庙
光绪三十三年（1907年）	—	课立馆改为陕西法政学堂	—
宣统元年（1909年）	—	陕西省图书馆创立，后于1915年迁至南院门，与劝工陈列馆合并，称中山图书馆	在梁府街学务公所（今青年路团市委驻地），这是西安第一所国立图书馆
宣统二年（1910年）	—	陕西省第一女子师范学校成立	在梁府街（今青年路）女子小学堂开办，女子小学改为附属小学
宣统三年（1911年）	—	陕西女子工业传习所	在西安开办

资料来源：西安市地方志编纂委员会编：《西安市志》第一卷《总类·大事记》，西安：西安出版社，1996年，第69—73页

总体上不仅体现出西安社会风气渐趋开化，新生事物逐渐产生，也显示出作为西北文化中心的人文荟萃之地，西安在历史转变时期所具有的地域文化功能，以及作为地域文化中心的发展潜力。

在新的城市功能不断产生、丰富的同时，城市内部一些不适应社会发展的旧有功能逐渐被替代，相应地形成了新旧功能置换的现象，据民国《咸宁长安两县续志》记载，被替代的城市功能主要有一些旧有军事设施、祠祀庙宇，以及一些裁撤的衙署等，如下所述六宗。

第一，旧有的军事设施民用化。例如，位于水池坊五味什字的西安镇守，1871年改为多忠勇公专祠；位于水池坊镇标校场南校场，其北分作高等审判厅，以南仍为校场；位于大油巷协标右营守备署，改为义学等机构。

第二，神祀空间被世俗化的城市功能取代。位于北桥梓口路西的圆觉寺，于宣统时附设西区警察局；位于城内四府街的金仙庵，于1910年改为县自治公所。位于城内盐店街的文昌庙，光绪之季改学校[①]。位于通化坊东羊市街的女子两等小学堂于1909年由旃檀林禅院旧址改建。

神祀场所功能改为义学的较多，设立于神祀建筑内的咸宁府义学有书院门、香城寺、南城五火庙、东关北社文昌庙、南郭门内文昌宫、南关娘娘庙等处，还有位于柿园巷口观音寺旧址的东关两等小学堂（1909年改建）；长安县义学有糖房街关帝庙、北关马公祠、西关留养局、北关娘娘庙等处。此外，还有位于万寿宫侧老关庙的抚标中营义学，位于红埠街西口狮子庙的抚标左营义学，位于员家巷口关帝庙的协标左营义学，位于九府街文昌庙的协标右营义学等。

第三，衙署被民用功能取代，以及旧有功能的置换。光绪十六年（1890年）学使柯逢时以旧清军同知署改建的西安府考院（在县治西六海坊），光绪三十一年（1905年）西安知府尹昌龄在庙后街盐法道衙署旧址改设西安府官立中学堂，同年以粮道旧署改建巡警学堂（位于布政使署后粮道巷），光绪二十年（1894年）以西安府考院改建游艺学塾，光绪二十八年（1902年）西安府考院旧址改建为关中大学堂（嗣又易名陕西高等学堂）。另外还有县立两等小学堂（位于鲁斋书院地址），光绪二十九年（1903年）改建，光绪三十年（1904年）改为高等小学，宣统二年（1910年）合办为两县实业学堂。

第四，体制变革导致原有功能丧失。位于六海坊的西安府学于光绪末年缺裁；位于文庙的西长安县学光绪末年缺裁；位于县治西的咸宁县学光绪末年缺裁。

第五，新的功能形式附着在旧有建筑中。位于东郭门外金花落的丹

① 民国《咸宁长安两县续志》卷七《祠祀考》，民国二十五年（1936年）铅印本。

阳万寿宫药王洞（道光二十一年重修）为东关药商及医士并窑户铁工祀神之所；位于东关南大街的大王庙（同治年间）为关内药布两商行筹资修建，为赛神议事公所；位于东关兴庆坊的花神庙（同治年间治园圃者集资修建），“每年九月赛菊为花会，爱菊之士咸集焉”；位于东关索罗巷口的金龙庙（同治间修）东为岳湖布商祀神会议公所，俗又称田师庙①。

第六，在空地中增建新的用地功能。1906 年在贡院供给所隙地设立存古学堂等②。

综上所述，晚清时期西安府城内部的军事职能因政权的变化有所衰落，一些原有的职能部门在新政的改革中趋于消失。而新的城市功能体系，如新式教育、行业同会组织及巡警等新的城市职能部门涌现出来，无疑西安在清朝末年已经开始适应社会发展的要求，城市空间结构处于内部的自适应和调适状态，旧的城市结构没有被完全突破，但新的功能已经产生，虽然很微弱，但却具有生命力。尤其是新式教育逐渐取代了旧的教育体制，在城市空间的功能置换过程中，逐渐取代了城市祀神空间的地位和功能，城市公共生活空间功能趋于实用和经济，城市空间发展处于新陈代谢的加速状态。

三、城市近代手工业及其空间功能要素

晚清时期，西安发展实业的举措首先从民间开始，政府全面介入主要在新政颁布以后，西安在既有的发展基础上逐渐有目的地开始了实业发展。

光绪二十二年（1896 年），刘光蕡等人筹办陕西保富机器织布局；光绪三十年（1904 年）冬，西安知府尹昌龄在北院门开办陕西工艺厂，生产“以毡毯为首，次则棉花”。这两个企业开创了西安棉纺织业的先河。从清宣统二年（1910 年）陕西巡抚恩寿与西安将军文瑞在东大街设

① 民国《咸宁长安两县续志》卷七《祠祀考》，民国二十五年（1936 年）铅印本。

② 民国《咸宁长安两县续志》卷九《学校考》，民国二十五年（1936 年）铅印本。

立驻防工艺传习所（内设纺织项目）开始，西安的官办、民营手工纺织业开始发展。

西安的手工纺织生产起步于清末民初。西安知府尹昌龄创办陕西工艺厂后，于西门外划地准备扩建新厂，并派人去上海订购纺织机器，又将清光绪二十二年（1896 年）筹办的“陕西保富机器织布局”之余款、机器、机匠及原委的经营委员等一并拨交陕西工艺厂，但扩建很慢，终因故中止，这是陕西第一家官办的手工纺织工厂。清宣统二年（1910 年），陕西巡抚恩寿与西安将军文瑞为改变旗人“安坐而食，生计日艰”的处境，在西安东大街（原左领署）设立驻防工艺传习所，分纺织、蚕桑、制革和毛毯四门，由藩库和旗库共拨白银 1.2 万两。

清代，西安的榨油、酿酒、造纸、陶瓷、糕点、香烛及雕版印刷等手工业作坊确实不少。19 世纪地处西北内陆的西安深受封闭及战乱之害，轻工业发展缓慢。清代西安的刻书印刷业较前朝有了更大的发展，为陕西省五大雕版印刷中心之一。康熙《陕西通志》记载，从康熙六年（1677 年）到清末光绪年间，西安仅官刻书籍的版式就保存了 60 余种 1200 余卷。清道光三年（1823 年）以后，西安的雕版印刷业和手工造纸业逐渐衰落。西安近现代印刷、造纸工业起步较晚，最早的机器印刷企业官办秦中书局，始建于清光绪二十二年（1896 年）。

第一次鸦片战争后，中国近代工业渐渐兴起，而西安直至清朝末年才有官办工厂。清光绪三十年（1904 年）冬，西安知府尹昌龄创设陕西工艺厂，挑选少壮无业者百人，入厂学艺几个月后，分别从事竹工、木工、草工、针工等，制成各种产品，销售颇畅，尤以毡（一种毛织品）最为精良。由于毡要求“剪毛务细，压片务薄，染色务鲜，印花务细”，织成的衣物被人们争相购买，甚至有订购百件之多者。光绪三十年（1904 年），商人邓永达集资白银 2000 两筹设荣森火柴公司，这是西安第一家火柴厂[①]。

西安制革业最早为制造车马挽具和毛皮硝鞣制。清光绪三十四年

---

① 西安市地方志编纂委员会编：《西安市志》第一卷《总类》，西安：西安出版社，1996 年，第 71 页。

（1908年），陕西第一牧场有限公司经理高幼宜与华县人郑吉安，在西安创办制革厂，名为陕西制革厂，主要生产军用皮件。当时有工人30多人，资金4000元（当时币制），辛亥革命后资金扩至12万元，购置机器生产军用皮件。1922年，西安成立新履、同合两家制革厂。1926年，西安从事皮革业的手工业者达1000多人①。

总体上，晚清时期西安近代官办工业以手工业为主，其在新政之后开始逐渐发展。因此，晚清时期的城市近代产业要素的发展与国家的政策导向性有着十分密切的关系。

晚清时期城市功能结构的演变体现在顺应国家改革政令的各项举措及其所带来的相应的变化上，如新的教育体制、城市内部新的经济和产业职能的初步发展，金融、商业、手工业等城市功能的出现丰富了晚清时代的城市内涵，并且大多是在新政颁布以后陆续出现的，可见晚清政府层面的制度导向，对西安新的城市功能的发展具有很大的促进作用，也说明西安城市内部所孕育的工商经济和社会发展的潜在需求。

总体上，城市功能结构的微弱发展并没有从根本上改变城市的空间结构。因此，这一时期，城市内部的经济发展和旧有城市格局的新旧矛盾较为突出，尤其是以满城为重心、突出军事功能的城中城格局破坏了城市空间结构的均衡发展，城市东部与西部的交通条件和通达性不能实现，均对城市工商实业的发展具有制约作用。

第二节　总体空间格局及其防御特征

晚清时期，中国正处于一个历史蜕变的时期，几千年来的封建统治社会面对帝国主义的洋枪、洋炮的冲击，而沦为半殖民地半封建社会。

① 西安市地方志编纂委员会编：《西安市志》第三卷《经济（上）》，西安：西安出版社，2003年，第391页。

国门大开，沿海发达城市广州、福州、厦门、宁波、上海首当其冲，成为对外贸易开放的开埠通商口岸城市，以后一些沿江、沿海城市陆续开放。城市中出现了适应社会、经济发展而转型的新的功能区域和管理机构，城市风貌发生了很大的变化，如租界、领事馆、海关、码头、教堂、洋行等开始出现，城市空间结构发生变化，同时异质性文化景观逐渐产生、发展，其与传统文化之间从对立走向融合。与之迥异的是一些内陆城市，其近代发展道路更多是基于政府行为及自身发展需求，以西安为典型，在国门大开之际，其政治、军事统治不仅没有被削弱，反而其战略地位更为统治者所关注和倚重，1900 年八国联军攻打北京，西安成为两宫临时的驻跸之所，就是因当时的江苏督抚鹿傅林提出："首建幸陕之策……鹿陈说太后，以北京万分危险，西安去海遥远，洋兵万不能到，进退战守，无不皆宜"[①]，西安一度成为国家临时的政治中心。而此时的西安作为豫、晋、鄂、川、甘等省的交通枢纽及军事战略要地，其经济发展受到政治和军事因素的制约，仍处于以农业社会经济为主导的商品经济发展时期。

在"两宫西狩"之际，清政府迫于压力，于 1901 年发布新政上谕，在经济、文化、教育、吏治等方面都提出了改革方案。从此，西安城市内部开始出现了新的变化，包括新的经济和实业管理机构、新的军事组织、新的教育机构，出现了官办手工艺厂和平民工厂，出现了专门出售洋货的商铺，城市的功能出现了相应的变化，当然，这些变化相对于西安城市结构来说是微弱的。可以说直至辛亥革命，短短不到 10 年的时间中，从清政府统治阶层的决策层面所引发的这些改革措施，使西安历史上稳定的以农业经济为主导的、封闭自守的社会经济状况开始松动。

当然要撼动封建社会的统治根本，在其社会内部是不可能实现的。因此，这仅仅是近代西安城市发生变化的初始时期，其主要特征是城市经济、文化功能要素的发展，以及城市各项功能地位和作用的提升，即

---

① （清）佚名：《西巡回銮始末记》卷三《两宫驻跸西安记》附录《鹿尚书傅霖事略》，清光绪二十八年（1902 年）石印本。

处于新的功能萌生，而一些城市旧有功能被替代的一个城市内部空间结构自我演替的发展阶段。

总体上，晚清时期城市空间结构依然体现出封建社会的政治、军事、经济、文化特点。但这一阶段城市的空间结构已经不是铁板一块，一些新的城市功能变化悄然出现，相应的变革则蓄势待发，长期的静止状态已经萌动，开始孕育着城市的新的生机——近代化趋向。

西安城市最为突出的是其历史上所形成的军事防御特征，至清代则更甚，主要表现在以满城为中心的非均衡的“城中城”格局、满城内部的军事防御特征及府城拱卫满城的交通格局，以及其衙署布局特征所呈现出的一切以防御为主导的军事、行政权力中心的空间布局特征。

一、城市空间格局及其防御特征

清代沿用了明代西安城的空间格局，保持了以钟楼为中心，由东、西、南、北四条大街形成十字形交通的格局，且各主要大街直接与各个城门相连接，外设壕沟。各城门外又有关城，“崇正（祯）末巡抚孙传庭筑四郭城”①，城垣以内为城市建设区域，城垣以外则为近郊农业用地。

府城内部沿用了原明秦王府作为八旗驻地，修筑了满城。所不同的是，满城已经超出了秦王府的范围。满城位于府城之东北隅，别为一区，与府城之间有城门相通，满族作为统治阶级和特权阶层，与汉族之间矛盾对立，因此相互之间极少来往，成为城中的独立王国，也导致了清朝统治阶层与汉族之间的民族隔离状态。满城于清初修筑，以八旗官兵驻防。嘉庆《咸宁县志》中载：“自顺治二年分城内东北隅地，自钟楼东至长乐门南，北至安远门东，因明秦府旧基驻八旗驻防城。”此外还修筑了供汉军八旗驻防的南城，嘉庆《咸宁县志》记载：“康熙二十二年，添驻汉军，复于端履门至东城中间筑墙，抵城南垣为南城。”满

① 嘉庆《咸宁县志》卷十《地理志》，清嘉庆二十四年（1819年）刻本。

城以八旗校场为核心，初建时有门五：东为长乐，南为端礼，西为西华，西北为新城，西南利用钟楼为门；据嘉庆《咸宁县志》卷一记载，南城与满城之间设有两座城门，东为土门，西为栅栏，是为方便出入而设的城门。

在南城修筑的98年之后，乾隆四十五年（1780年）汉军出旗，南城地归咸宁，即“汉军出旗，奏明南城仍归汉城，隶咸宁县。”南城历时近百年，通过对光绪时期的测绘地图及其后的西安城图进行分析，可以看出，南城建设很少，直至清末，除了火药局和个别寺庙以外，其基本荒废了，这种状况一直保持到辛亥革命前。但总体而言，西安在当时的社会、军事环境下，从军事防御的角度看，是一个巍峨雄伟、坚不可摧的堡垒（图3-1）。

（一）城垣构筑物的军事防御作用

清代西安府城以钟楼为中心，东、西、南、北四条大街将府城划分为内城四隅，东北隅的满城为城中之城；四条大街直通东（长乐）、西（安定）、南（永宁）、北（安远）四个城门，筑有瓮城和月城。外有城壕，有吊桥和府城相通。各城门外又附有东、西、南、北四个关城拱卫府城。可以说，在城垣所围合的城市建设区域中，其军事防御功能层层布局、步步为营。令人叹为观止的是，西安城市建筑的军事防御性也是极为严密的。

首先，是以钟楼为中心的十字形交通结构，钟楼作为瞭望的制高点，可以俯瞰全城的军事动态，同时十字形交通结构不仅可以使军事信息在视觉上畅通无阻，同时也可以迅速地集结军队进行军事调度。

其次，城墙作为军事防御工事，其建筑雄伟、功能实用、建造精美，具有很高的建造技术水平。从城墙这一构筑物本身的功能和结构看，其防御功能表现在以下四点。

第一，城墙不仅用来阻止敌人的进攻，同时城墙作为军事防御的重要设施，可以进行积极的反击：具有驻兵防守、瞭望的功能，城垛可以有效地防护自己，并利用自身所具有的防御设施作为掩体；城市四角筑有角楼，可使四个方向相邻城墙之间的敌情及时通报，以利于战时调

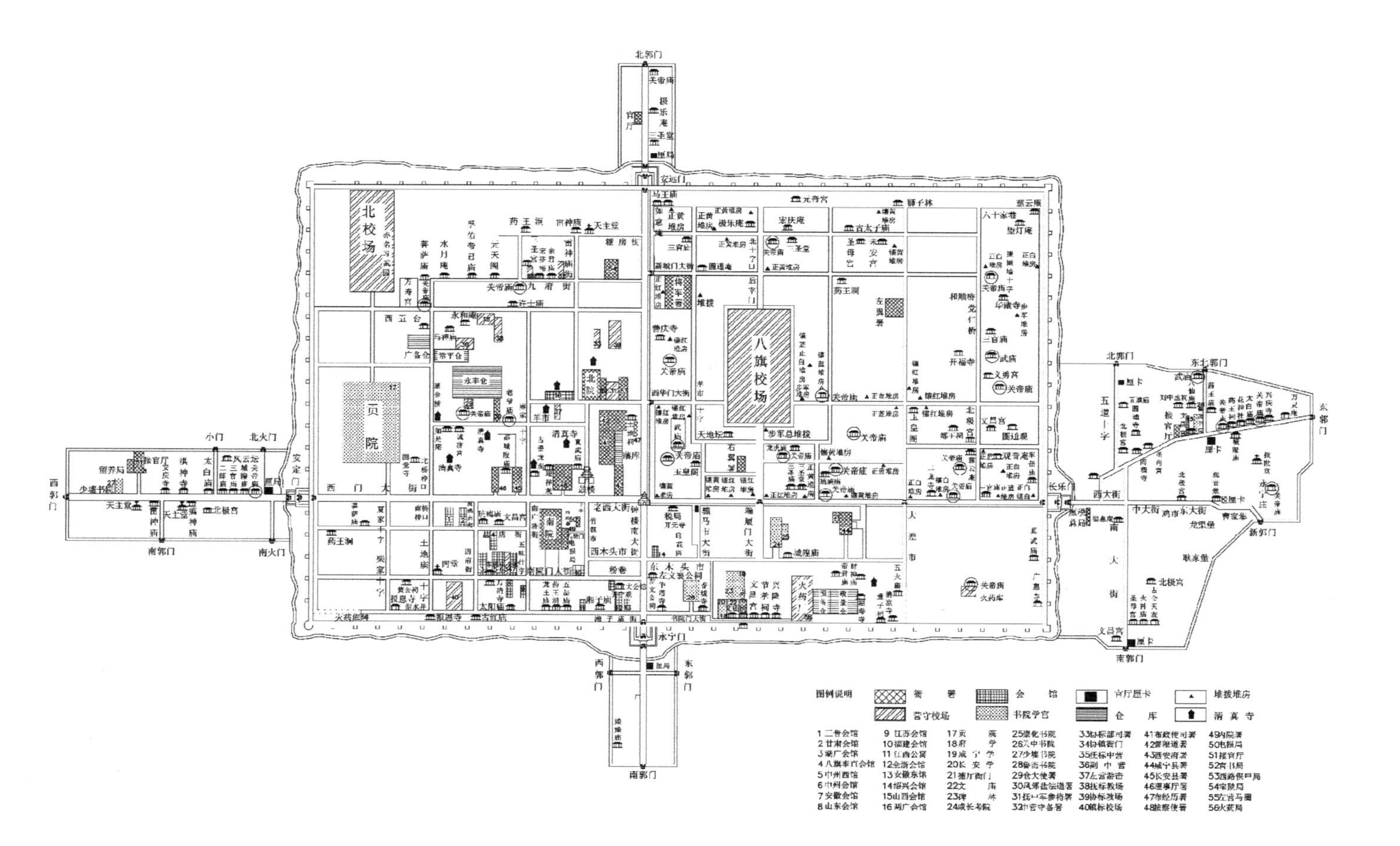

图3-1　晚清时期城郭格局及其功能分布示意图
资料来源：据清光绪十九年（1893年）中浣舆图馆测绘图绘制

动；城墙之间有马面，不仅可以从侧面监视来犯之敌，而且使其暴露在弓箭的射程范围之内，以利于反击攻城的进攻力量。城墙的材料处理和排水设施也非常实用和巧妙，城墙地面铺两层地砖以利于兵马踩踏，便于交通来往；城上、城下筑有马道，可使增援部队迅速到达；同时还设有海墁，以使雨水沿墙身排出。

第二，城门作为防御的重点部位，是一个相对独立的防御建筑物，由瓮城和月城组成。城门自内而外由城楼、月楼和闸楼组成，由吊桥控制城内外之间的交通，四城门的唯一出入通道使城市时刻处于掌控地位。而这一组建筑物适应战争攻守的需求，步步为营，充满杀机，敌人的每一次推进都会面临更大的被攻击风险。

第三，城壕是城墙、城门外的又一道防护工事。其与城墙相结合，使敌军无法大规模、迅速到达城墙下，即便要通过城壕，也是在火器和弓箭的控制范围之内，迫使敌人望而却步。因此，其军事防御作用是非常有效的。

第四，关城是敌人接近城门的第一道防御工事，关城城墙不如府城坚固，关城内居住着大量的居民。因此，即便敌军攻入关城内，平民夹杂其中，敌军往往投鼠忌器，攻击势头一般会减弱，从而达到阻碍敌人进攻的目的。

因此，以满城为核心的城垣不仅体现了作为防御的空间组织，同时城墙及其附属建筑物的建造水平和防御功能已经趋于完善。

（二）服从于军事防御的非均衡交通结构

城市是一个地区的政治、军事、经济和社会文化中心，当城市的政治、军事功能突出时，往往与城市的经济和社会文化发展之间产生一定的矛盾，甚至制约城市经济和社会文化等方面的发展。对于西安来讲，在城市道路交通方面，原本道路以十字交叉布局是最为合理的渠化交通方式，但是清代满城修建时，其东门利用了大城的东门，南墙在长乐门南，使东关成为满城的外城，增加了满城对外的防御功能。正是由于东门成为满城的东门，阻隔了东关与大城之间的交通联系，也限制了东关在城市中与其他区域的便捷联系，以及经济功能的有效发挥。东关在四个关城当中的规

模是最大的，同时其处于“通衢所经，轮蹄所辐辏”的交通优势地位：是西安—潼关之间官马大道、西安—蓝田之间支路、北部西安—三原的驿路，以及南部山区如库峪间道、大峪孔道等交通往来的汇集之地，也是历来所形成的外来货物集散中心和西安城市商业繁荣之地。原有的以钟楼为中心四个方向的交通则因满城的人为阻隔而形成了一种非均衡的交通结构。因此，城市的商业中心在东部的以东关为商业中心，在西部的以南院门和西大街一线为城市商业生活中心，中间隔以满城。这两者之间的交通是不通畅的，因此晚清时期西安的商业中心是相互分离的双中心结构。

以钟楼为中心，由四条主要大街所划分的四个区域之间的交通联系是不均等的，西大街、南大街交通相对通畅，其次为北大街，再次为东大街，东大街一线交通因满城的修筑而成为沿满城南墙的顺城街道，为满城所专用，失去了城市东西交通功能，使城市东南隅一带处于交通堵塞区域，其对外的联系是不通畅的。因而从交通的可达性看，以钟楼为核心的四隅用地的发展也是不均衡的。这一结论从曾驻扎汉军八旗的南城的兴衰上可以看出。

曾经作为汉军八旗驻地的南城东南隅，在汉军出旗以后，其发展几乎是停滞的。乾隆年间，由于添设八旗官兵，就其用房问题清政府也曾动议过对南城的再利用，“西安出旗汉军、改补绿营各官，所遗衙署四十二所，及汉军副都统空闲衙署一所，应一并估变，计值银四千四百余两”[①]。然而当时身为陕西巡抚的毕沅上奏朝廷，提出不同意见：“自汉军出旗改补绿营后，分街北为满城，街南为汉城，各立界限彼此隔别，所有现应添设满洲官兵二千数百名，似未便又令分住南城。”[②]并提出了变通的方法：“此番由京移驻旗员衙署，除满城旧有空闲衙署四所，尽数修补拨给外，其应添衙署二十所，约需银四千九百余两，请即于变价银内动用，数尚无多。至抚标所添兵，系在省招募，各有室家，

① 《清实录·高宗纯皇帝实录》卷一千一百六十一“乾隆四十七年七月乙卯”条，北京：中华书局，1986年。

② 《清实录·高宗纯皇帝实录》卷一千一百六十一“乾隆四十七年七月乙卯”条，北京：中华书局，1986年。

无需拨给官房。”[①]因此，南城没有成为八旗官兵的驻防地，此后也没有什么发展。

有学者研究后认为：“南城的建筑区密集分布于城北部，南部则多为空闲地。……南城南部的主要建筑物为广惠寺和清莲寺（清凉寺），其中广惠寺在南城东南角，亦紧临南城东城墙；清莲寺则在南城西南角，隔墙与董子祠相望。广惠寺与清莲寺之间，所有的清代地图多呈空白状，估计没有什么重要建筑设施。”[②]通过对光绪十九年（1893年）中浣舆图馆所完成的城市测绘地图进行分析，南城的建设情况的确如此。今人的论著中也有涉及：“汉军撤走后。旧汉军城墙遂被拆除。在约一百年间，这里仍是狐兔出没的荒地和乱葬坟。到清光绪年间（公元一八七五至一八九〇）在‘大差市’附近（包括今建国路一带）划出了一些弯曲不直长短不一的东西走向和南北走向的道路。此后大差市一带逐渐有了稀疏的人家，但仍呈荒凉状态。”[③]

为什么这一地区的发展如此缓慢，仅以寺庙和祠祀建筑为主呢？不言而喻，交通阻塞是直接原因，并且是由人为因素造成的。同时，民族之间的对立也是不可忽视的因素，东门内的顺城巷是满人经常出入的地方，一旦汉民与之相遇，多有摩擦发生：“由于满清实行民族压迫政策，对汉人欺凌、歧视，这条路上常有满族妇女三三两两打扮得花枝招展，轻佻游逛，汉人如果碰上既会受到满人的责斥甚至毒打。”[④]这里即便作为居住地，人们的日常出行也是不方便的，更不用说经商活动需要大量货物长期往来，则更为不便。因此，汉军出旗以后至辛亥革命前夕的130年间，这里除了供应军需的火药局以外，几乎没有什么新增的民用建筑，可见其交通之阻塞已经严重阻碍了城市建设的有序发展。

---

① 《清实录·高宗纯皇帝实录》卷一千一百六十一“乾隆四十七年七月乙卯”条，北京：中华书局，1986年。

② 吴宏岐，史红帅：《关于清代西安城内满城和南城的若干问题》，《中国历史地理论丛》2003年第3辑，第131页。

③ 田克恭：《西安的建国路》，中国人民政治协商会议陕西省西安市委员会文史资料委员会编：《西安文史资料》第10辑，内部资料，1986年，第160页。

④ 田克恭：《西安东大街的变化》，中国人民政治协商会议陕西省西安市委员会文史资料委员会编：《西安文史资料》第3辑，内部资料，1982年，第177页。

总之，满城的修筑以军事防御和民族统治为首要目的，以满城为核心的“城中城”格局造成了城市主干交通的不均衡分布，制约了城市经济要素的正常发展。同时在军事与城市社会、经济和文化生活的权衡中，一切让位于满城的军事需求，军事防御占据绝对的优势地位。

（三）以满城为核心的“城中城”的军事防御特点

若从军事攻守和防御功能的角度来看，满城是近代西安绝对的军事防御核心，主要表现在以下三点：

第一，满城作为城中城，以东关为其东部的防御前沿，以府城为其西南部的保卫屏障。满城沿袭了明秦王府作为政治决策中心和行政中心的区位，除了将北、东两个方向局部城墙作为外城墙以外，满城的西墙、南墙则处于大城环抱中，形成了西、南两面的大城环抱格局，而东面则是以东关为其外城的防御空间体系。虽然东关与大城之间正常的社会、经济往来受到阻碍，但是满城与东关之间军事防御的缓冲空间却是畅通无阻的。

从西安地域空间的防御战略来看，东部、南部两个方向的来犯之敌是其防御的重点。因为，东部是区域军事防御不可不予以重视的防守方向，潼关一旦失守，敌军可以由潼关至西安的驿道长驱直入，兵临城下，因此将东关置于满城可以直接控制的范围之内，加强了满城的防护安全。而南部历来为军事统治者所看中，南部峪道中的关隘易守难攻，一旦被敌军所占领，则城垣失去依靠，所谓“关中之患恒在南山，而南山之患又在诸谷也”[①]。因此，一旦敌方从城市南部山区杀出，城南便会成为敌人的攻击目标，但南关可以作为第一道防线，而一旦南关城失守，大城可作为第二道防线，大城中又驻守着绿营官兵，可与之抗衡。

相对而言，西部和北部的军事压力较小，在历来的军事行动中，北部渭河自然成为天险，西来的敌人大多是在渭河以北行至渭河后渡西渭桥来犯，渭北东部来犯的敌人也多在东渭桥附近渡渭。相对而言，西部、北部有南关作为敌人跨渭以后的第一道防线，大城为第二道防线。

① 民国《续修陕西通志稿》卷五十《兵防七》，民国二十三年（1934年）铅印本。

加之西部和北部地势相对比较平坦，缺少军事攻守的条件，往往不作为进攻的首选方位。因此，西安的地理环境条件和军事防御功能在历代统治者的不断经营之下，其空间防御功能的运用和调动可以说已经发展到极致，使满城犹如铜墙铁壁一般，这也是其虎视雄关、扼控西北，为历代清帝所倚重的重要原因。1900 年，八国联军进攻北京城，在最高统治者受到威胁之时，“两宫西狩”选择西安作为驻跸之所，绝非偶然。

第二，对于满族统治者而言，其除了要对付正面攻击的敌方军队以外，还要压服汉人对其进行统治。满城主要是军事堡垒，不仅要防御来犯之敌，而且要让众多汉族人民臣服，“我朝定鼎以来，虑胜国顽民，或多反侧，乃于各直省设驻防兵，意至深远也”①，城中的汉人自然也就成为其防范的对象，而满城作为“城中城”的防御核心，更要防止“腹背受敌”的尴尬境地。因此，满城自身的安全和对人民的震慑是压倒一切的。

第三，少数民族对汉人进行统治，要有进可攻、退可守的军事基地，同时，也要保护居住在满城内的旗人眷属，并保护这一军事基地的安全，以满足其练兵备战的需求，“盖兵者所以卫民相时势而度机宜……兵可百年不用，不可一日不备者”②。满城在四隅之内自成一体，与汉人的隔离，不仅维护着统治者的血统，维护其特殊阶层的地位，同时也体现了满族统治的民族防范心理。满城内的统治阶层，其安全保障是凌驾于一切之上的。

综上所述，在清代，对外的积极防御以制敌、对内的安全保障以备战，已经使满城成为防范“腹背之敌”的军事堡垒和震慑西北的军事基地，以其政治统治需要和军事防御作为维护统治的第一要务。相对而言，地方行政管理则退居其次而承担地方的管理和对满城的粮饷供应职能，所以，清代，政治、军事因素始终是封建统治者进行考虑的首要出发点，城市作为封建统治者的政治、军事基地，社会经济的发展必须服从这一秩序。在这样一个严密的政治军事体系下，城市更多地为封建统治的政令通达服务，城市的经济发展，必然受到政治、军事因素的影响和制约。

---

① （清）刘锦藻：《清朝续文献通考》卷二百八《兵考七·驻防兵》，上海：商务印书馆，1936 年。
② （清）刘锦藻：《清朝续文献通考》卷二百八《兵考七·驻防兵》，上海：商务印书馆，1936 年。

近代百余年来，西安城市空间的发展更多受到来自统治阶层对其“扼控西北”的战略地位的关注和操控，同时由于战事不断，地方又必须负担筹措军饷的任务，因此，城市经济受到诸多因素的限制，发展非常缓慢。另外，从城市空间结构的关系来看，晚清时期城市社会经济与以满城为中心的封建军事堡垒之间存在着不可调和的矛盾，矛盾的核心是城市的军事地位及其空间的内向性和封闭性，对经济发展所需要的开放性的制约和限制。而“城中城”的城郭格局即以满城为核心，以东关和府城为其外围护城，结合瓮城、月城、城壕及关城等层层严密的空间防御体系，与城垣外围的自然地理环境条件相结合，形成多重区域防护体系，正是晚清时期城市空间结构的突出特征。

二、满城内部的空间防御特征

八旗是以“旗”统人、以“旗”统兵的军政合一制度，又是出则备战、入则务农（后期不准旗兵务农）的兵民一体的社会组织形式，具有行政管理、军事征战、组织生产三项职能。从 1633 年起先后降服的蒙古人和汉人增编蒙古八旗、汉军八旗和满洲八旗，共同构成八旗制的整体[①]。

满城的居住空间布局依据清代八旗制度，旗分方位，按色布局。八旗起初设有四旗，旗以纯色为别：曰黄，曰红，曰蓝，曰白。至是镶之，添设四旗，参用其色，共为八旗[②]。清初，“太祖以遗甲十三副起，归附日众，设四旗，曰正黄、正白、正红、正蓝，复增四旗，曰镶黄、镶白、镶红、镶蓝，统满洲、蒙古、汉军之众，八旗之制自此始”[③]。清世祖定鼎燕京，分置满、蒙、汉八旗于京城，以次厘定兵制。据《八旗通志》，八旗是按五行方位分旗色排列的，“本朝龙兴，建旗辨色。创始统军尤以相胜为用。”行军时，地广则八旗并列分八路，地狭则八旗合一路而

---

① 朱仰超：《西安满族》，中国人民政治协商会议陕西省西安市委员会文史资料委员会编：《西安文史资料》第 18 辑，内部资料，1992 年，第 170 页。

② （清）鄂尔泰等：《八旗通志初集》卷一《旗分志一》，长春：东北师范大学出版社，1985 年，第 2 页。

③ 赵尔巽等：《清史稿》卷一三〇《志一百五》，北京：中华书局，1977 年，第 3860 页。

行。队伍整肃，节制严明[①]。八旗分为两翼：左翼则镶黄、正白、镶白、正蓝也；右翼则正黄、正红、镶红、镶蓝也，按“北而南，向离出治”，各有秩序。各个方位与旗色顺应五行方位：“自两黄旗正北，取土胜水。两白旗位正东取金胜木。两红旗位正西取火胜金。两蓝旗位正南，故水胜火。水色本黑，而旗以指麾六师，或夜行则黑色难辨，故以蓝代之。五行虚木，盖国家创业东方，木德先旺。比统一四海，满汉一家，乃令汉兵全用绿旗，以备木色。于是五德兼全，五行并用。祖宗之制，所谓咸五帝而登三王也”[②]。因此，八旗的设立完全基于行军打仗的军事行为的需求。和平时期，八旗的方位则成为各旗驻扎、设防的重要依据。

西安满城内部空间的军事特征不仅体现在其分区驻守方面，还体现在道路交通形式、内部军事设施分布、信仰崇拜等其他方面。

（一）道路交通形式与衙署布局

城内东北隅八旗驻防城，街七巷九十四，“旧亦县地，顺治二年归旗属”[③]。根据1893年测绘的西安城图，满城作为八旗驻防的营地，满城内的道路网络以行列式布局为主，形成以方格网为主的密集路网。满城内的道路交通与城市其他区域相比有着明显的区别，棋盘格局的道路结构非常突出，适应了城内军事交通快速通达的需求。

满城内大体上体现了八旗方位的布局特点，根据光绪十九年（1893年）十月中浣舆图馆测绘的《清西安府城图》分析，其堆房或堆拨的分布情况基本与之相符：满城西部由北向南依次为正黄旗、正红旗、镶红旗、镶蓝旗；东部由北向南依次为镶黄旗、正白旗、镶白旗、正蓝旗。但在局部有所突破。在满城内部分区、段进行用地分配与相应的军事管理，据1909年相关资料记载：“旗营驻省城之东北隅，曰满城，城内分八区，区分五段，共四十段，第一区镶黄旗驻焉；第二区正黄旗驻焉；

---

① （清）鄂尔泰等：《八旗通志初集》卷一《旗分志一》，长春：东北师范大学出版社，1985年，第2—3页。

② （清）鄂尔泰等：《八旗通志初集》卷二《旗分志二·八旗方位》，长春：东北师范大学出版社，1985年，第17页。

③ 民国《咸宁长安两县续志》卷四《地理考上》，民国二十五年（1936年）铅印本。

其驻于第三区者正白旗也；第四区者正红旗也；镶白旗则第五区；镶红旗则第六区；正蓝旗则第七区；镶蓝旗则第八区，为分驻之地”[①]。应该说满城内部划区管理是遵循了八旗的方位布局，至少在宣统年间仍未改变。每旗下分五段，应是以道路为划分界限的依据，因此，满城的交通形式顺应了八旗各按方位而设的原则，下分八区，区下分段，段是其基层空间单元。满城道路呈现整齐的棋盘格局，有利于军事调配中的交通往来。

晚清时期，西安满城以八旗校场为核心，将军署和左右翼署呈犄角之势围绕八旗校场分布，将军署位于吉茂巷，毗邻满城新城门紧东南角和八旗校场西北角，左翼署位于八旗校场东北角，右翼署位于校场西南部，三署围绕八旗校场呈近似等边三角形布局，相互呼应（表 3-5）。

表 3-5 晚清时期满城内部主要衙署分布一览表

归属	衙署名称	区位	备注
驻防八旗	将军署	满城吉茂巷	—
	右翼副都统署	均在八旗校场西南	—
	左翼副都统署	均在八旗校场东北	—
	八旗步军营署	驻防校场南门前	—
	八旗校场	满城内	—
	左司署	西华门内	即驻防西安将军库，房兼储藏八旗军械火器火药

资料来源：民国《咸宁长安两县续志》卷八《衙署考》，民国二十五年（1936 年）铅印本

（二）堆拨分布及其空间特征

满城的内部设施也充分反映了它的军事特征。城内不仅有八旗驻防官员的各级衙门，八旗办事公所、居民住房也全是按八旗方位以军队营房的格局布成。满城内其他建筑有练功房、弓房、箭道、火器库、军粮库、马圈、炮场、校场、演武厅，乃至堆房、哨房。一切都在显示它的军事职能[②]。据 1893 年《西安府城图》（光绪十九年十月中浣舆图馆测

① （清）陕西清理财政局：《陕西清理财政说明书·旗营军饷》，宣统元年（1909 年）排印本。
② 马协弟：《清代满城考》，《满族研究》1990 年第 1 期，第 32—33 页。

绘图）分析，能够反映出满城布局特征的重要设施之一是堆拨或堆房，堆拨是存放军事器械、设官兵轮值防守巡查的机构，因此而添设的建筑也称堆房。清代乾隆皇帝波罗河屯行宫曾经被窃，官员试图在请求给各处行宫添驻营汛官兵的奏折中提道："各派堆拨，拨派营汛官兵，添盖堆房，并设鸟枪钩枪"，可见堆房与堆拨之间的关系，皇帝在谕令中驳斥了下属的懈怠失责，"自有行宫以来，历年许久，何以并未被窃，其不因堆拨稀少，器械不全，已属显然"①。对于存放的兵器有定期修理的规定。晚清时期，《西安府城图》中注明较多的是堆房，仅有两处注明堆拨：一处是不明归属的堆拨；另一处是步军总堆拨。想必堆房直接反映了堆拨的功能和建筑形式的实质，而成为堆拨的代名词了。

不同类型的堆拨具有相应的功能及其空间分布原则。堆拨的种类有很多，一为旗地堆拨，"凡两旗分界、及一旗所辖、应派堆拨官兵。准其照数酌派"②。二为守城（墙）堆拨，"道光五年乙酉十二月戊辰，谕内阁：向例城上安设堆拨并看守马道栅栏"③。三为负责街市堆拨，战时御寇，和平时期则为地方的巡警守卫。据《清实录》记载："京师地面，五方杂处，良莠不齐……其堆拨兵房、更棚窝铺……近来日渐懈弛，以致窃案累累。"④四为仓储重地等设施的防卫所设堆拨："仓庾重地……仓外均有堆拨。"⑤五为专门护卫皇宫、行宫、陵寝及衙署等机构的堆拨："热河山水涨发，武列河石坝全行漫溢，致将避暑山庄宫墙、泊岸各处堆拨多被冲刷、坍塌、倾圮。"⑥此外，一些港口驳岸等

① 《清实录·高宗纯皇帝实录》卷三百六十一"乾隆十五年三月甲子"条，北京：中华书局，1986年。

② 《清实录·宣宗成皇帝实录》卷九十三"道光五年十二月戊辰"条，北京：中华书局，1986年。

③ 《清实录·宣宗成皇帝实录》卷三百九十七"道光二十三年九月丁丑"条，北京：中华书局，1986年。

④ 《清实录·宣宗成皇帝实录》卷九十三"道光五年十二月戊辰"条，北京：中华书局，1986年。

⑤ 《清实录·德宗景皇帝实录（二）》卷八十一"光绪四年十一月丙午"条，北京：中华书局，1987年。

⑥ （清）葛士浚辑：《皇朝经世文续编》卷九十九《大修广肇两属围堤工竣绘图奏明立案疏》台北：文海出版社，1972年。

地也往往设堆拨，其他还有重大工程，如修筑城墙、城壕时为巡逻守卫所设的堆拨等。

各种堆拨在其功能上是有共同性的，《清实录》载："设立官厅堆拨，缉捕、巡防是其专责"①。显然是作为防备、巡守、警戒等需要而设置的设施。同时，堆拨管理是采取派员驻守，"将各旗派出值宿官兵，按照旧章，即住堆拨值宿，并悬挂木牌，注明旗分，以便稽查"②。"分设堆拨派兵看守，原以弹压土棍"③。堆拨的同时还实行轮值："其堆拨看兵，亦系轮班，下班之兵，每于下班之日，不废操演"④，且堆拨守兵有一定的数额要求："严饬城内外各营，认真巡察，各堆拨务令按额直班，互相联络，并派员随时稽查。"⑤由此可见，堆拨是日常性的防御设施机构，堆拨的分布往往能够反映出当时的军力分布和各部分之间的相互关系，以及满城内部日常性的军事布防和基层空间结构。

总体而言，堆拨既有军事上的防守功能，又有保护城市和地方治安的作用。遇战时则于驻防地设堆拨以便防守，和平时期则设堆拨以为警备，如皇宫、行宫、陵寝、街市等均设堆拨，甚至在修筑城墙时也为防卫而设堆拨。光绪二十八年（1902年），八旗驻防城改为西安驻防警察营："警察而外，则有马队、有若兵备处、有若新军、有若炮队、有若屯旗营制，即经更定，名称亦多。改易警察者，旗营旧有之堆房也。"⑥所以，由旧有旗营堆房与改制警察的这一衔接关系可以看出，堆拨在和平时期是以地方防守等事务为主要职能的。

堆拨的分布并无一定成法，以达到防守为目的。例如，关于北京城

---

① 《清实录·德宗景皇帝实录》卷三百三十五"光绪二十年二月癸亥"条，北京：中华书局，1987年。

② 《清实录·宣宗成皇帝实录》卷三百八十三"道光二十二年十月辛卯"条，北京：中华书局，1986年。

③ 《清实录·宣宗成皇帝实录》卷三百十四"道光十八年九月乙亥"条，北京：中华书局，1986年。

④ （清）贺长龄辑：《皇朝经世文编》卷七十一《兵政二·兵制下》，台北：文海出版社，1972年。

⑤ 《清实录·德宗景皇帝实录（二）》卷九十二"光绪五年闰三月乙丑"条，北京：中华书局，1987年。

⑥ （清）陕西清理财政局：《陕西清理财政说明书·旗营军饷》，宣统元年（1909年）排印本。

内八旗分守中存在的远近不一的问题就被提出来："道光五年十二月……专为禁止闲杂人等私行上城而设，故于各马道口，可以上下城之处，安设堆拨，即为各旗分界，而于各城相距里数，及八旗方位，概未计及，是以前岁官兵防守，奉为定章，明知远近不匀，于防卫之道，未尽合宜，而一时拘于成案，莫可如何。"①《大清会典事例》中记载："昌瑞山后内火道约一百二三十里，原设堆拨十八处，每隔六七里不等。……至后龙火道将军关地方有龙潭口一处，口面宽敞，内隔海查堆拨计十七八里。"②可见其分布并无规律，有适应当时地形环境的灵活性，但也有按章而设、分布不均的情形。

清代满城内的堆拨设置一般在两旗分界处或某一旗的辖地内，并且同时担负守城任务，往往也在城墙上安设堆拨以靖防卫："向例城上安设堆拨，并看守马道栅栏，责成八旗都统副都统等按次稽查，立法本为周密。……凡两旗分界及一旗所辖，应派堆拨官兵，准其照数酌派，仍照向例。满洲蒙古汉军轮派参领一员，在城住宿。派往兵丁，务择老成安静之人。由各旗核定人数。交内务府制备腰牌发给。"③可见，堆拨的设置与管理是受到重视的，并且其管理制度是严密的，而且在不断完善，都城如此，驻防城亦然。

满城内各旗派往堆拨的官兵数目基本是一致的，但由于对各旗所辖地界里程远近没有规定，以城墙马道为分界区，往往会造成堆拨远近分布不一、分布不均的情形，这由当时首都北京城的安排就可看出，《大清会典事例》载："京城为根本重地，尤宜界址分明，巡查周密。……分守地界，远近尤为悬绝，各旗所派官兵数目，多寡相同，界远者兵以分而见少，其势较单；界近者兵以合而过密，其形易扰。"④可见堆拨的设置与官兵数目有关，而各旗所派官兵数目相同，因此，堆拨的分布

---

① （清）盛康辑：《皇朝经世文续编》卷七十六《兵政二·兵制下》，清光绪二十三年（1897年）武进盛氏思补楼刻本。

② （清）托律等重修：《钦定大清会典事例》卷九百四十五《工部》，清嘉庆二十三年（1818 年）刻本。

③ （清）托律等重修：《钦定大清会典事例》卷六百九《兵部》，清嘉庆二十三年（1818 年）刻本。

④ （清）托律等重修：《钦定大清会典事例》卷九百四十五《工部》，清嘉庆二十三年（1818 年）刻本。

可以反映出满城内各旗在城市内部的布局、官兵数量和设防情况。所以，堆拨（堆房）是西安满城内部的各旗进行空间部署和安排的基本单位，也是满城内部基层空间单位的重要测度指标。

西安满城内堆拨的分布是以八旗校场为核心，在西安府城测绘图中标注出的有属于右翼都统管辖下的正黄堆房、正红堆房、镶红堆房、镶蓝堆房；左翼都统管辖下镶黄堆房、正白堆房、镶白堆房、正蓝堆房，以及步军堆拨和总堆拨。吴宏岐、史红帅在《关于清代西安城内满城和南城的若干问题》一文中通过对《清西安府城图》（光绪十九年十月中浣舆图馆测绘图）的分析，将西安满城内的堆拨分为四类：一是各旗所属的堆房。二是某两旗合用的堆房。三是步军专用的堆房。四是归属不详的堆房[①]。这一分类简单而明了，对认识满城的布局状况很有助益。但是有一点是值得思考的：某两旗合用的堆房，究竟是一处堆房两旗合用，还是两旗堆房选址于一处，但却各设堆房而相对独立呢？若是前者，则不符合满族八旗的设立初衷与划区管理原则，所谓“以旗隶人，以旗隶兵”[②]，各旗间的管理应当没有交叉，而是各堆房有相应的管辖范围，各旗的轮值人数是相同的。没有理由对其合并管理且两旗共同轮值，因而应当建在一处但各自分属的相对独立的两个单位，据此推断两旗合设的堆房，以后者似乎更为合理，即选址于一处，各自有堆房，各旗自行轮值。

笔者认为西安满城内堆房的统计总数为 39 处，与《关于清代西安城内满城和南城的若干问题》一文中的统计相差 1 处，其统计总数为 38 处。这 1 处之差主要是对正黄旗堆房的统计数字不同，笔者认为正黄旗堆房共 6 处（而不是 5 处），其中 4 处（而不是 3 处）在八旗校场以北，1 处在满城西北角，还有 1 处位于端履门以东满城南墙下，靠近今菊花园处路北。除此之外，如果按照前述两旗合用的情形，那么相应的八旗堆房应当还增加 2 个，堆房的数量与分布的方位数量是不对等的，总

---

① 吴宏岐，史红帅：《关于清代西安城内满城和南城的若干问题》《中国历史地理论丛》2000 年第 3 辑，第 126 页。

② （清）纪昀等撰：《历代职官表》卷四十四《八旗都统》，上海：上海古籍出版社，1989 年，第 840—841 页。

数应当是 41 处（表 3-6）。

表 3-6　晚清时期满城堆拨数量及分布一览表

<table>
<tr><th colspan="2">堆房名称</th><th colspan="2">方位数（处）</th><th colspan="2">八旗方位及堆房数（处）</th><th colspan="2">非八旗方位及堆房数（处）</th><th>分区</th><th colspan="2">所属</th></tr>
<tr><td colspan="2">正黄旗堆房</td><td>6</td><td rowspan="4">18</td><td>西北 5</td><td rowspan="4">10</td><td>南 1</td><td rowspan="4">9</td><td>二区</td><td rowspan="8">各旗所属</td><td rowspan="4">右翼都统</td></tr>
<tr><td colspan="2">正红旗堆房</td><td>2</td><td>西 1</td><td>校场南 1</td><td>四区</td></tr>
<tr><td colspan="2">镶红旗堆房</td><td>8</td><td>西 3</td><td>东 3，南 2</td><td>六区</td></tr>
<tr><td colspan="2">镶蓝旗堆房</td><td>2</td><td>西南 1</td><td>西南 2</td><td>八区</td></tr>
<tr><td colspan="2">镶黄旗堆房</td><td>5</td><td rowspan="4">15</td><td>东北 2</td><td rowspan="4">8</td><td>西南 1，东南 2</td><td rowspan="4">7</td><td>一区</td><td rowspan="4">左翼都统</td></tr>
<tr><td colspan="2">正白旗堆房</td><td>4</td><td>东北 2</td><td>东南 2</td><td>三区</td></tr>
<tr><td colspan="2">镶白旗堆房</td><td>1</td><td>东南 1</td><td></td><td>五区</td></tr>
<tr><td colspan="2">正蓝旗堆房</td><td>5</td><td>东南 3</td><td>东 2</td><td>七区</td></tr>
<tr><td>镶蓝旗</td><td rowspan="2">堆房</td><td rowspan="2">1</td><td rowspan="4">2</td><td></td><td rowspan="4">1</td><td>东部 1</td><td rowspan="4">3</td><td rowspan="4"></td><td colspan="2" rowspan="4">两旗合用</td></tr>
<tr><td>正白旗</td><td>东 1</td><td></td></tr>
<tr><td>正白旗</td><td rowspan="2">堆房</td><td rowspan="2">1</td><td></td><td>西南角 1</td></tr>
<tr><td>镶白旗</td><td></td><td>西南角 1</td></tr>
<tr><td colspan="2">步军堆房</td><td>2</td><td rowspan="2">3</td><td colspan="2">东南 1</td><td colspan="2">东北 1</td><td rowspan="2"></td><td colspan="2" rowspan="2">步兵堆房</td></tr>
<tr><td colspan="2">步军总堆拨</td><td>1</td><td colspan="2">校场南部 1</td><td colspan="2"></td></tr>
<tr><td colspan="2">堆拨</td><td colspan="2">1</td><td colspan="2">校场西北 1</td><td colspan="2"></td><td></td><td colspan="2">归属不详</td></tr>
<tr><td colspan="2">合计</td><td colspan="2">39 处</td><td colspan="4">41</td><td colspan="3"></td></tr>
</table>

资料来源：（清）陕西清理财政局编：《陕西财政说明书·总序》，宣统元年（1909 年）排印本；吴宏岐，史红帅：《关于清代西安城内满城和南城的若干问题》，《中国历史地理论丛》2000 年第 3 辑

从宣统元年（1909 年）的《陕西清理财政说明书》中所描述的左翼按照由北而南的正黄、正红、镶红、镶蓝分为一、三、五、七 4 个区；右翼按照由北而南的镶黄、正白、镶白、正蓝分为二、四、六、八 4 个区，并且各区下分五段共 40 段，这个数字和堆拨八旗的数字似有巧合之处。那么，是否按照每段设堆拨呢？由 1893 年的《西安府城图》可以判断，清代西安满城堆拨分布与八旗所规定方位相悖，显然，堆拨的数量和布局并非当初就已经如此，而是逐渐发展形成的。因此，从堆拨的分布不均，以及各旗堆拨的分布相互参差和交叉的布局特点来看，似乎仅仅只是数字的巧合而已。这个数字是清末的数字，但在雍正时期，即已提出了八旗兵员人数均派的问题，雍正三年（1725 年）对八旗派驻提出了各旗“均派”的要求，“惟视彼处之丁数，均匀分派。四旗驻防之处，即

在四旗内均派；八旗驻防之处，即在八旗内均派，另造清册，以备查核”[①]。因此，从雍正至宣统时期近200年中的八旗调度应当对此有所考虑，而且历次的调派对调整各旗人数也是有利因素。如果按照左、右翼八旗堆拨的个数分布看，右翼共19个堆拨，而左翼为18个，当然这里将步军堆拨和不知归属的堆拨除外，那么从这一数字关系来看，两翼堆拨的数量是接近的，由此可以判断，左右翼八旗人数在清朝中后期基本符合“均派”这一要求。

按照表3-6所统计的分布情况看，在39处的41个堆房中，除去1个堆房没有标示出其所属以外，八旗堆拨共35处、37个，加上步军堆拨共40个。同时，从该堆拨在八旗所属的35处堆房来看，按照八旗方位所属各区排列的有18处，约占八旗堆房的51%，在这18处堆房中，右翼都统所属四旗和左翼都统所属四旗的堆房数量接近，为5∶4。而另外的17处堆房则并没有按照八旗分区方位进行分布，但在这些堆房中，左、右翼各旗所属堆房数量也比较接近，如果将2处两旗合设的堆房各按1处计算的话，则其比例为1∶1，其数量对等。但是，总体上，有近一半的堆房分布并不符合八旗的布局方位，更没有位于所属八旗所辖区域范围内。那么究竟这种布局是如何形成的，是否符合满城的实际呢?

满城建城之初，即顺治二年（1645年），八旗驻防军应当保持了其战争的状态，其八旗分布应当是按照八旗方位进行布局的，除此之外，没有什么理由设立堆拨竟如此杂乱，与清代前期八旗一贯的军事素养和战斗力也是不相称的。并且从相关记载看，西安满城八旗分布遵循了八旗所规定的分布方位。那么，堆拨的掺杂、交叉分布反映了什么问题呢?

我们由八旗驻防西安的增派情况可以看出，西安八旗堆拨的分布与清代八旗驻兵的增派有直接关系。1645年，驻防西安的仅有右翼四旗的蒙古兵，而不是晚清时期的八旗，“顺治二年，陕西西安府右翼四旗满洲蒙古兵二千名，弓匠二十八名，铁匠五十六名。十六年，增设江宁、西

---

① 《清实录·世宗宪皇帝实录》卷九十“雍正八年正月庚午朔”条，北京：中华书局，1986年。

安、二处驻防步甲各一千名”。直至康熙十三年（1674 年），西安满城增设的满洲蒙古马甲也是右翼四旗所属，“康熙十三年，增西安驻防右翼四旗满洲蒙古马甲一千名，弓匠十二名，铁匠二十四名，汉军马甲三百名”[①]。康熙二十二年（1683 年），由西安拨出 1000 名马甲派往荆州，同时又增防“西安驻防左翼四旗满洲蒙古兵二千名。八旗汉军兵二千名。满洲蒙古弓匠二十八名。铁匠五十六名。汉军弓匠八名。均自京师拣选发往”。此时，西安满城中驻防“八旗”才可谓名副其实。可见，清朝刚刚入关，战事尚未平息，作为统治者的军队入驻西安，其八旗军队的防卫部署是不能掉以轻心的，据《关于清代西安城内满城和南城的若干问题》一文，史料记载中关于满城的两个时间，即顺治二年和顺治六年被认为是满城的建设时期，是有道理的[②]。首先，满城远比明秦王府范围大，因此存在西安城东北隅明秦王府以外地域的搬迁和人员安置问题，工程量浩大，加之人民的抵触心理，导致修筑时间的拖延是完全可能的。左翼四旗是在西安派驻八旗的 38 年后进驻的，因而满城在建设过程中，其防守部署以右翼四旗的堆拨分布为主，同时沿满城西城墙、南城墙一线堆拨较为密集，这应当是符合当时的防卫部署需求的，因为东墙、北墙可以凭借西安府城防御，而西部和南部则是其主要防御的对象。相对而言，府城东来方向是其防御重点，因此，沿东大街一线的堆拨布局中右翼四旗的堆拨占多数，与当时西安的驻兵情况是相符的。而西安将军署正是位于靠近满城西墙偏北之处的吉茂巷，右翼都统署位于明秦王府东南，正是可以掌控西墙和南墙一线的防守和指挥枢纽，左翼都统署是在康熙十三年（1674 年）随左翼四旗调派西安驻防城后设立的，因此，其选址符合了八旗布局方位，同时与将军署和右翼都统署之间是呈犄角之势的。

在满城内部左、右翼的划分似乎是以八旗校场为参照的，但事实上八旗校场是乾隆三十五年（1770 年）才由西安将军都赉、陕甘总督黄廷桂、陕西巡抚陈宏谋等人上奏，经皇上批准作为八旗校场的，据

① 雍正《陕西通志》卷十四《城池》，清雍正十三年（1735 年）刻本。

② 吴宏岐，史红帅：《关于清代西安城内满城和南城的若干问题》，《中国历史地理论丛》2000 年第 3 辑，第 116 页。

《清实录》记载："……西安省满汉两营，八旗兵教场在汉城西北角、西湖园地方，绿旗兵教场在西门外、离城十数里。每遇操演，往来不便。查有明时秦府，地基开旷，坐落满城，请作为满营教场，而以西湖园改为绿营教场，各于就近得便操演。得旨、甚妥、如议行。"①但从明秦王府与满城的关系来看，明秦王府本身就是一座堡垒而可资防守，因此在驻防之初，即便明秦王府尚未正式作为八旗校场，其在满城中的防御作用也是显而易见的，可以使右翼四旗的防御以明秦王府为基础，那么其防守的重点只要集中于明秦王府以西和以南的部分即可，顺便也能节约兵力。因此，满城内的堆拨布局以明秦王府为中心是合乎实际的。

从各个分区中堆拨分布的多寡来看，南部满城南墙一线较北部密集，有12个，占满城堆拨总数的29%，同时占八旗堆拨的34%。相对而言，南部较北部多，总计为28个，占满城堆拨总数的68%，占八旗堆拨总数的80%，而这些堆拨中有17个并不符合八旗的排列方位，若按照八旗方位排列，则正黄、镶黄二旗推拨应位于北部，正红、镶红二旗堆拨应位于西部，正白和镶白两旗堆拨应位于东部，但实际上仅沿满城南墙一线，除西南角的镶蓝旗堆拨、东部的正蓝旗堆拨以外，自西向东不符合八旗方位分布原则的有正黄旗（2处）、镶黄旗（2处）、正红旗（1处）、镶红旗（2处）、正白旗（2处）、镶白旗（2处）等11个堆拨，这些堆拨的方位若按八旗所规定的方位衡量，均不应出现在满城南部。这与晚清时期的文献所记载的八旗按区分布且各按方位向离出治是矛盾的。除了上述由右翼四旗和左翼四旗调派的时间不同所导致的以外，还有因八旗人口增加，由京城调往各省，因安置而产生这一矛盾的情况。

清代西安满城内部的官兵时有调派，并且"生理日繁"，驻防军与眷属人口不断增长，而由四面城墙所限定的、用地有限的满城是很难解决这个矛盾的，权宜之策在所难免。因此，就存在原来划分旗地是否满

---

① 《清实录·高宗纯皇帝实录》卷五百三十七"乾隆二十二年四月丁丑"条，北京：中华书局，1986年。

足新增的官兵及其眷属的需要的现实困难，包括新增人口的居住和生活需求的问题。据史料记载，乾隆四十四年（1779 年）曾添设八旗官兵2000名，对于如何安置问题，毕沅提出了自己的见解，他否定了利用原南城旧衙署的议案，并提出利用满城内的衙署进行整修安置的建议："添设满洲官兵二千数百名……此番由京移驻旗员衙署，除满城旧有空闲衙署四所，尽数修补拨给外，其应添衙署二十所"[①]，既然是旧有的，那么就不一定能够满足八旗规定的方位与数量，同时既然是修补的，还要添衙署 20 所，那么就应在满城尚有发展余地之处择地而建，因此难免出现插花情形。以正黄旗的堆拨分布为例，正黄旗在八旗校场以北就有 5 个，与其东部镶黄旗、镶白旗和正白旗的分布相比似乎过密，如果在进驻西安之初正黄旗堆拨就有如此之多是不符合实际的。因此，八旗校场以北的正黄旗的堆拨数量应当是随着调派而来的人数增加而形成的。

从表 3-6 统计数据来看，以八旗校场为中心，其周围没有按照八旗方位布局的堆拨数量达 19 个，而明显不符合八旗方位定例的主要分布在八旗校场南部与东南部，其中 11 个堆拨是沿满城南墙一线分布的，有正黄旗 1 个、镶黄旗 2 个、正红旗 1 个、镶红旗 2 个、正白旗 2 个（其中有两旗合设）、镶白旗 2 个（两旗合设）、正蓝旗 1 个，除去左翼四旗的 7 个，右翼四旗则占 5 个，而其中 4 个堆拨的方位均与八旗五行方位相悖，这一分布状况与右翼四旗初到西安尚未完成满城建筑时的防卫部署是一致的。

除此之外，还有一些位于八旗校场以东和东南方的一些堆拨，如有 3 个镶红旗堆拨不是位于八旗校场西面，而是位于其东部；2 个正蓝旗和 1 个镶蓝旗推拨（合设）均位于八旗东部，而不是位于其南部。由此可以推断，这些完全有悖八旗方位原则的堆拨多为清朝康熙、雍正、乾隆时期因添派八旗官兵而形成的，并且是在满城已经修筑完成后而增设的。因此，造成了各旗堆拨犬牙参差、插花设立的状况（图 3-2）。

---

① 《清实录·高宗纯皇帝实录》卷一千一百六十一"乾隆四十七年七月乙卯"条，北京：中华书局，1986 年。

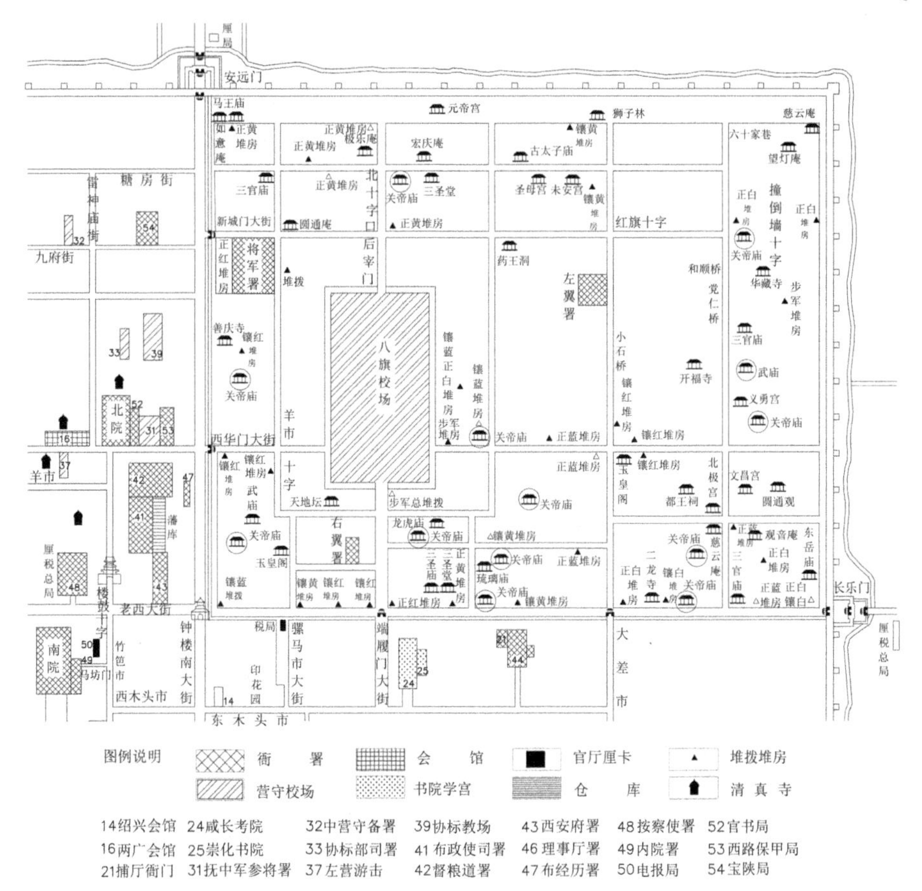

图 3-2　晚清时期西安满城布局示意图（1）

资料来源：据清光绪十九年（1893 年）中浣舆图馆测绘图绘制

总之，满城内堆拨的布局能够反映出当时的军事防卫的空间部署，清代西安八旗驻防在顺治、康熙、雍正、乾隆四世，其增减是比较频繁的，造成满城内部军事布局的演变特征及其缺乏适应性的空间布局。机械式的军事管理造成了满城缺乏一种适应其人口增长和相应的用地规模变化的长远规划和指导思想。同时，也从一个侧面体现出清政府政策层面的决策过程，在面对满城现实层面的城市建设和军事防守问题时，不得不进行妥协和回应。

（三）满城内部关帝崇祀的空间文化特征

满城内部除了堆拨作为军事空间基层单元，反映出满城的军事防御特征以外，还存在一种特殊的文化景观，那就是大量的寺庙分布，而在这些广泛分布的寺庙中，供奉战神的关帝庙又占了大多数，关羽奉祀是汉人的信仰，而关羽为武圣。满族人信奉关羽与以武力立国的传统有关。满城内部以关帝庙居多，体现了其尚武的崇祀文化景观特征。

据 1893 年《西安府城图》统计，满城中共有各种庙宇、寺观 51 个，其中关帝庙 11 个、武庙 2 个，武庙是关羽和岳飞合祀之处，他们均是主武的神祇，关帝庙，武庙在满城的庙宇、寺观中占 25.5%，其中专门奉祀关羽的占绝大多数。由此可见，晚清时期满城中的宗教信仰及其空间分布情况，反映了人们对武圣关帝的武功及其无往不胜的英雄气概的心理依赖，他自然成为战神以保佑战争胜利和出征人们安然凯旋的象征。当然，在这些庙宇中也有前代遗留下来的："关帝庙，在大莱市，明天顺年建，其在城糯米市、归义坊及东南北各关厢。"[①]

关羽崇拜古已有之，究竟为什么满清时期关帝崇拜如此普遍呢？这与关羽本身所具有忠义和勇武的品质有很大关系，而忠勇是历代皇帝统治人民思想的一个重要原则。关羽崇祀自宋代以后逐渐兴盛，"荆州牧前将军，其本号也。汉寿亭侯，其加封也。壮缪侯，唐封号也。宋真宗封义勇武安王，则王之矣。徽宗加封崇宁至道真君，则神之矣。今上尊为协天大帝，又敕三界伏魔大帝、神威远震天尊、关及带民兼赐冕旒玉带至尊无上也"[②]。关羽从一个被人们敬慕的人杰到死后屡被追封，又封王、封君尊为人神，最后被尊为帝乃至天尊，经历了一定的历史时期，在民间深入人心。而清代以武立国，征伐不断，而关羽的忠勇对统治者用以鼓动人心具有的重要意识形态价值。据载："顺治元年定祭关帝之礼……九年敕封忠义神武关圣大帝……（乾隆二十三年）加封关帝为忠义神武灵佑关圣大帝"[③]，可见在清世祖定鼎中原之初，就已将关羽崇祀列入国家祀典。

就封建统治者而言，对关羽的崇拜价值在于他的忠勇神武、为国捐躯。明代万历年间以后，关羽不仅有关帝之称，佛、道两家也竞罗致关

① 雍正《陕西通志》卷二十八《祠祀·咸宁县》，清雍正十三年（1735 年）刻本。
② 王秋桂，李丰楙：《中国民间信仰资料汇编》第一辑，台北：学生书局，1989 年。
③（清）刘锦藻：《清朝续文献通考》卷一百五十七《群祀考一》，上海：商务印书馆，1936 年。

羽为本门神祇。佛教以其为护法伽蓝。因此，关羽崇拜不仅是列入国家祀典的崇拜偶像，也是佛、道等宗教的神祇，而民间更是以关羽的神威奉其为天神。所以，关帝崇拜从某种意义上具有统一人们精神生活的重要功能。清朝是少数民族统治的时代，借助一个既能统一臣民思想，又能消弭满汉之间在宗教信仰方面的对立，是其进行封建集权统治的一项重要措施。

关羽又是一个民间普遍崇祀人神 。"清代对之为更大之崇敬，将皇室与全国置于其特殊之保护下；得武帝尊号，与孔子并列。被人视为武神、财神，以及保护商贾之神。人遇有争执时，求彼之明见决断。旱时人民又向彼求雨，又可抽求病人药方。又被视为驱逐恶鬼凶神之最有力者"①。因此，清代民间关羽崇祀非常普遍，清初学者顾炎武在其《日知录》中曾写道："关壮缪之祠至遍于天下，封为帝君。"② "今且南极岭表，北极塞垣，凡儿童妇女，无有不震其威灵者，香火之盛，将与天地同不朽"③。然而关羽的崇拜在民间的内涵不仅是忠义和神勇，而且其内涵远远超出了忠义二字，"凡司命禄，佑选举，治病除灾，驱邪避恶，诛罚叛逆，巡察冥司等等职能，均加之于关羽名下，甚至招财进宝，庇护商贾，亦非关帝莫属"④。可见，关羽崇拜已经深入人心，正好成为统治者可资利用的统治手段。

从清代的相关记载中，对关羽的崇拜与其以武功得天下的心理及其军事因素有关，关帝庙有附祀阵亡官员的职能，"嘉庆七年议准。……四品以下之文职、三品以下之武职、各附祀于该籍府城之关帝庙、城隍庙"⑤。如此一来，关帝庙不仅是民间的精神信仰，同时也被纳入国家崇祀管理的实际功能当中，从而使关帝庙在清代极为盛行。

而到清中后期，关羽崇拜逐渐升级："咸丰三年谕，我朝尊崇关帝，祀典攸隆，仰荷神威，叠昭显佑，本年复加崇封号，并升入中祀。

---

① 宗力，刘群：《中国民间诸神》，石家庄：河北人民出版社，1986年，第573页。

② （清）顾炎武：《日知录》卷三O，清康熙三十四年（1695年）刻本。

③ （清）赵翼：《陔余丛考》卷三五，清乾隆五十五年（1790年）刻本。

④ 宗力，刘群：《中国民间诸神》，石家庄：河北人民出版社，1986年，第573页。

⑤ （清）托律等重修：《钦定大清会典事例》卷四百九十九《礼部》，清嘉庆二十三年（1818年）刻本。

四年谕，关帝显佑我朝，神威叠著，上年加崇封号，升入中祀，一切典礼，悉照中祀举行，至拜跪礼节，仅行二跪六叩虽系照中祀例，然满洲旧俗，于祭神时俱行九叩礼。嗣后亲诣致祭，亦著定为三跪九叩礼，用申严恪之诚。”“皇帝亲祭文昌庙礼节……与关帝庙同”。可见，国家对关羽的祭拜，不仅从奉祀级别上不断提高，而且从仪式上也非常隆重。西安满城八旗驻军直属于皇帝，因此，地方对关羽的崇拜的热衷程度可想而知，加之，西安僻处于西北，兵事不断，求佑于神祇保护的心理需求则更甚于国家祀典。关帝在民间是多种行业的保护神，并且具有多种神祇身份，使得人们对关羽的信仰与日常社会生活、求佑心理结合起来，故普遍供奉关羽则顺理成章。

从光绪十九年（1893 年）十月中浣舆图馆测绘图中的统计及相关研究来看，除了专祀关羽的庙宇，以及关羽、岳飞合祀的武庙以外，还有许多庙宇是合祀供奉关羽，但由于资料有限，其详细情形无从判断。从其在满城内的分布来看，八旗校场南墙至满城南墙一线是关帝庙比较集中的地方，共有 7 处，其中 1 处武庙为合祀以外，其余 6 个均为专祀庙宇，体现出满城特有的尚武精神和崇祀文化景观。

三、官府衙署及其拱卫满城的布局特征

晚清时期西安城内的行政机构多层交叉，首先有驻防将军及其管理体系下的左、右翼都统等属于清朝特殊阶层；其次有总督及其警卫部队，称为封疆大吏；再次有巡抚，掌管一省的行政和安全；最后还有西安府所属衙门，以及长安、咸宁两县的行政机构，相当于城市的分区政府机构。清代末年，朝廷改练“新军”，把全国区划为 36 镇，定镇、协、标、营之组织，在西安也有驻地。因此，从职能看，西安城市军事和行政职能非常突出。前述，府城对于满城而言具有拱卫的功用，除了城郭格局自身所具有的防卫功能以外，还表现在各衙署分区均布及其对满城的拱卫格局中（图 3-3）。

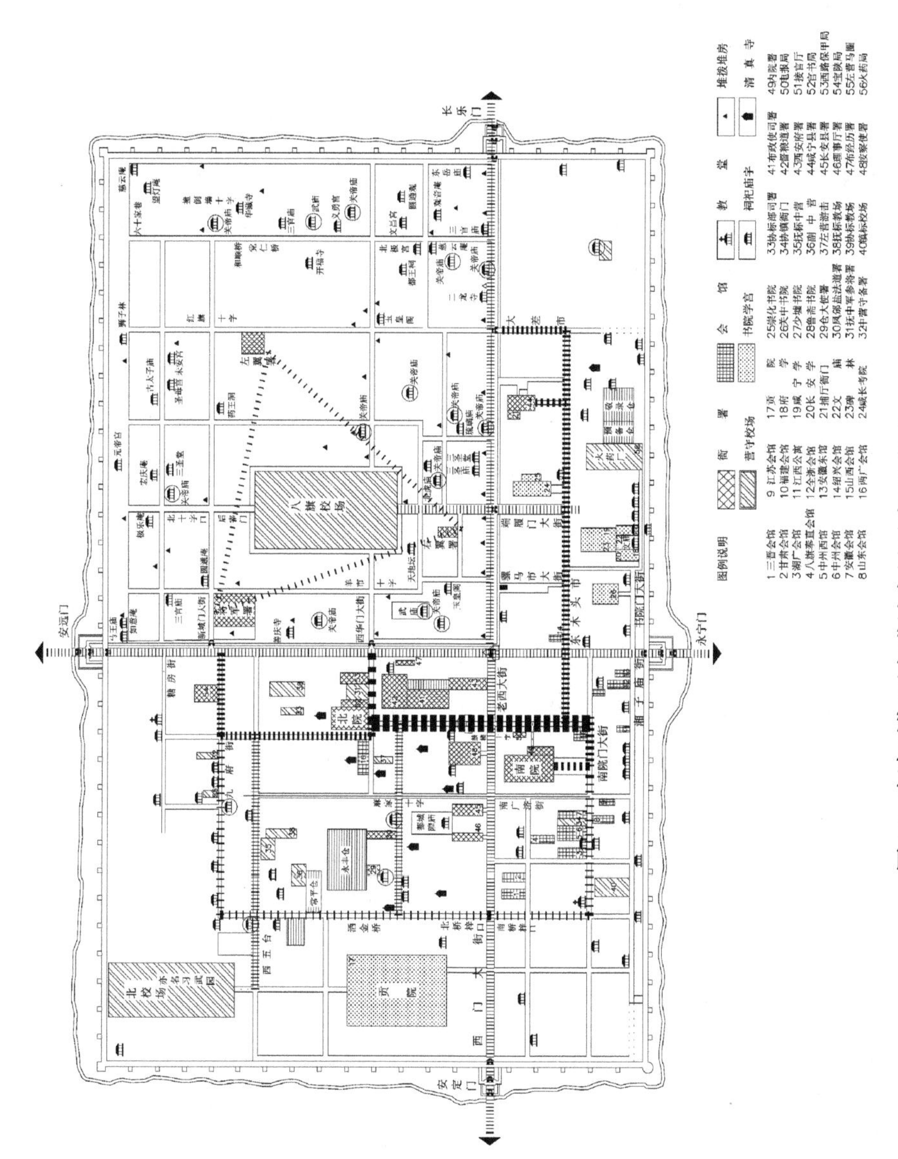

图3-3 晚清时期西安满城布局示意图（2）

资料来源：据清光绪十九年（1893年）中浣舆图馆测绘图绘制

（一）拱卫满城的城市内部交通格局

如前所述，以满城为核心的城中城格局，除了以东关为其东部的外围护城，西部、南部和西南部均以府城形成其外围护城，由于以钟楼为中心的南、北、西、东四条大街将城市分为四隅，而满城占据东北隅，其西、南两部分用地以满城西墙和南墙为界，满汉畛域十分鲜明。但是由于府城担负着满城的供应任务，所以，府城与满城之间的联系必须是通畅和便捷的。

满城以西、府城西北隅一区属于长安县辖区，通过满城西华门、新城门和钟楼门可与之联系，其中出钟楼门，西经西大街可与长安县衙署相联系；出西华门则可与北院相联系，也可直达藩库；出新城门，沿九府街一线和王家巷、莲花池一线分布有中守备署、抚标中营、抚标校场、协标都司署、协标校场、副中营、北校场等军事衙署及其训练场地，这样，从满城西部经各个城门均可以方便、快捷地与分布于长安县辖区的西安府署、长安县署相联系。满城以南、府城东南隅为咸宁县辖区。满城南墙自西向东，经钟楼门南可达南关；经中端履门北可连接八旗校场，南出为端履门大街，与四牌楼街相接，西与东木头市相连，东可达咸宁县衙署，南可达火药局，以供军需。如此，满城西墙以西和南墙以南均布设有直接为满城服务的地方行政机构，其与满城联系便捷。这样便于为满城提供各种地方服务，也便于满城与城市各部分之间的便捷联系。

由于西安的棋盘道路结构，钟楼西北隅与东北隅之间是通过和西南隅之间便利的联系，形成了对满城的半围合交通构架，其中西北隅的北院通过北院门大街、竹笆市连通南院门大街的；东南隅通过东木头市、南大街连接西木头市和竹笆市，再与南院相互联系。这样，府城西北隅、东南隅不仅与满城有着直接而便捷的交通联系，同时这两区又有干道通至南院，因此形成了满城外围三个重要组成部分，并且彼此之间相互联系，以满城为其交通会聚区域，构成了对满城拱卫的交通格局。因此，以满城为中心的城中城格局具有非均衡性特征，主要表现在满城区位的不均衡性、城市内部交通格局的不均衡性，以及城市各部分功能的差异性，是一种完全不同于以明秦王府为核心的交通均衡的城中城格局。

（二）西安府城内部各区域官府衙署分布的总体特征

长安、咸宁两县辖区集中了督署、抚署、西安府及长安、咸宁等从事行政管理的职能部门，它们以原南北院为核心，分布于城市西隅，呈现出以旧巡抚部院（北院）为中心的传统轴线对称和南向布局的空间特征，驻西安的封疆大吏有总督和巡抚，而总督府曾有更变，体现出这种行政体制在空间布局中的影响。同时这些衙署分区布局与其所督率的各营分布防卫布局各不相同，总体上体现为拱卫满城的空间布局特征。清代基本保持了这一空间布局特点。

首先，府城西北隅以原巡抚部院（北院）为中心，前为文职衙署，后为武职衙署。

沿北院门大街，左（东）为布政使司（藩司），右（西）为提刑按察使司（臬司）等衙署，呈现出局部对称格局，并且西安府治、咸宁县治等文职衙门均位于北院以南，沿西大街分布，左（东）为西安府，右（西）有城隍庙，沿袭了明代的衙署布局。因此，体现出城市布局的汉文化特征，即阴阳相对而立，并且功能相近的职能部门在位置上也趋近。南向布局以各衙署最为突出。

局部对称现象在城市中则比较普遍。（1）北院门大街布政使司与按察使司的局部对称布局。（2）以文庙为中心，两县县学的局部对称布局。（3）长安县署与理事厅署以城隍庙中轴为对称轴线的局部对称等。由于城市内部为满城所分割，因此各衙署的布局从整体上体现出了南向、轴线布局的适应性特征。

其次，西南隅以南院为中心，其军事衙署沿西南城墙甜水井一带分布。

再次，自汉军出旗、南城复归汉城后，城市东南隅出现衰败，沿城墙东南分布有火药局，在原南城内则分布有火药库，均为武器、弹药存放地。

最后，以满城为核心，各衙署沿其外围呈拱卫状态的交通结点分布，绿营衙署、校场则又分布于各衙署外围，呈圈层分布。

“由各总督直接统帅指挥的绿营兵称督标，由巡抚直接统帅指挥的称抚标，由提督直接统帅的称提标”[①]。这些标兵称为中军，实际是警卫部队。统率全军者称总统，统率一镇者（相当后来之师）称统制。据西安地方志统计，清代晚期西安军事衙署除满城内驻防的八旗军队以外，有镇标（绿营）、抚标和新军，相应的军事指挥设施主要有各级军政要员的衙署、操练的校场，以及存放武器和装备的仓库等。其中，衙署约16个（包括巡抚衙门和督抚衙门），校场约6个，各种后勤机构约8个，散布在西安府城中（表3-7）。

表3-7 晚清时期武官衙署及校场分布一览表

归属	衙署名称	区位	备注
抚标所属	抚标中军参将署	在左所二坊前巡抚部院署东	光绪末缺裁署废
	抚标左营游击署	在回坊大皮院	—
	抚标右营游击署	在水池二坊，四府街南	—
	抚标中营守备署	在九府街	—
	抚标左营守备署	在红埠街	—
	抚标右营守备署	在水池四坊油巷口	—
	北校场抚标校场	在万寿宫东	三营校阅之所，储藏旧式枪弹火器
	习武园演武场	在万寿宫西北	巡抚巡例大阅之所，武闱乡试处
镇标所属	西安镇署	在水池三坊，1871年改多忠勇公专祠	咸丰初移镇甘肃河州署废1910年附设宪政编查馆及审判传习所于内
	西安城守协镇署	在水池坊五味什字	镇署移甘肃河州后始置副将
	镇标校场南校场	在水池坊	其北分作高等审判厅南仍校场
	城守协标中军都司署	在二府街	—
	协标右营守备署	在大油巷	改设义学教营武子弟
	协标校场	在二府街	其西即协标都司署

① 臧云浦，朱崇业，王云度：《历代官制、兵制、科学制表释》，南京：江苏古籍出版社，1987年，第50页。

续表

归属	衙署名称	区位	备注
	常备新军大营	在西关大校场	1909年建
后勤及装备设施	藩库	布政使司东粮道巷	—
	武库	在南校场旁冰窖巷，储藏各标营军械火器旗帜等件	旧为西安镇标专管，移河州后始归抚标右营游击
	军装总局	在新立坊咸宁县路南，即前赫舍哩氏家庙	1896年巡抚魏光焘奏明修建
	火药局	在六海坊新开巷，即咸宁县仓西偏	由清军厅派委把总一员专管，光绪时期总把总缺裁，遂归抚标中营主管，后废，移于城内东南隅
	火药库	在南城青莲寺西六道巷口	—
	火药局	在城内含光坊火药局巷	—
	陕西提塘守备署	在归义一坊中街	光绪末年缺裁署废
	广备仓	在铁炉四坊洒金桥北	道光中建修，属粮道存储稻米，同治末肃清关陇回民起义的枪械炮弹均储此
	陕西机器局	在城内西南隅本抚标马圈地	光绪初年设军装局，1898年改为机器局

资料来源：民国《咸宁长安两县续志》卷八《衙署考》，民国二十五年（1936年）铅印本

由表3-7可知，各类军事职能的武职衙署与校场分布较近，有抚标校场、镇标校场、协标校场和习武园（巡抚检阅用）等军事训练场地，其相应的衙署则以校场为中心布局，可见军事训练的日常化及其在城市中的重要地位，以及府城的军事部署所体现出的军事空间防御特征。

晚清时期城市内部各类衙署的分布体现了选址优先的分布格局特征。西安城市一个突出的矛盾就是用水问题，清代城市供水主要沿袭了明代以来的通济、龙首两渠，作为城市供水的主要来源，屡修屡废。康熙三年（1664年），陕西巡抚贾汉复等人对明末湮塞的通济、龙首两渠进行了疏浚，一度恢复明代供水系统，至雍正年间渐又淤塞，后虽疏通，仅为城外渠道。乾隆初年修缮西安城墙，将东、西水门废除，通济渠、龙首渠入城通道断绝。乾隆时陕西巡抚毕沅和嘉庆时陕西巡抚方维甸一度修复通济渠流入贡院的一支，不久又淤。嘉庆时龙首渠仅能流注东关，余者注入东城壕，城中渠道遂废。道光年间西安知府叶世倬修复通济渠入注城壕水道，渠水可入注城壕。道光五年（1825年）一度疏通龙首渠，也只能通达城壕。光绪二十九年（1903年），陕西巡抚升允疏浚通济渠，“自城外碌碡堰以下迤逶三十余里逐段开浚，导水自西门入，曲达街巷，绕护行宫，便民汲引”，但入城仅行宫一处，不久旋告淤废。

西安城市供水是西安城市建设中的一个首要问题，历次的修浚和湮塞都有一定的环境变迁和人为管理的因素。因此统治者对城市供水问题也极为重视，体现在衙署的布局上，则与通济、龙首两渠在城内的走向有着十分密切的关系。西安各重要衙署大多是在明代官署或郡王府等基础上建立的，这些衙署均处于明代供水系统可通达的区域。在衙署的选址上体现了官本位的出发点，因而也使清代的衙署布局具有一定的延续性。

首先，明秦王府所在的八旗校场、左右翼署等均在龙首渠供水可通达的地区。其次，为清代北院（原为巡抚衙门）、南院（原为陕甘总督行辕）所在的督署和巡抚衙门。再次，是各县衙署、贡院、永丰仓等所在地。可见，各衙署分布与城市供水之间的密切关系，体现了官本位的布局特点。

晚清时期，西安城内除满城以外，尚有绿营所属各军事衙署，同时还有1909年以后所改编的新军。清代，西安城内的驻兵及相关衙署的分布均能起到出则能战、入则能守、拱卫满城以靖地方的作用，因此，西安城市的军事职能是非常突出的。

（三）城市内部行政功能及其空间特征

陕甘总督行辕、巡抚部院、承宣布政使司（藩司）、提刑按察使司（臬司）、提督学政（提学使司）等掌管一方行政的机构也集中于西安城内，这些机构统一在中央集权管理之下行使地方行政管理职责，因此，西安作为地方行政管理中心，其衙署的分布具有一定的延续性和变化。清代虽沿袭了明代西安府城，但是以满城为核心的防御空间结构体系改变了原有行政机构之间的相互关系，改变了以明秦王府为中心且府城内部均衡的交通空间结构，东关与府城在拱卫满城的同时，也被满城所割裂，但是其军事防御功能得到了强化。

清代全国划分为若干大区，每区有总督一人，“掌厘治军民、综治文武、察举官吏、修饰封疆”。陕甘总督辖陕、甘两省。各省设巡抚，为一省行政长官。各省设承宣布政使司，通称“藩司”，为一省民政、财政机构，有布政使等官员。各省设提刑按察使司，通称“臬司”，为一省的司法机构，有按察使等官员。各省设提督学政（后改称提学使），掌管学校教育。省下设府，每府有知府、同知、通判等官员。“在重要产盐地区设都转盐运使司盐运使，有的地方则设盐法道”①，有的地方设盐政，往往以总督或巡抚兼之。劝业道，清末新官制中地方官名之一，掌一省的农工商各政（表3-8）。

表3-8　晚清时期驻省衙署分布一览表

衙署名称	区位	备注
西安行宫	在鼓楼北宣平坊，前巡抚署；1888年，巡抚叶伯英移驻督署，谓之北院	1900年两宫西狩，护理巡抚端方奏明改南北两院为行宫
巡抚部院新署	在归义一坊，即前总督行署，总督叶伯英重修，谓之南院	即校阅武弁之所，1905年巡抚升允复于署外甬道左右建楼十楹，招商居住规模宏大
巡抚内院署（笔帖式衙门）	在城内马坊门街（1908年理事同知缺裁）	凡理事听原管，驻防旗籍事务悉归内院兼理
布政司署	在府治东，即钟楼西大街府前坊	1910年附建陕西清理财政局
布经历司理问署	光绪末缺裁署废	
粮储道	在布政司署东，1905年裁缺粮储事归布政司兼理	旧为左参政署，参议祖允焜葺东园于署左，后改道署园犹存
广积库大使署	在司署大门内东偏后移路西	全省善后局在所巷北，同治回乱既定始立，后裁
巡警道署	在前粮道署	1910年改建
劝业道署	在西华门西街右所二坊	即前抚标中军参将署址，1910年改建
学务公所	在钟楼北街	旧为清军同知署
清军同知署	在六海坊同治初移于钟楼北街	1904年缺裁署废
敬禄仓	在通化坊，俗称东仓，属于粮道	为收支更麦及马乾豆总处，今废

① 臧云浦，朱崇业，王云度：《历代官制、兵制、科举制表释》，南京：江苏古籍出版社，1987年，第49页。

续表

衙署名称	区位	备注
永丰仓	在保宁一坊	俗云西仓，今废
仓大使署	在永丰仓内	光绪中移广备仓
提学使署	在梁府街，旧为宝陕局	1905 年改提学使署学使刘廷琛始自三原移此
提法使署	在钟楼西大街伞巷坊，即前按察使署	1910 年缺裁署废
盐法道署	在保宁坊城隍庙后门街	—
陕西高等审判监察两厅	在水池二坊，红庙门街，即抚标南校场北段	为西安镇标校场故址，1910 年改建
理事同知署	在铁炉一坊	1908 年裁缺

资料来源：民国《咸宁长安两县续志》卷八《衙署考》，民国二十五年（1936）铅印本

1764 年，陕甘总督衙署移驻兰州，因此，西安主要的行政职能是陕西省财政、民政、司法等职能，西安府“掌一府之政，统辖属县，宣理风化，平其赋役，听其狱讼，以教养百姓，凡州府属吏皆总领而稽敷之”[①]，以肩负地方行政管辖职能。此外，西安由咸宁、长安两县分治，清代县令职能为：“掌一县之政令，平赋役，听治讼，兴教化，厉风俗，凡养老，祀神，贡士，读法，皆躬亲厥职而勤理之”，县是地方行政的基层组织，其长官称知县，正七品，《清史稿·职官三》说：“知县掌一县治理，决讼断辟，劝农赈贫，讨猾除奸，兴养立教。凡贡士、读法、养老、把神、靡所不综”[②]。从清代县级政权职能来看，长安、咸宁两县则分掌西安的基层社会管理，西安成为综合了省、府、县各级行政职能的行政管理中心（表 3-9）。而陕西又具有扼控西北的军事战略地位，故其政治影响不仅仅局限在一省之内。陕甘总督辖西北大部，因此，从某种意义上，其地位远远超越了陕西省的管辖范围。

① （清）纪昀等撰：《历代职官表》卷五十四《知州知县等官》，上海：上海古籍出版社，1989 年，第 1045 页。

② 陈茂同：《中国历代职官沿革史》，上海：华东师范大学出版社，1988 年，第 511 页。

表 3-9　晚清时期咸宁、长安两县衙署及相关机构分布一览表

县	名称	位置	备注
咸宁县	里民公局	端履门中街	
	恤嫠局	在通化坊东羊市街路北（地址系咸丰时造钱厂改建）	同治六年署西安府知府宫尔铎督工建修
	育婴堂	附牛痘局在端履门路东内附设义学	道光二十八年盐道崇纶集资建修
	接官厅	在东关北大街更衣前坊北口路北	因府县迎春在此，人亦谓之春牛寺，按通志东关有迎宾馆即此
	总铺司	在西安府署之南	（见两县前志）后并为一
	递运所		（见两县前志）今废
长安县	万寿宫	在城内西北隅后所一坊，即西五台北街	同治三年平定东南，增建万寿亭一座
	陕西咨议局	在西门内大街迤北，旧为乡试贡院，光绪三十一年停止科举，改总工艺厂，宣统元年始为咨议局	按咨议局为筹备宪政之一，所谓庶政公诸舆论者也，故于官署首及之
	长安县署	在钟楼西大街，铁炉一坊	光绪七年知县陈尔茀重修增建大门前牌坊
	县丞署	—	1906 年缺裁署废
	长安县初级审判检查两厅	在盐店街，即文昌宫故址，1910 年在城内西九府街建模范监狱	1910 年提法使锡桐建修
	督练公所	在城内西大街，故理事同知署	1908 年改建
	接官厅	在西关留养局西	按通志四关外有迎宾馆即此
	留养局	在西关接官厅东	嘉庆七年在籍员外郎晁昇捐资修建义学附内
	里民局	在水池四坊路东	—
	牛痘局	在县治西五十里冯籍村，其章程以省垣育婴堂为准	光绪十二年知县涂官俊邑绅柏景伟筹款监修

资料来源：民国《咸宁长安两县续志》卷八《衙署考》，民国二十五年（1936 年）铅印本

除了上述各级行政管理机构外，西安尚有上述所设附属机构，如除知县以外，尚有县丞、主簿、典史等官吏，“县丞主簿分掌粮马、征税、户籍、巡捕之事以佐，其县典史掌监察、狱囚，如无丞、簿则兼领之，巡检掌缉捕、盗贼、盘诘奸伪，凡州县、关津要害并设之驿丞典邮传迎送，闸官掌潴泄启闭，事税课；大使典商税之事，河泊所官掌收鱼税”。各府、州、县均设儒学，称为“府学”“州学”“县学”，大体沿

用明制①。

从表3-8、表3-9中所列的衙署及相关机构来看，光绪三十年（1904年）至宣统年间，一些新的机构和管理地方的机构数量有所增加，如劝业道、巡警道、陕西高等审判监察两厅、长安县初级审判检查两厅等机构均为宣统二年（1910年）出现，应当说，这是行政管理近代化的重要体现，其他机构多为原有衙署功能的置换。总之，这些机构大致保持了清代的政治格局，即便一些衙署、机构的管理职能有所改变，但这些变化是分散的、局部的，并且是在清朝八旗政治体制之下的维新式的改革，城市以满城为核心的城中城结构并没有改变，延续着清朝的军事和政治统治格局。

既然变化的种子已经播下，那么破土的变化终究是不可避免的。晚清时期城市内部功能要素的变化就是其近代化孕育发展的过程。

第三节　城市商贸发展及其空间特征

西安地处关中，自古以来“厥壤肥饶”，可谓“天府陆海”之地，再加上八水环绕，自然有良好的农耕灌溉条件，故其农业较为发达。历史以来，西安一直处于农业社会经济的大背景下，直至近代时期，第一次鸦片战争打开了中国闭关锁国的壁垒，西安的近代化开始缓慢发展。

工业革命的发展在提高社会生产力的同时，也推动了殖民扩张的步伐，但这一切对于深处内陆地区的西安来说，昔日的“四塞之固”的优势已经成为羁绊交通的阻碍，“顾当秦汉隋唐之世东南未尽辟治，故根据雍州足以统一中原，今则势易时殊，辨方建国重在水陆交通，货财盈阜，不仅恃关山险远而已！”②，商品经济社会的发展趋势已不能满足

① 臧云浦，朱崇业，王云度：《历代官制、兵制、科学制表释》，南京：江苏古籍出版社，1987年，第49页。

② （清）刘锦藻：《清朝续文献通考》卷三百十九《舆地考十五·陕西省》，上海：商务印书馆，1936年，第10595页。

当时商品流通和社会发展的需求。加之，陕西经过连年的灾荒、兵燹，已经是地困人穷，“陕省在今虽不失为西方巨障，而山童土燥、地瘠人贫、输运艰难、见闻滞狭”[①]。因此，交通的不便，再加上与外界之间人、货、信息的往来闭塞，使西安本身就在近代社会经济发展的进程中输于自身地理环境封闭，以及经济技术落后所带来的物质基础的贫乏。

晚清时期西安处于以农业为主的社会经济背景之中，军饷开支巨大，“本省留支军政费为最巨”[②]。因此，用于生产和扩大再生产的资金则相对很少，这对于地方经济的发展是极为不利的。不仅如此，在持续的战事中，陕西往往是战场，又必须提供军饷，其商业经济的发展更是缺乏动力、倍受打击，如西安厘金局的设立就是因筹备军饷而设的。“东关局坐落在城东吊桥坊，系咸宁县辖境，开办于同治六年，亦为筹饷事也”[③]。尤其是“圣山砍竹”事件所引发的陕甘回民起义（1862—1873年）持续了长达十余年的时间，更是兵燹夹杂天灾人祸的影响，使农业生产和地方经济均受到很大打击，“陕省自遭回乱，或全家屠杀，或十存二三，庐舍尽焚，田园荒废，萧条千里，断绝人烟”[④]。之后陕西人口大减，民不聊生。

然而种植鸦片对关中地区农业生产的冲击是毁灭性的，“以陕西米麦为大宗，泛舟之役，自古称盛。乃自回匪削平以后，种烟者多。秦川八百里，渭水贯其中，渭南地尤肥饶，近亦遍地罂粟，反仰给于渭北。夫以雍州上上之田，流亡新集，户口未甚繁滋，而其力竟不足以自赡”[⑤]。因此，在这样一个社会经济背景和历史发展条件下，深处西北内陆的西安城市的内需是不足以刺激城市商业发展的，相比之下，其作

① （清）刘锦藻：《清朝续文献通考》卷三百十九《舆地考十五·陕西省》，上海：商务印书馆，1936年，第10595页。

② （清）陕西清理财政局编：《陕西财政说明书·总序》，宣统元年（1909）排印本。

③ （清）陕西清理财政局编：《陕西财政说明书·厘金·百货厘金或统捐》，宣统元年（1909）排印本。

④ （清）盛康辑：《皇朝经世文续编》卷九十六《兵政二十二剿匪四》，清光绪二十三年（1897年）武进盛氏思补楼刻本。

⑤ （清）盛康辑：《皇朝经世文续编》卷四十二《户政十四·农政下》，清光绪二十三年（1897年）武进盛氏思补楼刻本。

为区域交通枢纽的商品集散与贸易的外力作用更为突出。

因此，在晚清时期尚未建立起近代工业的西安，其城市近代化发展的实质是城市商品经济发展的程度，即商业化的程度。从这个意义上来看，研究城市内部商业空间的演变，必须建立在当时的社会经济发展的基础上，还必须建立在晚清时期城市的商品消费特征、商品集散和流通渠道，以及由此而形成的商业空间结构的基础上，才能真正深刻理解西安城市空间结构演变的内涵和意义。

一、晚清时期城市商业功能及其影响

西安地处关中腹地，由于处于沟通西北、西南和东部地区的重要区位，较之于西北内陆其他城市而言，其发展具有交通区位的比较优势条件。其商业发展所依附的条件有两个。

一是作为农业地区中心城市所具有的商品流通的经济职能，使其成为关中地区最大的综合性商业市场。中心城市的经济地位可以带动地区商品经济的发展，这种作用力来自城市自身消费的内需因素，是由内而外的作用因素。二是借助于其所处的区位优势，即所具有的东联豫、晋，西通甘、新，南通川、鄂的区位交通优势，成为跨省域商业往来的贸易集散地。这种交通区位优势可以引导地区经济的发展趋向，这种优势来自区域范围的消费需求，进而带动了城市商品经济的逐步发展，对于西安及其腹地来说，是由外而内的作用因素，也是晚清时期西安城市商品经济发展的主要因素之一。

西安作为陕西的省会城市，同时又是八旗驻防城，是一个军事、政治功能非常突出的军事堡垒，在军事上又是清政府借以扼控西北的军事重镇。同时，西安商业经济的区域辐射范围则跨越了陕西省行政界域，与周边相邻的甘肃、四川、湖北、山西、河南等省贸易往来密切，城市自身的交通区位优势地位使其具有区域商品流通服务和地方商品流通服务的双重职能，既可以满足来往货物的集散，又可以成为城市及其腹地的商业中心。因此，在城市内需和商品供应的作用之下，西安商品经济得到一定的发展，但这两种作用力是不均衡的。据《陕西清理财政说明

书》记载："以省四关、三原、石泉、沔县及蜀河漫川关、龙王迪、宋家川、临渭二华、府、神、葭、鄜、咸、醴等局，坐厘衰而行厘独盛。盖以界连五省、地当要冲，转输多而商旅众也。"①可见区域贸易和货物中转的外力作用则更甚于城市消费的需求。说明当时西安的商业发展由其交通集散的优势地位带来了"行厘独盛"的局面，同时也反映出城市消费水平非常低下而导致的"坐厘衰"的状况。因而近代西安城市消费结构涵盖了两个方面的内容：城市商品消费特征和区域商品贸易空间结构。

（一）清代陕西社会经济与商品生产状况

关中素以其优越的农业地理条件而著称于世，但是纺织业并不发达，因此，比之于大宗出产的粮食作物来说，其手工纺织出产很少，布匹主要仰赖于湖北，"关中古称上腴，自井田湮、水利废、地力遂因之日削迩者，土产所出粟麦而外惟棉为大宗，自余日用之需半取给于南省，而广布一项岁费至四五百万金，视丁粮过之，今以全陕而论，家鲜千仓之资，地无五金之矿，年复一年，所出愈钜，乌得而不贫且窘也"②，这就表明以农耕为主业的关中地区，其生产出品竟不敷支生活所需，其粮食收入不足以换取布匹等日用品。

由于手工业不发达，尤其是手工纺织业落后，因此，关中地区棉纺织品仰赖于外地，往往以粮食换取衣物，"绸帛资于江浙，花布来自楚豫，小民食本不足，而更卖粮食以制衣具，宜其家鲜盖藏也"③。关中如此，陕北等边郡之地更甚于此，"边郡之民，既不知耕，又不知织，虽有材力，而安于游惰。……以为延安一府，布帛之价，贵于西安数倍，既不获纺织之利，而又岁有买布之费，生计日蹙"④。早在乾隆年间管同在"奏试办蚕桑渐著成效摺"中就提出试办蚕桑的倡议，他指

---

① （清）陕西清理财政局编：《陕西清理财政说明书·厘金·百货厘金或统捐》，宣统元年（1909年）排印本。
② （清）麦仲华辑：《皇朝经世文编》卷九，上海：大同译书局，光绪二十四年（1898年）刊本。
③ （清）贺长龄辑：《皇朝经世文编》卷二十八《户政三·养民》，台北：文海出版社，1972年。
④ （清）贺长龄辑：《皇朝经世文编》卷三十七《户政十二·农政中》，台北：文海出版社，1972年。

出："西北则布种于田，视雨旸以为丰歉而已，此财赋所以有偏，而饥馑所以常告者也。……用其所以劝蚕桑者而更劝农田，则江淮大河以北，田与吴越同矣，不尤为生民之至幸也哉。"[①]实际上这里隐含了鼓励追求由农产品到手工纺织品的附加值的市场经济成分，并且还曾在西安设立蚕局以推动这一兴议，"陕省蚕政久废，连年以来，官为倡率，民间知所效法，渐次振兴，除省城现设蚕馆，发给工本，收卖零茧零丝，以供织紬"[②]。这一倡议取得了一定的成效，种桑养蚕逐渐兴起，丝织业发展也有很大成效，"陕省向不种桑，本院近年自于省城设立蚕局，买桑养蚕，并饬凤翔府等处，一体设局养蚕，诱民兴利，民间渐知仿效养蚕，各处出丝不少，省城织局，招集南方机匠，织成秦缎、秦土紬、秦绵紬、秦绫、秦缣纱，年年供进贡之用，近已通行远近，本地民人学习，皆能织各色紬缎"[③]。蚕局、织局的兴办效果颇丰，并通过召集南方机匠培养当地人民学习织绸缎之法，加强了人才的交流和培养，也从一个侧面体现了乾隆盛世农业产品商品化进程的发展和推进。

但是道光、咸丰、同治以来战事频繁，对地方经济造成了很大打击，加之军饷费用巨大，地方财政匮乏，"案查同治二年……陕省军兴以来，仓廪无余，军食不足，非曩时充裕可比"[④]，沉重的军饷负担对于本来就基础薄弱的地方经济无疑是雪上加霜。

晚清新政之后，陕西在劝实业、设巡警、兴教育等各方面均有发展，首先原有的重农思想有所改变，光绪三十一年（1905年），陕西巡抚夏旹奏云："富国恃乎商，通商恃乎工，五行百产转运者商也，制造者工也。陕西民智锢蔽，工皆朴僿，器鲜新奇。毛鬣骨角，外洋收之反手而得钜金；棉花、药材邻省收之制炼而求善价，已所有者一一流于

---

① （清）饶玉成辑：《皇朝经世文编续集》卷三十七《户政十二·农政中》，光绪八年（1882年）刊本。

② （清）贺长龄辑：《皇朝经世文编》卷三十七《户政十二·农政中》，台北：文海出版社，1972年。

③ （清）贺长龄辑：《皇朝经世文编》卷三十七《户政十二·农政中》，台北：文海出版社，1972年。

④ （清）盛康辑：《皇朝经世文续编》卷三十九《户政十一·屯垦》，清光绪二十三年（1897年）武进盛氏思补楼刻本。

外，已所无者物物求诸人，一出入闲耗失，匪细固民之性质钝，亦官之教督疏也”[①]，而陕西布政使（藩司）樊增祥创设工艺厂初见成效，“挑选少壮无业者，百人入厂学习，数月以来若竹工、木工、草工、针工，各得其师传以成器，虽皆粗浅颇利行销，而渐进精良者则以毡罽为特出，盖畜羊翦毛以制毡，本陕人之故技，特工料偷减，制不求精，兹由厂员教督，拣毛务纯，压片务薄，染色务鲜，印花务细，制为衣物，人争购之，近有订购至数百床者”“以毡毯为首，次则棉花居土产之多数，而秦人不自纺织专运川省，近来局中改用洋纱，陕花遂无销路，见派员赴沪订购纺纱织布各机，教之织作，以屯积之花作章身之用，既可抵制洋贩，并堪销售邻封”，也开始注重地方的经济作物和土特产的商业价值，并开始寻找经济发展的出路。陕西虽然穷顿，但地方特产的经济价值不菲，如南山产漆则“漆可制箱箧、盘盒、几案、椅凳之属”，华山产竹则可制“帘簟、筐篮、蜀笺宣纸之属”，其他一应之物如“棉纱织带，刲羊为裘，牛革打箱，猪鬣制巾”[②]等，均开始筹划。

帝国主义的军事和经济入侵激发了有识之士强烈的国家主权意识和发展商品经济的理念，并曾提出创设织布局之议：

> 然以昔日言之，我失其资而楚受其益利，源犹在中国，硁硁自守，未为不可，顷自倭人通款明订约章，有准其自运机器至各内地制造土货一条，夫曰内地则非专指通商埠头言也，曰制造又非互市有无计也，沿海长江各口彼族既率其丑类盘踞而生殖之矣，则今之夙夜觊觎者舍晋之煤铁，甘之皮毛与吾陕之花布，亦奚所求学，使赵�焉忧之，爰有创设织布局之议。……则不惟获利之丰，如操左券，将来办有成效上之可以培国家之元气，下之足以发桑梓之人才[③]。

拟图取得经济的发展，以抵御“倭人”觊觎内地各种资源的野心，以之

① （清）刘锦藻：《清朝续文献通考》卷三百八十三《实业考六·工务》，上海：商务印书馆，1936 年。

② （清）刘锦藻：《清朝续文献通考》卷三百八十三《实业考六·工务》，上海：商务印书馆，1936 年。

③ （清）麦仲华辑：《皇朝经世文编》卷九，上海：大同译书局，光绪二十四年（1898 年）刊本。

为基础以兴国事，发展教育，培养未来的人才。这是近代西安城市工业创议之始。此后，虽经济发展尚无重大进展，但近代西安商业化向工业化发展迈开了重要的一步。

总之，西安城市商业经济发展建立在晚清时期封建统治已经穷途末路的管理体制之下，旧有体制已经不适应社会经济的发展，对内不足以改变现况，对外不足以行使国家主权，严重阻碍了生产力的发展。同时，在帝国主义列强的入侵之下，基于已有薄弱的农业社会经济基础，西安试图在这样一个矛盾而又缺乏内部动力的社会经济环境中求得一线发展希望。晚清时期西安城市商业功能的形成有三个无法超越的外部条件。

其一，无法超越农业社会经济基础，战争、天灾、人祸（广种鸦片）等，使关中农业社会经济结构发生了畸变，农业产业已经走向了恶性循环。

其二，无法超越其手工业发展落后的现状，只能以农业产品作为获取基本生活来源的交换物品，而物质基础匮乏也限制了商品的流通和交易的扩大，自然也限制了地方的消费水平。

其三，无法超越西安作为农业地域中心城市在地域商业市场体系中所承担的重要角色及其农业社会经济特征。

（二）晚清西安城市商品消费特征

晚清时期，西安城市消费品的种类可由西安城关所设厘金局的征收得知。陕西百货榷厘，“肇自咸丰八年，时因髮逆之乱，历协各路军饷不下数百万，库藏空虚，无以为继”①，可见陕西军饷费用之巨，并且军事因素往往成为统治者在政策层面调控市场的首要因素。

货物分为十四类：“曰服饰、估衣、皮货、毛货、食用、海菜、果品、干菜、杂货、杂用、木料、药材、玩器、畜物。”②从城市各关城

---

① （清）陕西清理财政局编：《陕西清理财政说明书·厘金·百货厘金或统捐》，宣统元年（1909年）排印本。

② （清）陕西清理财政局编：《陕西清理财政说明书·厘金·百货厘金或统捐》，宣统元年（1909年）排印本。

进入城市的货物类型中可见当时商品的供应情况。

经东关入城的货物，外来大宗货物，“凡东北南各路大宗货物若布匹、绸缎、京货、杂货、药材等项”①。“会垣为洋货荟萃之区，故此厘较他处为多”，本地货物主要为山货、土特产等，“现所收土产货物则以牛、羊皮、山纸、木耳、生漆为大宗，棓子、花椒、蜂蜜、桐漆、油次之，药材等又次之”。西北方向运来的货物有“……西来之兰棉、生字、水烟”。

经南关入城的货物以山货和本地货物为主，主要在省内销售，“油漆、火纸、皮纸次之，牲畜又次之。烧酒产自凤县、郿县、盩厔、鄠县一带，运省销售”，只有“牲畜由西来赴东南去。”经西关入城的货物，“仅本境出产，由乡运城之物，猪羊骡马驴较多，杂油挂面杂木烟靛等次之”，经北关入城的货物，“仅入城零星货物，以杂皮、棉花、土磁、清油为多，红枣、化生、骡头、猪只、靛次之……至盐鹾、铁、炭、皮货等项虽亦入城之大宗”。

经关城入城的货物，以日常生活必需品为主要货物种类，主要出自本地，数量小且主要为农产品；而大宗货物则主要为布匹、绸缎、京货、杂货、药材和洋货等，主要来自外部区域，以工业产品为主。可见，总体上，以西安为中心的城市区域，其主要产品结构是以农业生产为主，其生产力相对低下，而外来的商品为大宗货物，一方面在西安销售；另一方面也以西安为中心远销西北地区。如此所形成的逆差越来越大，老百姓手中的流通资金非常少，在收不抵资的生活境况下，加之农业社会中崇尚节俭的生活习俗，往往用于生活消费的资金则更是降至最低。如此一来，消费能力相对于本来就很低的经济收入来说则更为低下，《陕西清理财政说明书》记载：“陕西山河四塞，商务本不繁盛，其所谓牙行者，大抵皆油、酒、花布、牲畜等类，税则极轻，平余亦少，同州各属田牙户倒闭由官赔垫者尤多。”②尽管收税较轻，但官方出资的牙户却纷

① （清）陕西清理财政局编：《陕西清理财政说明书·岁入杂税类·牙税》，宣统元年（1909年）排印本。

② （清）陕西清理财政局编：《陕西清理财政说明书·厘金·百货厘金或统捐》，宣统元年（1909年）排印本。

纷倒闭，足以证明当时陕西整体的商业经济环境是非常萧条的。

历史以来的农业经济社会的价值观崇尚克己尚俭的生活观念，因此，城市消费发展的内部动力是非常有限的，就连满城旗人的生活也是日渐艰难，这一时期城市近代化发展体现为商品经济的发展。

其商品经济结构并未脱离对农业生产和交换的依赖。地处内陆已然使西安较之于开埠通商城市的商业化发展起步较晚，而战争、灾荒又加剧了西安地区商品经济的进一步萧条，城市内部商业功能则体现为相应的空间分化现象。自新政上谕颁布之后，西安开内陆风气之先，从实业、教育、医疗、交通等各个方面均有新的变化，西安有了劝工陈列所、洋货铺、西药铺等新的商品展销形式和商品类型，是西安城市商业空间近代化发展的重要标志。体现了西安商品经济由以农业产品和日用产品为主的商品结构向工业商品逐渐增多的趋势转化，但这一过程是以西安地方财政不断出超为代价的。从某种意义上说，西安城市商品经济发展受到开埠城市和帝国主义殖民者的双重盘剥和打击，因此，这一时期不仅购买力低下，同时本就衰落的经济基础还接连受到外来商品的冲击，自身又缺乏用于生产和再生产的资金投入。可以说，在晚清时期的社会变革中，西安同时遭遇来自内外的多重盘剥和压迫，其商品经济发展既缺乏内部动力，外力又严重不足，产业结构、消费结构以至于消费能力等各方面的关系均处于失衡的状态。

（三）晚清西安经济贸易区域空间结构

西安的城市商业影响范围包括上述跨省区域、本省、关中及至西安市区范围，因此，西安不仅是西北的军事重镇，同时也是区域经济社会中心。晚清时期，西安本地产品以农产品中的米、麦输出为大宗，其次为棉，其本身的手工业并不发达。相比之下，作为外来货物集散地和外来货物如土布、药材、茶叶、皮货等的加工地，其在区域经济中发挥了重要的作用。张萍在其博士学位论文《明清陕西商业地理研究》一文中指出，清代西安承担了地域的政治、经济中心职能，而与三原、泾阳之间的关系如同卫星城镇与母城之间的关系。

据《陕西清理财政说明书》记载，泾阳县“通计元年分共收各厘银四万八千七百四两有奇”，其中坐厘“现仅油酒两项，年纳坐贾银一百九十六两，仍归厘局收”；三原县“通计元年分共收银四万一千一百五十二两有奇”，这是在同治回民起义之后，泾阳的商户多迁到三原才出现的情况，当时“布商徙居于原、各商多徙之，由是地益繁盛，而厘局以立常年征收之厘，大布居十之五，药材棉花约各有二，皮毛杂货仅一成而已”。而省城四关则为：东关，“通计宣统元年分共实收各项厘银八千八百二十二两有奇”；南关，“元年共收百厘银二千一百九十二两奇，酒厘银一千三百三十三两奇”；西关，“元年分共收银二千一百两有奇”；北关，“元年分共收银四百四十七两有奇”。从当时的税收情况看，省城四个关城的厘金总额不足一万五千两。相比之下，泾阳、三原的行商厘税大大超出省城西安，因此，该阶段泾阳、三原成为渭北的商业贸易中心。

但厘金情况并不能说明泾阳、三原在经济社会组织管理中的地位已经超越了西安，其税收之所以远高于西安，这与厘金的抽取制度有关。东关，“初抽落地之时每年报厘以万计。自改归并征各货皆由入口之潼、庆寨局，悉数截取，抵关仅司查验而已，惟税单洋货一项，例须落地而后抽，会垣为洋货荟萃之区，故此厘较他处为多……西来之兰棉、生字、水烟则因新章加增与入境之长、凤两局合抽三道税百之五”；北关虽然有大宗货物，但“至盐鹾、铁、炭、皮货等项虽亦入城之大宗，而炭不征厘，余货皆由北东各局截抽，落地不再征”。而泾阳则“行商置卡腹地，始惟泾阳，其沿边交界之处”，而“解其所收行商货物则以水烟为第一，大宗皮货次之，棉花其他杂货又次之，由甘贩陕，先由长武局抽入境一道，到泾转运再抽发庄出境两道，（因新章加增故合收三道）。”至于三原，则“布出湖北之德安、应山、枣阳、孝感、云梦等处，行销甘肃全省及新疆地方，贩入陕境先由入口之潼寨各局并抽入境、卸载两道，抵原转运再抽一道之六成名曰预收出境（合入口所抽并计税百之五），药材产川甘及本省南北山，由原转贩豫晋鄂苏等处销售，除经长武来者抽一道，余具两道，棉花及回绒毡布帽等项均产本地，销川甘与其他各货一并照章收两道率税”[1]。因此，税收本身与其管理有关，但泾阳、三原以行厘为大宗，其所发挥的经济作用是非常重要的。渭河天然分割了关中平原，而泾阳、三原所承担的货物集散功能与其地理位置、交通条件和历史以来所形成的商业传统直接相关，但是，西安作为地区跨省区商业机构的聚集之地，在管理西安地区市场的功能和影响方面也是不可能被取代的。

从服务对象和商业交往的范围来看，近代西安城市商业功能大致有两类：一类是城市商业的基本功能，即服务于地方的零售商业和服务业。二是与外地之间的商业贸易，是以批发或中转为主要形式的商业类型。

在对外贸易关系方面，从以西安为中心的交通辐射范围看，跨省域的商业贸易主要在豫、晋、甘、新、川、鄂等省。主要商业贸易以茶、布、水烟、皮革为大宗。其主要货物往来，经泾阳集散的货物主要有水烟、皮货等，“水烟出产兰州行销沪汉一带”“皮货有猞猁、狼、豹、狐、羊之属，多产甘肃、西宁、洮岷等属，运往湖广、江浙、汴蜀各处销售”，经三原转运的货物主要有布、药材、棉花和回绒毡布帽等，“布出湖北之德安、应山、枣阳、孝感、云梦等处，行销甘肃全省及新疆地方……抵原转运……药材产川、甘及本省南北山，由原转贩豫晋鄂苏等处销售……棉花及回绒毡布帽等项均产本地，销川、甘”。经省城各关的主要货物，东关主要有“大宗货物若布匹、绸缎、京货、杂货、药材等项”及洋货等；南关主要有：“油漆、火纸、皮纸次之，牲畜又次之。烧酒产自凤、鄠、盩、鄠一带，运省销售”，其中牲畜西来赴东南去，西关“由乡运城之物，猪羊骡马驴较多，杂油挂面杂木烟靛等次之”，北关入城零星货物，以杂皮、棉花、土磁、清油为多，红枣、花生、骡头、猪、靛次之，税则亦与西南各关略同。“至盐鹾、铁、炭、皮货等项虽亦入城之大宗，而炭不征厘，余货皆由北东各局截抽，落地不再征”。

---

① （清）陕西清理财政局编：《陕西清理财政说明书·厘金·百货厘金或统捐》，宣统元年（1909 年）排印本。

此外，据民国《咸宁长安两县续志》载，南院门和西大街集中了各地的会馆，其中南院门大街、五味什字及梁家牌楼集中了安徽会馆、安徽东馆、八旗奉直会馆、中州会馆、中州西馆、湖广会馆、山东会馆、江苏会馆、福建会馆、全浙会馆、绍兴会馆、江西公寓、两广会馆、甘肃会馆、三晋会馆等。从西安城内的会馆分布来看，在西安有商业活动和往来的地区较邻省之间的范围更为广阔。这些会馆是西安与各地社会、经济交往的一个缩影，而会馆的集中布局则显示出这一区域所具有的跨省域商业社会交往的辐射范围。因此，这一区域集中了西安与各地之间的商务往来机构，也是城市内部商务中心区域，自然也应当是商业集中的区域。

从城市地域空间关系看，陕南山区的货物与平原之间的官盐、粮食等农产品的交易也构成了西安商业活动的重要内容之一。本地的山货东部主要商路有库峪、大小义峪，西部以子午路为主要通道，主要来自镇安、柞水、兴安、汉中及川北广元一带，由于其出山分别以引镇和子午镇为转运点，这两镇至南关、东关而入城较为方便。因此，南关一带山货行较多，与以贩运为生的商贩（俗称“山客”）的商业贸易特点有关，“光绪末年，关中、陕南划为山西潞盐销售区……南关是山货集散地区，商贩运来土特产，在返回时，必须趸购食盐、杂货运回销售”①。由此可见，晚清时期省内贸易的空间结构及其引起的城市内部商业功能分化的现象。

二、晚清西安城市商业空间分化特征

清代，城市商业空间分化主要表现在两个方面：一是从城市总体商业空间分布来看，府城与各关城分担了不同的商业职能，府城内部商业服务对象是以生活服务为主，从行栈的和店铺的分布比例来看，府城内部商业主要以零售为主，兼营批发。二是关城是以货物集散为主。因

① 刘文礼：《旧社会的南大街盐店》，中国人民政治协商会议西安市碑林区委员会文史资料研究委员会编：《碑林文史资料》第2辑，内部资料，1987年，第49页。

此，其主要以批发为主，兼营零售，形成了商业功能的空间分化。

（一）城市地域商业功能及其空间分化特征

西安府城的商业贸易类型又与西北地区的物产有直接关系，据文献记载："总计陕西两道并收岁入才三十余万，其大宗货物如皮毛、药材、水烟则甘省所产也；茶叶布匹则湖南北所产也。"[①]由此可见，西北的皮毛、药材、水烟与湖南、湖北的茶叶、布匹等是主要贸易商品。其中茶叶来自湖南、运往西北，水烟来自兰州而运往武汉、上海等地，皮毛来自陕西北部和西北地区，其产品运往各地，而西安地处各个商路的交汇处，得其交通之便，有较大宗货物中转。

货物中转往往需要能够同时满足货物转运、存储的空间，以及利于交易活动的销售市场两个条件。如前所述，各个关城依附于省城，又具有一定的空间独立性，由于其位于城市外围，有利于货物的转运。西安作为省会城市，五方杂处，因此，各个关城成为货栈、行栈等机构集中的地方，形成以批发为主、批零兼营的城市商业贸易集散地。西安东关商业活动由来已久，有些商店甚至有数百年历史，东关为入城要道，厘金局在此抽税，所以货物先卸在东关，以便办理手续，货物由此在府城销售、运往外县外镇或直接发往外地。"东关曹家集是走蓝田、商州大道的起点，凡车马驮骡，均在此休息吃饭、喂牲口，故开有车店、骡马店、饭馆、馍铺、油坊、染坊等，还有张家掌炉，专门为上长路的骡马钉掌。曹家集原有马神庙，是东关骡店的会馆"[②]。

内城商业有别于关城，以南院门为中心，鼓楼什字、竹笆市、南广济街区域及西大街一线布局较为密集，形成了以城市商品服务为主的商业经济功能，区别于关城商业空间以货栈占据较大比重所具有的商业职能。虽然内城北院门附近果品货栈较为集中，但总体上，城市内部仍是以零售为主的商业服务。

---

① 民国《续修陕西通志稿》卷三十四《征榷》，民国二十三年（1934年）铅印本。

② 陕西省地方志编纂委员会编：《陕西省志》第六十二卷（四）《工商联志》，西安：西安出版社，2002年，第55页。

内城空间与关城之间形成了商业功能的空间分化，这种空间分化与其在城市中的区位有关。关城处于城市与外界货物交换最为直接的区位，外来货物首先在关城落脚，但是大宗货物的集散需要有相应的堆放场地和房间。同时，西安是一些货物的转运地和中间市场，更需要及时收集市场信息，以利于货物的销售，而关城作为进入省城的过渡区域，相对而言是马车行较为集中的地方，往来行旅较为繁杂，消息相对灵通，加之明代以来所形成的货栈行业发展相对较为完善，有一套完善的市场信息渠道和操作系统，这些都是关城所具有的优势条件。行栈的集中分布也往往具有聚集经济效益，其成本也相对比较低。因此，相比较而言，大宗货物的最佳区位是在关城，在各个关城中，尤以东关的行栈较为集中。“地当大道之冲，左近有各行店，生意甚盛”[①]，“其来或入城、或投行，局实为之枢纽”。

东关不仅是来往行旅纷繁之所，同时也是满城东部的重要军事缓冲区域，满城与关城之间可以通过东门便捷联系，能够为满城提供一些日常生活用品服务。因此，东关兼具货物集散与城市商业服务双重功能，相比之下，其他各关城的货物集散功能较为突出，其功能相对单一，这是东关与其他关城之间较大的不同之处。

四个关城是进入城市的必经区域，因此在各个关城均设有厘卡，而只有东关下分四处分卡，可见东关在四个关城中的经济地位之重要。

东关的用地范围较其他三个关城大，加之与满城之间的微妙关系，人口也相对较多，其服务于城市社会生活的零售商业也是比较完善的。关城中以东关较为典型，东关有南药会馆，是“东关广货行、药材行、药铺、切药房子等共同修建的”[②]。还有曹家集的马神庙是“东关骡店的会馆”[③]。可见，东关集中了一些行业会馆，同时也构成了唯一一个分布在关城的城市商业中心，从其服务人口和范围来看，以南院门为核

---

① （清）陕西清理财政局编：《陕西清理财政计划书·厘金·百货厘金或统捐》，宣统元年（1909年）排印本。

② 郭敬仪：《旧社会西安东关商业掠影》，中国人民政治协商会议陕西省委员会文史资料研究委员会编：《陕西文史资料》第16辑，西安：陕西人民出版社，1984年，第177页。

③ 陕西省地方志编纂委员会编：《陕西省志》第六十二卷（四）《工商联志》，西安：西安出版社，2002年，第55页。

心的商业中心是其他三个关城无法比拟的，相对而言，从城市商业生活服务的功能地位看，东关属于次级城市商业中心。

（二）城市内部商业功能及其空间分化特征

晚清时期，西安城市内部由于商品类型不同而形成专业市场，而这些专业市场的分布在康熙《咸宁县志》中就有记载。城内有粮食市（今在四牌楼）、布市（即布店）、大小菜市（满城内）、糯米市（通政坊）、麦市（马巷坊）、骡马市（跌水河西）、羊市（县治东）、猪市（粉巷）、鸡鹅鸭市（鼓楼前）、木头市、方板市（开元寺东）、瓷器市、鞭子市、竹笆市（俱在鼓楼前）、草市（跌水河）；东郭有粮食市、果子市，南郭有青果市。

在清代前期，西安城市内部的商品和市场种类主要有粮食、肉类、蔬果类等生活必需品，以及布店、木料、瓷器、竹器等生活用品，同时鞭子市适应了城内驻扎军队有大量的马匹和大车等需求，可见当时城市的主要市场和产品是以满足日常生活所需品为主。从其空间分布看，城内主要分布的专业市场比关城内所分布的门类齐全，关城则相对单一。除此之外，康熙《咸宁县志》的记载中反映了一些店铺的分布情况，“在城者有梭布店、云布店、红店、纸店、壶瓶店、绸缎店、南京摊（俱在鼓楼西）……书店（鼓楼前）、金店、椒盐摊（鼓楼前）”，而类似绸缎店、金店等生活消费品则相对较少。关城店铺分布则以大宗货物和位于城市边缘地区的过客店为其特征，“东关有盐店、药材店、棉花店、糖果店、生姜店、过客店；在北关有锅店、过客店”等。

从其空间分布来看，城内商业分布大致分为四个区域。

第一，是鼓楼区域，即以鼓楼为中心，包括鼓楼以西及鼓楼前面地区店铺集中的区域。

第二，是南院门市场区，包括鞭子市、磁器市、竹笆市、粉巷的猪市等。

第三，包括端履门大街以西、开元寺以东地区，南至滴水河一带，商铺相对较少。

第四，满城内市场。

由于长安、咸宁两县分治，长安县同期市场与店铺分布情形则未见直接的文字记载。但从上述资料中所表述的鼓楼以西所分布的店铺来看，显然沿西大街一线的店铺相对较为集中。而鼓楼附近则集中了金店、书店、梭布店、云布店、红店、纸店、壶瓶店、绸缎店、南京摊等手工业制品或高档消费用品店。而四个关城则以农产品和大宗进出货物（如麦、盐、棉）等为主要商品类型。

晚清时期，上述商业区域往往又以各种商业市场的形式分布。“西安的粮食业多集中在桥梓口一带，开设粮行最早的是同治六年（1867年）的泰来丰，后增开德茂生、瑞茂生两家，光绪元年（1875 年）西安有粮店 12 家。清末（1910 年前后）经营粮食商业生意的约有 50 户”[①]。今南广济街是当时有名的药肆街，明清时期经营中药材的行号店铺遍及全城，今五味什字的药铺在当时集中，并由中药的五味（甘、辛、酸、苦、咸）而得名。清末民初，西安已发展成为西北地区主要的中药材集散市场，仅东关经营的中药材行号、货栈、加工房、拆货铺（专搞中药批发）就达 80 多家[②]。这些行号、货栈分属三个行业，即土产山货行、代理行和药材行。土产山货行大多收购终南山出产的各种药材；代理行主要以代客买卖各种药材为主；药材行主要经营药材批发业务，规模较大的西板坊德合生药材行收购西北出产主要药材，经过粗加工发往东南沿海各口岸。

鼓楼西北一隅是回民聚居区，清代回族商业经营范围广泛，“主要是牛羊屠宰业、牛羊肉饮食业、皮毛加工业、运输业、茶马贸易等”[③]。而清代，西安城市的商业建筑是前店后居或下店上居的形式，其经营地往往依附于居住地，或者在居住地附近。据《秦陇回务记略》记载：“省城节署左右前后以北一带，教门烟户数万（千）

① 陕西省地方志编纂委员会编：《陕西省志》第六十二卷（四）《工商联志》，西安：西安出版社，2002 年，第 44 页。

② 秦晖，韩敏，邵宏谟：《陕西通史·明清卷》，西安：陕西师范大学出版社，1997 年，第 287 页。

③ 西安市地名委员会，西安市民政局：《陕西省西安市地名志》，内部资料，1986 年，第 68 页。

家，几居城之半……绅富三分之一，乐业安居，自成风俗”，可见，当时聚居在鼓楼西北一隅的回民以经商为其生活手段，并形成了鼓楼西北一隅城市商业的主要形式。因此，鼓楼西北一隅的店铺相对比较集中。

而相应的西南一隅，以南院门、马坊门、竹笆市等一线形成了商业密集区域，该区域分布有专业市场，如盐店街集中分布的盐店，五味什字以北的南广济街则为中药店铺集中的地方，清末以后，这条街道开设的铁器店有很多，作坊都在店铺的后面，如“张公顺”“梅花张”“胡全林”“宋林生”几家的刀剪等日用铁器都很有名[①]。因此西南一隅的商业性质与西北一隅又有不同，并与北院门大街、鼓楼前面一带商业区域有一定的关联。

南院门商业区除前述竹笆市以外，从清光绪十九年（1893年）《西安府城图》中可以看出在南院门大街及其以西和以南的区域集中分布了各地会馆，主要有福建会馆、安徽会馆、江苏会馆、山东会馆、中州会馆、中州西馆、湖广会馆、甘肃会馆、三晋会馆，安徽东馆、全浙会馆、江西公寓等。“会馆的产生起源于明清时期，它是工商业者的组织在封建社会里进一步发展的结果，是外郡工商行帮为同乡谋公益的机构。其主要职能是：通贸易、存货物、定公价、来往住宿、团聚娱乐、联络感情、同乡扶帮等。外籍同乡工商业者在某地立会馆，是同籍人数众多、经济实力雄厚、营业稳步发展的标志”[②]。各地会馆集中分布于南院门大街一带。这些会馆不仅为本乡人提供住宿方便，也提供存储货物等方便，随着会馆功能的不断完善，近代已经发展成为具有一定规模和社会影响的商业组织。从其商务活动及其影响看，已经具备当时城市商务中心的功能（图3-4）。

---

① 《南广济街》，中国人民政治协商会议西安市碑林区委员会文史资料研究委员会编：《碑林文史资料》第5辑，内部资料，1990年，第116页。

② 陕西省地方志编纂委员会编：《陕西省志》第六十二卷（四）《工商联志》，西安：西安出版社，2002年，第69页。

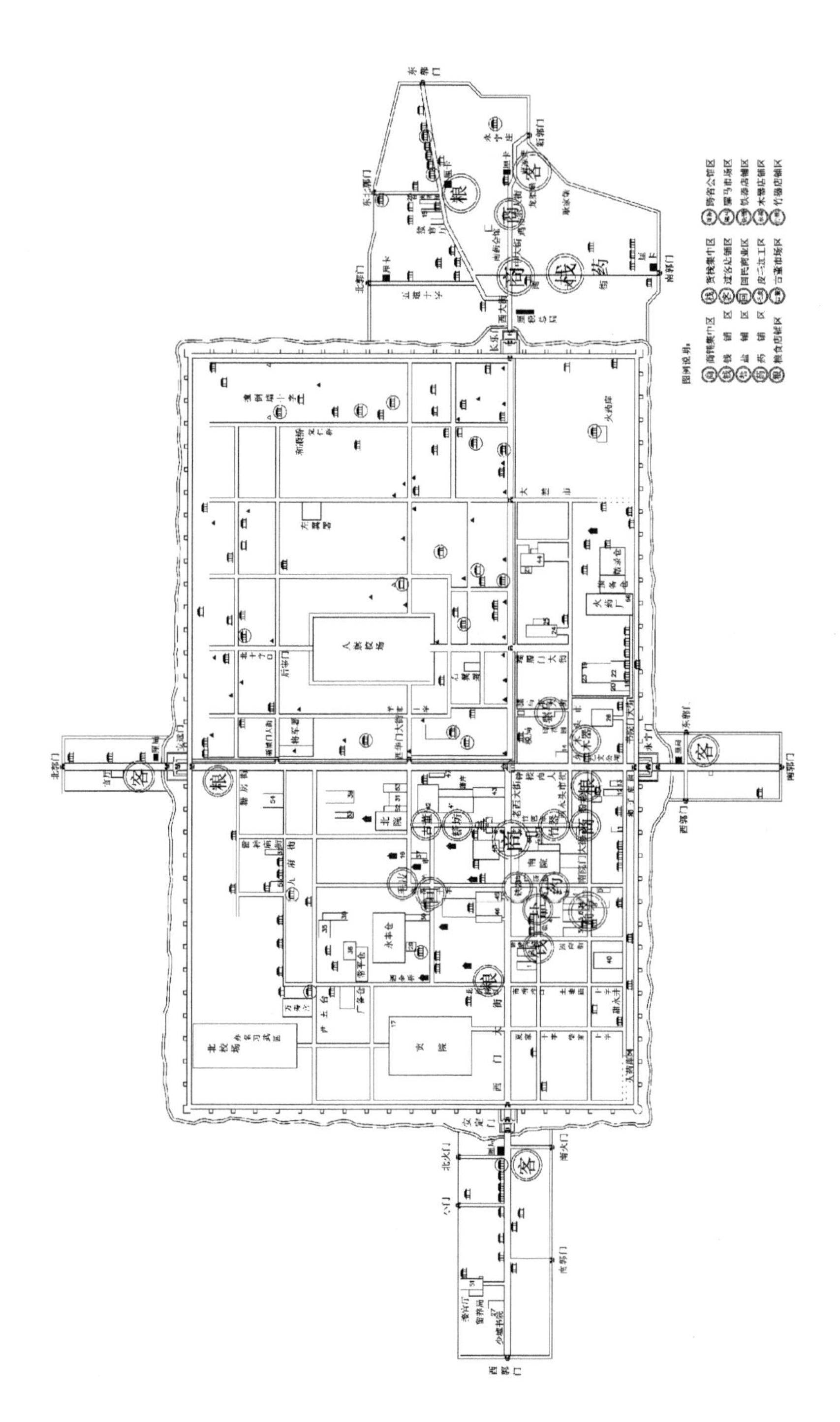

图3-4 晚清时期西安城市商铺市场布局图
资料来源：据清光绪十九年（1893年）中浣舆图馆测绘图绘制

三、西安城市商业中心问题的探讨

晚清时期，西安城市由一个深处内陆的军事、政治堡垒，逐步开始了其近代化发展步伐，城市商业如同社会经济发展的晴雨表，能够客观反映出当时社会经济发展的状况及其社会背景，西安以满城形成了城市的军事核心，其行政中心则分布于其外围，与府城内的绿营军队呈拱卫满城的分布格局，那么在这样一个军事、行政功能极为突出的城市中，商业居于何等地位？其与军事、行政之间的关系在空间中是如何反映的？按照马克思主义政治经济学的观点，经济基础决定上层建筑，上层建筑同时又反作用于经济基础，当上层建筑适应经济基础的发展需求时，会推动经济基础的发展，反之则起阻碍作用。探讨这一问题，我们的目的就是要在军事、政治、经济等各种要素作用下，分析晚清时期城市在近代化演变过程中的作用，讨论城市商业发展的状况、空间分布及其演变的特征，从而把握其近代化发展的脉络和轨迹。

（一）西安城市内部商业中心分级分区问题的初步讨论

如前所述，府城内的商业可按其分布分为四个区，然而堪称城市商业中心的则以南院门为中心，以西大街、东关为商业次中心。

南院门为什么堪称西安城市商业中心呢？这与该区域内部各种商业功能空间分布有直接关系。首先，南院门的商业功能较为齐全，不仅有专业市场，如竹笆市、鞭子市、猪市等市场，还有各种店铺，并集中于各个街道分布，如盐店街的盐店、南广济街的中药铺和日用铁器等。除此之外，还集中分布着各地驻陕的会馆。从当时的有关资料看，会馆已经有组织各个行业、进行市场操纵的趋势：

> 关于西安全浙会馆的会员数，《支那省别全志》陕西卷曰：“全浙会馆由江苏一部以及浙江全省人民组成，其中绍兴、金华、钱江、宁波四帮有名气。据说，会员总数达到四千人。宁波帮在市场上的势力其次于陕西山西人，该帮从事棉花、煤炭、杂货、鸦片、药材、鱼、海产物、酱园。绍兴帮从事酒业和装饰业，除了汾酒和高粱酒

以外的酒业由该帮独占。”由此可知，组织全浙会馆的各个帮颇有势力，一个帮的势力相当于一个省的势力。资料另外详述该会馆的事业内容，“如有同乡人到达本地，司事带名单去找他请求拈香费，然后按照其他会馆的条规、捐款、条目以及写前后捐征集会馆费。”根据这个记录，可以推测，到西安来的所有的浙江人，都半强迫性的进入会馆。因此会员总数达到四千之多①。

如此看来，这些会馆已经具有按地域关系组织行业从商人员的功能，并使其具有一定的规模，统一于会馆的组织之中，其商业组织功能的作用和地位是显而易见的。因此，以南院门为中心的会馆集中区域，在城市中行使着商业组织、管理和策划等功能，其在城市商业社会生活中的功能地位有别于针对消费者的商业市场集中地单一的服务功能，会馆区所具有的城市商务管理和商业销售等功能，使会馆的聚集所带来的商业聚集则是由零售市场的分布规律所致使。

会馆本身也具有一定的商业服务功能，道光二十五年（1845年）进士林寿图，官至陕西布政使，同治四年（1865 年），“惟林寿图因福建会馆会祭天后，演戏宴请同乡各官，于部选通判松龄到任日期，不遵部限……”②而受到参劾，弹劾他的人指责其“终日燕处衙斋，沉湎于酒，本年春闲，在福建会馆邀集同官，演戏数日”③。从中可见当时的会馆会祭和演习等活动，而林寿图本人原籍为福建闽县，因此，常到福建会馆会朋宴友也不奇怪，官府消费不仅说明官商之间有一定的沟通，同时也可以提高会馆的地位和影响。

可以说，南院门商业中心具有市场组织和管理功能，因此，会馆所发挥的行业贸易和市场管理功能远胜于单一的针对消费者的店铺的影响力，而会馆的集中无疑是城市商务活动集中和活跃之地，该区域自然形成城市的商业中心。从相关记载看，除了各省会馆以外，尚有行业会馆

---

① 薄井由：《清末以来分馆的地理分布——一东亚同文书院调查资料为依据》，《中国历史地理论丛》2003 年第 3 辑，第 91 页。

② 《清实录·穆宗毅皇帝实录》卷一百五十“同治四年八月戊戌”条，北京：中华书局，1987 年。

③ 《清实录·穆宗毅皇帝实录》卷一百四十五“同治四年六月己酉”条，北京：中华书局，1987 年。

和陕西地方会馆①，其中地方会馆有华州会馆、澄城会馆；行业会馆有梨园会馆、裁缝会馆、银匠会馆、鞋匠会馆、厨师会馆（表 3-10）。

表 3-10　近代西安会馆分布一览表

会馆	名称	年代	崇祀	地址	备注
外省会馆	两广会馆	—	关帝、文昌	大皮院东口	民国《咸宁长安两县续志》卷七《祠祀考》
	湖广会馆	—	夏禹王	四府街	民国《咸宁长安两县续志》卷七《祠祀考》
	全浙会馆	—	夏禹王	大湘子庙街	民国《咸宁长安两县续志》卷七《祠祀考》
	绍兴会馆	—	夏禹王	东木头市	民国《咸宁长安两县续志》卷七《祠祀考》
	中州会馆	—	先贤先儒	五味什字	民国《咸宁长安两县续志》卷七《祠祀考》
	八旗奉直会馆	—	先贤先儒	盐店街	民国《咸宁长安两县续志》卷七《祠祀考》
	安徽会馆	—	朱文公	五味什字	民国《咸宁长安两县续志》卷七《祠祀考》
	山东会馆	—	孔子	五味什字	民国《咸宁长安两县续志》卷七《祠祀考》
	江苏会馆	—	吴泰伯仲雍	大保吉祥	民国《咸宁长安两县续志》卷七《祠祀考》
	福建会馆	—	天后圣母	南院门	民国《咸宁长安两县续志》卷七《祠祀考》
	四川会馆	—	文昌	贡院门	民国《咸宁长安两县续志》卷七《祠祀考》
	甘肃会馆	—	三皇	梁家牌楼	民国《咸宁长安两县续志》卷七《祠祀考》
	三晋会馆	—	关帝	梁家牌楼	民国《咸宁长安两县续志》卷七《祠祀考》
	江西会馆	—	许真君	小湘子庙街	民国《咸宁长安两县续志》卷七《祠祀考》
	中州西馆	—	—	五味什字	民国《咸宁长安两县续志》卷七《祠祀考》
	安徽东馆	—	—	湘子庙街	民国《咸宁长安两县续志》卷七《祠祀考》

① 舒叶：《建国前碑林地区会馆知多少》，中国人民政治协商会议西安市碑林区委员会文史资料研究委员会编：《碑林文史资料》第 9 辑，内部资料，1994 年，第 153—154 页。

续表

会馆	名称	年代	崇祀	地址	备注
外省会馆	直隶会馆	—	—	—	《支那省别全志》
	山西会馆	清代中叶	—	东关	嘉庆《咸宁县志》
	五省会馆（燕、冀、辽、吉、黑）	—	—	现盐店街副28号	《碑林文史资料》第9辑
各县会馆	澄城会馆	—	—	南广济街	
	华州会馆	—		印花布园街	
	鄠县会馆	1900年	—	城隍庙后街	民国《重修鄠县志》卷二《官署》
	咸阳会馆	—	—	—	民国《咸阳县志》
行业会馆	畜商会馆（瘟神庙）	道光九年	—	西关	民国《咸宁长安两县续志》卷七《祠祀考》
	梨园会馆	乾隆年间	唐玄宗、楚庄王	骡马市街	《碑林文史资料》第9辑
	裁缝会馆	—	—	东木头市	
	银匠会馆	—	—	南大街油店巷口南侧	
	厨师会馆	—	—	东关索罗巷中段（田师庙）	
	园艺会馆（花神庙）	—	—	东关长乐坊	《碑林文史资料》第6辑
	南药会馆（广货、药材）	—	—	东关	《陕西文史资料》第16辑
	两江会馆	—	—	大皮院	《西京快览》第六编《公共事业》
	药材会馆	—	药王殿	骡马市	《首建梨园会馆碑》
	药材会馆	—		东关金花落药王洞	《陕西省志》第六十二卷（四）《工商联志》
	罗真会馆	—	罗真	二府街中段南侧	
	骡店会馆	—	马神庙	东关曹家集	《陕西文史资料》第16辑
	饮食业会馆	—	—	书院门	《碑林文史资料》第6辑

此外，据有关资料记载，桥梓口附近有泾阳会馆、三原会馆[①]，行业会馆有布帮会馆、粮食会馆、药材会馆、南药会馆、骡店会馆、罗真会馆（理发业）等，会馆功能的发展和行业会馆的出现均反映出市场的繁荣和多样化发展。

外省会馆集中于南院门区域却是西安其他商业区没有的现象。相比之下，东关、西大街的商业功能是以城市商业服务为主，其主要对象是城市市民，从其在城市商业社会生活中的地位看，它是次级城市商业中心。其中，东关虽处于关城，但由于满城使其与大城之间交通阻塞，它只能成为城市东部重要的商业活动场所，虽然关城人口相对于府城规模较小，但其商业活动并不逊色。由于大量货物在东关进行转运，所以这里不仅零售商业较为频繁，其货栈、行店的业务往来也是频繁的。如同西大街作为府城西区的生活服务性商业区一样，东关则主要为了满足东城的商业需求，东关不仅商铺繁多，而且商铺种类不少，东关分布有较多的行业会馆说明其行业发展是有一定的基础和规模的，因此东关具备城市次级商业中心的地位。

综上所述，晚清时期城市商业中心是以南院及其会馆区为其核心区域，城市商业中心主要分布在南院门地区，以及南、北院门之间的鼓楼地区。而次级商业中心有两处：一处为鼓楼以西沿西大街一线；另一处分布在城市东部，主要分布在东关，形成一主两副的商业中心结构。满城内部商业分布相对较少，主要服务对象也相对单一，其商业性质主要为满足满城内的配套服务，不具备城市商业中心的职能。

（二）南院门商业中心的成因分析

清代晚期，西安府城内的居民主要集中在满城以外的地区和东关，形成了以西大街、南院门和东关为中心的三大商业区。西大街地处人口稠密区的中心部位。东关是西安东去外地的大道起点，又是满城出入的必经之地。而南院门则由于历史发展过程中逐渐形成会馆云

---

① 陕西省地方志编纂委员会编：《陕西省志》第六十二卷（四）《工商联志》，西安：西安出版社，2002 年，第 70 页。

集的地区而与其潜在的商业区位价值直接关联，该区之所以能够发展成为商业中心，既有历史发展的积累，又有政治上的原因。

这里原是清代的总督部院所在地，与鼓楼北面的巡抚部院署相对，分别称为南辕门（南院门）、北辕门（北院门）。顺治初年陕甘总督一度由固原移至西安，康熙时又移至兰州，以原总督部院为行署。全城的行政中心在北院门，因此鼓楼附近形成商业集中的地区；光绪十四年（1888年）又把北院的陕西省巡抚部院署移至南院的总督行署，因此，全城的行政管理中心南移，从而南院门成为全城的行政中心。

对以南院门为核心的商业中心的空间进行分析，南北院为结点，两者之间形成带状商业，如前所述，南院门一带不仅集中了各种市场、商铺，还集中分布着各地的会馆；同时北院门"不仅是古玩一条街，而且是糖坊集中的街市，制售各种什锦南糖"[①]。所谓的"街市"不仅集中了商业店铺，并且是巡抚部院前的一条大道通衢，北院门大街与鼓楼之间、鼓楼与竹笆市之间、竹笆市与南院门之间均为商业集中区域。

清末，两宫西狩，北院曾为行宫，其商业更是繁盛一时，"行宫先驻南院，后移北院。南院是总督行台，北院是抚台衙门。先驻南院者，因署外广阔；后移北院者，因署内轩敞。本来预备南北行宫，听两宫旨意，两处墙垣皆是一色全红。南院自经慈圣驻跸后，正门遂封闭不开，奉旨作为抚署，而由便门甬道出入。北院一切装饰亦全红色，'东辕门'、'西辕门'字亦红漆涂盖，辕门不开，周围以十字叉拦之，如京城大清门式。正门上竖立直匾，写'行宫'二字，中门左门皆不开，由右门出入"[②]。"行宫左右地方皆驻扎武卫营兵，而街市亦照常贸易。人谓不愁货不卖，只愁无货"[③]，可见两宫驻跸西安带动了北院一带的消费，成为商贾趋集之所，据史料记载："太后皇上御膳费，每日约二

① 陕西省地方志编纂委员会编：《陕西省志》第六十二卷（四）《工商联志》，西安：西安出版社，2002年，第70页。

② （清）佚名：《西巡回銮始末记》卷三《两宫驻跸西安记》，清光绪二十八年（1902年）石印本。

③ （清）佚名：《西巡回銮始末记》卷三《两宫驻跸西安记》，清光绪二十八年（1902年）石印本。

百余两，由岑中丞定准。太后谓岑中丞曰：‘向来在京膳费，何止数倍！今可谓省用。’”[①]慈禧太后奢靡的生活，加之西安遇荒旱，导致物价昂贵，“西安饥荒，以西北为甚，正二月来，无日不求雨。赤地千里，入河南境始见麦苗。现西安府麦子每斤九十六文，鸡蛋每个三十四文，猪肉每斤四百文，黄芽菜每斤一百文，鱼甚稀而极贵，其余一切菜蔬，无一不贵。洋灯在南边每盏数角者，在西安值三元，火油洋烛，无一不贵。洋货绸绫，更不必说，且无货”，当然，行宫的消费是地方城市通常的消费无法比拟的。就连跟随两宫的大臣们也感到了窘困，据记载，当时“惟各员以食用太贵，不堪苦状：其津贴办公各员之项，一二品每月一百廿两，三四品六十两，五六品四十五两，七品以下三十两，聊可敷用而已”[②]。各部大臣集聚西安，其收入尚不敷出，可见地方一般居民的消费情况则更低，各阶层之间的消费差距很大，相对而言，绝大多数底层市民的消费生活更是不堪苦状，因此形成了当时条件下的畸形消费特点。

两宫驻跸西安时期，南院为地方行政中心，北院为全国临时政治中心，因南北院均曾长期作为地方最高权力机构所在地，形成了商业群集的空间特征，显然旧时商业对消费能力较高的阶层具有一定的依附性，而这一地区又是城市人口较为密集的区域。因此，服务业与零售业在布局上则趋近于衙署，使南北院之间的商业发展在原有基础上得到加强。

1905 年，陕西巡抚升允在南院外面的箭道左右建楼十楹，招商居住。对南院门商业区的繁荣有一定的促进作用，尤其会吸引那些意图依靠官府得其庇护的商家。这与通常的商业行为有所不同，更增加了该地区商业的吸引力。

晚清时期，沿街布局的行业分化特征明显，如盐店街（官盐销售店）、竹笆市（竹器）、木头市（木器）等；此外还有正学街经营文房

① （清）佚名：《西巡回銮始末记》卷三《两宫驻跸西安记》，清光绪二十八年（1902 年）石印本。

② （清）佚名：《西巡回銮始末记》卷三《两宫驻跸西安记》，清光绪二十八年（1902 年）石印本。

四宝。街市的形成还有一个重要的原因，就是晚清时期建筑是以合院式为主，往往采取前店后居或者下店上居的形式。因此，同类聚集往往能够汇集信息、获取效益，并且也构成了居住空间的功能混合和行业分异特征。

此后，以鼓楼为地标的南北院之间，商业市场和店铺集中分布，商业区不断有所拓展，而各地会馆的集中布局更是集中了各地商业组织和行业管理等事务，以南院门一带为核心发展成为西安府城内会馆集中和趋近行政中心的商业空间形态。而南院门商业中心与北院门大街的商业繁华是有异曲同工之处的。两者并非是截然分开的，而是以鼓楼为重要结点，向西沿西大街一线形成商业街市，向北沿竹笆市一线与南院门大街的商业街区连接为一体。因此，南院门商业中心的形成绝非偶然，也不是孤立的存在，而是沿主要街市的商业网络系统。

这一格局直到辛亥革命后才被打破，满城的城墙被拆除，东大街重新开放，西安城内的商业区开始向东扩展，才逐步打破了南院门商业中心的分布格局，随着交通条件的改善和经济的发展，西安的商业空间结构渐渐东移并不断扩展。

第四节　城市内部文化要素空间特征

晚清时期，西安城市空间文化特征分为三个层次的演变。首先，以精英教育为核心的儒学教育系统发生变化。即以文庙、贡院、书院、府学、县学等按照典章制度而形成的各种正规教育机构，随着晚清时期废除科举，转向普及教育，咸宁、长安两县设立高等小学堂、两等小学堂、女子学堂及初等小学堂 340 多所，其教育内容、教育方式、教育理念均发生了巨大的变化。其次，随着城市内部新思想、新举措和新功能的产生，原有的祠祀、庙观等具有教化功能的传统文化因素则相应地经历了适应新的城市功能需求而产生的功能置换，其中一些寺庙的功能被逐步取代，产生了相应的城市空间演替现象。最后，西方教会对中国传统信仰体系的侵入。一方面西方教会带来了新的信仰体系；另一方面西方文化教育、社会教化和西医、科学技术等也因之传入，而西方教会不仅对传统的中国信仰产生了一定的影响，同时也对其教育理念和教学方式产生了一定的积极影响。因此，城市普及教育功能和宗教文化信仰的演变对城市空间所产生的影响主要表现在以下三个方面：

第一，宗教作为文化因素的发展有两条线索：一是近代西方基督教的传入及其影响。二是城市传统宗教因素的发展及其空间演替。

第二，文化教育机构和设施也大致分为两个线索：一是教育体制的改革和由此带来的城市文化教育功能的发展及其空间分布。二是非教育体制下教会学校的教育模式引发的新式教育变革，包括教会学校的现代教学理念和方法的浸入，以及其与传统文化教育的融合。

第三，城市普及教育逐步取代了日渐式微的部分传统宗教信仰的教化功能，并通过用地的置换形成了一个自然演替的发展过程。同时，普通教育体系呈现多样化发展特征。

一、城市文化中心及其空间要素的演变

以关中书院为核心的书院门大街，其西分布着碑林、孔庙、府学、长安县学、咸宁县学等以尊孔崇儒为核心思想的文化教育机构，“是明清时期西安的文化教育中心”。以儒家思想为核心是封建统治者一贯奉行的教育政策，关中书院的创设就是明代关学大师冯从吾（1556—1627年）汲取了其他学派之长，把著名关学大师张载所创设的重视躬行实践，强调努力实行儒家学说，提倡一种脚踏实地的朴实学风的关学[①]向前发展了一步，并以关中书院为基地，从事讲学活动，影响很大，成为西北讲学议政和培养士人的中心。从明朝后期开始，继冯从吾之后，关中一些著名学者先后在关中书院开设讲席，清代李颙（二曲）、刘古愚

① 著名的宋代理学家张载（1020—1077年）创立的关学派，不仅对于关中地区的学术研究、教育理论、教育实践有着重大的贡献，而且在中国哲学史上也有着重要的地位。关学的主要特征就是重视躬行实践，强调努力实行儒家学说，提倡一种脚踏实地的朴实学风。

（1843—1903 年）、牛梦周、柏景伟等人都曾在这里讲学；主讲人多是硕学耆儒，名震一时，不仅陕、甘，甚至川、豫、鄂等邻省学生也不远千里纷纷负笈前来求学。因此，书院门不仅是省会儒学的教育中心，更是儒家思想的传播中心。

晚清时期，戊戌变法的失败并没有宣告社会变革的停滞，清政府的统治已经是山雨欲来风满楼，维新变革是时代发展的需求，是不可阻挡的。“光绪三十一年清政府公开下诏，从次年即光绪三十二年始，停止乡会试，生童岁科考亦停，一切士子皆由学堂出身”[①]，结束了长达 1300 年的科举制度。从戊戌变法到辛亥革命期间，西安城垣及长安、咸宁两县境内，共建立各类学堂 375 所。其中包括普通教育、职业教育、高等教育等各类学校，表明西安已步入了近代教育的行列。学校种类、数量和人数的增加带来了相应的城市空间结构发生变化，呈现出适应于现代普及教育特点的分散布局特征。

在现代教育不断普及、深入人心的同时，宗教所具有的传统信仰和教化功能本身与新式教育之间就存在矛盾。晚清时期，由于传统文化在人们思想中根深蒂固的影响作用，崇祀空间中的宗教信仰和民间信仰等多种崇祀内容并存，在城市中保持着传统的固有文化特性。

但是传统的多神信仰体系却遭遇了基督教一神论信仰的冲击，这一外来的教会组织划区布道，不仅利用信仰、教义和宗教仪式影响人们的思想，同时也利用西方科学技术成果，把新式教育方式、西方医学等先进的科学和文化带入西安。从积极的方面来看，教会组织丰富了西安的城市文化，同时也带来了城市近代教育、西方医学和新的建筑类型与形式，推动了晚清时期西安的近代化进程。

二、城市崇祀文化的农业社会特征

寺庙是以神灵崇拜为中心营建起来的宗教活动场所，但它所涉及的

---

① 西安市教委教育志编纂委员会办公室编：《西安市教育志》，西安：陕西人民出版社，1994 年，第 7 页。

既有民众的宗教生活，也有他们的世俗生活。无论是在历史上、还是在科学倡明的今天，宗教的世俗化是其保持生命力的重要因素，因此，寺庙在民间文化中扮演了重要的角色[①]。它可以充分地表现宗教象征、仪式和组织。从寺庙分布中，我们可以通过发现某种信仰的分布和沿革，透视信众的心态，把握它们在聚落或者社区中的地位和布局关系。

清代祭祀分为三等，其中：

> 圜丘、方泽、祈谷、雩祀、太庙、社稷为大祀。日、月、前代帝王、先师孔子、先农、先蚕、天神、地祇、太岁为中祀。先医、关帝、火神、北极佑圣真君、东岳、都城隍、黑龙潭、玉泉山等庙……为群祀[②]。

清代对祠祀非常重视，“古者，先成民而后致力于神……祠祀其大者矣”[③]。除了祀典以外，还有一些寺观不在祀典，但历史以来形成的道观、寺院作为民间崇祀的场所也是被默许的，所谓“相承即久……苟有灵爽能警动祸福，御撼灾患为民所归奉者，亦祭法之所不废也”[④]。

西安祠祀类型分为祀典所载的正祀祠庙和寺观两大类。祠祀分布有两条线索：一是国家祀典体制所规定的，其中也有沿袭前代的内涵，其地址仍旧。二是历史以来形成的寺、观及一些得到信奉的自然现象所形成的庙观等。从崇祀的内容来看，可以分为以下四种。

首先，国家祀典规定的祠、祀、庙、坛等祭祀对象，往往与农业社会经济生活密切相关，如社稷、天地、风雨雷电与五岳等自然崇拜的内容。

其次，与人们自身的身心健康息息相关的祭祀对象，如药王、瘟神、关帝、城隍等保佑人们去病、避邪、平安等神祇的供奉。

再次，应验了人们的祈祷而设立的地方神祇，如终南山神庙据说

① 赵世瑜：《狂欢与日常——明清以来的庙会与民间社会》，北京：生活·读书·新知三联书店，2002年，第13页。

② （清）允祹等：《钦定大清会典则例》卷七十五《礼部·祭统》，清乾隆十二年（1747年）刻本。

③ 嘉庆《咸宁县志》卷十二《祠祀志》，清嘉庆二十四年（1819年）刻本。

④ 嘉庆《咸宁县志》卷十二《祠祀志》，清嘉庆二十四年（1819年）刻本。

“祈雨辄应”；安澜寺（在申店渡北）滈水环流，往往泛滥，人多病涉，光绪六年贡生高尔鹏督修桥梁，余资建寺。“云栖洞，在城南三十五里，鸿固原麓，雍正年间有道士董本云结茅于此，岁旱祷雨，辄应，土人德之，乾隆初羽化，遗碑尚存。”这些都适应了当时的社会、经济、文化观念，并适应农业社会经济生活的需求而形成的。

最后，就是与行业保护有关的祭祀对象，如马神庙、湘子庙、关帝庙、花神庙、药王庙等景观。

此外，上述各类崇祀内容之间有交叉，如关羽崇拜，关羽不仅是战神，也是多种行业的守护神，因此，西安城内的关帝庙占了很大比重。同时，趋近心理是不同的人对神祇的信仰及精神需求，所以，寺庙的布局关系可以反映出城内居民的居住分异情况。

同时，一些庙宇还定期举办庙会，这样，以崇祀信仰的庙宇为载体形成了一些商业活动，民间演艺活动不仅丰富了城市的文化生活，还促进了商业的繁荣。在西安的外省会馆均有崇祀的主神，会馆“建置崇宏各有所祀，若祠观”（表 3-11）。此外，各县乡试及工商报赛皆有，只是其建置不备载，体现了各地信仰和地域差异，也成为地域文化交流的一个方面。由此可见，商业活动和宗教信仰之间已经形成了一种相互依赖的关系。

表 3-11　晚清时期西安府各地会馆崇祀一览表

名称	地点	主神
两广会馆	在大皮院东口	祀关帝文昌
湖广会馆	在四府街	均祀夏禹王
全浙会馆	在大湘子庙街	—
绍兴会馆	在东木头市	—
中州会馆	在五味什字	均祀先贤、先儒
八旗奉直会馆	在盐店街	—
安徽会馆	在五味什字	祀朱文公
山东会馆	在五味什字	祀孔子
江苏会馆	在大保吉巷	祀吴泰伯仲雍
福建会馆	在南院门	祀天后圣母
四川会馆	在贡院门	祀文昌

续表

名称	地点	主神
甘肃会馆	在梁家牌楼	祀三皇
三晋会馆	均在梁家牌楼	祀关羽
山西会馆	—	—
江西会馆	在小湘子庙街	祀许真君

在传统中国，农业始终是经济的命脉，是国家和个人生存的基础，与农业相关的寺庙众多便是具体表现。“自远古以来，春祈秋报，人们对社神礼敬有加，社庙以及相关的土地庙、土谷祠成为全国各地到处存在的景观”[①]。因此，人们对神灵的崇拜，从保佑五谷丰登的社神、祈雨等自然之神，到保佑生子、发财、病愈、长寿及平安的护佑神仙，以至各个行业的保护神祇等，都成为人们宗教崇拜的对象。民间信仰指普通百姓所具有的神灵信仰，包括围绕这些信仰而建立的各种仪式活动。它们往往没有组织系统、教义和特定的戒律，既是一种集体的心理活动和外在的行为表现，也是人们日常生活的一个组成部分。从光绪十九年（1893年）的《西安府城图》中可以直观地看到，西安城市内部一个突出的特点就是有大量分布的祠祀、庙宇等景观，这与农业社会民间信仰体系有关，其中不仅有国家祀典所规定的崇祀，也有历史以来所留下的崇祀，充分体现出晚清时期西安城内农业社会空间的文化特征（图 3-5）。

三、城市内部祠祀的空间结构特征

清末时期城内分布有众多寺观庙祠，根据光绪十九年（1893年）十月中浣舆图馆测绘的《西安府城图》的统计情况（表 3-12），在西安城市区域内分布的寺庙、宫观，合计其类型，供奉的神主，除祀典所固定的以外，尚有佛寺、道观等景观，以及名宦、乡贤、节孝祠堂等景观。从分布情况看，有历史成因、行业崇拜及市民宗教信仰等因素作用下相

① 赵世瑜：《狂欢与日常——明清以来的庙会与民间社会》，北京：生活·读书·新知三联书店，2002 年，第 68 页。

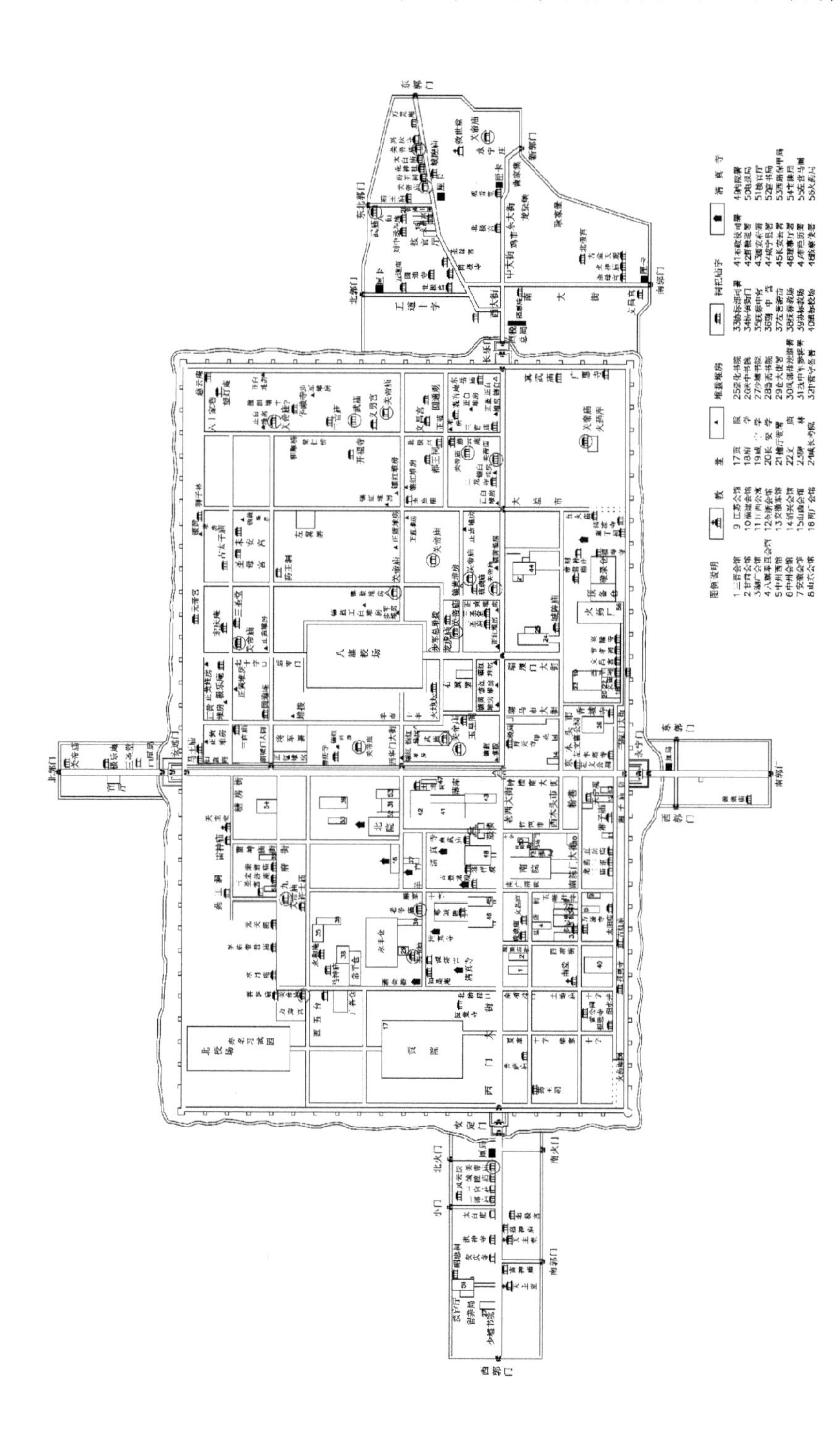

图3-5　晚清时期西安城市内部祠祀布局示意图

资料来源：据清光绪九年（1893年）中浣舆图馆测绘图绘制

应的空间形态特征；从中国传统文化与世俗生活的关系看，有保佑平安、繁衍（五谷和人类自身）、升官、发财等类型，其分布以钟楼为原点，以东西南北 4 条大街为坐标轴，呈象限分布。以关帝庙为例，在满城关帝庙有 11 个，真武庙以后演变为关羽和岳飞同祀的庙宇，因此，和关帝庙有关的就有 13 处之多。

表 3-12　光绪十九年（1893 年）西安城内寺观、庙宇统计表

方位	数量（个）	所占比例（%）	备注
西北隅	30	20.69	其中关帝庙 3 个、清真寺 6 个
东北隅（满城）	45	31.04	其中关帝庙 11 个、武庙 2 个
西南隅	19	13.10	不包括会馆奉祀
东南隅	18	12.41	关帝庙 1 个位于原南城
东关	33	22.76	关帝庙 4 个
合计	145	100	—

资料来源：光绪十九年（1893 年）中浣舆图馆测绘图

在清代对关帝崇拜是纳入国家祀典的，咸丰三年（1853 年）上谕云："我朝尊崇关帝，祀典攸隆，仰荷神威，叠昭显佑，本年复加崇封号，并升入中祀"。不仅如此，咸丰四年（1854 年）上谕又曰："关帝……上年加崇封号，升入中祀，一切典礼，悉照中祀举行。……亦著定为三跪九叩礼"。可见，清代后期非常重视对关羽的崇拜，充分体现了清政府对关帝庙的意义、地位和教化功能的重视，也反映了其崇尚武力的治国策略。

以后关羽又演化成诸多行业的保护神，被称为关圣帝君，也称"关帝""关公""关老爷"，成为民间信仰的神祇。对历史人物关羽神化的尊称，道教奉为降神助威武圣人，尊称为三界伏魔大帝神威远震天尊关圣帝君，简称关圣帝君；佛教将其列为护法伽蓝神。关羽成为旧时中国民间描金业、皮箱业、皮革业、烟业、香烛业、绸缎商、成衣业、厨业、盐业、酱园业、豆腐业、屠宰业、肉铺业、糕点业、干果业、理发业、银钱业、典当业等行业所奉祀之神。

此外，由西安自身所具有的军事职能也可以看出，城市中的寺庙所具有的作用。除了市民按照习俗的祭祀和朝拜以外，还具有行业保护神的作用，关帝庙的广泛分布体现出当时的尚武精神，以及人们对保护神的精神依赖。

从西安城市庙宇的分布来看，其布局具有以下七个特点。

其一，寺庙的布局与城市用地性质相关。由表3-12可知，满城的关帝庙最多，其次是东关，再次是西北隅，东南隅仅一个关帝庙和一个真武庙，前者位于原南城，与火药局相邻，后者位于东门以南，紧临城墙。由于军人是诸行之一，所奉之神有关羽、岳飞、旗纛神（军牙旗纛神）、马王等①。满城的关帝庙布局与其作为军事堡垒有关，体现了人们对保护神的崇拜和祈求庇佑的心理。也体现了清朝时期八旗作为军事单位，其居住地社会的状态和布局特点。

其二，表现出行业分布的特点。庙宇分布可以映射出城市商业区域的微观结构状况。西安城内分布的众多祠祀、庙宇中，寺中所供奉的神祇往往成为一些行业崇拜的偶像，这些神祇既是各个行业的护佑神，也是民间信仰的神祇。因此，反映了当时社会人民的信仰与精神生活内涵及其分布状况。西安城内的关帝庙数量最多，关羽除了作为战神具有护佑功能以外，同时也是一些行业的保护神，比较多的是各个行业的护佑神庙，主要有城隍庙、药王庙、文昌帝君庙、禹王庙、火神庙、湘子庙、花神庙、雷神庙、马神庙、山神庙、土地神庙、五道神庙等（表3-13）。

表3-13 民间行业保护神一览表

行业	保护神
制糖业	雷祖闻仲、杜康仙娘、鲁班、老君、土地神、梅山、赵昂等
糕点业	雷祖闻仲、关公、赵公明、马王、火神、燧人氏、神农、灶神、介文皇帝、诸葛亮等
粮食业	神农、后稷、雷祖、蒋相公等
皮革业	黄飞虎、比干、关公、达摩、白豆儿佛、孙膑等

① 李乔：《中国行业神崇拜》，北京：中国华侨出版公司，1990年，第355页。

续表

行业	保护神
纺织业	关公、文昌帝君、观音
酒业	杜康、仪狄、刘白堕、焦革、葛仙、李白、二郎神、祀山神、司马相如、龙王等
挑水业	井泉龙王、井泉童子、挑水哥哥、水母娘娘等
消防人员	火神、龙王
医药业	伏羲、神农、黄帝、孙思邈、扁鹊、华佗、邳彤（皮场大王）、三韦氏、吕洞宾、李时珍、保生大帝、眼光娘娘、铁拐李等
银钱业	赵公明、招财童子、关公、秦裕伯、老君等
典当业	火神、财神（赵公明、关公、增福财神）、号神
运输业	马王
农业	八蜡、伏羲、神农、黄帝、后稷、土谷神、青苗神、雹神、虫神、圈神、塘神、棉花神等
养蚕业	马头娘、类组、嫘祖、蚕花五圣、三姑、寙妇人、寓氏公主、青衣神、伯余、黄帝、三皇、张衡、织女、黄道婆、接头方仙、七仙女、蒋公等
吹鼓业	师旷、孔子、韩湘子、永乐皇帝等

资料来源：李乔：《中国行业神崇拜》，北京：中国华侨出版公司，1990 年

其三，与民族宗教信仰相关。从西北隅的布局看，清真寺达 6 个，主要集中在洒金桥以东、西仓门街以南、永丰仓以东、二府街以南和北院门以西的区域，为回族集中聚居的区域。其西北角则散布着关帝庙，与北校场邻近。体现了回族以清真寺为中心而聚居，以及关帝庙与军事用地毗邻的布局特征。

其四，由于历史上已经形成又经后代翻修，导致主要寺庙、道观和名人祠（如董子祠）等在兵燹之后侥幸得存。由于清代佛道不为当局所重视，因此，战争之后仅剩存者。同治大乱后专祀曾盛极一时，“同治以后大乱初定，典隆崇报专祀多至八九，可谓盛亦”，而八国联军占领北京后，慈禧“庚子行在于秦中，祠宇颁匾额四十余所，皆南斋供奉，尚书陆润庠奉召一日毕书者今不能悉指所在矣。”辛亥革命以后，又遭到战争的破坏，“至若梵宇琳宫二氏之说非儒所重，然烽燧在郊，仅有存者……考古之士有余恫焉”[①]。

① 民国《咸宁长安两县续志》卷七《祠祀考》，民国二十五年（1936 年）铅印本。

其五，与交通和区位有一定的关系。东关的行业保护神较多，表明其作为东去的门户，既具有交通的优势，同时又是东来进犯之敌作战的前沿，因此，形成了相对繁荣的商业中心，也具有军事防御作用，在四个关城中比较突出。

其六，各地会馆的奉祀之神体现了地区宗教文化的差异性，同时也体现了地方文化的融合现象。近代西安城内会馆，“各有所祀，若祠观，然不可缺也。……两广在大皮院东口，祀关帝、文昌；湖广在四府街，全浙在大湘子庙街，绍兴在东木头市，均祀夏禹王；中州在五味什字，八旗奉直在盐店街，均祀先贤、先儒；安徽在五味什字，祀朱文公；山东在五味什字，祀孔子；江苏在大保吉巷，祀吴泰伯仲雍；福建在南院门，祀天后圣母；四川在贡院门，祀文昌。甘肃在梁家牌楼，祀三皇；三晋山西均在梁家牌楼，祀关帝；江西在小湘子庙街，祀许真君”[①]。

其七，在临街布局区位选择上，总体上呈现近离商市和远离商市两种布局倾向。大部分寺庙是沿街或邻近布局的，反映出当时西安城内人们的居住生活是以街道为组织核心的空间结构方式。出现两种倾向：一是以城隍庙、文庙、武庙作为传统城市的构成因素。二是祠祀庙宇分布主要靠近城墙，也就是以钟楼为中心的外围圈层。出现近离商市和远离商市两种倾向，近离商市往往兼具行业组织的职能，而远离商市往往与居民的信仰倾向相关，并且与居住里坊紧密结合，其功能往往被居住地社会生活需求的其他职能所取代，如学校等。体现了居住地社会分工中，宗教信仰、民间信仰及中国传统的血缘宗祠祭祀起到了不可忽视的教化等社会作用。

四、西方教会的影响及其空间特征

晚清时期，外国传教士凭借不平等条约的传教特权潜入西安活动。在西安建有教堂进行宗教活动的主要有耶稣会、意大利方济各会、英国

① 民国《咸宁长安两县续志》卷七《祠祀考》，民国二十五年（1936年）铅印本。

浸礼会、美国协同会等宗教团体。

19 世纪末至 20 世纪初，随着基督教各派大规模进入西安，基督教文化对西安各个方面产生了影响。基督教浸礼会等设在西安的全国性隶属组织有西安基督徒聚会处、西安耶稣会等。西安基督教信徒设立的团体有西安中华基督教徒教会、西安青年路基督教会、曹家巷教会等[①]。

此外，在西安的教堂及其附属机构主要有医院、学校等机构，各个教会在城市内划区传道、设立教区：英国浸礼会主要在东关；美国协同会主要在西关和西门骆驼巷、糖房街；耶稣会主要分布在糖房街；意大利方济各会主要分布在土地庙什字，位于西南隅；基督教青年会主要在东大街一带（表 3-14）。

表 3-14 晚清时期基督教会在西安的主要机构及其分布表

教派	时间	地点	名称	类别
耶稣会	1627 年	糖坊街	教堂	宗教（北堂）
意大利方济各会	1716—1727 年	土地庙什字	教堂	宗教（南堂）
英国浸礼会	1889 年	东木头市	英华医院	医疗（诊所）
	1890 年	兴庆坊东新巷	教堂	宗教
	1903 年	长乐坊太平巷、兴庆坊东新巷	教堂、传教士住宅、教会驻陕总会所	宗教、住宅、办公
	1903 年	长乐坊东新巷	尊德学堂	教育（中学、小学）
	1903 年	东关	乐道学校	教育（小学）
	1906 年	东关	崇真中学	教育（中学）
	1906 年	兴庆坊东新巷	崇道小学	教育（小学）
	1906 年	南新街	崇德小学	教育（小学）
美国协同会	1903—1913 年	西关正街	礼拜堂	宗教（教堂）
	1903—1913 年	糖坊街	北大街分会会堂	宗教（教堂）
	1903—1913 年	南关围墙巷	忆使童学堂	教育
	1910 年	西门骆驼巷	美国协同会总会	办公、住宅
	1913 年	西关正街	男总学堂	教育（中学）

资料来源：杨豪中，陈新：《西安基督教会建筑及其城市文化历史意义》，《西安建筑科技大学学报》（自然科学版）2003 年第 4 期；李国信：《西安市基督教会历史简编》，西安：陕西人民出版社，1988 年

① 杨豪中，陈新：《西安基督教会建筑及其城市文化历史意义》，《西安建筑科技大学学报》（自然科学版）2003 年第 4 期。

基督教各种团体在西安建造的诊所、医院对西安的医疗事业和教育事业的发展产生了极其重要的影响，如1889年由英国浸礼会创办的英华医院，首次将西医、西药引入西安，这是西安医药史上的重要事件。教会在西安创办的教育建筑同样对近代教育产生了重要的影响。例如，1903年，英国浸礼会创办的尊德学堂、乐道学校都是西安最早施行现代教育的学校，并逐步建立了正规的教学体系，确定了修学年限，分年级、分班教课，课程内容遵循由浅入深、循序渐进的过程。西方教会的传入带来了西方先进的医学和教育体系，对近代西安的发展有重要的意义。

五、新式教育格局与空间结构特征

西安自古就是人文荟萃之地，是西北的文化中心，“西安古京兆地，疆土恢廓而博厚，山河奥衍而雄秀，人士瑰伟而英多，古称‘天府’，百二之雄，文物风教之盛，岂偶然哉！”①

晚清时期，西安的教育管理机构和学校类型体现了转型时期的特点。西安府城内按照旧有的科举体制，学宫、书院学制齐全，集中于省会，“盖造士与兴贤皆学校所有事也”“邑居省会学制悉备”，凡隶县境者：“曰义塾，重蒙养也；曰书院，励成材也。隶之学官，试之贡院，正士风、征国器也”②。然而1905年废除科举制后，则传统教育以精英培养为己任的教学思想、理念和体制开始向普及教育的方向发展（表3-15、表3-16）。

表3-15　宣统三年（1911年）西安地区官、民办学校分布一览表

归属	校名	校址	创办时间	创办者	备注
陕西省	西安驻防小学堂	原满城将军衙门东侧放饷公所	光绪三十年（1904年）	升允（陕西巡抚）	与驻防中学堂合设
	西安驻防左翼高等小学堂	大石桥	光绪三十年（1904年）	升允	—

① 乾隆《西安府志》序，清乾隆四十四年（1779年）刻本。

② 民国《咸宁长安两县续志》卷九《学校考》，民国二十五年（1936年）铅印本。

续表

归属	校名	校址	创办时间	创办者	备注
陕西省	西安驻防右翼高等小学堂	后宰门	光绪三十年（1904年）	升允	—
	陕西第一师范学堂附属两等小学堂	书院门（关中书院旧址）	光绪三十四年（1908年）	升允	—
	公立客籍中学堂附属小学堂	南教场西（今报恩寺街小学址）	光绪三十四年（1908年）	余坤（陕西提学使）	—
	女子师范附属两等小学堂	梁府街	宣统二年（1910年）	余堃	1912年改为女师附小
	陕西省模范两等小学堂	新城门西二府坑	宣统二年（1910年）	余堃	—
咸宁县	咸宁县立两等小学堂	东关长乐坊鲁斋书院旧址	光绪二十九年（1903年）	雷天裕（知县）	1930年改为高等小学堂
	咸宁县立高等小学堂	卧龙寺崇化书院旧址（在开通巷）	光绪三十一年（1905年）	易国勋（知县）	翁焕章、张济川协办
	东关两等小学堂	柿园坊观音寺旧址	宣统元年（1909年）	咸宁县	—
	女子两等小学堂	通化坊东羊市街旃檀林禅院旧址	宣统元年（1909年）	咸宁县	—
长安县	长安县立高等小学堂	西关少墟书院旧址	光绪三十二年（1906年）	叶春（知县）	任廷秀（教育会长）协办
	长安县立第一两等小学堂	洒金桥	宣统元年（1909年）	叶春	任廷秀、罗云章协办
私立机构	乐道学校	东关	光绪二十九年（1903年）	基督教浸礼会	教会学校
	尊德女校	东关	光绪二十九年（1903年）	基督教浸礼会	教会学校
	甘园学堂	西木头市、南院门	光绪三十一年（1905年）	阎培棠	附设雅阁女校
	健本学堂	西大街富平会馆	光绪三十二年（1906年）	绅士田宝康、焦子静、范紫东	曾为清末陕西同盟会活动据点
	女子小学堂	西岳庙	光绪三十二年（1906年）	邹学良	—
	保正小学堂	小车家巷	光绪三十四年（1908年）	余志坚	—
	同志小学堂	东举院巷	宣统二年（1910年）	刘懿德	—
	维新小学堂	东关	宣统三年（1911年）	郝笃生	—

资料来源：西安市教委教育志编纂委员会办公室编：《西安市教育志》，西安：陕西人民出版社，1995年

表 3-16　晚清时期西安城内初等小学分布一览表

归属	序号	位置	备注
咸宁县	1	柏树林	光绪三十三年（1907 年）立
	2	东仓门	—
	3	东羊市	光绪三十四年（1908 年）立
	4	参府巷	—
	5	端履门	—
	6	北柳巷	—
	7	府学	—
	8	书院门	—
	9	北牛市巷	—
	10	粮道巷	—
	11	八家巷	—
	12	永宁南坊	宣统元年（1909 年）立
	13	滴水河什字	—
	14	永寿坊	—
	15	伦海坊	宣统二年（1910 年）立
	16	小车家巷	—
	17	东关南街	光绪三十三年（1907 年）立
	18	曹家集	—
	19	炮房街	—
	20	枣园巷	光绪三十四年（1908 年）立
	21	文昌社	宣统二年（1910 年）立
	22	南关	光绪三十二年（1906 年）立
	23	城内梁家牌楼	宣统元年（1909 年）立
	24	咸长文昌社	—
	25	迎祥观	—
长安县	26	卢进士巷	—
	27	四府街	—
	28	保吉巷	—
	29	盐店街	—

续表

名称	序号	位置	备注
长安县	30	梆子士街	—
	31	古红庙	—
	32	白鹭湾	—
	33	小皮院巷口	—
	34	化觉巷	—
	35	洒金桥	—
	36	莲寿坊	—
	37	许神庙街	—
	38	曹家巷	—
	39	糖房街	—
	40	九府街	—
	41	香米园	—
	42	永丰仓	—
	43	西关	光绪三十三年（1907 年）立
	44	北关	—
	45	西关二郎庙	—
	46	北关马公祠	宣统元年（1909 年）立

资料来源：民国《咸宁长安两县续志》卷九《学校考》，民国二十五年（1936 年）铅印本

清末，在西安城内推行“新教育”的行政机构，先有陕西巡抚据《奏定学堂章程·学务纲要》奏立的学务处。光绪三十二年（1906年），学务处遵照清廷《各省学务详细官制及办事权限章程》改为学务公所，是总理全省学务的教育行政机构。咸宁、长安两县也遵照规定设立了劝学所，“按定区域劝办小学，以期逐渐推广普及教育”[①]。

咸宁、长安两县教育行政统归劝学所管理，内设所长一人，承县长之命，筹划兴革之事宜，下设劝学员若干人，协助所长担任调查和督催各事务。

此后，新式学堂适应社会的发展需求趋于活跃，并且有了新的学制

① 西安市教委教育志编纂委员会办公室编：《西安市教育志》，西安：陕西人民出版社，1995年，第 136 页。

和教学内容，形成了教科分配，有必修科、随意科之别。高等小学堂必修科为修身、经学、国文、算术、理事、地理、格致、体操等科目；随意科为图画、音乐、手工等科目。初等小学堂必修科仅为修身、国文、算术、体操等科目；随意科则有图画、唱歌二科。

清末新政是清朝最后 10 年社会全面危机的适应时势之举，对中国近代化有重要作用。晚清新政中最富积极意义且有极大社会影响的内容当推教育改革，其中的新式学堂是中国教育走向近代化的重要表现。

就原有体制看，清末乃至民国时期出现的各种教育机构从启蒙到科举教育不一而足，有私塾、社学、义学、学舍、学塾等形式，而县学也称儒学，作为专供生员读书的学校，此外还有准备科举的场所，即书院，清末西安有五所书院，有正学书院、关中书院、养正书院、鲁斋书院和少墟书院，还有科举考场贡院等设施，体现了西安作为陕西乃至西北地区文化教育中心的地位。随着清政府对教育体制的改革，废除科举，兴办新学，光绪三十一年（1905 年）至宣统二年（1910）是各种现代教育集中出现的时期。

当时的学校类型包括初等小学、高等小学等普通教育，以及高等学堂的高级人才的培养，包括职业教育等。因此，它们在城市中的分布呈现出三种主要类型及特征。

其一，普及教育机构，包括初等小学堂、两等小学堂和县立高等小学堂等。其中初等小学咸宁县全县有 116 所，其中城内 22 所；长安县 232 所，其中城内 24 所。城内初等小学计约 46 所，两等小学堂 7 所，高等小学堂 4 所，即长安县立高等小学堂和咸宁高等小学堂 2 所，以及满城内 2 所。[①]其中初等小学堂主要与居住区紧密结合，散布在满城周围各个城区，包括东关；县立高等小学堂和两等小学堂则主要是由书院或寺庙旧址改建而成。因此，这些教育机构的出现体现出一种新的城市功能对旧有城市功能置换的空间过程。上述学堂主要以普及教育为主，有官办、民办两种。两县境内初等小学堂在城内的分布也体现出划区办学的特点，分散布局在城市各个区域（图 3-6）。

① 民国《咸宁长安两县续志》卷九《学校考》，民国二十五年（1936 年）铅印本。

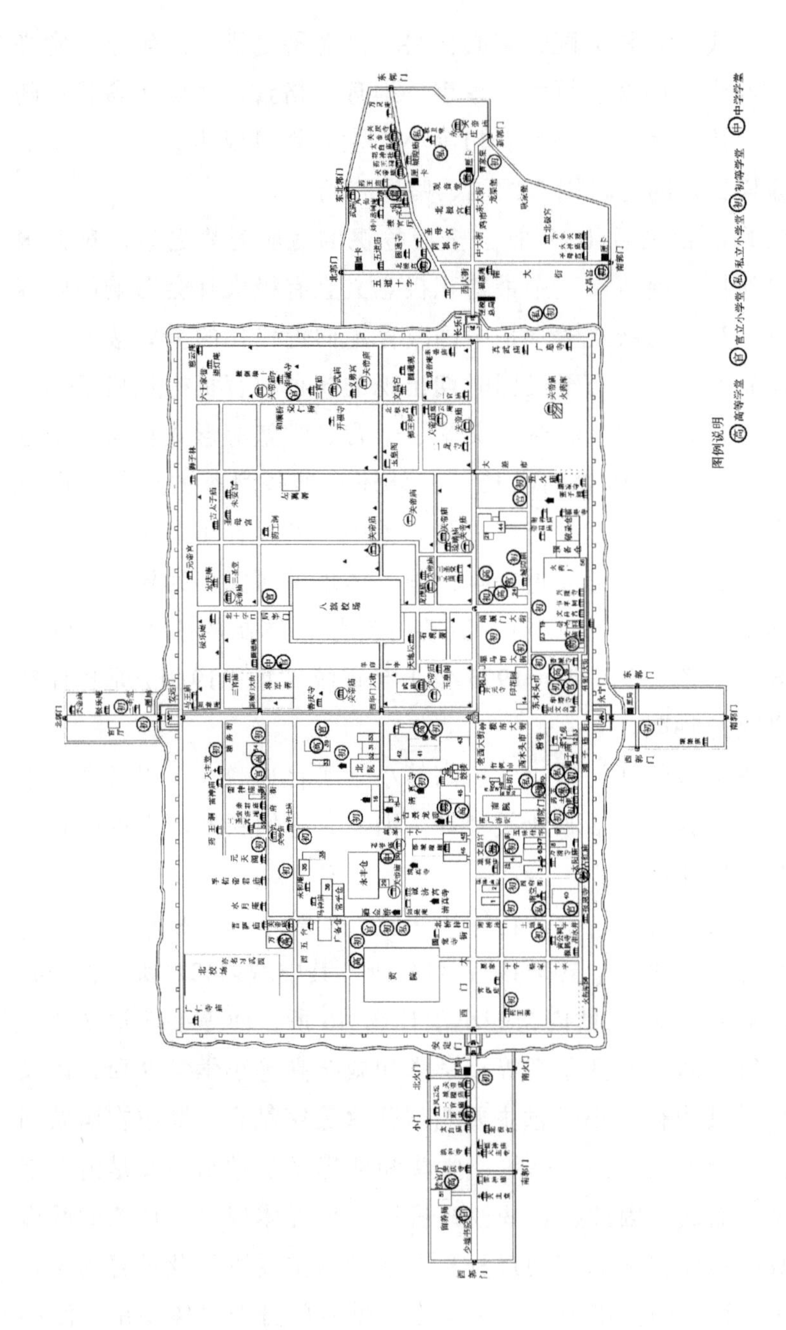

图3-6 晚清时期西安城市内部学堂布局示意图

资料来源：清光绪十九年（1893年）中完舆图馆测绘图；民国《咸宁长安两县续志》卷九《学校考》，民国二十五年（1936年）铅印本；西安市教委教育志编纂办公室编：《西安市教育志》，陕西人民出版社，1995年

其二，高等学堂包括师范、农林、武备、巡警、裁判等各种省立高等专业学校。一方面替代了西安原有的以科举取士、精英教育为目的的儒学体系的地位；另一方面也使高等教育、职业教育呈现多样化发展的趋势。其空间分布主要在原有的府衙或机构旧址设立，其布局往往与相应的管理机构相结合，或利用撤废的衙署、校场等用地，或利用城内的空闲用地设立等（表3-17）。

表3-17 晚清时期西安高等、职业学堂分布一览表

序号	学校名称	位置	备注
1	武备学堂	在少墟书院左，即养济院旧址	1898年改建，旋改陆军小学堂
2	关中大学堂	在六海坊即府考院旧址	1902年改建，嗣又易名陕西高等学堂
3	西安府中学堂	在城隍庙后门即旧盐道署旧址	1905年知府尹昌龄改建（署东鄘侯萧公祠并包括堂内）
4	巡警学堂	在布政使署后粮道巷	1905年以粮道旧署改建
5	师范学堂	在安仁二坊，即关中书院旧址	1906年改建学科，分优级选科及初级完全科两级
6	存古学堂	以贡院供给所隙地设立	1906年
7	法政学堂	在城内后所一坊	1909年在万寿宫地址设立，并附设课吏馆
8	裁判学堂	附设提法使署	—
9	农林学堂	在西关外，即新军一标三营营房地址	1909年创立
10	八旗中学堂	在满城将军衙门东侧放饷处	1909年创建
11	女子师范学堂	在梁府街提学使署西	1910年创建
12	陆军中学堂	在北校场内	1910年川陕甘三省并设，旋废

资料来源：民国《咸宁长安两县续志》卷九《学校考》，民国二十五年（1936年）铅印本

其三，清末义学，是城中驻军子弟和贫穷不能读书者的学校，“按营立义学皆在县境，除教授营武子弟外，凡贫不能读者亦收之”，主要有抚标中营义学、抚标左营义学、抚标右营义学、协标左营义学、协标右营义学等，与各抚标、协标驻地相近。满城内八旗义学有10所[①]。清

① 长安县地方志编纂委员会编：《长安县志》，西安：陕西人民教育出版社，1999年，第610页。

末西安的义学共33所，其中咸宁县义学9所，长安县14所，再加上前述满城内义学10所。经费主要来自庙宇、祠堂、地租或私人捐助。因此，义学往往依托于寺庙而设。这也是导致旧有寺庙逐渐被学校等机构替代的原因之一。

晚清时期，城市中既有府学、县学所形成的儒学教育模式，也有书院教育和义学，后来又逐步创办了新式学堂，包括大学堂、中学堂、高等小学堂、两等小学堂、初等小学堂等适应社会发展的教育机构。这一时期旧的府学在社会变革中逐渐被新的学校和管理模式所替代，而其普及教育分布的重要原则就是“按定区域劝办小学，以期逐渐推广普及教育”[①]，这样就形成了普通教育结合社区的分散布局特征。

总之，从精英教育模式向普及教育模式转变，城市社区的社会环境有了很大的改观，学校在城市内部普遍分布，起到了倡风气之先的社会意义和作用。

本章小结

从晚清时期西安城市萌动发展的过程来看，西安近代化的演变有两条线索：一是西方宗教文化润物细无声式地逐渐浸入西安，晚清以来教会组织不断增加、教区不断扩大、教会势力不断加强，这一过程不仅带来了西方的宗教，并且带来了西方的医疗和教育机构，这一过程是相对漫长而持续的，尽管期间也曾发生过教会与市民之间的冲突事件，但终究这种方式是借助于宗教的外衣而登陆西安的，比之于洋枪洋炮来说遇到的抵抗要小得多。二是西方列强打开国门后，沿海开放城市在阵痛之后的迅速发展和繁荣，“师夷之长技以制夷”的思想已经被广泛接受，西安虽地处西北内陆，但其维新思想活跃，被压抑在政治、军事统治之

① 西安市教委教育志编纂委员会办公室编：《西安市教育志》，西安：陕西人民出版社，1995年，第136页。

下的各种新的城市功能早已蓄势待发，上谕颁布之后则借新政东风迅速萌动，因此，清政府统治的最后10年，是西安封建社会末期新的城市功能快速发展的时期，近代发展的官办手工工艺厂、新式教育、新式学校及新的管理机构产生，好似沉寂多年的种子开始萌芽，西安的近代发展拉开了序幕。而这一时期城市空间结构仍然维持着以满城为核心的城郭格局，此时西安社会、经济发展尚处于封建社会统治的尾声，虽然其政治、军事功能已经是强弩之末，但城市空间发展仍然表现为服从于政治、军事功能需求的空间结构。因此，这一时期，城市的变化是在原有的空间结构框架之下的维新式变化，也是城市空间结构近代化演变的前奏。这一时期城市空间结构体现出一些萌动变化的特征。

晚清时期，西安城市的总体布局是以满城为核心，东以东关城、西以府城为其护城的非均衡军事中心结构，这一非均衡性表现在四点：其一，是以钟楼为中心的十字形道路骨架，四条主要大街通向东、西、南、北四个方向的城门，城门由城楼、箭楼、闸楼组成瓮城，外有郭城，形成多重防御结构的城墙防御体系，作为城市核心的满城偏于城市一隅。其二，由于钟楼至东门一线的交通因满城而阻塞，因此，以钟楼为中心的十字形交通骨架在四个方向的交通通达性并不均衡。其三，满城作为军事政治重心的绝对中心地位与其经济、文化地位之间的不对称性。其四，以钟楼为中心的十字形道路结构使城市划分的四个区域之间的发展在功能分布上各有侧重。东北隅为满城，是驻防八旗军队的军事城堡；东南隅为原南城和咸宁县所辖的区域，原南城的军事功能衰落之后，而以文庙为中心的两县县学及咸长考院、关中书院等文化设施集中布局，其文化中心地位非常突出；西北隅以原巡抚部院为中心衙署分布较为集中，具有民政和财政管理职能的布政使司和具有司法职能的按察使司、督粮道、盐法道等省级机关，以及抚标等警卫部队分布于其北部，其西部为广备仓、敬禄仓等附属机构所在地。因此，其行政职能较为突出，尤其是光绪皇帝和慈禧太后避难时以北院为行宫，更使其政治地位一度非常突出，其间又同时聚集着回民和清真寺，这里是回民集中居住的地方；西南隅因巡抚部院移至南院后又有所经营，加之其历史以来逐渐形成的商业职能，随之有所升华，以南院为中心集中分布着各地会馆，这是进行商业交往的场所，即城市商务中心区。

晚清时期西安城市空间的作用体系包括以清政府统治为核心的军事空间作用；以辖陕、甘、新三省的封疆大吏陕甘总督作为西北地区的行政长官，“厘治军民、综治文武、察举官吏、修饰封疆”；有辖一省的省行政长官巡抚；有西安的行政长官知府；有分管的长安、咸宁两县县治之所在。因此，从晚清时期的行政管理层级关系来看，形成了多层次交叉作用体系下的功能分布及其空间格局。满城以外的地区各自布局但又相互联系，形成了以南院、北院两院为核心，连接西安府治和咸宁、长安两县县治的分布格局。而衙署的基址均位于城市基础设施相对完善、商业服务较为繁盛的地区，且均为南向布局，即所谓“八字衙门朝南开”的传统朝向。局部则体现出相应设施趋近布局的特点，如镇标校场位于镇协官署的西部；协标校场位于协标都司署东部；抚标校场位于抚标中营的东部，三者相对距离较近。

晚清时期，西安最为显著的特征为其空间的防御性特征，主要体现在城郭格局、城墙修造技术及城市内部的军事布局等几个方面。首先，从城郭格局看，四个城门外为四个关城，是城市外围的第一道防线。其次，城壕的天然阻隔（城墙修造技术），这是城市防御空间的第二道防线。最后，城门和城墙等建筑物的防御工事（城市内部的军事布局），城门由箭楼和闸楼组成，形成了正面的攻击火力点，并且各个城楼之间的距离均在弓弩的射程之内，可侧向防御攻城的敌人，同时有射孔可防止被敌方枪剑射中，客观上也形成了城墙内部的防御作用。

清代，在城中城的格局中，长乐门是满城的东门，因此，满城阻碍了东关与大城之间的往来。从总体交通格局看，西南角和西北角的交通以西、北、南三门与外界联系，而东南隅则处于道路的尽端区域，交通极不便利，因此，这一带的商业发展较为缓慢。这也是南城划归咸宁县后衰落的原因之一。

晚清时期西安城市各功能要素的空间演变主要体现在以下四个方面。

其一，多层行政管理的复合中心模式下的官本位布局特征，各级衙署占据了城市交通和基础设施较为方便的区域，这些衙署均南向布局，同时其建筑布局为中轴对称，而在群体布局中则在可能的前提下追求对

称布局。

其二，晚清时期是社会逐渐转型的时期，尤其是在新政以后，教育体制有了很大的变化，废除了科举制度，由以儒教为核心的文化传播机制向现代教育过渡发展，逐渐形成了普通教育结合职业教育、高等教育的现代教育体系。因此，原来集中布局的城市教育文化中心逐渐向近代多层次教育体系的多层、分散布局演变。

其三，商业中心依附权力中心的空间格局。商业的发展除了与交通的发展有密切关系外，依附权力中心的空间格局体现了晚清时期西安商业消费及其空间分布的趋向性。

其四，教堂等组织衍生新的城市空间要素及其作用。晚清时期是近代西安城市空间结构转变的孕育发展时期，城市新的功能逐渐产生，尤其是教堂及其外来文化的侵入，以及传统教育模式被新式教育取代，空间表现为一种旧功能的消失和新功能的增长过程。前者主要是在城市内部形成新的发展区，并创办了新式医院和西式教育；后者主要是通过置换旧有的寺庙和一些城市废弃建筑而形成。同时，基于新的文化思想形成了具有新的文化功能的机构，如劝工陈列所、图书馆等。

总体上，清末新政之后，城市内部在政治、军事、经济、社会、文化等方面的转型表现为一种缓慢的萌动态势，以城市内部功能的自我演替为主要演变形式。城市空间以军事防御为主要特征，旧有的衙署、祠祀寺观、学宫书院、商店肆市、手工业作坊与西式教堂、医院、学校及新式教育体系共存。城市功能集军事、政治、经济、文化于一体，但军事的防御特性所造成的封闭性与经济自身发展所需要的开放性形成冲突态势。因此，晚清时期西安城市内部孕育了空间的封闭性与发展的开放性、新的城市功能产生并逐步取代旧有城市功能等基本矛盾，形成其内在演化的动力机制，而城市空间结构作为各种城市要素矛盾统一体，其内部的变化是顺应社会发展趋势的萌动转型的空间过程。

第四章　民国时期城市空间结构及其转型

辛亥革命是近代百余年西安城市空间结构从萌动转型到深刻转型的分水岭，辛亥革命以最直接的摧毁一切的力量攻破满城而取得了胜利，宣告了清朝贵族在西安军事统治的结束。辛亥革命以后，在首任陕西都督张凤翙主持下拆除了满城，结束了以满城为核心的城中城格局，这是西安城垣格局的重要变化。更为重要的是旧的体制被推翻，新的社会政治、军事、经济和文化重新架构，城市作为变革的重要载体，产生了相应的空间转型与发展。在建设西安的同时，西安也屡遭战争蹂躏，包括 1926 年的“围城之役”、抗日战争、解放战争等事件，尽管西安作为战略要地而屡经战火，但是各种军事力量对于经济发展的制约作用较晚清时期有所缓和，战争同时也成为社会经济的促动因素之一，如抗日时期的战局发展和军事需要，推动了西安的经济发展。当然，战争对于经济发展和社会稳定是一把双刃剑，它在一定条件下会对城市社会经济发展起到严重的破坏作用，近代西安城市空间的发展与转型在战争中屡兴、屡败，就是在战争的需求与破坏中出现的特殊现象，有其历史发展的必然性。

尽管如此，辛亥革命以后，社会变革从悄然萌发走向了革命性的变化，拓宽东大街、开筑新的城门、在满城废墟上建设城市新区等一系列建设活动，使城市空间从封闭到开放，从军事堡垒逐渐走向了政治、经

济和文化的均衡发展趋势，同时也导致了城市由内而外的发展。满城的废毁使得东大街与东关之间的交通联系趋于常态而便捷，也使东大街自身作为城市中心区位的零售商业优势得到了发挥，于是，沿东大街一线的商业发展成为城市新的空间扩展方向。北洋政府时期，西安满城的城市道路得到了修葺，满城逐渐从废墟中开始了新的起步。1934 年陇海铁路西展至西安，火车站成为新的对外交通联系的枢纽地，火车站正南所对尚仁路沿线成为商业发展的繁荣区域。而火车交通大大改善了西安的对外交通方式，近代工业开始起步并获得发展；抗日战争使城市发展的外在条件和内部环境为了适应战时需要，发生了较大的变化，民族工业内迁不仅推动了西安近代工业的发展，而且使城市内部产生功能分化和空间分化，也制约了城市社会经济的均衡、有序和协调发展，由于战争中各种可变因素同时存在，城市空间结构处于转型发展的调适状态。

第一节　设市管理与城市空间格局的转型

城市发展的外部条件包括从城市的行政管理、社会经济发展及地理环境等方面对城市空间结构产生限定性的要素及其作用。包括城市建制、城市规模（人口规模、用地规模等）、城市建设发展状况、城市所在地域空间的职能作用、城市自身的社会经济状况、城乡关系，以及自然、人文等地理因素作用等。因为城市空间结构特征正是在这些因素合力作用下的内部空间要素的运动形式及其内在机制的体现。

民国时期西安城市发展的外部条件包括：（1）表现在不同时期的行政建制屡有调整、而城区范围也因此有增有减，对于城市建设的定位和城市空间的发展具有直接的导向作用。（2）交通和工业发展及战争因素所导致的外来人口迁入。（3）在现代城市规划思想影响下，城市功能分区逐步形成，城市建设分区概念和城市行政管理的划区概念分化有利于城市空间的有序发展。因此，管理体制、建设理念、交通和工商业发展及特定历史条件下的人口变迁等，均对城市空间发展产生直接影响。当然，辛亥革命带来的最为直接的变化就是满城的衰败，以满城为中心的城中城格局从此结束，随之而来的是城市经济活力的逐步复兴。

一、西安历次设市及其市区范围

西安首次于1927年11月25日提出设市，当时陕西省政府决议设立西安市，初名为西安市政厅，同年12月7日改名西安市政委员会。1928年1月16日，陕西省政府命令公布施行《西安市暂行条例》，规定本市为陕西特别行政区域，定名为西安市，“在本市市政府成立以前，为办理本市行政及筹备市政府与市民自治等事宜起见，设西安市政委员会”“直隶于陕西省政府”。同年9月22日，西安市政府成立，驻五味什字中州会馆西侧（今西安市第六中学西侧大院），以原属长安县之西安城内及四关为辖区范围，面积为15.5平方千米。

1930年5月，国民政府颁布新的《市组织法》提高了设市标准，西安人口不足20万，不够设市标准，同年11月8日，陕西省政府通令撤销西安市建制，辖区复归长安县。同年11月19日，陕西省政府主席杨虎城向行政院报裁撤西安市，理由为：西安“僻处西北，交通阻滞”“连年荒旱，户口减少，商业萧条，原无设市政府的必要”等，行政院准予备案。

1932年3月5日，中国国民党第四届中央执行委员会第二次全体会议决议：长安为陪都，定名西京，成立西京筹备委员会，直属国民政府。4月7日，西京筹备委员会于西安训政楼开始办公，6月4日迁至东木头市2号（今西安市第二十四中学）。同年，中国国民党中央执行委员会政治会议第337次会议决议：“西京设直隶于行政院之市”；陪都时期的市区范围较前有很大的变化，“西京之区域，东至灞桥，南至终南山，西至沣水，北至渭水”[1]，“市域面积约十八万市亩有奇”[2]，

① 西安市档案局，西安市档案馆：《筹建西京陪都档案史料选辑》，西安：西北大学出版社，1994年，第93页。

② 西安市档案局，西安市档案馆：《筹建西京陪都档案史料选辑》，西安：西北大学出版社，1994年，第144页。

“西京筹备委员会为设计机关，西京市为执行机关”。1934年8月，西京筹备委员会、全国经济委员会西北办事处和陕西省政府联合组成西京市建设委员会，进行了一些市政建设，但西京市政府始终未成立，西京市的建制未成现实。1945年4月，西京筹备委员会奉令撤销。这一管辖范围是民国时期划定的西安市最大的城市范围（表4-1）。

表4-1 民国时期西安历次设市及管辖范围一览表

设市时间	城市辖区范围	城市面积	管理机构	备注
1927年11月25日	辖区以原属长安县之西安城内及四关为范围	15.5平方千米	西安市政厅，12月7日改名西安市政委员会，直隶于陕西省政府	1928年1月16日，规定本市为陕西特别行政区域，定名为西安市
1930年11月19日	—			裁撤西安市
1932年3月5日	东至灞桥，南至终南山，西至沣河，北至渭河	18万市亩有奇	西京筹备委员会	陪都，西京设直隶于行政院之市
1940年9月	省会城关包括火车站、飞机场区域	20.5平方千米	陕西省西安市政处	正式成立西安市建制的准备和过渡
1943年3月11日	东至浐河中心线，西至皂河中心线，南至毛家寨（今缪家寨）、新开门、宋家花园（今瓦胡同北侧）、吴家坟、丈八沟一线，北至光太庙什字、白花村、翁家寨、刘家寨一线	东西长18千米，南北宽13千米，面积234平方千米	西安市政府	—
1947年8月1日	—	—	西安市升格为国民政府行政院直辖市，为全国12个院辖市之一	—

资料来源：西安市地方志编纂委员会编：《西安市志》第一卷《总类》，西安：西安出版社，1996年；西安市档案局，西安市档案馆：《筹建西京陪都档案史料选辑》，西安：西北大学出版社，1994年；《西安市与长安县划界说明书》，南京：中国第二历史档案馆；曹弃疾，王蕻：《西京要览》，西安：扫荡报办事处，1945年

从1930年11月撤销西安市建制，到1941年筹备西京市实际工作停止期间，西安城关地区的行政管理处于一个特殊阶段，名义上西安城关在长安县行政区划以内，而实际上长安县逐步不再管理西安城关。1939

年 5 月，长安县政府关于县治迁往大兆镇的呈文说：“长安地处省会所在，城关住户早经划归省会警察局管理，在城内施政之对象大部消失，县政府设在与市政关系甚少之城市，反与工作对象之乡村距离太远。”实质上是将城市与乡村的市政管理一分为二了。

1940 年 9 月，重庆定为陪都后，国民政府、陕西省政府将西京市改称西安市。1941 年 12 月，国民政府行政院奉蒋介石命令，为整顿西安市政建设，撤销西京市政建设委员会，改设西安市政处。西安市政处于 1942 年 1 月 1 日成立，直隶于陕西省政府。行政区域以陕西省会城关为范围，包括火车站、飞机场区域，面积约为 20.5 平方千米。西安市政处主管业务限于市政工程建设、自治财政稽征、园林管理及一部分公益事项，范围较窄，且不领导基层行政机构。实际上西安市政处是正式成立西安市建制的准备和过渡。

1943 年 3 月 11 日，国民政府行政院训令，照准陕西省呈请“将西安市政处改组为西安市政府”。1944 年 9 月 1 日市政府正式成立，为陕西省辖市，驻原市政处旧址。辖区除省会城关以外，将长安县在西安市郊的 4 个乡划入，东至浐河中心线，西至皂河中心线，南至毛家寨（今缪家寨）、新开门、宋家花园（今瓦胡同北侧）、吴家坟、丈八沟一线，北至光太庙什字、白花村、翁家寨、刘家寨一线，东西长 18 千米，南北宽 13 千米，面积 234 平方千米[①]。具体划分四至为：市区南部界限，自马登空（今马腾空）起，经毛（缪）家寨，循大车道，经新开门、曲江池、瓦谷洞、杨家村、沙谷洞、南三门、丈八沟，至皂河西岸止。北自浐河西岸起，经光大庙、浮沱寨、白花村、陆家堡、郭家村、樊家寨、唐家寨、讲武殿、刘家寨、夹城堡，至皂河东岸止，东以浐河为界，西以皂河为界[②]。

1947 年 8 月 1 日，西安市升格为国民政府行政院直辖市，为全国 12 个院辖市之一。同年 12 月内政部核准西安市简称镐。

西安设市屡有变迁，其核心市区始终为清代西安城，而城垣外围的

① 西安市地方志编纂委员会编：《西安市志》，西安：西安出版社，1996 年，第 244 页。
② 曹奔疾，王蕻：《西京要览》，西安：扫荡报办事处，1945 年，第 4 页。

范围有所变化，以陪都时期范围最广，以1944年城市范围次之。而这两次范围变化均与城市地域中的自然界域范围接近，在自然地域相对完整的空间内，也反映出决策层面对于城市范围从城垣到四乡的思想变化过程，从某种意义上也是城垣能够被突破的一个重要依据。

在短短不到40年的时间里，西安设市或立或撤几经变化，而且较多受到政策层面的影响，尤其是1931年被立为陪都和1947年被升为国民政府行政院直辖市，都显示出西安在全国所处的重要地位。西安被立为陪都的筹备和建设过程，也反映出西安在历史发展中其军事地位依然在发挥作用。但是，面对现代战争，作为国都辐射全国、掌控局势所需要的攻防条件，则为西安乃至关中所不具备，西安已经不是首选。而西安设市的兴废也反映出南京国民政府当局对于西安的建设和发展地位的认识还处于不断调整当中，也反映出决策层面的游移不定和城市发展转型时期的不确定性。

二、行政划区与城市空间功能分区

在晚清至民国的百余年中，在辛亥革命之前，西安由咸宁、长安两县分治府城，基层统于保甲之下。1930年，西安首次设区级建制，自此以后西安的区级建制和辖区划分屡有变化，但未脱离行政辖区的思路。1937年，西安的市政建设明确提出功能分区的概念。此后，功能分区的明确划分是西安规划的核心内容，也是政府决策层面观念改革的重要举措之一，标志着近代西安城市空间的发展进入到由规划引导城市建设的重要阶段，是政策层面的因素全面介入和由政府进行干预的城市建设发展的标志。

（一）民国时期城市的行政划区

民国初期西安城关基层政区仍沿清制设坊，坊设乡约。1928年首次设市前，以街巷为基层政区，全市分街巷334处，街有街长，巷有巷长，并设有编查员。1930年11月撤销西安市建制后，长安县于西安城关设城关区公所，这是西安城关首次设区级建制，但时间不长。1933

年，全省实行保甲制度，设区、联保、保、甲四级。西安城关由省会公安局负责实施，以各分局辖地为区（实际并无区级建制），区以下设联保、保、甲。

1936年，省会公安局辖7个分局，1941年，增加为10个分局和1个直属分驻所——南关分驻所，称南关区（表4-2）。1942年6月，省会警察局奉省政府训令，将30联保改为30镇，下辖205保、2653甲，并由警察分局长兼任区长，但仅有区长名义，并无区级行政机构（表4-3）。"各区分设区长，管辖本区警察、保甲、卫生、消防等事，直属市府"[①]。当时虽已设立西安市政处，但不管辖区、镇、保甲。

表4-2　1936—1941年省会区、联保、保、甲统计表

时间	区（警区）	联保	保	甲
1936年	7	27	287	2938
1937年	7	27	279	2876
1938年	7	27	289	2968
1941年	11	30	205	3674

资料来源：《西北研究》第三期《十年来之陕西经济》

表4-3　民国时期西安行政区划一览表

区别	镇名	镇驻地
第一区	通化镇	东大街60号
	伦海镇	端履门
	京兆镇	参府巷
	中山镇	仁爱巷
第二区	北院镇	西羊市合作社
	开元镇	南大街北段
	南院镇	南院门易俗社分社
	书院镇	南大街南段
第三区	安定镇	西大街464号
	四府镇	盐店街公字2号
	含光镇	双仁府大巷庙1号

① 西安市档案局，西安市档案馆编：《筹建西京陪都档案史料选辑》，西安：西北大学出版社，1994年，第93页。

续表

区别	镇名	镇驻地
第四区	中正镇	尚仁路 274 号
	民乐镇	尚仁路 100 号
	尚仁镇	尚仁路 57 号
	—	—
	—	—
第五区	通济镇	北大街 61 号
	崇廉镇	六谷庄 15 号
	新化镇	北大街 376 号
第六区	梁府镇	北药王洞合作社
	莲湖镇	许士庙街公字 1 号
第七区	仓门镇	大麦市街 89 号
	金桥镇	洒金桥 49
第八区	卧龙镇	东关南街火神庙
	通远镇	东关南街 56 号
	长乐镇	长乐坊城隍庙
第九区	安远镇	自强路关帝庙
	六谷镇	自强路关帝庙
	武门镇	自强路合作社
第十区	泰安镇	西关正街回回巷
	兴隆镇	西关正街回回巷
第十一区	永宁镇	南关正街 39 号

资料来源：西安市地方志编纂委员会编：《西安市志》第一卷《总类》，西安：西安出版社，1996 年

1944 年 9 月再次设立西安市建制后，市政府辖西安城关 30 镇、192 保。1945 年 11 月，撤镇设区，以城关 8 个警察分局辖地设 8 个城区，由长安县划入的 4 个乡设 4 个郊区，共 12 区，按序数命名，下辖 185 保、3222 甲，1948 年 4 月整编为 187 保、2356 甲（表 4-4）。

表 4-4　民国时期西安城市行政划区一览表

名称	辖区	治所	保甲数
第一区	辖东大街北沿以南城内地区	东木头市 2 号（今西安市第二十四中学）后迁东木头市安居巷北口东侧	20 保、258 甲
第二区	辖南大街东沿以西、四府街以东、西大街东段北沿以南地区及南关	治所驻盐店街东段路南	22 保、201 甲

续表

名称	辖区	治所	保甲数
第三区	四府街东沿以西、玉祥门路（今莲湖路西段）以南城内地区及西关	夏家什字西端路南	20保、198甲
第四区	尚德路西沿以东城内地区	尚德路中段路东（今新城区政府驻地）	16保、347甲
第五区	北大街西沿以东至尚德路西沿地区	崇孝路（今西一路）中段南侧	17保、178甲
第六区	西大街东段北沿以北、北大街西沿以西城内地区	药王洞中段（今莲湖区检察院驻地）	16保、166甲
第七区	东关地区（东关正街、南街、长乐坊）	驻东关鸡市拐路东（今更新街中段东侧）	12保、122甲
第八区	火车站及以北至二马路、太华路地区	北关黄金庙街东口（今自强东路向荣街南口）	18保219甲
第九区	南郊北起南郭门，南至宋家花园地区	南郊名胜门	14保、137甲
第十区	东郊西起东郭门，东至浐河地区	治所驻东郊韩森寨	11保、156甲
第十一区	北郊南起北门，北至广大门、翁家寨一线	北郊曹家庙	11保、207甲
第十二区	西郊东起西郭门西至皂河地区	西郊谢家村	10保、167甲

资料来源：西安市地方志编纂委员会编：《西安市志》第一卷《总类》，西安：西安出版社，1996年

行政划区是城市管理的重要一环，同时也是实施分区管理的重要依据，这种划区而治的措施由来已久。虽然历史以来，官民不相混杂的建设理念中隐含着按阶层及功能分区的思想，是体现礼制、宗法和王权统治的核心，但从城市自身发展的角度出发，提出城市功能分区概念，并将功能分区规划作为城市建设的依据，却是近代西安城市发展的重要转变。

（二）民国时期城市功能分区

现代城市规划中功能分区概念来自1933年国际现代建筑协会在雅典举行以城市规划为中心议题的纲领性文件，会议制定了一个“城市规划大纲”，这个大纲后来被称为“雅典宪章”，大纲提出要把城市与其周围影响地区作为一个整体来研究，指出城市规划的目的是保证居住、工作、游憩与交通四大活动的正常进行。大纲建议确定工业与居住的关系，留有提供游憩空间的绿地，从道路系统的规划入手解决交通问题而不是局部的拓宽，同时提出保护文物古迹等问题，提出城市应按全市人

民的意志进行规划，要以区域规划为依据，城市按居住、工作、游憩进行分区及平衡后，再建立三者联系的交通网，并提出用国家法律形式保证规划的实现。这一规划思想是针对当时西方城市的人口膨胀和环境污染等问题而提出的，在各国产生了广泛的影响。西安历来以行政管理为划区依据，直到民国时期西安城市规划中出现了功能分区的布局思想，这一功能分区的出现体现了从功能出发的城市建设思想，以及西方城市规划思想对近代西安城市发展的影响。更为重要的是，对城市建设将不再只是片断的修修补补，而是以区域为依据考虑城市的空间结构在工业化过程中的发展问题。

民国时期西安城市的功能分区及其布局主要体现在三个城市规划文件中，即《西京市分区计划说明》（1937 年）、《西京计划》（1941 年）、《西安市分区及其道路系统计划书》（1947 年）。前两个文件具有相关性，是将西安作为全国的政治、经济和文化中心的陪都进行规划的，是陪都时期西京市政委员会（总务科整理说明文字，工务科绘制草图）拟定的。第三个文件是在西安市设市后，针对城市自身发展的需求，由西安市政府建设科拟定的规划文件。

1.《西京市分区计划说明》（1937 年）的功能分区

根据西京市区计划第一次会议记录，会议所形成的决议西京市区范围根据中央政治会议决议案，以西京市之范围为范围，即东至灞桥、南至终南山、西至沣水、北至渭水。同时将西京市区拟定为行政区、古迹文化区、工业区、商业区、农业试验区、风景区等六区[①]。由于古迹文化区分布较为普遍，因此规定对工业区与古迹文化区之间严定界限。所定各区土地分为限制使用区和自由使用区，在行政、工业、商业、农业、风景五区内凡有古迹者，均限制其他使用。

《西京市分区计划说明》明确了各个功能分区的用地范围，分述如下。

---

① 西安市档案局，西安市档案馆编：《筹建西京陪都档案史料选辑》，西安：西北大学出版社，1994 年，第 93 页。

古迹文化区包括汉长安城、隋唐长安城，以及太液池、阿房宫、镐池、昆明池、含元殿、丹凤门、大雁塔、唐曲江池等，历代文化所在之处均为文化古迹区。行政区在西安城南凤栖原。商业区在旧城区。工业区在车站之北郊。农业区在南郊神禾原、子午镇一带，东临沣河、西临大峪河、北滨潏河，南至终南山脚下的区域为农业实验区域。风景区以终南西“自鄠县东南圭峰山，入境至蓝田县西南终止，占长安南界之全部，东西八十余里”，包括“清华、翠微、五台、翠华等山”①。

虽然这次规划最终并未实现，但作为官方意志的体现，在城市建设和发展中具有积极意义。这是在官方规划文件中，首次将行政区、工业区、农业区、商业区和风景区等从功能上明确区分开来，同时，行政区位于凤栖原，完全有别于城垣内行政区的设立，对于原有的城市结构可以说是颠覆性的改变，而且这一功能分区规划完全是以城市未来发展的合理性为依据和指导思想的，体现了对城市工业发展与交通关系的认识。同时以终南山为风景区，将终南山地貌单元作为一个整体，既延续了历史以来对终南山的认识，也对终南山的整体发展具有积极意义，完全有别于以礼制、宗法和王权为指南的传统城市布局思想。因此，这一关于城市功能分区的文件内容是西安城市建设近代化的一个重要体现。

2.《西京规划》(1941年)的功能分区

总体上《西京规划》(1941年)继承了《西京市分区计划说明》(1937年)的主要功能分区方案，分为6个功能分区，但各分区的布局有所调整，主要是行政区的调整，将“汉长安城东隅”单独辟作行政区，其行政区分为中央部委区、市政府区和各国公使馆区，其中“国府五院各部委”位于行政区，市政府位于城内商业区，暂不设立馆区，其他功能区基本一致。

通过对这两次规划的功能分区进行比较，我们会发现后者是将功能分区进一步细化，对于初次进行城市规划的西安城市管理机构来说，是

---

① 西安市档案局，西安市档案馆编：《筹建西京陪都档案史料选辑》，西安：西北大学出版社，1994年，第94页。

一个思想和认识提高的过程，同时也体现出政策层面对规划的直接影响，规划内容是前者的细化和深入，体现了现代城市规划观念的提升。

3.《西安市分区及其道路系统计划书》(1947年)的功能分区

这份计划书是在抗战后重建浪潮中，西安提出的城市分区及其道路系统计划。这一功能分区计划不仅从城址总体结构层面提出了功能分区的思路，还提出了文化区(学校区)的规划和布局，具体的分区设想和规划理念较前更为细致、具体。对于小学、公园、广场、医院、运动场等生活服务设施的配套布局提出了规划原则。

这一规化分为工业区、学校区(其中又分为中学区和大学区)、商业区、居住区、行政区、四郊新市区及郊区住宅。其分布情况如下。

西南郊角为工业区；中学区设于未央宫旧址；大学区设于东南郊；商业区位于旧城区各干路两旁，其余为住宅区或临时行政区；郊区应为四个新市区，郊区住宅分散布局；临时行政区在新城，将来拟移于南郊适宜之旷地。

其他如小学、公园、市湖、医院、广场、运动场视各区需要配套布局："应按各区之需要星罗棋布，各据要点，若集中分区之必要，亦不应分区也。"

从上述三个规划文件中的功能分区及其变化中可以看出不同时期对于城市功能分区的理解和认识有所不同，这与当时的社会历史条件和面临的实际问题相关，其中前两个文件是以西安作为陪都，即以全国的政治、经济和文化中心的角度进行分区的，而第三个文件则是在抗战后提出的，此时西安已经不是作为陪都而是作为行政院直辖市进行建设的。因此，其分区更为详细，并对各种功能区域的集中和分散布局关系予以详细交代，具有指导城市建设的实用价值，同时也体现出西安城市规划管理实践与规划理念的近代化转变和提升过程。

三、民国时期城市的人口规模特征

陇海铁路修通以前西安市区人口仅有12万左右，陇海铁路西展至西安后，西安人口有较大幅度的增加；其后全面抗日战争期间，西安地处大后方，又被立为陪都，因此，全面抗日战争期间西安的外来人口激增，“自抗战军兴，各沦陷区来陕营业者甚众，数约增加三倍以上”，可见，西安作为大后方在战争中所具有的商机潜力巨大。依据相关统计，西安市区人口在民国设市前后有较大增长，到 1948 年时已经增长至 63 万多人（表 4-5）。

表 4-5　民国时期省会西安人口统计表

年份	辖区（个）	户数合计（户）	每户平均人口（个）	合计（个）	男（个）	女（个）	增长率（%）
1929 年	5	23 550	4.56	107 317	71 239	36 078	—
1931 年	6	23 694	4.9	118 135	76 794	41 341	10.08
1932 年	—	24 469	4.4	111 628	70 519	41 109	−5.83
1935 年	—	32 000	4.7	151 500	93 627	57 873	35.72
1936 年	7	37 172	5.73	213 294	148 814	64 480	40.79
1937 年	7	32 532	6.1	197 257	136 845	60 412	−5.88
1938 年	7	46 423	5.3	246 478	127 519	78 958	24.90
1939 年	7	44 835	5.1	230 613	153 628	76 985	−6.40
1940 年	7	48 055	4.7	223 847	152 788	71 059	−2.90
1941 年	11	53 525	4.7	251 658	166 990	84 668	12.40
1943 年	11	78 520	4.4	345 429	216 686	128 743	37.30
1944 年	8	87 124	4.5	392 259	248 374	143 885	13.56
1945 年	12	106 299	4.6	489 779	295 862	193 917	31.20
1946 年	12	113 420	4.8	549 199	330 017	219 182	12.10
1947 年	12	121 852	5.1	625 309	380 454	244 855	13.90
1948 年	12	122 619	5.1	630 386	385 820	244 566	0.80

资料来源：西安市地方志编纂委员会编：《西安市志》第一卷《总类》，西安：西安出版社，1996 年，第 446 页

从表 4-5 人口增长情况看，西安市人口在 1936 年超过 20 万人，在 1945 年人口几乎达到 50 万人。据此分析，民国时期西安市人口规模从 1929 年的 10.7 万人发展到 20 万人规模用了 8 年，而从 20 万人口达到 50 万人口的大城市规模仅用了 10 年。这一增长过程实际上是从 1940 年开始的，因此，民国时期以陇海铁路的修通为第一次人口增加的高

峰期；抗日战争全面爆发引发了人口的波动，总体呈上升趋势，而抗战后期西安设市后，西安市人口呈加速发展态势，这一加速发展过程在 1947 年趋缓。

抗日战争全面爆发后，北平（今北京）、天津、上海、广州、武汉等大工业城市相继沦陷。由于沦陷区的人员、资金和技术不断流入，西安成为民用和军需生产供应的大后方。因此，这一时期也是西安人口增长较快的时期。

四、城市空间格局及其交通结构的演变

晚清时期，以满城为核心的“城中城”格局使西安成为一个层层设防的军事堡垒，城市空间是内向的、封闭的。辛亥革命以后，满城不复存在，“城中城”格局自然瓦解。同时新城门的开辟适应了城市交通的需求，而以四条大街为城市生活主干道的格局也逐渐改变西安的空间结构，主要是玉祥门的开通和相应道路的修筑，使城市内部道路功能逐渐分化为对外交通和城市内部交通。从西安的空间格局和道路交通格局的变化来看，城市空间趋于开放，同时便利的交通也使原来受到军事和政治因素制约的城市商业经济有了基本的发展条件，体现出不同政治制度下城市空间发展的差异与空间发展的趋势。因此，这一过程具有转型发展的特征。

（一）城市空间格局的演变

民国时期，城市空间格局的演变主要表现在“城中城”格局的突破和城门的增辟。

辛亥革命时，西安新军响应武昌起义，首先攻打县门街的军火库和军装局，继而又攻破满城，结束了清政府在西安的军事统治，但是满城也遭受了很大的破坏，从辛亥革命的相关记载中就可见一斑：

> 初二日黎明，发动进攻。我西、南两面的部队按既定部署，分别向满城猛扑，守城旗兵亦作殊死抵抗，战况极为激烈。九时左右，

> 满城骑兵约有百余人，由北面上城，沿城墙冲来，企图夺占东城城楼；将到东北城角时，我炮兵连续击中数弹，骑兵立即溃乱退却；旋再次组织冲袭，又被我炮兵击溃；第三次冲袭时，仅有骑兵二十余人，都为我军炮火消灭。旗兵固然缺乏战斗力，但他们认为抵抗是死，不抵抗也是死，与其不抵抗而死，无宁抵抗而死，所以死命相拼。直到午后三时左右，我军还没攻下一个城门。就在双方相持对战的时候，我们侦察得在大小差市之间有一小段满城墙早已崩塌，在原地址上修建起住宅，利用住宅的后墙添补那一小段缺口。当令士兵们把那些房屋的后墙挖开，哥老会头目刘世杰、马玉贵首先带兵冲进去。与此同时，西面的我军业已把新西门（即后宰门）攻下，并向作为旗兵火药库的北城楼的守兵集中火力射击，引起火药库的轰然爆炸，城上和附近据守的旗兵，伤亡极大，登时混乱起来，纷纷逃跑，失去有组织的抵抗。这时天色已晚，我军为了避免引起自己互相间误伤，令各队扼守已占领的原阵地待令①。

可见夺城之战极为激烈，从炮击到挖墙以至于攻进的过程中，既可以看出炮火的无情破坏，也可以看出满城已经残败。战争对城市的破坏是全面的，不仅仅是所能看到的被炮火摧毁的残垣断壁，更多的是对旧有的社会、经济秩序的打击，战争使这一过程短暂而剧烈，但是往往破中有立。随之西安城市空间结构经历了历史性的转变。

民国初年，陕西督军张凤翙拆除满城，清代以来形成的以满城为重心的“城中城”格局彻底被打破，城市以钟楼为中心，以东、西、南、北四条大街为主干道路，分别向东门（长乐门）、西门（安定门）、南门（永宁门）、北门（安远门）四个方向对外延伸，外接四个关城。由于满城的东部利用了府城的东门，因此，形成了东关与府城之间的交通阻碍，满城拆除后以西安钟楼为中心的十字形道路骨干构架的交通功能全线畅通。因此，民国时期不仅改变了“城中城”格局，还改变了城市交通空间结构，实现了东关与大城之间的直接交通联系。

---

① 朱叙五，党自新：《陕西辛亥革命回忆》，中国人民政治协商会议陕西省委员会文史资料研究委员会编：《陕西辛亥革命回忆录》，西安：陕西人民出版社，1982 年，第 39—40 页。

为了适应交通的发展需求，打破城墙围合带来的交通瓶颈问题，民国时期相继增辟的新城门改变了明代以来的四门格局。1928 年前和 1945 年前后，为了纪念孙中山，以及纪念冯玉祥率部解镇嵩军之围和东征，扩大城墙内外交通，相继开辟中山门（又名小东门）、玉祥门、中正门（今解放门）；抗战期间为纪念革命先烈井勿幕，一度将南四府街更名为井上将街，并开辟勿幕门（又名井上将门）。

至 1938 年西安城门共 8 座："城东门二，北为中山门，南为东门；城北门二，东为中正门，西为北门；城西门二，北为玉祥门，南为西门；城南门二，西为南四府街门（或称勿幕门、上将门）、东为南门"[①]。后又增开了4个防空便门，民国时期城门的增辟使历时550余年的四个城门格局从此变为 12 个（表 4-6）。

表 4-6　民国时期西安城门增辟一览表

城门名称	位置	修建时期	纪念意义	结构形式
东门（长乐门）	东墙	明清	—	2 个砖券门洞
西门（安定门）	西墙	明清	—	2 个砖券门洞
南门（永宁门）	南墙	明清	—	2 个砖券门洞
老北门（安远门）	北墙	明清	—	2 个砖券门洞
中山门	东墙，东新街	1926 年末	纪念孙中山	2 个砖券门洞
勿幕门	南墙，南四府街南	抗战期间	纪念井勿幕	1 个砖券门洞
防空便门（建国门）	南墙，建国路	抗战期间	—	木板支撑
防空便门	南墙，柏树林	抗战期间	—	木板支撑
中正门（今解放门）	北墙，尚仁路	抗战期间	以蒋介石字命名	2 个砖券门洞
防空便门	北墙，西北三路	抗战期间	—	木板支撑
防空便门	北墙，崇礼路	抗战期间	—	木板支撑
玉祥门	西墙，玉祥门路	1928	纪念冯玉祥	1 个砖券门洞

资料来源：西安市政府建设科：《西安市分区及其道路系统计划书》，1947 年；西安城市建设系统编纂委员会：《西安城市建设系统志》，内部资料，2000 年

① 西京市政建设委员会工程处：《西京城关道路图》，西安：陕西省陆地测量局，1938 年。

城郭的变化和城门的增辟改变了晚清以来城中城的四门格局，使西安城市内部人为的界墙划分消除，城市空间结构趋于均衡状态，以及交通更加便利。可以看到，明清时期所遗留下来的城墙在其军事防御功能衰退以后，交通发展与城墙封闭性的矛盾较为突出。一方面城门的增辟是对于城墙去留问题的折中方案；另一方面也体现了城市交通发展的需求，这里隐含市民生活的便捷和交通可达性需求，以及发展经济的运输需求。城市结构的均衡性与开放性趋势逐渐成为城市发展的主旋律。

（二）城市交通方式的演变

城市内部交通空间骨架构成各个功能空间的联系，它决定了城市的空间结构模式。城市内部交通结构的改变，包括交通工具、道路交通条件及交通网络系统的空间格局等变化，同时也隐含着城市居民出行时空的改变及其对生活方式的影响。

近代城市交通空间的演变与交通工具和道路条件的发展有直接关系，西安交通工具的发展，较与之有一定商业贸易往来的汉口和北京等地有一定差距，至民国初年西安才有了人力车公司，但发展状况却非常窘迫，其民业资本不足一万两白银，1913—1914 年优等橡皮轮很少，“多为汉口北京用过之废车，后乃渐进纯为橡皮轮”①。相应的路况条件也不能适应交通的发展需求，“惟因道路粗恶，或敷石凹凸、或晴天扬尘、雨天泥泞，故除坐马车外，有宁徒步而不肯使用者”②。可见，当时道路条件非常差，以至于交通工具的使用也受到一定的限制。汽车的出现则以 1915 年袁世凯拨给陆建章两部汽车为标志，是西安有汽车之始③。除此之外，自行车也是当时涌现的新的交通工具，城市中汽车、马车、人力车、自行车同时存在，“大街上辚辚地奔驰着各种车辆，汽车、马车、人力车、自由车、手车络绎地来往着，显示着一种新

① 刘安国编著：《陕西交通挈要》上编，上海：中华书局，1928 年，第 35 页。

② 刘安国编著：《陕西交通挈要》上编，上海：中华书局，1928 年，第 35 页。

③ 西安市地方志编纂委员会编：《西安市志》第一卷《总类》，西安：西安出版社，1996 年，第 78 页。

旧的差异，和西京物质享受的不调和”[①]，俨然是一种马车时代与汽车时代新旧交替的景象。

以西安为中心的对外交通网络则是通而不畅，当时路面条件稍好的西兰公路“晴天还能勉强通车，雨天更是断绝交通”[②]。宋子文于1934年4月27日在西安民乐园欢迎大会中提到：“现在西安到兰州的土路，一遇大雨，便不能行，若雨势稍大，桥梁倾坏，计一年之中，可以通行，实无几时，而旅程为期甚长，异常不便。”[③]由下面的文字可见当时公路运输的状况：

> 汽车都由民营，开行既无定期，客货均须预先挂号，俟客货装足一车，方才开行。而车上既无篷帐，又无座位，栉风沐雨，险阻时生；有时遇雨或道路不平处，就须下车步行，所以那时自西京至兰州七百五十三公里的路程，得走上十来天。大多数的行旅商贾，全恃骡马作交通利器，其艰苦迂迟，概可想见。而西京南部，又横着一条秦岭山脉，南部的交通，便全靠几条旧式的栈道，如子午道、党骆道、褒斜道等，十分不便。[④]

封建社会时期关中的“四塞之固”的军事防卫作用已经在民国时期失去了在战争中的绝对优势。经济要素的流通受到极大的限制，导致西安经济社会的发展也因此受到很大的影响。这一局面在陇海铁路延展至西安后得到了很大改善，使西安的近代工业有了新的起步。因此，从某种意义上说，外部道路交通条件的改善对西安城市空间结构的发展有至关重要的作用，它促进了西安近代工业发展格局的形成，也带动了地方商业经济和文化的进一步发展。而这一切都直接影响着各种新的功能要素在城市空间的重新分布，以及新旧功能之间的交替演化过程。

随着对外交通方式的多样化，“1933年，在西门外成立了航空公司，开辟至上海、新疆、成都的空运。1934年12月27日，陇海铁路通

① 倪锡英：《西京》，上海：中华书局，1936年，第125页。
② 倪锡英：《西京》，上海：中华书局，1936年，第41页。
③ 西安市档案馆编：《民国开发西北》，西安：内部资料，2003年，第64页。
④ 倪锡英：《西京》，上海：中华书局，1936年，第41页。

车到西安，火车站设在城北，候车室遥对南郊的大雁塔”①。这一切都孕育了西安城市交通空间多元化发展的基础。

陇海铁路修通至西安，火车站的设立直接导致了尚仁路（今解放路）商业区的形成，对城市空间具有重要的推动作用。同时，也使破败的原满城区在新的交通条件下得以复兴，形成了工业、商业、行政等机构的“趋集”现象。

因此，近代西安城市空间结构的发展与城市道路交通方式密切相关，而交通工具的改变和交通方式的多样化则使西安内部及其与外界的沟通联系都有了很大的不同。尤其在铁路交通与航空线路出现后，西安的交通格局产生了结构性的变革。首先，城市对外交通辐射范围扩大。其次，交通时空扩张。最后，城市内部交通方式的不断进步从根本上改变了城市各个功能空间之间的联系，从而改变了西安城市内部空间的肌理。

（三）城市内部棋盘道路骨架与“羽状”支路的城市道路构架特征

近代西安道路交通演变的特点就是适应汽车交通的城市道路网络及路面质量的改变，致使道路交通趋于秩序化，而这一时期城市道路的发展与政府的重视和行政干预有直接关系。

以钟楼为中心的田字格为干路交通，以东、西、南、北四大街为主要构架。街道、巷道均依这四街而“列为羽状式”②。这是西安城市道路交通结构的一个突出特点。

在1927年的《长安市政建设计划》中，当时西安的主要街衢包括：其一，东大街：骡马市街、端履门街、参府巷、饮马池、大莱市街。其二，西大街：古涝巷、竹笆市街、北院门大街、南广济街、北广济街、琉璃庙街、四府街、南桥梓口、北桥梓口。其三，南大街：涝巷、东木头市、西木头市、马坊门街、粉巷、南院门大街、盐店街、大湘子庙街、小湘子庙街、太阳庙街。其四，北大街：易俗街、东华门街、羊市

① 曹洪涛，刘金声：《中国近现代城市的发展》，北京：中国城市出版社，1998年，第280页。
② 刘安国编著：《陕西交通挈要》上编，上海：中华书局，1928年，第33页。

街、西仓门街、二府街、红府街、王家巷、莲花池、梁府街、九府街、曹家巷、糖房街。

这些城市道路分干、支两种，以钟楼为中心，其东、南、西、北四大街为干道，其余皆属于支道。

西京筹备委员会成立后，特别重视交通建设，分别对城市道路交通网的规划及马路宽度、路面种类有规定。但“惟以抗战军兴，为经费所限，未能按照原来规定如期进行；但主要干路，如各大街之修筑，以及原有街巷之改良，仍莫不尽先举办，以利交通。就交通频繁的区域，已铺碎石路面，其余僻静处所，惟尚有土路，亦随时添铺煤渣路面或碎砖路面。至环城马路，为便利防空计，早已提前筑成公路，已具雏形”①。

西安城市内部的道路等级划分则较前期更为完善，为甲、乙、丙、丁及通巷各等级。甲等路总宽为 30 米，路面宽为 20 米，人行道各宽 5 米；乙等路总宽为 20 米，路面宽为 12 米，人行道各宽 4 米；丙等路总宽为 16 米，路面宽为 10 米，人行道各宽 3 米；丁等路总宽为 10 米，路面宽为 6 米，人行道各宽 2 米；其他通巷一律规定为 5 米。

东西南北四大街、尚仁路、大差市路、东新街、崇礼路、玉祥门路、王家巷、莲寿坊、西北三路、老关庙街、洒金桥、北桥梓口、琉璃庙街、南北四府街等道路，以贯通各城门为交通干线，均定为甲等路。城市道路系统仍然以钟楼为中心。道路路面形式分为碎石路、碎砖路、煤渣路、砌砖路和土路等，并不断修筑和改善已有道路路面宽度和材料，以适应城市交通发展的需求。

随着城市汽车交通的发展，陇海铁路延展至西安后，北关新区得以发展，商业渐趋繁荣。因此，北关新区的道路也得到了修建，“北关系小工业区，因陇海车站所在，工商业日渐繁盛，于民国三十年四月间辟筑东西自强路八条，南北抗战路九条及建国路八条，共长四十余公里之土路”②。同时，由于陇海铁路贯穿城市东西，阻碍南北交通，西京筹

---

① 西安市档案局，西安市档案馆：《筹建西京陪都档案史料选辑》，西安：西北大学出版社，1994 年，第 147 页。

② 西安市档案局，西安市档案馆：《筹建西京陪都档案史料选辑》，西安：西北大学出版社，1994 年，第 147 页。

备委员会拟在车站东西两段辟筑隧道或交通煤渣路一条，以利交通。西京筹备委员会还将南郊的道路修筑纳入测量计划，进而加强四郊与城市的联系，有利于战时疏散和新的郊区的发展。

城市道路是联系各个功能空间的重要渠道，日本著名建筑师丹下健三指出："如果不引入结构这个概念，就无法理解城市。"[①]可以说城市道路正是架构城市各功能关系的重要组成部分，不同的交通方式和不同的交通空间均导致城市结构的差异性。西安城市以贯通城门为交通干线，实际上突破了以四条大街作为主要干道的城市道路格局，这一改变正是关注了城内外之间的交通联系，也是实现城市空间开放性的重要措施。因此，交通方式和交通格局的这一改变正体现出城市空间结构演变的动态性。

（四）城市内部道路交通空间结构形式差异性

由于西安城内道路以钟楼为中心的四隅分区的历史发展过程，从而形成了不同的道路空间类型，呈现出四个区域发展的差异性：城市东南隅主要为鱼骨式支路形式（"羽状式"）；西南隅为贯通式棋盘路网形式；西北隅呈现出混合交通路网形式。而城市基层居住空间道路类型也有一定的差异性，分为三类：一类为贯通式，一类为尽端式，一类为混合式。在前述西南、西北、东南三隅分区内均有分布。东北隅原满城区则延续了清代的兵营布局形式，在此基础上的新区路网与其他三区有较大的差异性，其路网为几何式完全贯通格局，同时其基层居住空间路网格局也呈现出与其道路骨架的几何相似性，以规整的棋盘式格局为主，体现了城市在历史发展中所形成的不同的肌理尺度和适应交通方式的差异性，以及居住生活与交往方式的差异。

东南隅的东西向主干道路从东往西以东羊市、县门街、东厅门街和东木头市连通而形成。其东接原南城区域，西接西羊市与竹笆市相通。南北向的主要道路自西向东有四条与原满城相通：一是柏树林、端履门接东大街，通南新街与新城（八旗校场）相接。二是东仓门、马厂子接东大街向

---

① 马国馨：《丹下健三》，北京：中国建筑工业出版社，1989年，第367页。

北通尚德路。三是大差市南路通东大街，接尚仁路（解放路）。四是小差市南路（建国路）接东大街，向北通尚勤路。其他区内的道路以东西向干道为主，分别由南北方向道路与之相接，形成 T 形路口，其南有安居巷、开通巷，其北有骡马市、参府巷等从而形成了该区域的鱼骨式道路骨架。而原南城区域的道路骨架以南北向为主，由大、小差市形成南北向贯通道路与原满城相通，东西向道路较为密集，其道路走向较平直，与西部的肌理有明显区别。由该区主次道路所围合的城市街区内部道路的形式则主要有贯通式、尽端式和混合式三种（图 4-1）。

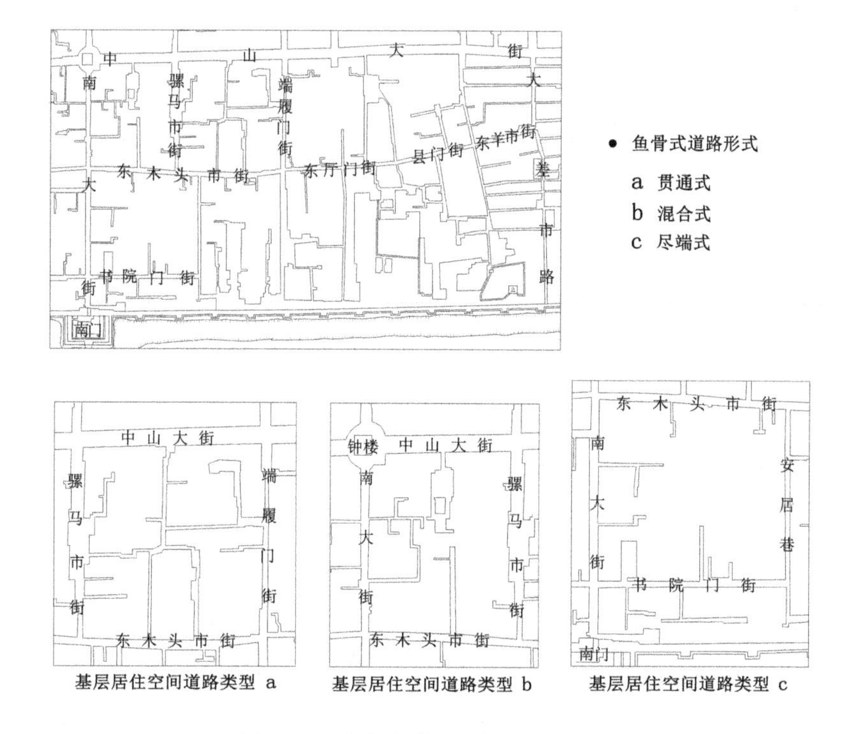

图 4-1　城市东南隅道路结构形式

西南隅东西向主要道路有三条：其一是自东向西以粉巷、南院门街、五味什字、土地庙什字、梆子市街、大油巷形成沟通东西方向的中部贯通道路。其二是南部靠近南城墙，自西向东以大湘子庙街、小湘子庙街、五岳庙街、太阳庙门街、报恩寺街、甜水井街形成东西向贯通道路。其三是北部盐店街由南院门通马道巷的不完全贯通道路。南北向主要道路自东向西有五条：其一是竹笆市，自粉巷通北院门大街，接北院，主要为南院和北院之间的交通联系。其二为大保吉巷街、南广济街北接西大街与北广济街相接，通红埠街。其三为南四府街、北四府街、琉璃庙街由南至北接西大街通大学习巷。其四是甜水井街、土地庙什字、南桥梓口接西大街，通大麦市街、洒金桥接玉祥路，向北通西北三路，连通南北。其五，自南向北为双仁府街、柴家什字、夏家什字接西大街，通贡院巷、早慈巷一线。总体上主要连通道路之间的距离相对较小，街区内部道路肌理相对发育较为充分（图 4-2）。

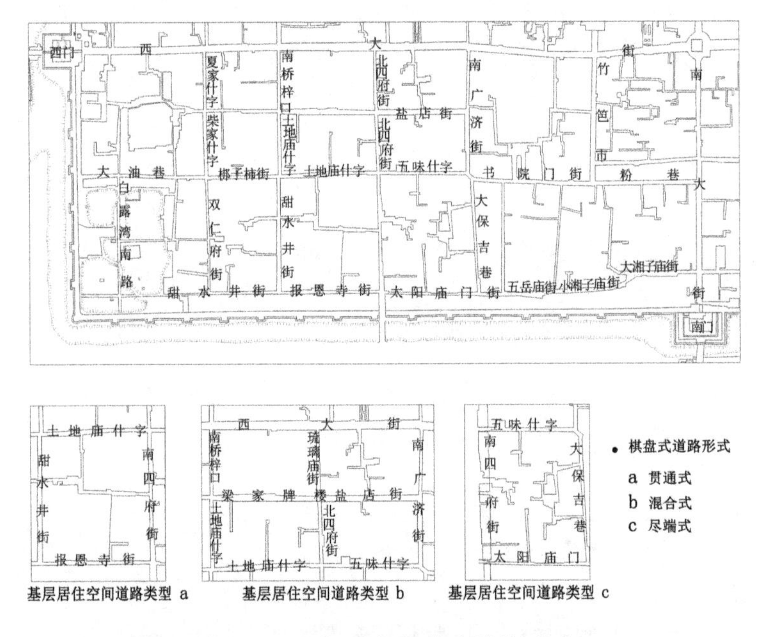

图 4-2 城市西南隅道路结构形式

西北隅南北向主要道路自西向东依次有三条：其一，由南至北由竹笆市延伸至北院门大街，西折接麦苋街、大莲花池街，雷神庙街接西北七路至北城墙。其二，由南至北为北广济街（接南广济街）、狮子庙街，西折接许士庙街，北接莲池坊。其三，自南向北依次为大麦市街、洒金桥街接玉祥门路通西北三路。其四，自南向北由贡院巷东折接早慈巷、接玉祥门路通西北二路。东西向主要道路自南向北有四条：其一为西羊市街（东西不贯通）。其二为二府街（东西不贯通）。其三为王家巷通玉祥门路（东

西贯通)。其四为梁府街、东九府街(后通至西城墙)。其五为糖房街、北药王洞一线(后修通至西城墙)。相对来说,主要道路格局发育不完善。完全贯通的道路几乎没有,可以连通的道路之间均有 T 形路口,仅洒金桥一线在西北三路修通之后成为贯通该区域的主要道路(图 4-3)。

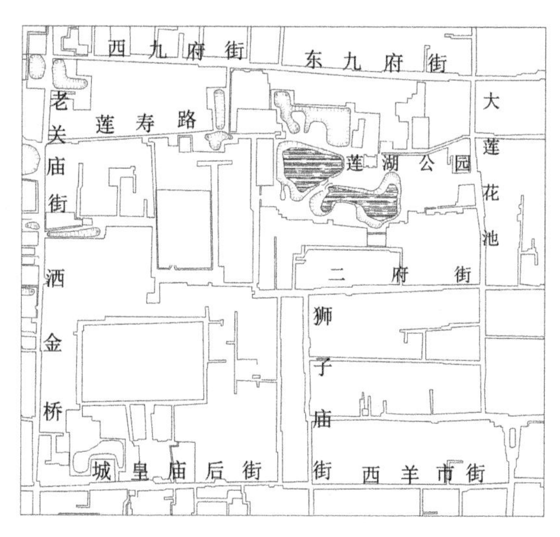

城市西北隅道路结构形式 A

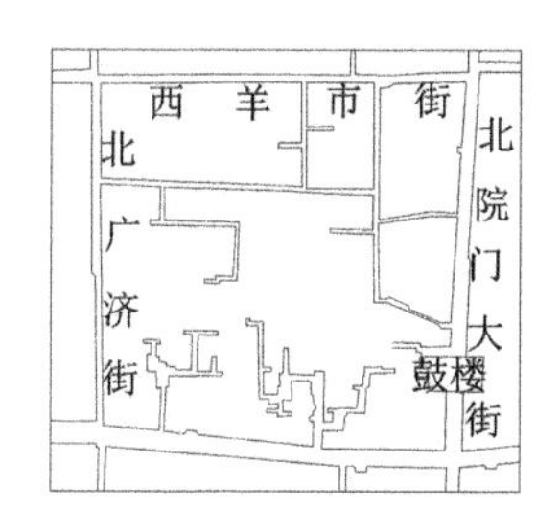

基层居住空间道路类型 c

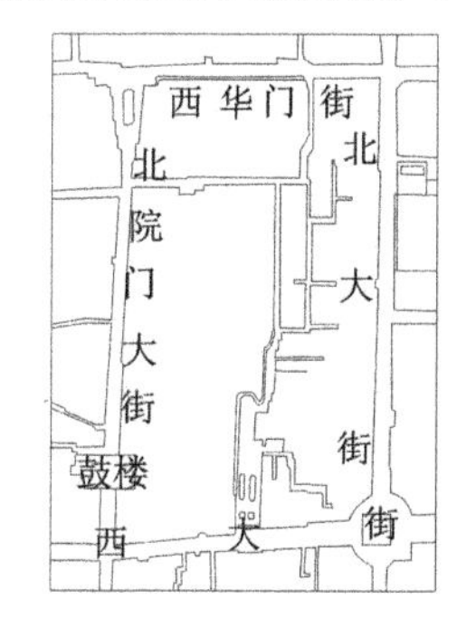

基层居住空间道路类型 b

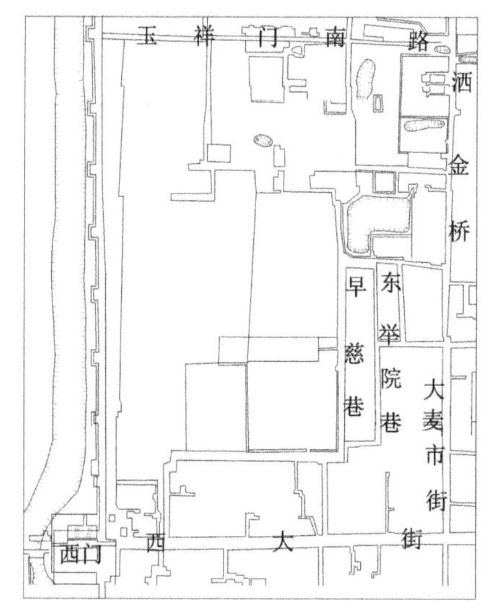

城市西北隅道路结构形式 B

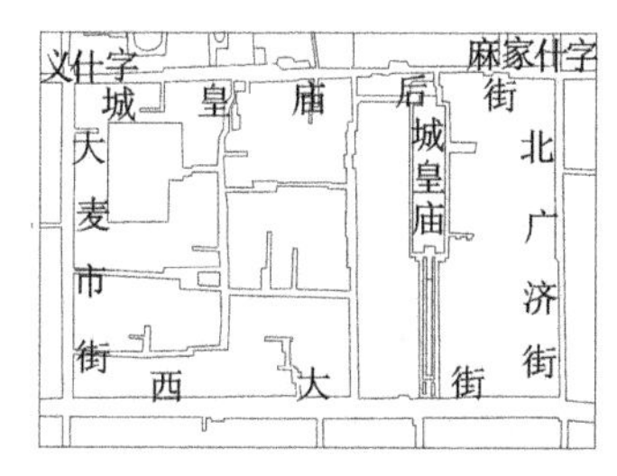

基层居住空间道路类型 a

"T"形道路形式

a 贯通式

b 尽端式

c 混合式

图 4-3　城市西北隅道路结构形式

东北隅即原满城所在，其道路骨架非常清晰，除新城（原八旗校场）外围有四条道路西通北大街、东通中山门、南通东大街、北至北城墙环道以外，主要道路为十字交叉的棋盘道路为主，并且道路间距较其他各区域相对较小，各条道路之间的间距相对均衡（图 4-4）。

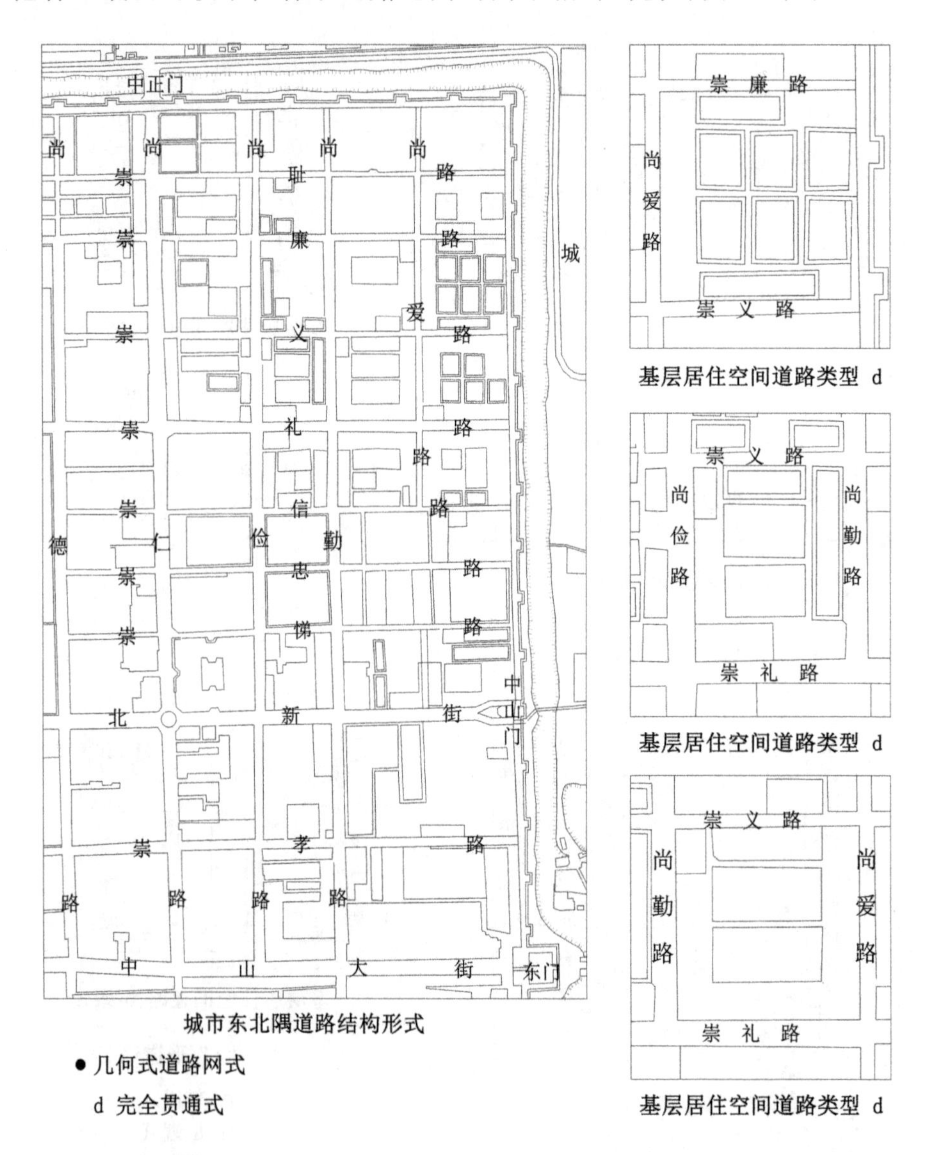

图 4-4　城市东北隅道路结构形式

这种以钟楼为中心而形成的道路关系及其肌理的差异性与其所处

的区位及其空间职能有关。首先，辛亥革命之前，满城在城市中形成了东西城市交通的阻隔，从交通可达性看，城市西部优于城市东部，而在城市西部则南部优于北部。其次，与各个区位的职能有关。

长期以来，以东西大街一线为界，南部的地下水甘甜，而城北的地下水则盐卤，因此，城市南部具有较好的生活用水条件。以南院门为中心的西南隅，长期以来作为城市的政治、经济和社会生活中心，其发展相对稳定。因此，其道路肌理呈现出自然生长的状态，尽端式道路正是适应了合院住房所形成的沿街布局的特点，街道成为人们日常生活的空间，是居民长期以来形成的街坊或者邻里关系的体现，相应地，城市西北隅的回民聚居地和东南隅南城以西的区域均有这种相似性，而西南隅的道路网络则从干道、支道和街巷之间有着自然的过渡，其发展较为完整。

同时，城市西北、西南之间以南北院交通联系为主，西南与东北之间以咸宁县衙与南院之间的联系为主，正是以满城为核心、大城为护城的结构所形成的局面，这三者之间及其与满城的联系构成了以满城为核心的城市道路交通体系。随着满城的消失，满城所具有的军事交通的特点依然被保留下来，形成与城市其他区域的差异性。而满城的这种棋盘格局又适应了汽车交通的需求，以及近代工业和城市发展的需求，是城市发展过程中“破中有立”的体现。

从各个区域之间的交通关系看，由于满城长期占据城市东北隅，而满城与汉城之间几乎是隔离的状态，因此，城市东南隅内东西方向的交通较南北方向窄，但间距却较南北方向道路宽，体现出南北方向与满城联系的重要性，以及东西方向生活联系的频繁性。

在玉祥门开通和玉祥门路修通后，形成以钟楼为中心，以东西大街为东西主干道，以崇礼路、王家巷、莲花坊、玉祥门路形成的东西方向交通为辅，构成了城市东西方向交通主干道。南北方向则以南北大街为主，以甜水井街至西北三路的南北贯通路和由大差市南路与尚仁路（今解放路）形成的南北贯通路为辅，形成了城市内部棋盘网络的主干骨架。其中尚仁路（今解放路）是连接火车站的主要南北方向道路。总之，原有的以钟楼为中心，以及东西南北四条大街形成的十字轴线结构，逐渐向井字格乃至棋盘格局演变。

综上所述，无论是从城市总体道路结构，还是从城市各个区域的微观结构来看，城市空间已经步入了由单一中心点即钟楼所形成的十字结构向十字叠加的井字结构转变的阶段。同时城内外也通过增辟城门增大了城市空间的交通开放程度，汽车交通对城市道路提出了新的要求，不仅是通达性，也对道路断面形式和路面质量提出了要求，但尚未脱离对旧城的依赖。因此，城市空间的发展必然是对旧城已有的空间进行调整和用地功能的整合，是城市依托旧城和在新旧功能之间取舍与整合的过程。

第二节　城市公共生活中心空间特征

一、北洋政府时期城市功能要素的演变

辛亥革命以后，西安的交通方式有了新的变化，包括交通工具和道路设施。首先民国元年西安开始出现人力车（俗称东洋车）。当时的交通工具主要为畜力和人力两种，而人力车在当时尚属于新式交通工具，“东洋车之载欣载奔”①成为城市的一个景观。1915 年袁世凯拨给陆建章两部汽车，这是西安最早出现的汽车，当时的交通工具除了畜力车和东洋车以外，“汽车及脚踏车，稀于凤毛麟角”。汽车交通对西安城市道路建设提出了要求，原来的以铺石为主的碎石路面、土路面及其路面宽度均不能适应城市交通和居民出行的需求。

1923 年初，长潼汽车公司开办钟楼至东门的“环城汽车”，投入两辆汽车营运，这是西安公共汽车之始，标志着西安城市交通从人力交通和畜力交通向汽车交通转变。出行方式和出行时间的转变都会对人们的生活方式和思想方式产生很大的影响，同时也带来城市内部的商业、工

① 西安市政府建设科：《西安市分区计划及道路系统计划书》，1947 年。

业及生活设施配套建设的相应改变。

军政当局随后所推行的一些建设举措体现了现代城市建设的理念和意识觉醒，加速了城市内部空间结构的调整和代谢，也形成了一些新的城市功能构成要素。

其一，1912年12月陕西都督府下令拓宽东大街为宽30米的大道，修建两侧临街店铺，以统一尺寸修建二层带有檐廊的商铺，从钟楼延伸至东门，用于出租和出售。这一举动推动了商业中心由南院门向东大街的扩展和逐步转移，为形成新式商业发展空间提供了基础。

其二，举办新式文化事业。1912年创办三秦中学、西北大学，建立易俗伶社（秦腔剧种，后改为易俗社），1916年又建三易社、新声社等剧社，以及豫剧的香玉、狮吼等剧社，丰富了市民的精神文化生活。

其三，推进市政设施的现代化。1917年陕西警备司令张丹屏创办小型电厂是西安电力发展的开端，西安有了电灯。

其四，在满城基础上进行建设开发，丰富了城市建设内涵，对城市的建设和复兴均有重要的意义。1921年冯玉祥任陕西总督时，在南院门建立了“洗心所”，在满城旧墟建立了“民乐园”，以供讲道（基督教）、讲演和开展文艺活动，推进了城市空间的发展。

其五，修筑和改善道路质量，使其适应现代汽车交通的需求。1922年开始在左宗棠进军西北时修筑的土路上改筑可通汽车的公路。

以上举措使城市内部空间功能要素发生了很大的变化，城市商业经济、教育机构、文化娱乐等功能及城市基础设施得到了发展，而这一发展不仅顺应了民心，也顺应了当时社会发展的潮流，首开近代城市建设的先河。新的城市功能要素逐渐产生并趋于成熟（表4-7）。

表4-7　民国初期社会经济建设发展大事一览表（1912—1927年）

类别	年份	说明
社会经济	1912年5月	张深如等创办，张子宜任经理，在西安创办精业股份有限公司；生产布匹、服装、地毯、木漆器等
	1917年	西安警备司令张丹屏，创办小电灯厂，在东大街开元寺（后来的解放商场，今开元商场）用75马力煤油发电机创办小电灯厂，供应附近小区域照明用电。这是西安电业的开端，不久停办
	1920年	大生造胰公司成立，九月在小湘子庙街创办肥皂厂

续表

<table>
<tr><th>类别</th><th>年份</th><th colspan="2">说明</th></tr>
<tr><td rowspan="4">社会经济</td><td>1920 年</td><td colspan="2">陕西省实业厅派董翰洲在西举院巷创办陕西模范纺织工厂，采用脚踏织布机和手摇纺纱机，招工培训，这是西安最早的官办手工纺织厂</td></tr>
<tr><td>1920 年</td><td colspan="2">冯玉祥在督军署驻地开办第一军人工厂，教士兵学习工艺</td></tr>
<tr><td>1920 年</td><td colspan="2">陈勋臣在东木头市创办长安纺织工厂（后迁北关火神庙，改名平民工厂），采用河北高阳式织布机</td></tr>
<tr><td>1923 年</td><td colspan="2">刘履之在西仓门创办燕秦制革厂（翌年迁南院门，扩大为新履制革股份有限公司），这是西安最早的机器制革企业</td></tr>
<tr><td rowspan="2">邮电通信</td><td>1912 年</td><td colspan="2">官商合股在东大街开办陕西省电话局，装设 300 门磁石交换机一部，这是西安市内电话之始</td></tr>
<tr><td>1915 年</td><td colspan="2">西安电报局架设西安至汉中的电报线路，6 月延伸至成都</td></tr>
<tr><td rowspan="2">邮电通信</td><td>1915 年</td><td colspan="2">西安电报局架设通三原至肤施（今延安）的电报线路</td></tr>
<tr><td>1918 年</td><td colspan="2">改省会电话局为陕西军用电话局，开通西安至三原、潼关、咸阳军用长途电话，这是西安长途电话之始。</td></tr>
<tr><td rowspan="4">文化娱乐</td><td>1912 年</td><td colspan="2">李桐轩与孙仁玉等人在土地庙什字小学（后迁武庙街即今西一路）创立易俗伶学社（简称易俗社），招生排演新编秦腔剧目，相西堂、李桐轩分任正副会长</td></tr>
<tr><td>1913 年</td><td colspan="2">易俗社在西大街都城隍庙首场演出，观众爆满</td></tr>
<tr><td>1914 年</td><td colspan="2">秦腔艺人苏长泰等创建“长庆班”（即三意社），在骡马市梨园会馆创建“长庆班”（即三意社）</td></tr>
<tr><td>1918 年</td><td colspan="2">正俗社在西安成立，专演传统秦腔剧目</td></tr>
<tr><td rowspan="4">交通运输</td><td>1919 年</td><td colspan="2">张鼎、张丹屏等人集资成立西堂汽车股份有限公司筹备处，准备开通西安到河南观音堂的公路运输，冬改为官商合办。翌年 10 月停办</td></tr>
<tr><td>1921 年</td><td colspan="2">陕西省公路局在西安成立，始修第一条汽车路——西（安）潼（关）公路</td></tr>
<tr><td>1922 年</td><td colspan="2">陕西长潼汽车公司开始营业，开办西安至潼关间的客货运输，这是西安汽车运输的开端</td></tr>
<tr><td>1923 年</td><td colspan="2">长潼汽车公司开办钟楼至东门的“环城汽车”，投入 2 辆汽车运营</td></tr>
<tr><td rowspan="6">医疗卫生</td><td rowspan="2">1912 年</td><td rowspan="2">陕西军政府</td><td>将原满城南部官地 327.5 亩划归西安红十字会建立医院（今西安市中医院驻地）</td></tr>
<tr><td>将原满城东南隅官地 41 亩划归英华医院，1916 年该院迁入新址，更名为陕西基督教广仁医院（今西安市第四医院）</td></tr>
<tr><td>1913 年</td><td colspan="2">陕西陆军医院在粮道巷成立</td></tr>
<tr><td>是月</td><td colspan="2">王季陶集资筹办的西京医院在中州会馆西侧（今西安市第六中学校址）开业，1936 年秋又在崇礼路（今西五路）西段建设新院（北院），1945 年南院并入北院</td></tr>
<tr><td>1918 年</td><td colspan="2">胡子恒在东大街骡马市口路北创立兢爽医院，这是西安第一个私立医院</td></tr>
<tr><td>1923 年</td><td colspan="2">名医雒镛在陕西省育婴院设立牛痘局，每年接种 2 万—3 万人</td></tr>
</table>

续表

类别	年份	说明
行政管理	1913 年	撤销咸宁县，并入长安县，结束了西安城区长期两县分治的历史
	1914 年	改西安府地方审判厅、西安府地方检察厅为长安地方审判厅、长安地方检察厅
	1914 年	设立关中道，道尹公署驻西大街社会路西侧，今西安市区及辖县均属于其管辖
	1914 年	袁世凯以张凤翽为扬威将军，调入北京将军府；以陆建章为咸武将军，督理陕西军务，兼署巡按使，从此西安由北洋政府直接统治
	1926 年 11 月 27 日晚	镇嵩军在援陕国民军联军和守城陕军夹击下全线溃退，二十八日西安解围。从此，西安归国民政府管辖
	1927 年	陕西省政府议决设立西安市
商业服务	1912 年	陕西都督府下令拓宽东大街，修建两侧临街店铺，用于出租和出售
	1914 年	美商在西安开设美孚洋行和德士古洋行，德商开设光华洋行，西安煤油销售市场逐渐为外商垄断
	1915 年	陕西当局将西安商办陕西皮棉兼水陆转运总公司收归官办，该公司经销的皮棉历年都在万吨以上
	1915 年	陕西商务总会组织土产山货，参加在美国旧金山举办的庆祝巴拿马运河竣工的万国博览会
	1915 年	陕西当局将西安商办陕西皮棉兼水陆转运总公司收归官办，该公司经销的皮棉历年都在万吨以上
	1915 年	陕西商务总会组织土产山货，参加在美国旧金山举办的庆祝巴拿马运河竣工的万国博览会
	1918 年	大芳照相馆在南院门创设，这是西安开办的首家照相馆
	1920 年	经营回民传统风味美食的同盛祥牛羊肉泡馍馆在竹笆市南头开业（1960 年迁西大街现址）
文化教育	1912 年	张凤翙在西安创办西北大学
	1914 年	陆建章密令长安县知事杨善征带领警察逮捕西北大学校长钱鸿钧，翌年西北大学改为陕西法政专门学校
	1917 年	陕西省立甲种农业学校在西安西关成立
	1920 年	冯玉祥拨款万元，委托张子宜于今解放路一带建立西安孤儿教养院。民国二十年（1931 年）更名为西安私立子宜育幼院
	1924 年	西北大学在西安东厅门（今西安高级中学）正式成立，傅铜任校长。原陕西法政专门学校、陕西水利工程专门学校、渭北水利局附设水利工程学校、甲种商业学校同时并入西北大学

资料来源：西安市地方志编纂委员会编：《西安市志》第一卷《总类》，西安：西安出版社，1996 年

由表 4-7 统计可见，民国初期的行政管理、新式教育机构、文化娱乐、新闻教育出版、医疗设施、市政设施（邮电、通信、电力等）及新式企业形式等各个方面有了新的起步。西安有了小电灯厂、官办手工纺

织厂及机器制革业（新履公司）等，这些要素均与晚清时期有很大的不同，尤其是汽车交通是近现代城市交通方式的一个重要标志，交通方式的改变而带来新的出行和生活方式的改变，直接反映在城市空间结构及其空间尺度关系上，是城市空间近代发展的良好开端。

这一时期的城市建设举措和城市复兴进程被 1926 年所发生的围城战役所阻断，“刘镇华（时任“讨贼联军”陕甘军总司令）率镇嵩军 10 余万人围困西安国民军李云龙部和杨虎城部达 8 个月，冯玉祥从苏联回国后，才率军解围西安。当时西安人口仅 20 万人”[①]。

围城之战对西安城市的发展造成了极大的破坏，据有关资料统计，西安市人口减少 5 万余人，不仅使城市人口大减，也使城市内部遭到战争破坏，极大地打击了逐渐复苏的西安城市手工业和商业的发展，西安的近代化步伐减慢。而这一时期新的城市空间功能要素的产生是分散的、无序的，数量很少，反映在城市空间上，彼此之间是缺乏联系的点。可见，民国初期各种适应现代社会发展需求的产业处于摸索发展的时期，其发展是很不充分的，而战争因素制约了这一趋势的继续发展，并对城市造成很大破坏。因此，这一时期是近代城市功能要素转型发展的初级阶段。

二、南京政府时期城市功能结构的变化

据民国时期的资料记载，从当时的主要机关和建筑来看，西安城市内部的空间功能要素已经发生质的改变：一是城市功能要素适应社会发展需求结构渐趋合理，各种近代城市功能要素不断增加、新的要素不断出现，主要包括行政管理、商业金融、文化教育、医疗卫生、邮电通信、各类公司、社会福利及同业公会等团体组织[②]。二是行政管理、实业发展、文化教育、医疗卫生、邮电通信等方面出现内部渐趋完善和自我调整的发展趋势。这一时期的主要变化因素是近代机器工业发展，城

---

① 曹洪涛，刘金声：《中国近现代城市的发展》，北京：中国城市出版社，1998 年，第 280 页。
② 刘安国编著：《陕西交通挈要》上编，上海：中华书局，1928 年，第 33 页。

市内部公共生活中心要素（行政、商业、文化娱乐、新闻出版、教育等）进一步完善，居住空间、城市园林绿化空间、道路交通等要素进一步发展，以及这些空间要素的分化过程。

西安近代机器工业在陇海铁路修通至西安前后逐渐发展，抗日战争全面爆发后，西安成为抗战大后方。应战争需要，一些近代工业逐渐发展起来。以西安机器工业为例，全面抗战期间西安市铁器工业由以修造为主转向以制造为主，一时生产技术水平位于全国前列，包括机械工业、纺织工业、面粉工业、化学工业、医药工业等于 1937 年前后逐渐建立（表 4-8）。

表 4-8　民国时期各行业工厂初设情况一览表

工业类型			建立时间	工厂名称	备注
机械工业	汽车工业		1922 年	长潼汽车公司汽车修理厂	汽车维修
			1924 年	西安汽车装配厂	装配汽车
			1927 年	私营俊记汽车修理厂	—
			1930 年	十七路军汽车修理厂	西北最大的汽车修理厂
	农业机械		1923 年	西安庆泰铁工厂	脚踏轧花机
	电力机械		1937 年	西安永美机器铁工厂	电动机零件
	机床工业				机床生产
	仪器仪表		1942 年	陕西企业公司机器厂	教学仪器
	重型矿山机械		1937 年	陕西省机器局	钻探机具
	铁路机械		1937 年	三桥车辆厂	徐州机修厂和开封工务段迁入
	石化及通用机械		1933 年	陕西省机器局（1937—1940 年转为民用机械产品）	小型印刷机、制革机水泵造纸机、压力机、引风机等
纺织工业	机器纺织		1935 年	长安大华纺织厂	—
面粉工业			1935 年 1 月	成丰面粉公司	玉祥门外
			1935 年 2 月	华丰面粉公司	火车站北
轻工业	日用品化学工业	火柴	1927 年	协和火柴厂	火柴
		肥皂	1935 年	天津造胰厂分厂	肥皂
		电池	1937 年	西北电池厂	—
		化妆品	1934 年	（小批量生产）	雪花膏、胭脂、口红、粉扑
	印刷		1923 年	（石印作坊）	南院门西大街正学街

续表

工业类型			建立时间	工厂名称	备注
轻工业	造纸		1938 年	西北协兴机器造纸股份有限公司	西北地区最早的造纸企业
	玻璃业		1935 年	襄明玻璃厂	糖房街
	烟草业		1940 年	秦丰烟草公司	—
化学工业	无机化工	酸	1933 年	西安集成三酸厂	香米园
		碱	1942 年	西安富华化学公司	纯碱
		无机盐	20 世纪 40 年代	西安元明粉厂	无水芒硝
医药工业	—		1923 年	关中制药社	—
	化学制药业		1935 年	西北化学制药厂	股份有限公司

资料来源：陕西省银行经济研究室：《西京市工业调查》，西安：秦岭出版公司，1940 年

1935—1942 年，西安共兴建各类工业企业 79 户，其中，机器工业 39 户、化学工业 8 户、医药工业 7 户、机器纺织工业 8 户、机器面粉业 6 户、机器制革业 6 户、火柴业 1 户，机器造纸业 2 户，机器制烟业 1 户，电力工业 1 户。投资总额约 1177 万元（法币），其中，机器工业和纺织工业合计占 50%以上，化学工业、面粉工业、电力工业各占 8%—9%。职工总数约 8200 人，其中机器工业和纺织工业合计占 70%以上①。在企业性质方面，除官办的和官商合办的有 2 户以外，其余都是私人独资、合资、集资开办的民族资本主义工业。在机器工业获得发展的同时，城市手工业也得到了不同程度的发展，城市中的传统手工业与现代机器工业并存。

与此相对应的发展是城市各种公共管理和公共生活空间功能的集中和逐渐强化，与城市发展职能密切相关的行政管理职能主要是鼓励创办实业发展，主要有实业厅、警察厅、自治筹备处等部门。一方面，从中央到地方政府决策层对于近代实业发展的开明态度与城市工业的发展态势是一致的。另一方面，城市内部人口户籍等管理直接影响城市居住空间的层级结构关系，而警察厅、自治筹备处等行政管理部门正是对城乡基层社会组织管理直接产生作用的机构。

同时，现代教育体制的逐渐完备。有西北大学、师范学校、女子师

① 西安市地方志编纂委员会编：《西安市志》第三卷《经济（上）》，西安：西安出版社，2003 年，第 87 页。

范学校、中学、职业学校等在内的适应近代城市社会的人才培养教育体系。同时还有陕西图书馆，民俗讲演所等有利于提高市民素质的公共设施与场所。学校的类别及社会文化设施数量不断增加，逐渐形成了现代教育体系的构架。

在金融商业方面，据民国时期的资料统计，至1945年前西安的各类银行约有30个，钱号64家①，有国营中国银行、中央银行、交通银行、农业银行，有省属陕西省银行、上海金城等商业银行与银号。这一时期全市至少有包括广仁医院、红十字会医院、同仁医院等在内的16个中西医医院。交通运输和邮电事业也有了发展，交通运输有铁路、机场和航空线路及对外公路交通，邮电事业有邮政总局、电报局等机构。

社会团体组织有教育会、实业会、天足会、商务会和同业公会等社团组织，一方面体现出民间教育、实业和商务等方面的同业组织，以及行业组织的发展程度；另一方面也反映出当时社会渐趋开化的社会风气。除了晚清以来的一些外省会馆，这一时期在西安聚集的关中各县会馆较多，说明中心城市与各县之间的横向联系较为密切，西安在经济社会等方面的领导组织功能开始凸现。此外，城市中还有一些保留下来的祠祀庙宇和基督教堂等景观，既反映出新旧事物共存，各种新的城市功能不断增加，也反映出城市空间功能交替的演化特征。

民国时期围城之役使城市人口锐减，城市遭受到空前的破坏，所谓“故国乔木无有存者”而“废宇、颓垣、断桥、残路凑成遗篇，蔓草荒烟”②。加之4年荒旱，导致“野无荒草”的荒凉景象。1928年西安设市政府，在满城废墟开辟新市区。1929年西安曾升直辖市。1930年中原大战后西安市被撤销。1931年设立西安公署，杨虎城任绥署主任。九一八事变后，国民党中央执行委员会常务委员会提议以洛阳为“行都”，以西安为“陪都”，并成立西京筹办委员会③。对于城市的改造和建设开始逐步从原有的以衙署为中心，庙坛及神祀广泛分布的格局通过功能置换而逐渐改变，城市空间向着实用、经济和以人为本的方

① 曹弃疾，王蕻：《西京要览》，西安：扫荡报办事处，1945年，第50—52页。
② 陕西省政府建设厅建设汇报编辑处：《建设汇报》，西安：陕西省建设厅，1927年。
③ 曹洪涛，刘金声：《中国近现代城市的发展》，北京：中国城市出版社，1998年，第280页。

向发展。

南京国民政府时期，西安城市空间功能要素又有新的发展，在民国时期《陕西长安市市政建设计划》中包括："街道；市场道；公园；钟楼及鼓楼；拆城及修复城门楼；疏通阳沟；取缔零摊及招牌；设路牌；建筑民众厕亭；规定建筑执照及章程；清道方法；修剪路树"[①]12项建设计划，从规划的出发点及规划的内涵来看，已经脱离了旧有的城市建设理念，体现出从官本位向"人本化"的转变：注重城市基础设施的改善与建设，关注城市卫生问题，制定相应的整治管理规定等，同时城市建筑环境包括零售摊点、招牌及行道树等方面的建设措施和设想。这一时期是近代西安接受战争洗礼，城市建设、经营和组织管理等方面的转型时期，即城市理念从权力中心走向平民化、城市空间从权力结构向经济结构转化的一个时期。

总之，南京国民政府时期西安城市空间中新的功能要素不断产生，已经从城市功能要素和结构方面超越了晚清时期的结构框架，而有具有近代意义的包括交通、工业、教育、商业、文化、游憩等功能在内的城市空间功能要素。但总体上仍是新旧功能并存，同时呈现出新功能不断增加并替代旧功能的交替过程和演化趋势，传统的城市空间职能分化和现代城市功能要素逐渐形成聚合发展的趋势。

三、城市公共生活中心的演变

（一）民国时期城市中心的转移及其多层分化

城市中心空间是市民公共生活的场所。民国时期城市中心空间中的经济功能要素逐渐有所突破，城市中心以权力机构为中心的布局和空间军事要素有很大改观，形成商业、金融、生活服务、文化教育和体育娱乐等功能空间，同时还有一些庙宇和教堂等信众进行宗教仪式活动的地方（表4-9）。

---

① 陕西省政府建设厅建设汇报编辑处：《建设汇报》，西安：陕西省建设厅，1927年。

表 4-9　抗日战争后期城市公共社会生活空间功能单元一览表

类别	次级分类	数量	备注
行政机关	中央机关	3	—
	省机关	34	—
	地方机关	7	—
	救济机关	13	—
会团	商人团体行业公会	65	—
	工人团体工会	3	—
	自由职业团体	3	—
	宗教团体	17	—
	同乡会	8	—
金融服务	银行	30	—
	钱号	64	—
服务商业	饮食类	21	西餐 4 个、中餐 11 个、公共食堂 6 个
	住宿旅馆	21	—
	浴室、理发	23	男女浴室和理发店
	摄影	8	—
零售商业	银楼	17	—
	钟表	12	—
	酱园	16	—
	茶叶	8	—
	百货	24	—
	寄卖所	20	—
	西服鞋帽	16	西服 7 家、鞋帽 9 家
	书局文具	34	书局 29 家、文具 5 家
	药房	38	药房 26 家、国药铺 12 家
	医院	16	—
新闻出版	报社通信社	16	报社 12 个、通信社 4 家
文化教育	学校	32	专科院校 8 所、中学 24 所
文化娱乐	电影院和戏剧社	10	电影院 2 个、戏剧剧社 8 个

资料来源：曹弃疾，王蕻：《西京要览》，西安：扫荡报办事处，1945 年

民国时期，西安城市公共生活中心的发展从原有的以南院门地区为中心，逐渐有所发展，形成东大街、尚仁路等新的商业中心。

原有的以衙署为重点的布局原则有很大突破，除原北院、南院和八旗校场沿袭原有的空间功能以外，其他的中央驻省和省市机关均散布于城市各处。

西安被定为陪都后，加之陇海铁路的修建，西安的城市空间又有了新的发展。主要是城市内部空间各商业中心的用地范围不断扩大，新的生活方式渗入，新的城市功能不断产生，一些新型的商业、服务业在城市中逐渐发展起来。

陇海铁路修通至西安初期，西安的城市公共中心以南院为中心形成行政、商业、文化娱乐、餐饮服务等各种功能要素集中分布的区域。在此期间，“南院曾为陕西省议会、西安警备司令部、国民党陕西省党部、西北行营主任顾祝同及陕西省广播电台等重要机构驻在地”[①]，因此，其行政中心的地位和功能在不同的时期虽有变化，但其空间功能却一直延续着。

陇海铁路修通西安时，南院门同时具有文化娱乐和商业经济中心的功能。20 世纪 20—40 年代，南院门有博物馆、民众教育馆（原亮宝楼），图书馆及大书店、小书局、旧书摊，剧团戏院、杂技、武术及清唱的娱乐场所，自然形成了西安城市文化娱乐的中心区。南院的东边有座“亮宝楼”，后改为民众教育馆，前后分为两个院：前院为博物馆，后院布置是公园形式……当时说来此乃西安市内唯一的一个游览公园[②]。南院门正街原来的福建会馆曾经租赁给西安正俗社剧院，后福建会馆成了临时租赁演出场地，西安市和外省外县来的剧团都在该场地租赁演出，未曾间断。

西安围城之役冯玉祥将军进驻西安时，南院的省议会改为西安警备区司令部，宋哲元为司令，曾在南院广场（现在的花坛）修建一座洗心所，主要为基督教讲道场所，有时也有一些文艺活动，后来洗心所被拆除。

南院门的东口就是商务印书馆西安分馆，为西安市第一个大书店，南院门正街中间有中华书局、义兴堂书局、通惠书局等较大书店。古玩

---

① 宗永福：《西安南院门过去布局》，中国人民政治协商会议西安市碑林区委员会文史资料研究委员会编：《碑林文史资料》第 1 辑，内部资料，1987 年，第 154 页。

② 宗永福：《西安南院门过去布局》，中国人民政治协商会议西安市碑林区委员会文史资料研究委员会编：《碑林文史资料》第 1 辑，内部资料，1987 年，第 154 页。

文物摊铺有阎甘园、汉中王、古董李、梁正庵、梁三桂、赴汝轩等。

南院门除了是西安市文化娱乐的中心地区以外，还是商业经济较繁荣的地区，大的商号有世界药房、五洲药房、华美药房等；有老凤祥金店，专售金银首饰；有老九章绸缎店，经销绸缎布匹；有亨得利、大西洋（后改为亨达利）钟表眼镜店、德华斋眼镜店；有鸿安祥鞋帽店；有南华公司和竞业罐头公司专售糖果、糕点的商店等商业集中的场地。其中世界药房不但卖药，还经营百货、呢绒、绸缎、布匹等业务。后在商务印书馆的地址上成立通济信托公司，经营放债、收息、卖地、建房、卖房业务，如北大街通济坊，就是通济信托公司修建的。

南院的西边把原来清王朝练习弓箭的场地改为市场，用竹竿席子搭棚，主要经营日用小百货，也有几家一般规模的饭馆。1926年西安围城时毁于大火，西安解围后又修建了西安市第一市场，为商业集中的地区，经营有日用百货及小商品批发，小本经营者往来甚多，类似于城隍庙市场，饮食店铺种类齐全，数量较多。

不仅如此，以南院门为中心，其西为五味什字、盐店街，其北为西大街，其东为竹笆市，集中了西安的银钱业、药业、竹器业、印刷业及外地会馆等机构。因此，以南院门为中心，形成了当时西安的行政管理、商业服务、文化娱乐、金融服务及对外商贸交流的中心。总体上依附于南院而群集的各类功能空间所形成的功能及其空间，发展完善了南院门地区城市公共生活中心功能。

随着陇海铁路的修通，商业沿道路结点迅速发展，交通导向性发展趋势明显；东大街、尚仁路和东关为商业发展较为迅速的区域，以东北隅一区和中正门外新区发展较为迅速。权力中心的结构有所突破，同时商业在城市内部迅速蔓延，新式商业和生活服务功能不断产生并不断扩大，城市商业经济发展活跃，其商业生活中心地位较前有大幅度的提升。“自从陇海铁路通车西京以后，城北如中山门、中正门外，也应着交通的需要，而兴起市面来，将来这一带，是会造成西京新兴的闹市的”[①]。

---

① 倪锡英：《西京》，上海：中华书局，1936年，第125—126页。

原有商业对于权力中心的依附性逐渐减弱，商业发展的交通导向性取代了依附权力的传统商业布局趋势，以四个大街，尤其以区域交通结点和城市交通结点为活跃地区，包括东大街、尚仁路和火车站一带为经济快速发展的区域。

同时，传统商业与现代商业有所分化，现代商业服务业，如旅馆、招待所、银行、照相馆等主要在东大街、尚仁路等新区发展，而传统商业银号、珠宝首饰店等依然主要分布于传统商业中心，如南院门、竹笆市、鼓楼和西大街等处。而从散布在全市的商业叠加来看，以西北、西南隅整体的商业发展较为活跃。

以东西南北四个大街形成的商业轴向发展趋势明显，旧有南北院与八旗校场形成的旧有行政权力空间单元及其功能得以演替、沿袭，城市中心从旧有的商业依附性的单一绝对权力中心形成了商业中心空间与行政权力中心空间各自相对独立发展的多中心布局结构。“我们如果把西京城内的概况划分成区域来说，那么东西两大街可称为西京的商业区，而钟楼一带又兼成了西京的游乐区；鼓楼为省政府的所在地，那一带是政治官员门所出入，可以称为西京的政治区，而中山门和中正门外，适当陇海车站，行旅商贾都得在此上下，便成了西京的交通区域”①。

同时，更引人注目的是陇海铁路的西展为西安的工业发展注入了新的活力，一些近代工业相继在西安城内出现，改变了原有的空间秩序，而工业布局的需求使城市内部从局部功能置换向适应现代工业的交通运输和工艺要求的方向迈进，城市开始向外围拓展。

陇海铁路延展至西安对西安城市空间的影响非常大，一方面，火车站附近成为繁华之地，城市与火车站之间的交通联系使该地段的商业逐渐发展起来。城市商业的拓展由东大街向火车站延伸，尚仁路（今解放路）成为商业聚集的区域之一，西大街、南院门地区和东关则沿袭了传统商业区的功能，它们成为城市的四大商业区域。

总体上钟楼已经成为全市商业娱乐中心，“西京城内最热闹的区

① 倪锡英：《西京》，上海：中华书局，1936年，第125页。

域，便是全城中心的钟楼附近一带。那里是东、西、南、北四条大街交织成的十字中心，钟楼巍巍的雄居着，下面的车马行人络绎不绝，因为那一带，非但是西京的商业区，并且还是民众的游乐场所”。可见，在商业中心迅速向东大街、尚仁路（今解放路）发展的过程中，旧有的城市公共中心的综合性功能依然使其具有一定的活力。而从空间整体的发展来看，形成了以南院门为中心向外部蔓延并与新的商业中心发展结合的趋势。

（二）民国时期西方教会在西安的传播及其对城市功能要素的影响作用

民国时期西安的西方教会主要有英国浸礼会、基督教青年会、耶稣会和意大利方济各会。它们在西安的主要活动除了传教以外，还设立医院、学校等附属机构，其教育机构按教育性质不同又有神学院和普通学校教育，普通教育包括中学、小学、女子中学和女子小学，以及职业培训、英文、数学、邮务和护士学校等（表 4-10）。

表 4-10　民国时期基督教会在西安的机构及其分布

教派	时间	地点	名称	类别
英国浸礼会	1912 年	长乐坊东新巷	幼稚园	教育
	1912 年	东关	乐道中学	教育（神学院）
	1916 年	尚仁路	广仁医院（原英华医院）	医疗（医院）
	1919 年	南新街	礼拜堂及附属建筑	宗教
	1928 年	东关	关中道学院	教育（神学院）
	1929 年	尚仁路	私立广仁护士学校	教育
	1933 年	东木头市	友谊查经会	教育（培训班）
基督教青年会	1921—1923 年	案板街	基督教青年会新会所	办公
	1916 年	东大街	图书展览室	教育
	1918 年	东大街	三育小学	教育
	1918 年	东大街	英文、数学专修学校邮务预备班	教育

续表

教派	时间	地点	名称	类别
基督教青年会	1920 年	案板街	禁毒会、英文实习班宿舍	综合性建筑
	1946 年	北大街	圣路中学	教育
	1921—1923 年	案板街	基督教青年会新会所	办公
意大利方济各会	1919 年	土地庙什字	玫瑰女校	教育（小学）
	1925 年	土地庙什字	玫瑰女子中学	教育
	1947 年	土地庙什字	玛利诊所	医疗
耶稣会	1948 年	糖坊街	安多医院	医疗

资料来源：杨豪中，陈新：《西安基督教会建筑及其城市文化历史意义》，《西安建筑科技大学学报》（自然科学版）2003 年第 4 期；李国信：《西安市基督教会历史简编》，西安：陕西人民出版社，1988 年

基督教各种团体在西安兴办的诊所、医院对西安的医疗事业和教育事业发展产生了极其重要的影响，从最早的 1889 年由英国浸礼会创办的英华医院，首次将西医、西药引入西安，这是西安医药史上的重要事件，对近代西安的医疗和教育事业的发展具有重要的意义。1916 年，该院迁址于尚仁路，更名为广仁医院，此时的广仁医院已形成了有 80 多张病床、500 余间医疗用房、医疗设备比较齐全，有专职医生、护士、管理人员及勤杂服务人员的专业化医院。1929 年，广仁医院开办了高级护士职业学校，为西安培养出第一批专业护理人员，广仁医院代表了当时西安的医疗设施及诊治水准。1948 年，安多医院也已形成了具有三层病房楼一栋，实行多科门诊的医院，达到了医护人员 37 人，管理、勤杂人员 49 人的规模①。

教会在西安创办的教育建筑对近代教育产生的重要影响作用同样值得一提，1903 年由英国浸礼会创办的尊德学堂、乐道学校都是西安最早施行现代教育的学校，并逐步建立了正规的教学体系，确定了修学年限，分年级、分班教课，课程内容遵循由浅入深、循序渐进的原则。1911—1949 年，西安出现了教会创办的 6 所小学、5 所中学、2 所幼儿

① 杨豪中，陈新：《西安基督教会建筑及其城市文化历史意义》，《西安建筑科技大学学报》（自然科学版）2003 年第 4 期，第 362 页。

园、3 所神学院、1 所职业技术学校。1949 年，尊德中学、圣路中学、玫瑰女中的学生人数分别达到了 397 人、403 人、244 人。这几所学校规模较大，教学质量很高，教学设备齐全，从而吸引了许多市民子女报考，这几所学校也为西安培养出许多优秀人才，对西安教育界产生了很大的影响。西方教会创办的西医医院和学校使近代西安城市功能得到充实。

西安地处西北内陆，其文化底蕴非常深厚，城市内部各种职能及其空间结构具有传统的文化内涵，而西方教会及其附属机构等在空间上具有文化的异质性，与传统的建筑文化、空间功能等方面存在冲突性，因而异质性文化在城市公共空间的嵌入特质及其与传统空间的差异性是近代西安城市空间形态演变的特点之一。

第三节　城市商业中心空间结构演变

城市商业的发展往往折射出城市内部各种经济利益集团之间的复杂关系，并反映出城市商业经济发展与市民消费之间的联系，同时，也能够反映出城市与外界的经济贸易往来及其辐射范围。因此，对城市商业空间的考察，往往能够深刻了解城市在转型时期的空间特征，以及城市发展经济动力及其空间表现。

民国时期，西安城市商业空间类型趋于多样，而城市消费也呈现出农业社会特征向工业社会特征的转变。随着近代工业经济的发展，城市消费也有很大的变化，这一变化是随着交通方式的变革与外界交通可达性条件而到来。同时西安城市的发展也受到来自各方面的影响作用，包括战争的作用，漫长的封建统治使西安失去发展的先机，因此，近代西安一切的发展均显现出旧有因素的影响、约束与新的发展需求之间的矛盾，城市空间的发展在相当长时间内几乎处于停滞的状态。在旧有的封建制度被推翻后，西安的商业经济在很短时间内发生了很大的变化，尤其是城市工业化发展所引发的商业繁荣。

城市商业中心的转移体现了城市商业经济重心的空间发展趋向，也是西安城市商业空间结构演变的重要体现。

一、西安商业空间类型及其分布

民国时期，西安的城市商业空间有了很大的转变，首先是东大街的拓宽和建设、招商活动改变了城市商业空间形式。“东大街的街道面貌和商业景象较其他几条大街为新，有一直线长五里之大道，两侧为民国初原官家营造之楼房，道幅约五丈，分人道车道，道旁设排水之沟，沟滨植树，与西南北三街之敷石而崎岖且隘者不同”[①]。西安的传统商业区主要在西、南两大街呈“商业菌集”状态，南院门街、广济街、竹笆市、鼓楼街等处为商业繁盛之区，而东北两大街路面尚宽，商家民户也较少。

除了东大街的改变以外，相应地西安城市商业空间也逐渐形成几种常见的类型。城中商业类型主要有以下三种：

其一是沿街分布的各大街营业商店。其二是“会集于一处自成一区”的市场，1927年前主要有南北院门市场（即第一市场）、城隍庙市场（即第二市场）及长乐商场（即第三市场）等处。其三是零摊集合所。“长安一市买小饭食之零摊特多，凡人烟稠密处及达到交叉之口无不摆设零摊，应有尽有，其意在招人饮食，当以密近其口为得故开始尚摆于街旁，后则设于街心，不但妨碍公众之交通，而在沙土与马粪飞扬之中就食亦甚有害卫生，若都市整洁及观瞻问题犹，其余事又各街巷污秽堆积，各商店之招牌、席棚任意悬设亦有碍清洁及交通”。各零摊集合所分布如下。

东大街：骡马市中间；北柳巷口路东；端履门；炭市；菊花园；东门瓮城内南边。南区：北牛市巷内四方块；南院门；大湘子庙街；南门瓮城。西大街：迎祥观内；城隍庙门口；水利局大门外两边；桥梓口东

① 刘安国编著：《陕西交通挈要》上编，上海：中华书局，1928年，第32页。

路南粮食会内场；四川会馆照壁后；西门瓮城。北大街：圣公会北边；新城门旧址；北门瓮城内。

1934 年，人口为 12 万人的西安，商铺已有 5000 余家，但多为小贩，资本最多的是拥有 5 万元的广货庄，资本最少的是只有 100 元的书籍笔墨店。陇海铁路的修通促进了西安商业的发展，1940 年，西安货物销售量大增，菜油年销售量为 55 万—75 万千克，香油为 15 万—30 万千克，棉料油为 3 万—5 万千克，生漆为 2.5 万—5 万千克，桐油为 2 万—10 万千克，麻纸为 2400 万—3500 万张，猪肉为 110 万—192 万千克，羊肉为 40 万—75 万千克，白糖为 30 万—42.5 万千克①。市区商业中心在南院门、东大街区域，医药商业在五味什字，燃料商业在炭市街，绸缎、皮货、瓷器大多集中在南院门马坊门一带，干鲜水果、水产、旅馆、饭店大多集中于东大街一带，商货批发大多集中于南北广济街，银行钱业大多集中于南院门、梁家牌楼、盐店街一带。陇海铁路通车西安后，商业中心转移至大差市乃至今解放路区域。

“西京城内最热闹的区域，便是全城中心的钟楼附近一带”②。“自钟楼东去，直抵长乐门，便是商务繁盛的东大街。那街道已经比旧道放宽了四倍，两旁都是新式铺面的建筑，陈列着近代的奢侈物品……”③。首先，四条大街以东大街最为繁荣，“饭店、酒馆、旅社都林立着，此外，如把握着陕西金融事业的各银行，也都在这条大街上”④。其次，是西大街，“除了东大街以外，西大街也算相当的热闹”⑤。再次，是因陇海铁路发展而兴起的尚仁路（今解放路）一带，“在车站以南新市区的解放路（原名尚仁路）一带建设了一些新式楼房，开设商店”⑥。从当时的城市面貌看，西安城市各类商业不仅种类较多，并且分布于四条主要大街和尚仁路（今解放路），沿城市道路发展的趋势非常显著。

---

① 西安市地方志编纂委员会编：《西安市志》第三卷《经济（上）》，西安：西安出版社，2003，第 12 页。

② 倪锡英：《西京》，上海：中华书局，1936 年，第 125 页。

③ 倪锡英：《西京》，上海：中华书局，1936 年，第 125 页。

④ 倪锡英：《西京》，上海：中华书局，1936 年，第 125 页。

⑤ 倪锡英：《西京》，上海：中华书局，1936 年，第 125 页。

⑥ 曹洪涛，刘金声：《中国近现代城市的发展》，北京：中国城市出版社，1998 年，第 281 页。

二、城市商品消费结构与空间特征

社会的物质变革源自于生产力与生产关系之间的矛盾。“物质生活的生产方式制约着整个社会生活、政治生活和精神生活的过程”[①]。由于长期处于农业经济地区，在第一次鸦片战争打开国门，并使开放口岸城市在西方廉价的工业品的冲击下形成西化的消费产品和消费理念的同时，深处西北内陆的西安，其城市消费结构的变化是缓慢的。1901年新政上谕发布之后，西安很快出现了10家洋货铺，至1909年东关为“洋货荟萃之区”[②]，西药、钟表、洋布等生活消费品已经进入西安市场，并深入到市民日常生活需求中。至民国初期，由于对外交通的不畅，外来货物的贸易运输是有限的。陇海铁路的修通不仅使西安近代工业发展重新起步，同时也通过铁路运输使大量的洋货运到省垣，因此，极大地打击了基于自然经济基础的手工纺织业等行业。另外，生产力不适应生产关系，两者之间的矛盾渐趋突出。反映在物质生活上，其消费结构从以自然经济为基础的节俭、内省的消费方式，向享受、时尚的城市生活方向改变。这从城市出售的商品类型可见一斑。珠宝、化妆品、海味品、西药、照相以至于澡堂、旅馆、中西餐厅等出现，反映出城市生活消费的特点和演变趋势。

南京国民政府成立初期，西安城市消费具有较为突出的农业社会特征。主要表现在以下三点：

第一，以生活消费品为主。民国初期，西安城市商业具有农业地域商品服务及零售业特征，西安附近原为西北商业之要道，所以旧式商业甚发达。1929年，城市商号的调查统计可以反映当时城市商业的特点。

西安的商号种类统计包括西药店、估衣店、铜器店、铁货店、照相馆、纸店、绸缎店、皮货店、布匹店、绒呢店、细瓷器店、粗瓷器店、书店、笔墨店、科学仪器馆、颜料店、粟店、清油店、盐店、碱店、

---

① 马克思：《政治经济学批判》序言，中共中央马克思恩格斯列宁斯大林著作编译局编译：《马克思恩格斯选集》第二卷，北京：人民出版社，1972年，第23页。

② （清）陕西清理财政局：《陕西清理财政书》，宣统元年（1909年）铅印本。

点心店、海味店、茶叶店、糖店、罐头店、清酒店、肉铺、醋店、干果店、煤油店、化妆品店这些以消费品为主的31种商店，共540家[①]（表4-11）。

表4-11　1929年西安市各商号市场及销售情况一览表

类别	商号名称	数量（个）	商品种类	市场情况				热销月份
				进量	销量	价值（元）	货源	
食品类	粟店	48	麦米	11 650石	11 650	466 000	本省	5
	清油店	20	油	30万斤	30万斤	105 000	乾县	5
	盐店	20	盐	400吨	400吨	720 000	山西	9
	碱店	6	碱	23 000斤	23 000斤	46 000	山西	5
	点心店	32	点心糖果	20 250斤	20 250斤	8500	本市	12
	海味店	15	虾米、海参等	240桶	240桶	144	上海	11
	茶叶店	22	湖茶、普普、龙井	2300斤	2300斤	1950	湖南、云南	11
	糖店	24	各种糖	14 800斤	14 800斤	59 200	上海	11
	罐头店	24	罐头	4500桶	4500桶	36 750	上海	11
			果子露	650桶	650桶			
	清酒店	10	酒	30万斤	30万斤	135 000	凤翔	12
	肉铺	60	猪、牛、羊	34 200只	34 200只	135 400	甘肃	11
	醋店	8	醋	64 000斤	64 000斤	13 000	本市	6
	干果店	5	各种干菜	58 000斤	58 000斤	9140	本省乾、富、兴等县	3
布匹衣物	估衣店	30	各种估衣	10 200件	10 200件	16 800	本市	10、12
	绸缎店	5	闪花、铁机、库缎	850匹	850匹	7750	杭州	8
	皮货店	12	狗皮、羊皮、狐皮、狼皮	5040张	5040张	71 660	宁夏	11
	布匹店	22	爱国、丝、湖北宽布	9400匹	9400匹	101 000	上海、汉口	11
	绒呢店	20	绒	100码	100码	12 000	上海	11
			呢	220匹	220匹			

① 陕西建设厅第一科统计股：《陕西建设统计报告》第一期，西安：陕西省政府印刷局，1930年。

续表

类别	商号名称	数量（个）	商品种类	市场情况				热销月份
				进量	销量	价值（元）	货源	
文化用品商店	纸店	19	各种纸	160 880 刀	160 880 刀	164 600	上海、江西、本省	12
	书店	20	各种书籍	20 万部	20 万部	42 000	上海	2
	笔墨店	20	笔	100 000 只	100 000 只	20 000	汉口	2
			墨	10 000 斤	10 000 斤	6000		
	科学仪器馆	1	物理仪器、化学用品、文具	900 件	900 件	3400	上海	3
	颜料店	1	各色颜料	2800 箱	2800 箱	38 000	上海	4
化妆品店		60	各种牙粉、香皂、香粉、香水	3300 打	3300 打	6980	上海	1
				520 打	520 打	2200	上海（洋货）	
日用品类	细瓷器店	5	各种细瓷器	102 000 个	102 000 个	27 000	江西	2
	粗瓷器店	4	各种粗瓷器	8200 个	8200 个	1010	耀县	2
	铜器店	6	各种铜器	1300 个	1300 个	4500	汉口	6、11
	铁货店	8	锅	16 000 个	10 000 个	31 000	山西	3、8
			钉	1200 包	1200 包			
			铁、螺	80 000 斤	60 000 斤			
	煤油店	1	煤油	20 000 吨	20 000 吨	92 000	汉口（洋货）	3
			洋蜡	8000 箱	8000 箱			
西药店		7	各种西药	18 000 瓶	18 000 瓶	52 000	上海（洋货）	5、6、10
照相馆		5	软纸片	600 筒	600 筒	8000	上海	1、3、11
			玻璃板	700 个	700 个			
			照相机	30 架	30 架			

资料来源：陕西省建设厅第一科统计股：《陕西建设统计报告》第一期，西安：陕西省政府印刷局，1930 年

由表 4-11 可知，这一时期主要商号以满足市民日常消费的生活用品为主，食品类最多占 54.44%、布匹衣物类占 16.48%、文化用品类占 11.30%、化妆品类占 11.11%、日用品类占 4.44%、西药店和照相馆店分别占 1.30%和 0.93%。其中，食品类以肉铺与粟店所占比例相对较大，罐头店、糖店和茶叶店数量次之，另外是布匹衣物类，其中估衣店在衣物类的商号数量中占 33.7%，可见，旧衣物的买卖量比较可观，当时人

民的生活应该非常贫困。

货物来源主要是上海、山西、汉口、江西、湖南、宁夏、杭州等地，可见当时西安的生产能力极其低下，本地商号主要销售的消费品用品大多数来自外地。

从资金状况与商号数量的比较分析来看，化妆品商店资金仅占商号统计总额的0.67%，与其较多的商号数量（60个，占11.11%）形成强烈的反差，而肉铺情况也类似（60个，占11.11%），其资金也仅占5.00%；其中资金量最大的以布匹为首，占15.83%，可见当时布匹在西安市场的需求量还是较其他消费品大一些（表4-12）。

表4-12　1929年西安市商号数量与资金状况一览表

分类	商号名称	数量情况			资金总额			货源（含洋货来源）
		数量（个）	占本类比例（%）	占全部比例（%）	金额（元）	占本类比例（%）	占全部比例（%）	
食品类13种	粟店	48	16.33	8.89	69 000	27.79	11.5	本省
	清油店	20	6.80	3.70	24 500	9.87	4.08	乾县
	盐店	20	6.80	3.70	20 000	8.06	3.33	山西
	碱店	6	2.04	1.11	3890	1.57	0.65	山西
	点心店	32	10.88	5.93	12 400	4.99	2.07	本市
	海味店	15	5.10	2.78	18 000	7.25	3.00	上海
	茶叶店	22	7.48	4.07	24 000	9.67	4.00	湖南、云南
	糖店	24	8.17	4.44	24 000	9.67	4.00	上海
	罐头店	24	8.17	4.44	6000	2.42	1.00	上海
	清酒店	10	3.40	1.85	8500	3.42	1.00	凤翔
	肉铺	60	20.41	11.11	30 000	12.08	5.00	甘肃
	醋店	8	2.72	1.48	4000	1.61	0.67	本市
	干果店	5	1.70	0.93	4000	1.61	0.67	本省乾、富、兴等县
	小计	294	100	54.44	248 290	100	41.37	—
布匹衣物类5种	估衣店	30	33.71	5.56	30 000	16.45	5.00	本市
	绸缎店	5	5.62	0.93	12 000	6.58	2.00	杭州
	皮货店	12	13.48	2.22	25 400	13.93	4.23	宁夏

续表

分类	商号名称	数量情况			资金总额			货源（含洋货来源）
		数量（个）	占本类比例（%）	占全部比例（%）	金额（元）	占本类比例（%）	占全部比例（%）	
布匹衣物类5种	布匹店	22	24.72	4.07	95 000	52.08	15.83	上海、汉口
	绒呢店	20	22.47	3.70	20 000	10.97	3.33	上海
	小计	89	100	16.48	182 400		30.39	—
文化用品商店	纸店	19	31.15	3.52	38 500	52.74	6.41	上海、江西、本省
	书店	20	32.79	3.70	20 000	27.40	3.33	上海
	笔墨店	20	32.79	3.70	1000	1.37	0.17	汉口
	科学仪器馆	1	1.64	0.19	3500	4.8	0.58	上海
	颜料店	1	1.64	0.19	10 000	13.7	1.67	上海
	小计	61	100	11.30	73 000	100	12.16	—
化妆品店		60	100	11.11	4100	100	0.68	上海（洋货）
日用品类	细瓷器店	5	20.83	0.93	15 000	28.63	2.50	江西
	粗瓷器店	4	16.67	0.74	400	0.76	0.07	耀县
	铜器店	6	25	1.11	3000	5.73	0.50	汉口
	铁货店	8	33.33	1.48	4000	7.63	0.67	山西
	煤油店	1	4.17	0.19	30 000	57.25	5.00	汉口（洋货）
	小计	24	6	4.5	52 400	100	8.74	—
西药店		7	100	1.30	35 000	—	5.83	上海（洋货）
照相馆		5	100	0.93	5000	—	0.83	上海
合计		540	—	100	600 190	—	—	—

资料来源：陕西省建设厅第一科统计股：《陕西建设统计报告》第一期，西安：陕西省政府印刷局，1930年

由表4-12可知，西安的31种商店有540家，各类商店数量与资金情况呈现出一定的反差，资金主要集中在粟店、布匹和西药等商店。商品销售的季节性较为明显，商业产品销售一般以年初2月、3月、5月和年终11月、12月为销售旺季，基本在农闲时也往往是销售量较大的时候，可见商业品的销售与农业生产、生活的周期密切相关。

第三，商业资本小型化。民国时期档案资料统计的2528家商号

中，有300元、500元的小店铺，有1000—9000元的店铺，也有24万元的大商铺，差异较大（表4-13）。

表4-13　1940年9—12月西安市各商业登记资金情况统计表

资本金（元）	商店数量（个）	所占百分比（%）
500以下	731	28.95
500—900	565	22.38
1000—1900	342	13.54
2000—2900	244	9.66
3000—3900	113	4.48
4000—4900	58	2.30
5000—5900	110	4.36
6000—6900	38	1.50
7000—7900	18	0.71
8000—8900	18	0.71
9000—9900	11	0.44
1万—1.9万	153	6.06
2万—2.9万	50	1.98
3万—3.9万	25	0.99
4万—4.9万	14	0.55
5万—5.9万	20	0.79
6万—9万	7	0.28
10万	4	0.16
10万以上	4	0.16
合计	2525	100

资料来源：陕西省建设厅：《本厅关于西安市商号登记的报告表（一）》，陕西省建设厅：《本厅关于西安市商号登记的报告表（二）》

从表4-13看，商店的数量与商店资金成反向下滑曲线，资金数量高的商店较少，大多以小资金的商铺为主，其中1万元以下商铺的占89.03%，1万—10万元的商铺占10.65%，10万元及其以上的商铺仅占0.32%。可见，城市商业发展极不充分，尤其是商业资本是非常有限的。

从民国时期的资料看，1928年以前陕西的手工工人情况，主要雇佣工人为男工与童工，女工较少，女工的工资收入介于男工和童工之间[①]（表 4-14）。

表 4-14　1928 年陕西手艺工人全年工资统计表

业别	男工（元）	女工（元）	童工（元）
木工	63.21	—	26.11
石工	74.38	—	43.67
铁工	81.50	70.00	35.00
钢工	108.33	—	60.00
竹工	86.67	—	49.00
皮工	45.00	—	36.00
漂染工	64.00	—	33.00
陶瓷工	53.67	—	27.71
缝纫工	51.70	44.00	33.67
平均	69.83	57.00	38.24

资料来源：邢必信等：《第二次中国劳动年鉴》上册，1932 年，第 183、184 页

从不同时期西安手工业的调查资料看，其统计结果与陕西省的统计结果存在差距。工业主要为满足城市生活需求的制伞业、手帕业、制鞋业、粉胰业、铜工业、制箩业、首饰业、熟皮业、洋铁业、编席业、木工业等行业，而就业工人人数非常少。其行业资金以自有资金为主，分为两类：一类是投资人作为管理者；而另一类是投资人不仅是管理者而且充当工人的角色（表 4-15）。

表 4-15　1929 年西安手工业调查统计表

工业类别	数量（个）	资金来源	金额（元）	工人人数（个）	月均收入（元）	日均工作时间（小时）	总人数（个）
制伞业	16	自有	3200	48	2	10	64
首帕业	9	自有	2500	36	3	10	36
制鞋业	56	自有	6200	224	3	10	224
粉胰业	2	自有	120	8	1	10	8
铜工业	13	自有	1600	41	2	10	41
制箩业	3	自有	450	12	2	10	12
首饰业	26	自有	1800	130	2	10	130
熟皮业	16	自有	1650	64	3	10	64

① 彭泽益：《中国近代手工业史资料（1840—1949）》第三卷，北京：生活·读书·新知三联书店，1957 年，第 333 页。

续表

工业类别	数量（个）	资金来源	金额（元）	工人人数（个）	月均收入（元）	日均工作时间（小时）	总人数（个）
洋铁业	12	自有	2100	84	2	10	84
编席业	12	自有	360	32	1	10	32
木工业	5	自有	600	20	1	10	20
合计	170	自有	20580	699	2	—	715

注：总人数中含46个业主在内

资料来源：陕西省建设厅第一科统计股：《陕西建设统计报告》第一期，西安：陕西省政府印刷局，1930年

由表4-15可知，南京国民政府成立初期，西安近代工业主要以手工业为主，资金形式以自有资金为主，合计20 580元，各家拥有资金120—6200元不等，平均每家拥有资金额为1715元；手工业工人人数合计是669人，月均收入是2元，平均每天工作时间为10小时，业主和手工业工人人数合计是715人，除制伞业以外，其他10个行业业主均从事手工业生产。据相关统计分析，西安的手工业发展处于非常低下的水平。缺少外来资金的投入，已有产业主要靠业主自身的资本积累，因此，民国初期西安的主要产业以手工业为主，其就业岗位有限，在几乎无外来投资的情况下，城市就业人员的收入增长非常有限，奢侈品消费无从谈起。所以，从这个角度来看，其生产力与生产关系之间的关系建立在十分薄弱的经济基础之上，尚不足以产生新的变革，两者之间的矛盾使城市化发展缓慢而缺乏动力因素。

陇海铁路修通以后，西安吸引了各地的投资者纷纷前来考察，各色新式银行、保险及投资机构纷纷登陆西安，西安的工业获得发展，同时各种工厂、商店、金融机构、学校等设立带来了新的城市消费阶层，其收入水平远较手工业劳动者高，从而导致西安城市消费水平的提高和消费结构的改变，也促进了城市商业经济的繁荣。

从民国时期的资料看，20世纪40年代以后，西安高档奢侈品、文化消费品有增多趋势，出现了西式餐厅、新式旅馆、浴室、影楼、西服店等新的城市生活消费用品场所，同时新开的以卖珠宝、首饰为主的银楼也开始增多，西药店、书店数量也大为增加（参见前述内容）。

作为内陆城市，西安消费结构的变化较口岸城市起步晚、变化慢，但是这一变化仍然体现出近代西安农业社会经济结构中商业中心的城市化过程，其消费方式已经不同于农业社会中心地的货物集散作用，而生活方式也在不断地商业化、城市化，同时城市工商业发展提供了就业岗位，不断地吸引人们进入城市，改变自己的生活方式，也是近代城市化发展的一个重要方面。

三、城市商业格局及商业中心的转移

1934 年，西安人口为 12 万人，商铺有 5000 余家，但多为小贩，且资本分散。陇海铁路的修通促进了西安商业的发展，1940 年，西安商号总数达 6509 家，资本较前有所集中，15 万元以上者 4 家，10 万元以上者 6 家，5 万元以上者 24 家，3 万元以上者 53 家[①]。

西京商业布局基于历史延续并经过一定阶段的整合，已经形成了相应的商业分区，20 世纪 40 年代初期的文献资料显示，其商业布局已经有同类聚集的趋势。

其一，首推东、南两城关之囤积丝、茶、漆油、桐油、药材、纸张等山货行店，计有 80 多号。其二，城内西大街囤积绸缎、布匹、洋广、杂货之堆栈，有 90 多号。其三，东大街、南院门之百货商店、钟表行店，有 100 多号。其四，南大街之盐号、酒店，北院门之干果行店，尚仁路之干果、油行等，计共有 100 多号。

其他如军服厂、服装店、茶行、食品商店等，也有 100 多号，其外尚仁路（今解放路）的国民、游艺两个市场内，设商店数凡几十号。

民国《西京要览》一书调查统计显示，西安的商业包括商业服务业与零售业两类。西安的商业服务业包括饮食业（中西餐）、旅馆服务、浴室 3 类共有 69 家，而零售业包括银楼、钟表、酱园、茶叶、百货、摄影、寄卖所、西服、鞋帽、书局、文具、药房 12 个大的门类，共 193 家（表 4-16）。

---

① 西安市地方志编纂委员会编：《西安市志》第三卷《经济（上）》，西安：西安出版社，2003 年，第 12 页。

表 4-16　1945年西安城市商业分布统计表

区位	饮食类（个）	旅馆服务（个）	浴室（个）	银楼（个）	钟表（个）	酱园（个）	茶叶（个）	百货（个）	摄影（个）	寄卖所（个）	西服（个）	鞋帽（个）	书局（个）	文具（个）	药房（个）	小计（个）	占商店总数的百分比（%）
东大街	5	6	8	6	5	11	5	12	5	8	5	4	8	5	16	109	41.6
西大街	3	—	2	5	2	—	1	2	—	3	—	—	2	—	1	21	8.0
南大街	1	—	4	—	—	—	—	1	—	3	—	—	5	—	3	17	6.4
北大街	2	3	1	—	—	—	—	—	—	—	—	—	5	—	1	12	4.6
尚仁路	3	11	6	1		3	—	—	1	4	—	—	—	—	5	34	12.9
南院门	—	—	6	3	5	2	—	6	2	2	—	4	8	—	5	43	16.4
马坊门	—	—	—	—	—	—	—	1	—	—	3	1	—	—	2	7	2.7
竹笆市	1	—	—	2	—	—	—	2	—	—	—	—	2	—	4	11	4.2
鼓楼	—	—	—	—	—	—	—	—	—	—	—	—	—	—	1	1	0.3
东关	—	—	—	—	—	—	—	—	—	—	—	—	—	—	—	—	—
西关	—	—	—	—	—	—	—	—	—	—	—	—	—	—	—	—	—
南关	—	—	—	—	—	—	—	—	—	—	—	—	—	—	—	—	—
北关	—	—	—	—	—	—	—	—	—	—	—	—	—	—	—	—	—
西北隅	1	—	—	—	—	—	—	—	—	—	—	—	—	—	—	1	0.3
西南隅	—	—	—	—	—	—	—	—	—	—	—	—	—	—	—	—	—
东北隅	1	1	—	—	—	—	—	—	—	—	—	—	1	—	—	3	1.1
东南隅	4	—	—	—	—	—	—	—	—	—	—	—	—	—	—	4	1.5
合计	21	21	27	17	12	16	8	24	8	20	7	9	29	5	38	262	100
备注	本统计数据以民国时期《西京要览》一书中的调查统计为主要依据，仅能说明分布趋势，而不是精准统计数据																

资料来源：曹弃疾，王蕻：《西京要览》，西安：扫荡报办事处，1945年，第45—66页

从表 4-16 商店分布来看，绝大多数是沿四大街分布，占商店总数的 60.8%，其中东大街商店数量最多，同时种类也齐全，15 个种类的商店在东大街均有分布，其数量占商店总数的 41.6%，其次为南院门、尚仁路（今解放路）、西大街、南大街、北大街和竹笆市，这些区域构成了西安城市内部不同层次的商业服务中心。

从表 4-16 商业中心的分布情况来看，商业的空间聚集趋势有两类：一类是专业市场，往往同类产品销售集中于一条街上；另一类则是各种零散分布，由各种专业市场叠加所形成的多种商业集中分布的区域。以东大街、尚仁路（今解放路）、竹笆市、南院门、西大街等地的集中较为明显，而以东大街为最。

因此，西安商业中心已经形成了由西安城市内东、西、南、北 4 条大街，以及尚仁路（今解放路）和南院门等老商业区所构成的一个商业网络。可见，西安被立为陪都的时候，其城市商业发展活跃，商业服务业已经初具规模，是城市商业空间近代化发展的重要阶段。

四、新的商业中心的交通空间导向性

根据 1940 年陕西省建设厅关于西安市商号登记报告表中的数据统计，共有 2528 家商号。首先，商业布局以 4 个大街为中心，其商号总数占统计总数的 45.06%。其次，以钟楼为中心，4 条大街划分的 4 个区域，其商号总数占统计总数的 38.01%。再次，4 个关城，其商号总数占统计总数的 14.75%。最后，北关外以自强路为核心的新区商号总数统计总数的 2.17%（表 4-17）。

表 4-17　1940 年西安市商号及其分布统计情况一览表

类别分布	商号分布	商号数量（个）	所占百分比（%）	商号数量小计（个）	百分比小计（%）
4 条大街	东大街	414	16.38	1139	45.06
	西大街	369	14.60		
	北大街	189	7.48		
	南大街	167	6.60		
府城四区	东北隅	218	8.62	961	38.01
	西北隅	188	7.44		

续表

类别分布	商号分布	商号数量（个）	所占百分比（%）	商号数量小计（个）	百分比小计（%）
府城四区	西南隅	465	18.39	961	38.01
	东南隅	90	3.56		
4个关城	东关	256	10.13	373	14.75
	南关	58	2.29		
	西关	30	1.19		
	北关	29	1.14		
新区	北关外	55	2.17	55	2.17
合计		2528	100	2528	100

资料来源：陕西省建设厅：《本厅关于西安市商号登记的报告表（一）》，陕西省建设厅：《本厅关于西安市商号登记的报告表（二）》

由表4-17可知，首先，西安市的商业分布以东、西、北、南4条大街分布较为集中，其商号数分别占西安市统计商号数的16.38%、14.60%、7.48%、6.60%，合计占商号总数的45.06%。

其次，府城内按照以钟楼为中心的4个象限分布，其中以西南隅老商业区为最，共465家，占全市统计总商号数的18.39%，主要集中分布在以南院门为核心的包括南广济街、竹笆市、琉璃庙街、南桥梓口、盐店街、粉巷、牛市街、马坊门等在内的街道。另外为东北隅，共218家，占全市统计总商号数的8.62%，主要分布在尚仁路、炭市街、中山街、中正街等处。接下来为西北隅，共188家，占全市统计总商号数的7.44%，主要分布在以鼓楼为核心的鼓楼南街、城隍庙街、二府街、东九府街，还有一些分布在北校场门、大莲花池、麦苋街等地商号数相对于其他街道较多。东南隅最少，共90家，占全市统计总商号数的3.56%，主要分布在东木头市、骡马市、端履门、东厅门、大差市街、书院门等处，其他则分散布局在其他街道。

再次，4个关城中，以东关商号数量最多，为256家，占全市统计总商号数量的10.13%，然后依次为南关、西关和北关，它们各自的商号数量分别为58家、30家、29家，占全市统计总商号数的2.29%、1.19%和1.14%。

最后，在陇海铁路以北所形成的新区中，商号数量为55家，占统计总数的2.17%，主要分布在自强路上。中山门外杨家村有两家商号，位于府城外东北角的西京电厂与西潼风景路之间。

由此可以印证近代西安城市商业空间发展的趋势，在新、旧区域的发展有共同之处：无论是城市内部主要商业大街，还是东关的商业，都以道路为发展轴，向城市对外交通枢纽，即向火车站方向延伸。

五、城市商业中心空间结构演变特征

在近代政治体制转型时期，民国时期的西安商业城市空间结构的演变体现了城市有破有立的发展过程，东大街在满城的废墟上发展起来，位于沟通西大街和东关两个传统商业中心的重要交通干道上。随着商业消费结构的不断发展，城市逐渐适应社会发展需求，在商品的数量、种类和消费人群以至于消费水平不断提高的时候，城市商业格局也随之发生了一些新的变化，城市原有的商业中心区位和商业职能适应新的发展趋势而有所变化，集中表现为商业中心的位移和商业功能空间的分化。

（一）商业格局——商业中心以靠近官署转向交通导向的位移趋势

近代西安传统商业中心以西大街、南院门（包括竹笆市—鼓楼地区）和东关为主，均与其在城市中的交通优势有关。南院门一带是晚清时期的政治中心，因此该地段是地方信息汇集和交流沟通的地区，这里集中了各地会馆，有利于陕西省会与各地的交往，具有城市中心的职能作用，该商业中心的形成具有靠近官署布局的倾向性和依附性。此外，由于长乐门被包在满城南城墙之内，所以，东门实际成为满城的东门，东关失去了对大城的依附性，加之东来之路经常有官员、客商和行人通过，人流较多，东关的城市职能趋于相对独立，东关的商业发展与其特定的区位和交通条件直接相关。西大街传统商业中心的形成有一定的历史发展因素，据记载："市交不欺，多集商贾"[①]，这与其在城市东西方向交通中的地位有很大关系，在满城阻塞西安城市东部区域发展的时

① 西安市档案局，西安市档案馆：《筹建西京陪都档案史料选辑》，西安：西北大学出版社，1994年，第128页。

候，西大街的通达使其商业获得了一定的发展。

满城的拆除使东大街成为真正意义上的东西方向主要的交通道路，商业中心位移由南院门向东大街呈交通导向性发展。因此，顺应这一区位优势所建立的商业区是符合区位择优理论的。同时，陇海铁路向西延展至西安，使火车站附近成为城市新的空间增长点，导致商业中心从原南院门一带商业中心又由东大街向尚仁路（今解放路）一带发展的趋势。西安零售商业服务业在东大街、尚仁路（今解放路）等新区的发展非常迅速，而以东大街尤甚，集中了各类商店。相对而言，原有的商业中心仍然为商业较为集中的区域，总体上南院门、南大街、西大街和竹笆市中段马坊门一带仍然分布有门类较全的商业。

（二）城市商业空间的分化

民国时期，城市商业空间分化包括三个方面：一是传统商业与新式商业的空间分化。二是城市中心区与四关城商业要素的空间分化。三是商业空间的行业分化。

传统商业与新式商业的空间分化以银行为例，据《西京要览》统计，当时西安的银行共 30 个、钱号 64 个，其空间分化现象很突出。首先，银行主要集中分布在东大街一线，东大街有 10 个，另外 5 个分布在东大街附近，散布在炭市街、马厂子、东木头市、尚仁路（今解放路）和东关中街；2 个散布在南院门附近，梁家牌楼有 3 家，其他 10 个分布在盐店街、西木头市、南院门、南大街、五味什字、南四府街、德福巷、粉巷等处。其次，传统钱号集中分布在南院门附近，共 55 个，主要分布在南院门、西大街和南大街等传统商业中心区，这些传统钱号以南北广济街、西大街为东西南北骨架，以盐店街至梁家牌楼为中心，向南院门、粉巷方向逐渐分散布局，形成以票号为主的传统金融中心。

表 4-18　民国时期银行与钱号分布统计表

区位	银行分布数量（个）	钱号分布数量（个）
东关中街	1	2
东大街	10	1

续表

区位	银行分布数量（个）	钱号分布数量（个）
东关南街	—	2
炭市街	1	—
马厂子	1	—
东木头市	1	—
尚仁路	1	—
五味什字	1	—
南四府街	1	—
德福巷	1	—
西木头市	2	—
南院门	2	1
南大街	1	2
粉巷	1	2
盐店街	2	13
南广济街	1	10
梁家牌楼	3	8
西大街	—	15
北广济街	—	4
琉璃庙街	—	1
东板巷	—	1
西板巷	—	1
大新巷	—	1
合计	30	64

资料来源：曹弃疾，王蕻：《西京要览》，西安：扫荡报办事处，1945年，第50—52页

抗战后期，西安钱铺与银行在城市传统商业中心和新式商业中心逐渐出现新的发展趋势。传统商业中心，如南院门、南大街、粉巷、南广济街、盐店街、梁家牌楼一带，是钱号集中之地，同时也是新式银行逐渐混合集中的地区。除此之外，出现了银行集中于东关、东大街、马厂子、尚仁路（今解放路）一线，以及西木头市、东木头市等南院门商业中心的边缘地带；而钱铺则主要分布在西大街、北广济街、琉璃庙街，

以及东关的东板巷、西板巷和大新巷等地。

钱铺、银行混合区是城市历史以来的商业中心区，即以南院门为中心的区域，虽然城市商业中心逐渐东移，但是传统商业中心的综合商业功能仍然具有一定的优势，因此，一些银行在此设置营业网点。除此之外，钱铺集中区域往往位于传统商业街区，但是商业类型单一，不具有适应时代发展的优势，因此银行营业网点分布少之又少；而东大街、尚仁路（今解放路）一线及东关的商业发展趋势，正是由城市道路交通的发展所形成的潜在优势所致。

城市中心区与四关城商业要素的空间分化十分明显，由于四关城处于城市对外交通联系的门户区位，因此，从各个方向大量运到西安的土特产需要在关城中转囤积，然后再分散运往各个销售点，这样往往在关城的山货行店和货栈比较多，这与东南两关城对外交通的区域联系有很大关系。由于接近产区、便利购销、运输等条件，这些行栈在西安的分布情况大致是土特产、杂货、烟行集中在东关和南关；棉花、煤炭行集中在北关；猪羊行集中在西关；青干果、油行集中在北院门，其余各行分别设在城区主要街道①。

另外，城市商业行业聚集的空间分化现象也很明显，形成若干专门商业街道和市场。例如，五味什字集中了药行，盐店街集中了银钱业，北院门集中了干果行和油行，正学街集中了印刷业，东木头市集中了木器业，竹笆市集中了竹器业，南大街集中了盐业等。

西安城市商业空间的演变，体现在商业类型和数量的增多，以及商业中心空间的转移等方面。辛亥革命初期，南院门、西大街、东关正街为西安传统的城市商业中心，随着东大街的拓展、陇海铁路的修通，东大街、尚仁路（今解放路）成为城市商业迅速崛起的地区，成为新的城市商业中心，原有商业中心有所衰落，但传统商业中心依然保持了传统的商业优势，而新的商业区则形成一些新的城市消费用品商业类型。同时，城市商业布局的突出特点是其交通导向性，商业发展迅速的地区往

---

① 刘升昌：《旧社会西安的货栈贸易业》，中国人民政治协商会议陕西省西安市委员会文史资料委员会编：《西安文史资料》第6辑，内部资料，1984年，第129—132页。

往具有交通便利条件，如东大街、尚仁路（今解放路）等地。同时，传统商业街区依然保持一定的发展潜力。

第四节　工业产业布局及其演变

西安近代工业的发展经历了由传统手工业向近代机器工业逐渐发展的过程；同时手工业与机器工业在增长的同时，其空间分布呈现出一些新的特点。

一、城市传统手工业的发展及其布局

在陇海铁路修通至西安以前，西安除了零散的军械工业以外，主要以手工业为主。北洋政府时期手工业发展非常缓慢，西安精业化工厂于1917年成立，主要生产的漆器有衣箱、梳头匣、小炕桌等生活日用工艺品[①]。1922年西安成立新履、同合两家制革厂。1926年西安从事皮革业的手工业人数达1000多人[②]。1923年以后，私营印刷业逐渐发展，抗日战争全面爆发后，由于外来纸张断绝，手工造纸业一度兴旺，1938年以后，一些有识之士在西安兴办机器造纸业，印刷工业进入新的发展时期。1922年西安从事铁锅生产的只有几家手工作坊，1937年有铁业、铜业工厂250余户，主要生产生活用品及小农具。抗日战争全面爆发后，从业户数骤增，到1942年约有铁业、铜业工厂500户。抗日战争结束后又趋衰落。

根据民国时期的统计资料显示，1929年西安的手工业包括制伞、首帕、制鞋、粉胰、铜、罗、首饰、熟皮、洋铁、编席与木工11个种

① 西安地方志编纂委员会编：《西安市志》第三卷《经济（上）》，西安：西安出版社，2003年，第397页。

② 西安地方志编纂委员会编：《西安市志》第三卷《经济（上）》，西安：西安出版社，2003年，第391页。

类，共170家，资金来源主要以自有资金为主，合计20 580元，每家拥有工具的价值从30—200元不等，平均每家拥有资金额为121元；从业人数合计715人。其所拥有的工具数量是1222个，总价值合计为447元，工具产地均为西安本地。除制伞业的原料部分来自汉口、制鞋业的原料主要来自上海以外，其原材料产地均来自西安本地，该年度的原材料总价值合计为22 730元，产品价值合计为38 014元；其产品的销售地均在西安（表4-19、表4-20）。

表4-19　1929年西安手工业状况一览表（1）

行业类别	数量	总人数（个）	工具种类	工具数量（个）	工具价值（元）	工具产地
制伞业	16	64	尺、剪	48	15	西安
首帕业	9	36	丝架木机子	33	123	西安
制鞋业	56	224	锤剪架板尺刀	562	62	西安
粉胰业	2	8	铁锤模型	6	5	西安
铜工业	13	41	钻子锤锤	78	18	西安
制箩业	3	12	尺线轮木机锯刀钻	39	66	西安
首饰业	26	130	锤钻模子	156	35	西安
熟皮业	16	64	推刀小刀铁锤	128	50	西安
洋铁业	12	84	锤铁架剪尺刀	126	38	西安
编席业	12	32	垫刀利管	44	30	西安
木工业	5	20	锯钻斧	50	20	西安
合计	170	715	—	1222	447	—

资料来源：陕西有建设厅第一科统计股：《陕西建设统计报告》第一期，西安：陕西省政府印刷局，1930年

表4-20　1929年西安手工业生产情况一览表（2）

行业类别	原料产地	原料种类	原料年需量	原料总价值（元）	产品种类	产品数量	产品总价值（元）	销售市场
制伞业	西安、汉口	洋布	600匹	600	伞	2200把	4400	西安西大街
		竹	120斤	540				
首帕业	西安	丝	4000斤	4500	首帕	4500匹	1800	西安桥梓口
		橡子	1500	300				

续表

行业类别	原料产地	原料种类	原料年需量	原料总价值（元）	产品种类	产品数量	产品总价值（元）	销售市场
制鞋业	上海	丝布番布贡呢	6800 匹	7960	鞋	86000 双	12 900	西安马坊门
粉胰业	西安	石膏碱	100 斤	40	粉	600 盒	780	西安城隍庙巷
		猪胰	100 个	10	胰	600 块		
铜工业	西安	铜	4000 斤	1200	铜鼓	450 对	2290	西安广济街
					铜号	90 个		
					锁子	2000 个		
制箩业	西安	丝	50 斤	225	箩衣	500 匹	1572	西安西大街
					箩	120 个		
首饰业	西安	银	450 两	560	银首饰	450 两	600	西安钟楼南
熟皮业	西安	牛皮、马皮、驴皮、骡皮	360 张	4120	各种熟皮	560 张	672	西安东大街
洋铁业	西安	煤油桶洋铁药	4000 个	1600	火炉、茶壶、饭碗、饭锅	3200 个	1600	西安院门巷口
编席业	长安县	苇	2000 斤	200	席	2400 张	2400	西安
木工业	长安县	杨桐木	125 丈	875	风匣	4500 个	9000	西安

资料来源：陕西省建设厅第一科统计股：《陕西建设统计报告》第一期，西安：陕西省政府印刷局，1930 年

由表 4-20 可知，这些手工业按行业分布，其中制伞业的销售市场主要在西大街，首帕业在桥梓口，制鞋业在马坊门，粉胰业在城隍庙巷，铜工业在广济街，制箩业在西大街，首饰业在钟楼南，熟皮业在东大街，洋铁业在院门巷口，编席业和木工业则分布在西安市各处。总体上，西安的手工业主要分布在西大街和城市西南隅的各个传统商业中心所在地。其原材料的需求量和产品产量是很低的。此时手工业的生产工具、生产规模和生产工艺是非常落后的。其服务的对象主要是西安本地的居民消费，其手工业的辐射范围也是非常有限的，这表明西安地区在很大程度上没有超越自给自足的农业社会经济特征。

陇海铁路的修通和抗日战争的全面爆发使西安的手工业发展有较大的起落。陇海铁路的修通以后，外来机器工业产品大量涌入西安，使西安手工业受到严重的打击。随后抗日战争全面爆发，外埠机器生产的

产品来源被封锁，刺激了西安手工业的发展，土纸产量随机制纸产量的减少而大量增加，小型纺织厂与农村的土法纺织也呈空前繁荣。与此同时，西安的手工业也有了较大的发展。

另外，皮革业也有所发展，“七七变起，西北皮革输入渐少，同时需要日增，制革业因此逐渐发达。二十七年仅有几家，二十八年增至十余家，今年已经增至六十余家。其中比较大规模制革厂约三十余家，如西北化学制革厂、新履、西北制革厂、同合、鸿顺兴、永兴、华兴等皆是，以西北化学制革厂规模最大，组织最为完善，出品亦较精良”①。“本市制革向用旧法，操是业者，谓之为黑皮坊，为数甚多，约计百数十家，完全为手工业”②。

其他如印刷业、铁匠业、铜匠业及木器业等均有很大的发展。其中，据《西京市工业调查》统计，印刷业在清末民初多为石印业，以南院门、竹笆市、正学街一带为多，当时大规模的铅字印刷局设立逐渐增多，除各自多备印刷机器以外，以启新印书馆及文化服务社陕西分社规模最大。

旧式皮坊多分布于东大街、北大街、糖房街一带，有百数十家之多，年鞣制生皮约 18 万张。制造方法全是手工制作，出品农家所用皮件，如皮绳、皮笼头、鞭梃、鞭梢，旧式皮鞍最多，当时已经可以制造皮鞋底皮及皮带等产品。

铁匠业有百数十家，小规模的铁匠业计有 70 余家，以刀剪业最为出名，总计有 20 余家，最著名的有梅花张，与杭州张小泉和北京王麻子齐名。主要分布在南广济街、北广济街、城隍庙内、西大街、新川心店、大麦市、西关正街等地。

铜器业有百数十家，以城隍庙内为最多，规模均小，除制造铜壶、铜盆、铜罐、铜锅、铜号及其他零星铜器以外，别无精良出品。由于搪瓷器皿对其具有竞争性，铜器业发展受到一定影响。

“木市木工业总计有百数十家……木器业，多集中于东西木头市，

① 陕西省银行经济研究室：《西京市工业调查》，西安：秦岭出版公司，1940 年，第 85 页。
② 陕西省银行经济研究室：《西京市工业调查》，西安：秦岭出版公司，1940 年，第 85—86 页。

往昔以东大街精业公司所制之卤漆家具最为驰名[①]。

据资料统计，1937 年西安手工纺织业有 17 户，纺织机 118 架，工人 173 人；1940 年发展为 109 户，纺织机 1000 余架，工人 2000 余人。但因物价飞涨等，1941 年末仅存 70 余户，每户有手摇铁机 30 余架，工人 10—100 人。

从手工业在全面抗战前的发展情况看，西安人口增加、消费增加是导致其发展的一个原因；同时军需也刺激了手工业的发展，以补充机器工业的不足。从其空间分布来看，这些手工业主要分布在老城区，一方面是因为老城区已经形成了手工业分布格局；另一方面这些手工业一般规模较小，大多与居民生活相关，又往往是前店后居的建筑形式，接近城市中心和居民较为集中的地方可以降低成本。因此，这些手工业分布也显示出其对旧城的依赖性。

抗日战争全面爆发后，西安的手工业得到很大发展，据民国时期的《西京市工业调查》统计，截至 1940 年，西安近代工作主要包括烛皂业、颜料及燃料工业、洗染业、玻璃业、制革业、猪鬃业、纸烟制造业、火柴业、造纸业、印刷业、酒精业、服装业、纽扣业、手工铁器业、铜器业、洋铁白铁业、木工业、竹器业、伞店业、针篦业、证章制造业、制箱业、制毡业、纸盒纸花及纸札业、笼篓业、罗底业、麻绳业 27 个手工行业，共 960 多家[②]。据初步统计，从各类手工业在城市内部的分布看，以城市西北隅为多，然后为城市西南隅、东大街一线，这三处的手工业数量占全市总数量的 51%。其他手工业则在东关、东大街、西大街、南大街、北大街、东北隅、东南隅呈相对均衡分布，呈现出一定的规律性：（1）4 个关城中，以东关手工业分布较多。（2）4 条大街除东大街以外，以西大街、南院门区域分布相对较多。（3）城市东南隅、东北隅相对于西南隅、西北隅分布较少。总体上，手工业的空间分布呈现出由传统商业区域向东大街沿线发展的趋势，同时，原来作为军事堡垒的满城和南城在破败后，手工业在民国时期逐渐有所发展（表 4-21）。

---

① 陕西省银行经济研究室：《西京市工业调查》，西安：秦岭出版公司，1940 年，第 155 页。
② 陕西省银行经济研究室：《西京市工业调查》，西安：秦岭出版公司，1940 年，第 62—172 页。

表 4-21　民国时期西安各类手工业分布统计一览表

项目	织布厂	毛巾厂	洗染业	西服业	制革业	皮坊业	印刷业	服装业	纽扣业	铁匠业	铜匠业	洋铁业	木工业	竹器业	伞店业	针篦业	证章业	电焊业	制箱业	制毡业	纸盒业	箩笼业	麻绳业	小计
东关	15	5	2	—	—	2	1	8	—	—	1	2	—	12	—	—	—	—	—	—	1	—	1	50
西关	—	—	—	—	—	1	—	—	—	1	1	1	—	—	—	—	—	—	—	—	—	—	—	4
南关	—	—	—	—	—	2	—	—	1	—	—	—	—	—	—	—	—	—	—	—	—	—	1	4
北关	—	—	—	—	—	1	—	—	—	—	—	1	—	—	—	—	—	—	—	—	2	—	—	4
南院门	—	2	1	—	10	—	2	21	—	—	7	—	—	—	—	—	—	—	4	—	—	—	—	47
琉璃庙	—	2	—	—	—	—	—	—	—	—	—	—	—	—	—	—	—	—	—	—	—	—	—	2
鼓楼	—	—	—	—	—	—	—	—	—	—	—	—	—	—	—	—	—	—	—	—	—	—	—	—
竹笆市	—	1	2	2	1	1	1	5	—	—	3	1	—	17	—	—	1	—	3	—	1	2	2	43
东大街	—	—	6	10	6	13	8	34	1	—	5	20	2	2	1	1	2	2	3	—	—	3	6	125
西大街	1	2	—	—	1	1	4	—	—	1	13	6	—	—	11	7	1	—	1	—	—	1	3	53
南大街	—	—	—	8	—	1	11	3	1	—	2	1	2	—	—	1	1	1	—	—	5	—	3	40
北大街	—	—	1	1	—	5	3	5	—	—	—	7	4	1	—	—	—	—	4	—	1	9	—	41
东北隅	7	—	5	—	1	—	—	3	1	—	—	5	—	—	—	—	—	—	1	—	18	—	2	43
西北隅	5	—	8	—	9	19	2	11	5	3	57	7	—	2	1	11	1	—	1	—	6	2	—	150
西南隅	7	—	5	—	3	3	27	6	1	17	6	14	25	1	—	—	4	—	—	—	7	2	1	129
东南隅	3	—	2	—	—	9	4	1	6	—	—	5	5	2	—	—	—	—	—	6	5	—	1	49
城外	6	—	—	—	—	—	—	—	—	—	—	—	—	—	—	—	—	—	—	—	5	—	—	11
合计	44	12	32	21	31	58	63	97	16	22	95	70	38	37	13	20	10	3	17	6	51	19	20	795

资料来源：陕西省银行经济研究室：《西京市工业调查》，西安：秦岭出版公司，1940 年

此外，手工业内部也存在明显的空间分化现象，其分布有以下两种情形。

一是集聚在某条街道，形成行业的集聚分布，主要有东西木头市的木器业，三学街的印刷业，骡马市的制毡业，东大街和南广济街的铁器业，北大街的笼篓业，城隍庙和西大街的针篦业，西大街的制伞业，东关与竹笆市的竹器业，西大街、东西道院的铜器业，东大街和南广济街的洋铁白铁业，东大街、院门巷、竹笆市、东关的军服庄，东大街的西服业，东大街、糖房街的皮坊业，正学街、南大街、东大街的印刷业，东大街和大麦市的小型皮革厂，东关的手工织布厂、毛巾线织厂，分布在东大街、尚仁路（今解放路）、东关及南院门附近各街道的染织厂。

二是分散布局在城市各处，此类布局的手工业从各个行业分布的叠加关系上看，其分布有两种倾向：一种是沿四大街集中布局，而以东大街最为集中；另一种是各类手工业的叠加形成了相对集中成片分布的格局，其中包括新的城市商业中心。如在东大街、城东北隅（原满城区）、东关、北关等地集中布局，还有的集中分布在以南院门、西大街为中心的旧商业区，以城区的西北隅和西南隅布局相对较为集中，其次为东南隅，总体上南北大街以西的手工业较其东部集中，而东部最为集中的区域为东大街。城市东南隅主要分布在东县门、端履门和骡马市一带，较为分散。

总之，近代西安城市手工业体现了沿街集中和分散的分类叠加成片的分布格局。同时，手工业主要分布在内城区域，体现出传统手工业对旧城区的依赖性。

二、近代工业布局的发展及其演变

近代工业发展有两个大的阶段：一是在陇海铁路西展至西安后，西安的近代工业逐渐发展起来。二是抗日战争全面爆发后，民族工业内迁，使西安近代工业在短期内有所发展。近代工业发展不同于传统手工业，其对于原材料、交通运输、厂房和生产工艺都有不同的要求，所以在工厂的选址方面不同于手工业对旧城区的依赖性。近代工业的扩展使

城市发展突破城垣，这是辛亥革命后，继城中城格局的改变后城市拓展出现的新的趋势。因此，近代工业的发展对城市空间结构产生了较大的影响，是城市空间转型发展的又一次突破性的改变。

陇海铁路西展至西安是西安近代工业发展的重要契机。自1934年12月陇海铁路潼关至西安段通车，西安的近代工业发展进入了一个新的阶段。1935年建成西京电厂，装机总容量为2875千瓦。1936年建成大华纱厂，装有纱机1.2万锭，布机320台，后纱厂改组为大华公司。20世纪30年代，西安共有发电、纺织、面粉、火柴、制皂、烟草、机械等大小64个新式工厂，其中以大华纱厂和西京电厂规模最大，其他多数实际是设备简陋，近似手工作坊的小工厂，大多分布在铁路以北及城市东北隅、东关一带[①]。西安的近代铁器工业有亚力（后改为中兴）、义聚泰、同发样、德记等工厂，大型机器纺织工业有大华纱厂，大型机器面粉厂有华丰、成丰面粉公司。同时，全面抗战时期的工厂内迁使西安的工业得到很大发展，据民国时期《西京市工业调查》统计显示，1940年西安的工业以近代机器工业与手工业（包括传统手工业）为主，其中机器工业主要有纺织工业、机器面粉业、化学工业、化学制药业、机器工业、电气工业等类型，自陇海铁路修通至西安后，西安近代工业有了初步的发展（表4-22）。

表4-22　1934—1940年西安地方重要工业统计一览表

名称	时间	性质	地点	附注
西京机器修造厂	1937年	机器修造	崇孝路	46亩
西京机器厂	光绪末年	成立	南马道巷	19亩
	民国二十年（1931年）	机器修造		
	民国二十七年（1938年）	今名		
西京电厂	民国二十二年（1933年）	电气业	火车站东	33亩
		办事处	尚德路	12亩
西北电池厂	民国二十六年（1937年）	电气业	香米园	20亩

① 曹洪涛，刘金声：《中国近现代城市的发展》，北京：中国城市出版社，1998年，第281页。

续表

名称	时间	性质	地点	附注
西安成丰面粉公司	民国二十四年（1935 年）	面粉业	玉祥门外	73 亩（扩）
西安华丰面粉公司	民国二十四年（1935 年）	面粉业	火车站北	25 亩
福记和合面粉公司	民国二十七年（1938 年）	面粉业	金家巷	迁
长安大华纺织厂	民国二十五年（1936 年）	纺织业	郭家圪台	200 亩
建设厅培华女校合办染织厂	民国二十六年（1937 年）	染织业	甜水井	—
西京毛织厂	民国二十九年（1940 年）	—	崇义路	—
西安集成三酸厂	民国二十二年（1933 年）	—	香米园	2400 平方米
西北化学制造厂	民国二十四年（1935 年）	—	崇礼路	20 余亩
西北化学制药厂酒精部	—	—	崇礼路附厂内	—
西北制药厂玻璃部	—	—	崇礼路附厂内	—
西北化学制革厂	民国二十七年（1938 年）	—	崇耻路	5 亩
西安华西化学制药厂	民国二十八年（1939 年）	—	香米园	26 亩
大华纱厂酒精部	民国二十八年（1939 年）	—	大华纱厂东南	—
军政部西北军用颜料制造厂	民国二十八年（1939 年）	—	东厅门	—
西安利秦工艺社机器漂染厂	民国二十三年（1934 年）	—	长乐坊山西会馆	—
新履革履股份有限公司	民国十二年（1923 年）	总厂	中山门外	—
		分厂	保吉巷	
		营业部	南院门	
		支店	东大街	
陕西省战时物产调整处猪鬃厂	民国二十八年（1939 年）	—	尚德路	—
秦丰烟草股份有限公司		—	中正门外	30 亩
中南火柴公司	民国二十五年（1936 年）	—	北梢关门内	迁自汴
益生造纸厂	民国二十八年（1939 年）	—	北关外	—
西北协兴造纸厂	民国二十七年（1938 年）	—	崇孝路	—

续表

名称	时间	性质	地点	附注
启新印刷馆	民国二十二年（1933 年）	—	梁府街（迁北关）	8 亩
中华文化服务社陕西分社	民国二十八年（1939 年）	—	北大街	约 10 亩

资料来源：陕西省银行经济研究室编《西京市工业调查》，西安：秦岭出版公司，1940 年

从表 4-22 中可以看出，陇海铁路修通前后，西安新的近代工业主要在 1937—1938 年建立的比较多，其空间布局主要在城市东北隅原满城一带，以及火车站以北和以东地区，西部则主要分布在香米园和玉祥门一带。而这一带是在辛亥革命之后所形成的城市废弃区域或者城市建设较为稀疏的地区。

全面抗战期间民族工业内迁，使西安近代工业发展迅速，外来迁入陕西的工厂大多分布在关中地区，而西安集中了大部分内迁工厂，同时西安地方工业也有了一定的发展。根据民国时期的档案资料统计，西安各个行业的分布有两种倾向：一是依托旧城区的布局；二是在城市新区的发展，包括城市内部的残破区和城市外围新的拓展区域（表 4-23）。

表 4-23　1943 年 5 月底经济部核准陕西省登记工厂分类分布统计一览表

序号	面粉工业	机器工业	纺织工业	制革工业	化学工业	玻璃工业	印刷工业	纸业	杂业类	火柴工业	小计
东关	1	2	18	1	2	—	—	—	2	2	28
西关	—	2	—	—	1	—	—	—	1	—	4
南关	—	—	5	1	—	—	—	—	—	—	6
北关	1	2	—	—	1	—	—	1	1	—	6
中正门外	—	1	3	—	—	—	—	—	1	—	5
玉祥门外	1	1	1	—	—	—	—	—	—	—	3
新南门外	—	1	—	—	—	—	—	—	1	—	2
东大街	—	4	—	1	—	—	—	—	—	—	5
西大街	—	5	—	—	—	—	1	—	—	—	6
北大街	—	4	—	—	—	—	—	—	—	—	4
南大街	—	—	—	1	—	—	—	—	—	—	1
城东北隅	—	12	12	1	2	1	1	1	4	—	34

续表

序号	面粉工业	机器工业	纺织工业	制革工业	化学工业	玻璃工业	印刷工业	纸业	杂业类	火柴工业	小计
城东南隅	1	4	1	—	—	1	1	—	—	—	8
城西南隅	—	1	1	2	—	—	—	—	—	—	4
城西北隅	—	1	3	1	6	1	1	—	—	—	13
合计	4	40	44	8	12	3	4	2	9	2	129
占总数的百分比	3.10	31.00	34.11	6.20	9.30	2.34	3.10	1.55	7.75	1.55	100
备注	地址不详者已忽略不计的工厂 129 家										

资料来源：陕西省建设厅第四科工商股：《经济部核准陕西省登记工厂分类统计总表》（截至民国三十二年五月底），西安：陕西省档案馆，1943 年，卷宗号 72－2－1180

由表 4-23 可以看出，近代西安工业以纺织工业、机器工业、化学工业为主，所占比例较大，合计占 1943 年经济部核准统计厂家的 74.4%，其中又以纺织业和机器业比例较大，占统计厂家的 65.1%。从表 4-23 中所显示的各个工厂的分布来看，纺织工业主要分布在东关和原满城所形成的东北隅残破区域；机器工业主要分布在西安的东北隅（原满城区），东、西、北三条大街及东南隅则有少数厂家集中分布；化学工业主要分布在西安西北隅香米园一带；制革工业在城市的西南隅相对较多，但整体上呈零散分布。总的来说，工业分布在东关和城东北隅满城区，而城东北隅满城区的工业分布靠近中正门一带，同时在北关和中正门外相对集中，尤其是以大华纺织厂（资金 600 万）、华丰面粉公司（资金 60 万）、西京电厂（资金 100 万）为主的大型工厂较为聚集，玉祥门外有成丰面粉公司（资金近 76 万）。

从总体上看，西安近代工业布局呈现两种趋势；一是在火车站、香米园、城市东北隅和东关的相对集中布局，而香米园以化学工业为主，火车站北部附近主要以大型工厂为主，东关以纺织工业为主，原满城区则相对集中了纺织、机器和杂业等行业，各种工业均有分布，是一个工业相对综合的分布区域。二是各种相关产业之间又呈现分散布局的特点，玻璃、印刷、制革工业相对分散在各条街道布局，体现出工业布局的交通导向性特征和初期发展的无序状态，尚未形成同类工业聚集区域和上下游工业有序布局的局面，是近代西安社会转型时期和过渡发展过

程中城市工业布局的特点。

第五节　城市新区及其功能整合

民国时期的城市新区发展有两种情形：一是建立在城市残破区域的城市复兴区，主要在城市东北隅原来满城用地范围，其次是在原南城和广仁寺一带地区。二是在府城外围以陇海铁路西安车站以北为聚集区，形成了包括工业、商业等在内的城市新区，西关城外也有工业，但规模普遍较小。

一、城市内部残破区的重建

近代西安城市新区建设是先城内、后城外的空间时序。城内则以东北隅为主，将原满城划为新市区，发展较早且建设力度较大。

（一）东北隅的拟修道路及其道路格局

1928 年，西安市政府将原满城范围划为新市区，并以满城原有道路为基础，经整治取舍，拓宽、取直、统一命名，形成棋盘式路网，合计每个约 50 亩大小的街坊 30 个。同年，关中大旱，夏秋歉收，省、市政府以工代赈，在中山门内路北修建民乐园：整修东、西、南、北四大街道，拆除石条路面，改筑碎石路面；拆除东、西、南、北城门外洞及城内街口门楼；修筑从北城墙到东大街的尚勤、尚俭、尚仁、尚德 4 条南北道路。其中，尚仁路（今解放路）为 1953 年编制的城市总体规划中以火车站遥对大雁塔的南北副轴线奠定了基础。在尚仁路（今解放路）两侧从南到北开辟了崇孝、崇悌、崇忠、崇信、崇礼、崇义、崇廉、崇耻 8 条东西方向道路（即今东、西一路到东、西八路），其中，崇礼路（今东、西五路）为以后开辟城内东西方向交通干道奠定了基础。此外，还修建了尚爱路、尚朴路、东新街、南新街、西新街、北新街、新民街、案板街及一些小巷。同时拍卖道路两侧的土地，在北新街和北大街一带修建了德庄、四皓庄、五福庄、六谷庄、七贤庄、通济坊等具有传统民居格局的新四合院和独院住宅。

这一时期，为了适应城墙内外交通的需要，相继开通券修小南门（勿幕门）、中山门（今小东门）和玉祥门。

（二）《西京城关道路图》的拟修城市内外道路

由 1939 年陕西省陆地测量局代为印刷的《西京城关道路图》中，可以看到在城市西北隅残破区一带拟修马路的分布情况，南北方向由香米园西面的八家巷向北的西北一路、西北二路、西北三路、西北四路、西北五路、西北六路和西北七路共七条路组成；东西向共三条：由南向北依次为马神庙巷西延至西城墙，西九府街由陈家巷向西延至西城墙，糖房街由北药王洞向西延至西城墙。

东南隅残破区拟修道路主要有两条：一条是沿尚仁路（今解放路）一线由大差市南由南十道巷延伸至南城墙马道处；另一条是东西方向由小差市南路（今建国路）向东延至广惠寺、向西延至东府巷口；此外还有东南二路向西延至东六巷，向东延至城墙。

东北隅仅有一条南北向路，位于尚仁路与城墙之间，南口起于东新街，北口达于崇悌路。随着道路系统的完善，人口逐渐增长，全面抗战期间的外来人口加速了这一增长过程，从全面抗日战争到中华人民共和国成立前夕，西安东北隅的人口显著增加。“人口密度很大，其中大部分是外地人，尤以河南省籍的人为多”①。

另外，由《西京城关道路图》可以看出，城市核心区域的外围拟修线路主要为环城马路的连通段。一是城西成丰公园以西，由西门外北火巷向北延至环城北路一段。二是城东，由东郭北郭门向北至杨家村南墙东，转向西至城壕东，向北通西京电厂东墙与环城北路接。三为环城马

---

① 田克恭：《西安的建国路》，中国人民政治协商会议西安市委员会文史资料委员会编：《西安文史资料》第 10 辑，内部资料，1986 年，第 160 页。

路南段全段，由南关西火巷向西至环城西路南段，然后由南关东火巷向东过三晋义园至东关南郭门。所修道路共计三段，可形成环城马路。

二、新市区的拓展及其分布

（一）城市用地外拓的先期建设类型及其分布

光绪三十一年（1905 年），陕西巡抚夏旹就在其奏章中曾提出："因地取材，因材制器，因器执工，因工谋利，使地无弃物，国无游民。于川招纸匠，于陇雇毯师，于闽觅漆工，分类传习。于西门外得地一区，筹款兴筑，俟厂屋落成，机器运到，工师齐集，即添募学徒，日省月试，而秦民不患贫矣！"[①]这是近代时期较早的筹建机器纺织工业的设想，选址于西门之外，但并未付诸实施。此后，直至民国时期陇海铁路修通，一些工厂在火车站附近设立，城市开始突破城垣向外围拓展，其中规模较大的有大华纱厂、西京电厂、华丰纺织厂等较为重要的建设项目。

自 1934 年西安建设委员会成立后，顺应城市空间的拓展方向，拓修城市道路，"遂将省城内各街道次第修辟……二十八年又在南城外计划经、纬各马路十余条，又在火车站北附近辟修自强路八条、抗战路九条、建国路九条，均已修成土路并接通北郊各公路及风景路，以利发展市外之新市区"[②]。城市向南、北两个方向发展，由于火车站附近工厂相对集中，就业岗位也较为集中，因此，火车站北部成为城墙外围发展的活跃地区，并形成了相应的商业区域，"城北火车站之自强一路、二路……均已日渐繁荣成市，至东西郊，间有零星建筑，均照规定各公路逐渐发展矣"[③]。

除火车站北部得到发展之外，南郊也有一定的发展，"车站北部工

---

① （清）刘锦藻纂：《清朝续文献通考》卷三百八十三《实业考六・工务》，上海：商务印书馆，1936 年，第 11305 页。

② 西安市档案局，西安市档案馆：《筹建西京陪都档案史料选辑》，西安：西北大学出版社，1994 年，第 128 页。

③ 西安市档案局，西安市档案馆：《筹建西京陪都档案史料选辑》，西安：西北大学出版社，1994 年，第 128 页。

厂林立，日渐繁盛，并于三十年春辟筑抗战、建国、自强等路，而环城马路亦次第完成。南郊则均系住宅区域，因疏散、防空起见，于南城墙开辟防空门，故交通更属便利”①。

城市空间随着工业发展和防空需求逐渐向外围拓展，而城市外围的一些近郊城镇：南有韦曲、太乙宫，北有草滩，也相继发展起来，在城市周围以点状分布于南北和东西的主要交通方向上。城市新区的用地性质，主要分为商业区、工业区、居住区及移民居住区等。城市外围形成了两种增长趋势：一是以城市为依托的新区范围蔓延发展的趋势；另一种是借城市自身发展的溢出效应，形成了近郊城镇点状发展的格局。

（二）城市园林绿化及公共游憩空间扩展

民国时期的园林类型有公园、寺庙园林、私家园林和民宅绿化等几种形式。这些园林的建设发展通常表现为两种趋势：一种是借助于城市外部的天然环境和野趣所形成的一些花园和遗迹；另一种是在城市内部利用已有的花园改建成公共花园。

民国时期比较有名的郊外花园有位于今陕西师范大学附近的瓦胡同村的宋家花园，是陕西著名人士宋联奎的私人花园，一度“曾是人们郊游必涉之地，名气超过了当时城内的两个公园。……有不少引人的名贵花木，加之位于南郊，可与王宝钏‘寒窑’同道游览，且对外开放不收分文，所以遐迩闻名，前来赏花者络绎不绝。杨虎城、孙蔚如等都常应邀前往观赏”②。

城市内部以南院东边的“亮宝楼”改建成民众教育馆，“前后分为两个院：前院为博物馆……内陈列古代文物古迹，各朝代的古玩物品……后改为中山图书馆……后院布置是公园形式。走进大门两边，陈列有狼、狗熊、狐狸、猴、野猪等动物；中间是一架大葡萄棚，下放一大鱼盆中有一条约三四尺的娃娃鱼供人玩赏；再内有亭台楼阁，花草树

① 西安市档案局，西安市档案馆：《筹建西京陪都档案史料选辑》，西安：西北大学出版社，1994年，第128页。

② 奥存才：《宋联奎及宋家花园》，中国人民政治协商会议西安市委员会文史资料委员会编：《西安文史资料》第6辑，内部资料，1984年，第156页。

木，石山和土山各一座，山上建有木亭，下有丈余长的小水溪流过，上架小木桥便游人往来通行。另有十多间花木温室，室前是个大场地，设有茶馆，供烟酒糕点和糖果，为游人休息之所。此外还有一个照相馆，可供游人留念”①。这是西安较早经营的城市公园。

20世纪30年代，“市内可以供人游息的公共园囿很少，但是一般的住户人家，院子里多种植着各种花木，以供观赏。丈把高的石榴树，一丈多的木槿花，在西京城内各住宅里到处可以看见”②，反映了市民对绿化游憩空间的需求。民国时期西安城市公共游憩空间是在南京国民政府成立以后的建设中逐渐形成的，并由城市内部公园的建设逐渐向郊外风景区扩展。

对于公共游憩空间则见之于民国时期的官方文件中，民国较早时期将公园建设列入城市市政计划中的是《长安市政建设计划》③，这一文件对城内地区进行了分类，提出了公园建设及其布点，基本得以实施。

“长安市中除南院图书馆（中山图书馆）一部分含有公园性质可资游览外，欲另求一市民公共娱乐之所，实不可得”，依据《陕西长安市市政建设计划》，将公园分为两类：一类为新建设公园；另一类为天然点缀公园。按照《长安市政建设计划》的规定，当时可作为公园用地的共计6处。

第一，革命纪念公园位于满城之东，在西安城东北隅，现为一片空地，所以其四周街道的布置可将新旧二制熔于一炉，以便行人。

第二，南院门公园。该处空场东西宽41.25米，南北长120米，“拟拆去中间石道，筑环园道路，俾市民贸易之余，即可游园，围短花墙，墙内植树一行，南北两端则隔铁栅栏以壮观瞻，并开东西南北四门，以便游人，园之中心建纪念塔一座，四周殖时花，满地铺缘草，草中穿曲径，径旁置靠椅以为游人休息之所”。

第三，中山图书馆。中山图书馆为现有公园式的市民娱乐之处，

---

① 宗永福：《西安南院门过去布局》，中国人民政治协商会议西安市委员会文史资料委员会编：《碑林文史资料》第1辑，内部资料，1987年，第154—155页。

② 倪锡英：《西京》，上海：中华书局，1936年，第137页。

③ 陕西省政府建设厅建设汇报编辑处：《建设汇报》，西安：陕西省建设厅，1927年。

“拟扩充之，使与省议会通，其地方面积既大，建筑物亦佳，略事整理即成正式公园矣。”

第四，西五台公园。此公园为天然公园，包括广仁寺、习武园及西五台等处，并使其与建设厅的桑园及面粉厂通，此部分为长安市的唯一大公园，池塘丘壑之美均属于天然造林种草便成胜地。

第五，风颠洞公园。此处也有池塘丘壑之美，唯不若西五台公园的光大耳。

第六，下马陵公园。此处为古迹所在，地也极空旷起伏之胜，复有草木以点缀之，也是天然公园之一。

这六处公园用地均分布在城市内部，以后城内陆续建立了建国公园、革命公园、森林公园等。

在陪都设立后颁布的《西京市分区计划说明》中将西京市的范围，即东至灞桥、南至终南山、西至沣水、北至渭水的地区划分为文化古迹区、行政区、商业区、工业区、农业区、风景区六大功能区。其中的文化古迹区为“在省城西北十余里处之汉城，系惠帝所建，西魏、北周亦皆建都于此，隋更建新都，此城遂废，惟城基尚在。再西有太液池、阿房宫、镐池、昆明池等；城北有唐代之含元殿，其南一里有丹凤门（即今之丹凤公园也）；城之东南八里有大雁塔、唐曲江池等，均系历代文化所在，是当妥为保存，以留古迹，并栽种树木，加以整理，以增厚游览兴趣。”风景区则具有作为人文游览地和自然游憩地的功能。因此，其园林绿化功能已经开始转向城市整体中的功能分区，并且与自然环境和文物古迹互为依托，以自然风景区为例，其范围的划定注重了自然环境的地域单元特性。

其后的《西京计划》中提出了新辟公园计划，主要位于城垣外围：一为民众第一公园，在灞河与渭河之汇流处草滩以北。二为第二公园，以火车站北首童家巷旧有之丹凤门、含元殿辟筑第二公园。其他各区如有公地或文化古迹所在，均拟设法辟筑民众游览公园。

而《西安市分区及道路系统计划书》中则对城市公共游憩空间进行了系统的分类和布局，提出了城市绿化与公园的关系。城关区“绿面”包括道路广场、市湖、公园、森林，占城关区面积（共 13.83 平方千米）的 36.5%，除建筑物所占的面积之外，剩余土地的公园、道路、广场、公园、市湖均为“绿面”。市之有“绿面”犹如人之有肺，不应小于 10%……不患穷而患不均。城区必须达 10%，郊区必须达 30%，且应均匀分布。

其近期项目提出了城市绿化水系和林荫道建设。其中市湖主要是：“引水入城，东市之兴庆池，南市之曲江池，北市之太液池，略为勾出并利用低地。于兴庆市西设一池，曰南湖，李家樽（疑为村）西设一池曰西湖，东门外北设一湖曰东湖，再注入护城河，并将环城空地辟作公园，如是则旧市有莲湖、东湖、兴庆池及护城河。东新市滨于浐岸，南新市有曲江池，西新市有丰惠渠及西湖，北新市有太液池……则西安市行见城湖兢秀，渔歌互答”。

园林绿化及公共休憩空间不仅有集中和散布的公园，还提倡小型的与生活密切联系的花园或活动场地，以提高市民的生活水平，如关于林荫道及其与住宅的关系的解决方案提出：“林路，郊区最小道路为十六公尺，可植树，五十、四十公尺之干路旁多植树木，并设平台造成林荫大道，房屋尽而为别墅式，每家有小公园、小运动场，以求均匀享受，此等布置对中等以上家庭收益更大，使每个市民可达到康乐之生活条件”①。

西安城市建设理念适应了社会发展的需求，并借鉴国内外的规划建设经验，使西安城市公共游憩空间从城区转向近郊城市外围，向城郊一体的方向发展：由最初分散的私人花园和在城市现状条件下在城区内的公园到陪都时期将自然风景和人文古迹作为人们游赏的用地；最后是第二次世界大战后，城垣外围依托已有文化古迹建设公园的规划设想，并回归到追求“康乐”生活条件的人本思想等一系列建设规划行为，城市的公园绿化及公共休憩空间由分散布局走向整体布局，进而走向系统和回归到人本的理念，也从这个侧面反映了城市建设理念及其空间变化过程。

---

① 西安市政府建设科：《西安市分区计划及道路系统计划书》，1947 年。

三、城市旧区功能结构重构

民国时期西安城市用地功能发生了很大的变化，新的用地功能产生，通过新旧功能置换使旧城区内部原有的残破区域得以发展，城市空间向新区发展和向城市外围拓展的同时，城垣内部的城市用地功能也经过了一个不断建设、不断适应社会经济发展变化用地功能的整合过程。首先，表现在旧城区内残破区域（原南城东南区域、广仁寺一带及白鹭湾一带）的用地逐渐被赋予了新的城市功能。其次，表现在城市内部原有用地功能所具有的持续性，如南北院的用地性质，文庙、碑林、关中书院、新城（满城原明秦王府用地）、城隍庙等用地依然保持历史以来的功能格局。最后，表现在城市内部功能发生变化的用地类型及其分布。

在这一整合过程中，一些城市文化空间内涵及其历史信息被保留下来，隐含在城市用地功能结构的延续性及其所保留的信息当中，是西安城市近代化的重要文化资源。

（一）城市旧区用地范围的变化

辛亥革命后，拆了破庙，改直了个别巷道，同时居民由西向东迁移逐渐增多，但道路狭窄坎坷不平。到 1933 年前后，东南隅大部分还是庄稼地和荒废的坑凹地，由于火车将通西安，有钱的官僚们争先恐后在这里买地皮。当建国路一带圈地建住宅时，国民党市政府规定南城墙内和东城墙内必须留有顺城巷。在全面抗日战争时期，东南隅的居民在城墙上挖有很多大小不同的防空洞，同时在今和平门内东侧的城墙上挖有一个大而深能通城外的洞，这是胡宗南安置秘密电台的地方。此外，当时有些由河南逃来的难民也在墙上挖洞住家，所以这个区域的城墙内壁坍塌严重[①]。

如前所述，明清西安城范围内的旧城区存在城市的残破区域，主要

① 田克恭：《西安的建国路》，中国人民政治协商会议西安市委员会文史资料委员会编：《西安文史资料》第 10 辑，内部资料，1986 年，第 160 页。

包括城市东北隅的满城所在区域，南城所在的东南区域靠近城墙部分，西南角白鹭湾一带，以及西北角广仁寺一带的城市边缘区域。除满城以外，其他三个区域在晚清时期处于建成区的外缘部分，外缘主要指其位于府城内以钟楼为中心的外缘地区，同时，也是建设比较少甚至空旷的地带。辛亥革命以后，这些残破区域成为一些新的城市功能的首选区域，主要原因一方面是新的城市功能，如工业和手工业无须强调一定要位于城市核心地段；另一方面这些残破区域地价相对较低，还能利用城市内部的基础设施资源。因此，这些地区反而具有复兴的潜力。

（二）城市内部原有用地功能的持续性及其分布

城市内部一些功能用地在近代百余年间保留了远较百余年更长的历史以来所具有的用地功能，这些用地在改朝换代和社会变革当中依然保留了原有的功能，其中行政管理用地方面主要有南院、北院和八旗校场（明秦王府），位于明清时期的行政中心；文化教育用地有关中书院、文庙、碑林等，位于明清时期的城市文化中心；祠祀庙宇有城隍庙、东岳庙、卧龙寺、广仁寺、清真寺等，其中城隍庙和东岳庙等，虽然保持其用地，但其内部功能却有所附加，如城隍庙成为日用小百货商场，东岳庙改为小学等。

归结起来，旧城内部的行政、文化中心用地功能与区位保持下来。主要有两点原因：一是旧有土地功能及其设施仍然具有使用价值，因此，新的政权和管理者延续了其原有的功能。二是人们的心理和行为习惯，导致在新旧政权交替时，并不主张对人们已经习惯的事物的完全革除。因此，这些用地及其功能成为人们对城市认知的标志和期待，尤其是因为西安是一个文化底蕴丰富的城市，对关中书院、文庙和碑林等具有历史文化价值内涵的城市功能的保持，是城市文化和认识水平的重要体现。

（三）城市内部功能发生变化的用地类型及其分布

城市内部功能发生变化最广泛的用地类型就是各类祠祀、庙宇，清代西安城市内部寺庙邻里与市民的日常生活关系非常密切，一些节日庆典、商业活动、祈福祷雨等活动均以之为载体，如庙会等形式，是农业经济时代的特殊文化现象。除此之外，还有大量的尊崇国家祀典所设立的先贤、名宦，以及为忠、义、节、孝等具有教化功能而设立的祠祀等景观，除了在改朝换代后渐消失，寺宇、庙观已经在民国时期所剩无几。

大多数寺庙改为学校或者行会、团体等组织机构，体现出旧有功能不适应城市社会的发展而被替代的过程，而教育、商业和文化团体等则在替代的过程中实现了新旧功能的转换。这一部分功能的转换是城市内部功能自我演替的过程。

总之，城市旧区通过保留、转换和新生等几种形式对内部功能所进行的自我整合，是一种城市空间要素的自我演替。在工业化过程所带来的新的功能产生的时候，城市向外扩张的过程与之同步，这是近代西安城市内部空间演变的主要方式之一。

本章小结

辛亥革命以后，西安城市空间发生了结构性的变化，表现在城市建设被纳入到现代城市管理体系的发展过程中，以及城市空间自身顺应社会需求的同步发展。城市管理体制的转型使城市规划建设逐渐成为城市空间结构演变的直接推动力量。因此从管理层面来说，民国时期西安城市空间的转型体现了管理体系的形成及管理力度的逐渐强化过程。

与此同时，以满城被拆除为标志，以满城为中心的城中城格局不复存在。对东大街的拓宽改变了清代城市内部东西交通不均衡的状态，同时随着沿街商业的开发，城市的经济发展呈现出其固有的活力，军事和政治的强势与经济发展渐趋调和。南京国民政府时期，全国局势渐趋稳定为经济的复苏和城市的复兴提供了良好的社会环境，虽然兵燹之后又连遭荒旱，但统一的社会格局已经形成，因此，在其后陪都的设立和抗日战争等因素的作用下，城市空间发展的动力来自国家开发西北的举措

和将西安作为陪都建设的目标，以及其作为战争后方城市。尤其是陇海铁路的修通，对外交通运输条件的改善，促进了近代工业的全面启动。

城市空间结构在新的政治体制下、创办实业的社会经济环境中，以及新的城市建设理念的作用下，以辛亥革命为标志是城市空间结构转型发展的时期，其主要特征表现在城市内部功能要素的空间分化及其重组整合的演变过程中。主要表现在以下几点。

第一，商业中心与行政中心的空间分离趋势。民国时期，陇海铁路修通至西安后，西安的工业发展有了起步，同时也带来了城市商业的繁荣，新型商业功能有所发展，商业、金融业等逐渐发展起来，以西大街、南院门为中心逐渐向东大街、尚仁路（今解放路）一线发展，形成了传统商业与新式商业的分化现象。同时行政中心在晚清衙署的基础上开始布局，并有所突破，陇海铁路管理局、经济建设委员会等国家派出机构均分布在尚仁路（今解放路）火车站附近，而其他政府机构则通过功能置换形成新的布局关系。同时原来依附于南北院行政中心而形成的商业中心开始有所转变，在以商业要素为导向的新的商业中心形成的同时，行政用地的布局以利用旧有衙署和局部功能置换为主，形成了新的商业空间与行政中心空间的分化现象。

第二，传统手工业与机器工业的空间分化。从工业分布来看，传统手工业更多依赖城市原有区域的集聚效应，形成了一些手工业作坊和工厂沿道路分布的现象，而近代机器工业则呈现出利用旧有残破区和向新区发展的趋势，以大华纱厂为例，其占地 200 亩，同时大量的原材料和产品的运输使其依赖于铁路交通，因此成为北郊新区的主要工厂之一。西京电厂也不适宜在市内发展，因此机器工业的工艺生产和运输需求使其更多地向城市外围发展。因此，民国时期西安的产业布局呈现出传统手工业依托旧城区，而机器工业从城市残破区的发展走向新区的拓展发展趋势，二者在空间的趋向上产生了分化，从而导致空间分化。

第三，传统商业中心与新兴商业中心的空间分化。以西大街、南院门为中心的盐店街、两家牌楼、五味什字、南北广济街、竹笆市所形成的商业中心，集中了传统的金融、药业、竹器业、西药店、服装业及一些老字号等，其更多经营的是传统商品，随着近代工业的发展，东大街、尚仁路（今解放路）一线形成了新的商业中心，而新兴商业中心有着更大的空间容纳和接受新的外来事物。东大街集中分布了城市银行，尚仁路（今解放路）集中分布了一些大的旅店，同时，各种商业空间叠加分布在该区域内，进而使该地区具有综合商业服务功能。因此，商业空间出现了传统商业中心与新兴商业中心的分化现象。

除此之外，城市各个功能区内部也发生了相应的变化，除了城市公共生活中心功能的不断发展，城市功能的空间演变过程较为突出的是商业空间、工业空间等方面，而工业发展导致了突破城垣的城市拓展，以及各种功能的整合过程，突出表现在适应城市消费特征的商业空间过程，以及工业布局的发展逐渐适应工业生产需求的空间趋势。这一时期城市内部空间结构演变及其影响因素是多方面的，归结起来有以下五点。

第一，社会转型是近代西安城市内部空间结构演变的重要因素。正是晚清帝国被推翻，满城得以拆除，才结束了东关与府城之间长期被满城阻隔的局面，形成了以钟楼为中心，东西和南北交通均衡发展的空间格局。社会转型因素导致了满城军事功能的丧失，也导致了居住在满城内的旗人丧失其社会地位和生活来源，而满城作为一个军事城堡自身没有相应的生活配套设施，加之人口构成较为单一，没有形成一个城市地方社会，也没能和城市其他区域形成有机联系。因此，辛亥革命起义成功之后，满城的军事功能和居住功能随之衰退，成为城市内部的废毁区。

第二，政策因素作用。民国时期的西北开发和西京陪都的建设均对西安城市空间发展产生了重要影响。民国时期西北开发，从政策层面对西安乃至陕西的发展予以很大的关注，西北开发首重交通，改善了西安的对外交通联系条件，促成了陇海铁路的西展，是西安城市近代发育的一个有利条件。抗日战争时期，西安被立为陪都，同时作为战争的后方基地，一方面在民族工业内迁中被立为新的后方工业基地之一，在军需的刺激下有所发展；同时黄河天险使其成为抗击日寇侵略的前线阵地，在敌机的轰炸下遭到了一定的破坏，因此也使西安的工业在该地区形成了重新布局的局面，一些工厂再次内迁又影响了西安近代工业产业的

进一步发展。总体上政治因素是促使近代西安发展的又一个不可忽视的因素。

第三，近代交通的发展。经济往往是社会发展最为活跃的因素，民国以后，近代西安的城市发展摆脱了清朝军事统治的桎梏，社会、经济及人们的意识观念都在经历一次大的变化和适应过程，同时当局也对于社会发展给予了较大的关注，城市经济有了起色，尤其是近代工业的初始发展。但近代机器工业发展的外部交通条件非常有限，限制了经济要素的流通，民国初期，西安主要以陆路交通为主，并且均为适应马车交通的大车道，路面多为土路。陇海铁路的修通从根本上改变了西安城市对外交通的方式和运输的能力，加速了社会经济要素的流通过程，客观上促进了西安近代工业和社会经济的发展。

第四，近代工业的发展。近代工业的发展使城市内部空间要素有了质的改变，近代工业的产生从根本上改变了旧有的产业结构，其生产方式和生产要素的配置方式也与原有以手工业生产为主的产业方式有很大区别，城市从地域的商贸型消费城市逐渐向生产性城市转化。

第五，近代文化教育事业发展。西安历史以来所形成的作为西北地区文化中心的地位，加之晚清戊戌变法后旧有教育体制的改变，使城市文化从体制上发生了根本的变化，存在 1300 年的科举制度被废除。同时形成了具有现代教育体系内涵的各类教育机构，包括诸如大学、职业学校、中等学校、师范学校、普通教育等在内的较为完备的教育体制。教育的对象也更为普及。加之交通条件的改善，强化了西安的文化中心地位。

总之，满城被拆毁，陇海铁路修通，以及近代工业的产生均使西安城市的空间结构发生了改变，其后西安被设立为陪都和抗日战争全面爆发，对西安的发展都起到了关键的作用。陪都的设立对于西安城市建设步入正轨起到了不容忽视的作用，此期间形成的《西京计划》建立了西安按功能分区发展的构架，并具有现代城市规划的基本思想。西安作为陪都到裁撤的时间为 13 年，抗日战争全面爆发后，西安作为陪都也经历了其发展的中期、后期，至 1945 年陪都裁撤，西京筹备委员会、市政建设委员会等组织已经做了大量工作，使西安城市建设的组织和管理逐渐趋于完善，陪都的裁撤从作为陪都建设的资金到政策、人员等方面有所调整，虽未动摇西安已经形成的管理机制，但却影响到西安城市及其建设的持续发展；而这一局面的形成与战争形式日益明朗化有直接的关系。抗日战争结束使西安的陪都地位消失的同时，又迎来了战后重建的浪潮，而这一浪潮因历史发展的诸多因素又使西安从一度的繁荣走向衰落。因此，战争时期是西安社会经济发展与城市建设的一个重要时期，而其发展的动因大多来自战争因素的驱使：如陪都的设立、工厂的内迁、军事物资的供应及生产等都刺激了西安社会经济的发展。战后重建计划已经使西安城市的近代化从一定程度上有了一个新的开端。与近代百余年前期，即晚清时期相比，民国时期的变化更多地表现为城市空间结构及其要素在外力作用下的转型发展过程。

第五章　城、郊结构及其居住空间分异特征

城市不仅仅是经济动力因子的载体和外在表征，更具有社会、文化、传统、制度的内涵。城市空间结构的变动涉及居住环境、生活质量、城市政治、居民感知与生活行为，甚至性别平等等问题。从微观角度而言，城市空间和物质环境的空间分异在城市社会空间统一体内集中体现于城市居民居住空间的分异①。西安城市内部居住空间分异的演变是近代西安城市历史发展中各种生产关系及社会矛盾在特定历史时期的折射，是城市内部空间结构组织管理与基层居住社会自我演替发展的契合点。同时，本章结合近代西安的城市发展，通过对西安城、郊居住社会组织和管理结构特征进行梳理，探讨近代西安城、郊居住这一城市地域结构的空间细胞，即从居住功能的层面揭示城市空间结构的基质特征，涉及城、郊居住社会结构，即城、乡居住空间组织结构及城市内部居住空间分异等方面。

① 吴启焰：《城市空间分异的研究领域及其进展》，《城市规划汇刊》1999 年第 3 期，第 24 页。

第一节 居住社会组织及其空间结构演变

清代西安不仅作为省城、西安府城，同时也是长安、咸宁两县县治所在。驻省城的官衙有总督衙署、巡抚部院、知府衙门、县衙，同时又有驻防将军、镇守、提督等官员，军、政多层机构和交叉管理在所难免。加之，咸宁、长安两县分治，西安城市空间层级有其复杂性，既有自上而下的行政划区、分属两县的中观管理机构，又有自下而上的以保甲组织管理的、以街坊邻里为空间单位、由民间遴选出耆绅等进行管理的居民自我管理组织。在城市近代化进程中，位于两种管理契合点的居住空间结构的变化折射出外部管理和内部自组织发展两种趋势的相互作用。

一、从两县分治到统一管理

咸宁、长安两县划界而治，据民国《长安咸宁两县续志》载：

> 咸、长两县，今勘分界：北自安远门东循满城，南行过糖坊街、曹家巷、梁府街东口，入至宝陕局门止；复由梁府街东口起，南行过王家巷东口，又南行数十丈，斜折西南，行之协标校场东，又南行至协标校场门中心，折而西南，行至八家巷内东栅南行，循箭道西墙出，折而至北院门中心，顺北大街中南行，过小花角巷、鼓楼巷东口内约数丈，从鼓楼门南出，至鼓楼什字折西，由街中心行至南院后墙正中止；又从南院前中心起，正南行过曲巷西偏，后南行数十丈折而东，过五岳庙，后折而南循大车家巷西、五岳庙东，正南至南城根止。迤东为咸宁界，迤西为长安界。①

东、南郭城属于咸宁县，西郭城则属于长安县管辖，而北郭城则由二县分治。“东火巷为（咸宁）县境，余隶长安，街中分治”②。

① 民国《咸宁长安两县续志》卷一，民国二十五年（1936年）铅印本。
② 民国《咸宁长安两县续志》卷四《地理考上》，民国二十五年（1936年）铅印本。

两县分治的局面在1912年结束，后西安市统归长安县管辖。直至1942年1月1日，“西安市政处成立，暂以西京城关内为施政范围：原设西大街之长安县政府，则迁移于城南之大兆镇，西京城关以外之地区，仍归长安县政府所管辖”[①]。这应该是西安城、郊独立分治之始。

二、从坊巷到街巷的空间演变

（一）晚清时期的坊巷及其分布

近代西安的城市空间具有一定的结构特征，从县志中对于衙署等位置的叙述可以看到，路、坊、巷、街同时作为地理位置的参照物，而此时的坊巷在图与文中已缺失很多，从某种程度上，作为社会生活组织单位的历史延续性可见一斑。其空间结构层级与社会管理相结合，分为5层次（除满城别为一区以外）：以巷为基层居住社会单元；由若干巷构成坊；若干坊按照地缘区位关系而组成区，即东路、西路、南路、北路等，各路就县界进行分路划区，构成长安、咸宁二县县境所形成的两个城市划区关系：巷—坊—路—县（区）—府城。而各关城在县一级组织的统管下、以城墙为界域形成相对独立的城市区域，称为关厢，则东、西、南、北各一。各关城不仅通过墙垣界定其空间范围，成为城市内部相对独立的空间单位，同时具有城市内部商业管理职能，清末4个关城均设厘局，其中东关局附关有南、北、东及东南分卡四处。可见4个关城的地位非常突出。其中东关城由于长乐门为满城之东门，如前所述，东关城与大城之间的联系被人为阻断，从交通关系上看4个关城与大城之间的关系是极其不均衡的。由于满城与东关在军事防御上和生活供应方面唇齿相依，加之其处于东部主要通道，又经拓筑，因此，东关不仅人口规模远大于其他各关城，其内部功能结构也较完善。因此在坊、街、巷的布局关系上具有差异性。

咸宁县城内坊、巷以县境为限，在城共29坊、26街、77巷。长安

① 曹弃疾，王蘖：《西京要览》，西安：扫荡报办事处，1945年，第3—4页。

县在城坊共53坊、19街、79巷。根据民国《咸宁长安两县续志》记载，咸宁县辖区内，在城29坊，各坊分东、西、南、北四路，其中东路9坊、西路7坊、南路7坊、北路6坊。长安县辖区内，在城53坊，分为西、南、东北、西北、中北5路，其中西路11坊、南路10坊、东北路10坊、西北路9坊、中北路13坊（表5-1）。

表5-1　咸宁长安两县辖区城市坊巷一览表

属县	次级划区	坊数（个）	坊名	备注
咸宁县	东路	9	通化坊、新立坊、钱局坊、东耳窝坊、柳巷坊、六海坊、两廊坊、五伦坊、顺义坊	26街、77巷
	西路	7	府前坊、通政一坊、通政二坊、通政三坊、归义一坊、归义二坊、归义三坊	
	南路	7	马巷坊、南熏坊、外路坊、中卫二坊、永宁北坊、永宁南坊、新城小坊	
	北路	6	北京坊、左所四坊、左所一坊、中所二坊、左所二坊、宣平坊	
长安县	西路	11	铁炉一坊、铁炉二坊、市北坊、伞巷一坊、伞巷二坊、伞巷三坊、广济一坊、南顺一坊、南顺二坊、安定二坊、贡院坊	19街、70巷
	南路	10	卫水池三坊、伞巷四坊、县水池一坊、县水池二坊、卫水池一坊、卫水池二坊、含光坊、水池六坊、枣茨坊、水池四坊	
	东北路	10	后卫右所一坊、右所二坊、右所三坊、右所四坊、后卫中所一坊、王家巷坊、北城小坊、东西怜孤坊、水月寺坊、曹家巷坊	
	西北路	9	保定一坊、香米园坊、后所一坊、后所二坊、后所三坊、后所四坊、后所五坊、土城坊、校场东西坊	
	中北路	13	保定坊、新兴坊、广济二坊、广济三坊、前所一坊、前所二坊、前所三坊、京兆三坊、京兆四坊、铁炉三坊、铁炉四坊、第八小坊、南右所一坊	

资料来源：民国《咸宁长安两县续志》卷四《地理志上》、卷五《地理志下》，民国二十五年（1936年）铅印本

西安东、西、南、北四个关城所属不同，其中东郭、南郭属于咸宁县，西郭属于长安县，而北郭则以南北街划分各属之。其所属坊巷又与府城有所差异，除东郭有12坊4堡，西郭有2堡以外，南北两郭以街巷划分空间。

东关规模较大，有12坊、11街、4堡、24巷。其中12坊包括更衣前坊、更衣后坊、长乐西坊、长乐东坊、兴庆坊、长关坊、柿园坊、董元康

坊、罔极寺坊、古迹坊、冰窖小坊、吊桥坊。11 街有西大街、中大街、南大街、东大街、北大街、北郭门街、洪福寺街、炮房街、新郭街、曹家集街、五道什字街。4 堡包括龙渠堡、亘元堡、永宁庄、景龙池。

其他三郭为：西郭包括 1 街、3 巷、2 堡；南郭包括 1 街、3 巷；北郭包括 1 街、2 巷，北郭由街中央与咸宁分治，以西火巷为长安县界。

由表 5-1 城市坊巷的分布可以看出，关城内有一些坊是包括农村在内的，必然有一定的农业人口，“郭城自嘉庆宁陕兵变，当道筹防，营缮一新；同治八年，拓筑东郭，檄邑绅杨彝珍董其役，辟新郭门，谓之新稍门，以小庄、永宁庄并入郭内。寻辟郭东北门，以便关民耕作，从士绅、商民之请也；光绪二十一年，河湟回乱，复檄邑绅寇卓等补葺之”[①]。由此可见，城外村庄躲避战祸是当时东关得到拓筑的一个重要原因。

（二）民国时期街、巷管理

民国初年，县以下街巷划区仍沿清制。长安县城关先设坊，后改街、巷，乡村设仓、廒，或设乡、里。基层政区仍沿清制设坊，坊设乡约。根据 1943 年《警声创刊号》载：“本市设保甲组织，在民国十五年前，系有坊绅、乡约分掌各坊一切地方事宜。”1928 年首次设市前，以街巷为基层政区，全市分街巷 334 处，街有街长，巷有巷长，并设有编查员。据 1931 年《公安月刊》第二期省会公安局呈省民政厅文：“西安各街巷市民组织向有街长、巷长以及编查员之编制。”此后，西安城关基层行政归陕西省会警察局管辖。坊巷逐渐演化为街巷管理，而曾经的坊巷往往成为地名的参照，失去了与其居住社会组织管理一致的内在基层居住细胞的机能。

三、基层社会管理及其空间组织

保甲制度是清代中后期人口和赋役管理的依据，对于基层居住社会人口的规模有相应的管理规定。因此，晚清时期西安城市居住社会空间

① 民国《咸宁长安两县志》卷四《地理考上》，民国二十五年（1936 年）铅印本。

组织建立在保甲制度下，并与城市地域性相结合而形成了基层居住社区空间的组织及其相应的管理功能。

清初沿袭明代的里甲制，明代里甲制具有两个方面的功能：一是作为定赋役的主要依据，称为白册。二是户籍管理，称为黄册，有非常详细的户口登记、管理和呈报程序。其法：以百十户为一里。里推丁粮多者十人为长，余百户为十甲，甲十人，岁役里长一人，甲长十人，以司其事。黄册以户为经，以田为纬，亦由里长司之，上于县，县上于府，府上于布政司，布政司上之户部。有明一代，重视“取办赋役”，而忽视人口的管理，因此黄册“浸至废阙矣”①。

清军入关后，有编置户口牌甲之令。其法，州县城乡十户立一牌长，十牌立一甲长，十甲立一保长。户给印牌，书其姓名丁口。出则注所往，入则稽所来。及乾隆二十二年（1757年）则更为完善，其管理范围更为扩大：凡甲内有盗窃、邪教、赌博、赌具、窝逃、奸拐、私铸、私销、私盐、踩曲、贩卖硝磺，并私立名色敛财聚会等事，及面生可疑之徒，责令专司查报。户口迁移登耗，随时报明，门牌内改换填给②。可见国家政令下的保甲之法，其核心是人口和赋役管理，因此，清代的居住社会组织及其城乡居住空间在保甲制度之下统一起来，形成相应的各级居住管理单位的规模层级关系。西安城市居住社会的空间以保甲为依据，形成保甲制度下的人口规模和相应的空间层级，进而使城市基层居住社会处于严密的组织管理中，并构成城市居住社会的整体。

晚清时期西安城市的居住空间管理是以保甲制度为依据，以坊巷为空间单位，以相应的人口规模及其地缘性而形成居住的邻里空间。自光绪戊戌政变以后，各省保甲局均经裁废，地方政制改行自治制度，“然全为效法日本，所谓官治之自治耳”。但辛亥革命以后，兵匪扰攘不息，天灾流行不绝，政随人转，朝令夕改，“地方官吏，咸存五日京兆之心，草莽寇盗，得有蔓延骚扰之机，百姓既苦于灾祲之不已，更不堪政治之黑暗，盗匪之蹂躏，民生疲弊，社会不宁，达于极点。”因此，

① 吕思勉：《中国制度史》，上海：上海教育出版社，2002年，第518页。
② 赵尔巽等：《清史稿》卷一二〇《志九五》，北京：中华书局，1977年。

民国初期的基层管理制度也几易其制，保甲制度屡次改易。

1914年，袁世凯颁行地方自治施行条例，原来在府、州、厅县下的城、镇、乡将县内辖境分为若干区。区以下则自治，无其他组织，而区董、自治员的产生则以人口为比例，由县知事遴选。后因障碍重重而半途中辍。1920—1921年，又有自治筹备会之设立，1921年4月8日，奉督军省长公署令，改为地方自治筹备处。但新的保甲之法基本没有能够推及地方，“早经各县推行，旋因处处困难，遂至中间停顿，益以重重障碍，致令半道取消”①。

1927年，社会动荡，或有“散兵游勇，流为盗匪”，或有“凶狡之民，不安耕凿，杀人越货”，或因“天灾流行，生计艰窘，铤而走险”等造成“闾阎残破，盖藏空虚，行途戒旅，百业凋敝”。因此，陕西省民政厅颁布民政十要，内有清查户口、清乡弥匪、乡区民团三项。虽然保甲之制久废，但各县“尚有保甲行团、农民自卫团、保卫团等组织”，战乱之后的社会动荡导致了各种基层社会组织的交叉、多级管理体系的共存现象。而乡区民团等准军事组织作为基层的管理单位，由民团的正副团总来委任保董、甲长、牌长等。

1929年春，陕西省农村组织筹备处对农村基层组织进行了改革，先在农村选派人员进行培训，后在各县城关附近选择村庄进行模范村试点。新农村制度为：每村设村长1人、副村长1人，由村民大会选举，由所在县农村自治筹备处选任，呈报陕西省政府农村自治筹备处备案，村民以“十户为一牌，牌之编制冠以数字，牌长由十户公推，由村长呈准所在县农村自治筹备处委任”。在约定的村长的责任中，其管理的范围有所明确和扩大：“制定村约，改良农村房屋建筑，疏浚沟渠，筹设平民学校，图书馆，公园，娱乐场，合作社医院，清洁牛栏猪圈，畜牧田禾，防灾、造林，土地测量登记，管理食粮，禁止烟赌，取缔莠民，检举匪类等一切关于村自治之事业。村设村公所，经费由村民大会议决公摊之……。”②实际上其职能与晚清时期的保甲职能类似，但其组织

---

① 张寄仙编著：《陕西省保甲史》，西安：陕西省长安县政府保甲研究社，1936年，第156页。
② 张寄仙编著：《陕西省保甲史》，西安：陕西省长安县政府保甲研究社，1936年，第165页。

体系却略有民主之风，同时对于农村社会生活也比较关注。

1929 年冬，战乱之后社会不安定，政府重新将寓兵于农的保甲制度与新农村制度结合起来，形成了特定历史时期的基层管理组织体系。陕西省民政厅颁布了新的《保甲条例大纲》，另有《保甲实施补充条例》规定了保甲的训练、稽查、守御和救援等策略。保甲的规模为：十家为甲，设一甲长；五甲为排设一牌长；百家为村，设村长、副村长各一人；全县按照地方形势、户口多寡，或照自治区域，划为若干区，每区设区长一人，副区长一人。形成了县—区—村（100 户）—排（50 户）—甲（10 户）的管理层级和规模体系。区设区公所，村设村公所，排甲公所附设于村公所内。根据 1929 年《保甲实施补充条例》第八条（甲）第一款，提出保甲的守御规定："各本区村，择其要基，设立栅门围墙，及掘筑壕垒等事。"①

1931 年，陕西省政府主席杨虎城又将全省划分为五个绥靖区，各设绥靖司令一人，又在省城设立清乡总局，各县设立清乡局及分局。清乡局的职责有四项：第一，区乡镇闾邻的组织。第二，县保卫团的组织。第三，清查户口枪械。第四，实行邻右连坐。而闾邻与区团甲牌的编制规模则为：五家为邻，二十五家为闾，百家为乡，邻举一邻长，闾举一闾长、一副闾长，乡举一乡长。县保卫团则为：区团长以区长充之，甲长以乡长或镇长充之，牌长以闾长充之，形成了居民基层组织与军事组织相结合的"邻—闾—乡"层级组织与相应的保甲制度。

直到 1933 年以后，地方自治管理与保卫团分离，1933 年 12 月陕西省政府公布《陕西省各县编查保甲户口暂行办法》，提出新的划分里甲的规模体系，形成户—甲—保—联保层级组织。

> 保甲之编组，以户为单位，依照原有乡镇比邻之家屋，由东而西，先南后北，顺序按户编组。十户为甲，十甲为保，同乡镇各保联合为联保。遇有特殊情形，得以六户至十五户编为一甲，六甲至十五甲编为一保，每一联保不得少于四保，多于十五保。原有乡镇，

① 张寄仙编著：《陕西省保甲史》，西安：陕西省长安县政府保甲研究社，1936年，第157页。

所编不及四保者，应并合邻近数乡镇为一联保；其超过十五保者，应依地形之便，分数联保，但不能分割本乡镇之一部，并于他乡镇之保内[①]。

户设户长，甲设甲长，保设保长，由编查委员就本保内遴选明白文义公正人士三人，呈请县政府，择委一人充当。乡镇设联保主任，由编查委员就本乡镇各保长内，遴选乡望素孚者三人，呈请县政府择一人兼充。保长及联保主任均由县政府造册，汇报民政厅备案。但现任保卫团各级团长不得兼充联保主任及保甲长。

1935 年初的团练保甲制度按照陕西省政府公布的《陕西省各县编练保甲队暂行办法》规定设立："保甲队之编制，以一保编为一小队，称为某县、某乡镇、联保第几保小队，设小队长一人，由保长兼充，小队副一人或二人，由联保主任遴选本保内甲长，或其他相当人员，呈由县长委派。行文时用保长私人名章，或签押。"各保小队分为常备、预备、后备三队，各酌分为若干班，每班 10—15 人。班设班长，每一联保应合所辖各小队，编为一联队，称为某联保某队、某乡镇联队，设联队长一人，由联保主任兼充，设立联保副主任一人或二人，其居住社会的准军事组织特征很明显。

总之，辛亥革命以后至南京国民政府成立前后，关中地区的基层自治组织与自卫组织或分或合，其间保甲、邻闾等的规模或有变化，最终形成民国时期区一级下的基层居住邻里的层级组织管理和相应的人口及空间规模，而屡次变化反映出地方居住社会适应社会发展和国家管理需求的过程，但是这种朝令夕改的保甲制度，也从侧面体现出政府当局对社会管理的疲于应付，反映了居住社会组织管理处于转型时期的发展特点。

四、城市内部人口及其空间分布

晚清时期，西安府城从隶属上可以分为三部分，即咸宁辖区、长安

---

① 张寄仙编著：《陕西省保甲史》，西安：陕西省长安县政府保甲研究社，1936年，第157页。

辖区、满城。总体上，府城人口中军队人数比例较高，包括满洲、蒙古、汉八旗，以及督标、抚标、城守等营。

同时，城厢之内以农业生产为谋生手段的市民不乏其人。东郭北门的开辟显然是为了方便人民耕种，但也反映出当时府城内的居民未能完全脱离对农业生产的依赖，其人口结构中显然包含了以农耕为主的农民。本书所提到的城厢人口仅指居住于城市内的人口，而不包含职业特点。

（一）城市总人口变迁情况

陕西回民起义失败，西安历遭兵燹之后人口锐减，"陕省自遭回乱，或全家屠杀，或十存二三，庐舍尽焚，田园荒废，萧条千里，断绝人烟"①。据民国《续修陕西通志稿》记载，"陕西丁口八百四十万三千八百一十八……陕西省城关正户七千八百七十七，附户一万零一百一十四，男大三万六千二百零九口，男小一万四千五百四十六口，女大二万三千四百四十八口，女小九千七百六十四口，商户五千二百七十四户"②。根据宣统时期户口普查的有关规定，"每户编门牌一号，其有二户以上同住者，应以一户为正，余为附。凡二户以上同住者以先住为正户，后住为附户。若同时移住则以人口较多之户为正户，附户应另列号数标明附户字样别钉门牌"③。由此可见，西安当时的附户已经远较正户为多，一方面反映出当时西安城市内部的家庭结构是以宗族大家庭为主；另一方面也反映出城市人口在城乡之间摆动。而后者往往是造成战争或灾荒时期西安人口迁移的重要因素之一（表 5-2）。

表 5-2　晚清时期陕西省城关人口一览表

类别	户	口	小计	占总人口比例（%）
城关正户	7877	—	17 991	70.7
附户	10 114	—		

① （清）盛康辑：《皇朝经世文续编》卷九十六，清光绪二十三年（1897 年）武进盛氏思补楼刻本。

② 民国《续修陕西通志稿》卷三十一《户口》，民国二十三年（1934 年）铅印本。

③（清）刘锦藻：《清朝续文献通考》卷三百九十五《宪政三 · 谨拟调查户口章程缮单呈览》，上海：商务印书馆，1936 年，第 11459 页。

续表

类别		户	口		小计	占总人口比例（%）	
其中	男大	—	36 209	50 755	—	43.1	60.4
	男小	—	14 546			17.3	
	女大	—	23 448	33 212	—	28.0	39.6
	女小	—	9 764			11.6	
商户		5274	—		—	29.3	
总计		23 265	83 967		—	—	

资料来源：民国《续修陕西通志稿》卷三十一《户口》，民国二十三年（1934 年）铅印本

从县域人口的史料记载看，咸宁县域人口在嘉庆二十一年（1816年），户四万五千三百四十六，口二十九万八千八百有一；道光五年（1825 年）口三十一万五千余。因此，总体上清代中期县域人口基本为30万左右，而至晚清时期人口较前减少甚多，据民国《咸宁长安两县续志》记载，光绪三十三年（1907 年），口一十八万五千六百一十，较之前人口几乎减少了近 40%[①]。

据民国《咸宁长安两县续志》记载，城内人口在城内坊巷以县境为限，咸宁所属的在城 29 坊、关城 12 坊、4 堡，其中在城内的坊共分为东路 9 坊、西路 7 坊、南路 7 坊、北路 6 坊，东郭 12 坊、4 堡。城关人口：14 030 户，62 461 人[②]。县域人口较前大有减少，“然自同治纪元以来迭遭寇乱，又经光绪丁丑庚子，连岁大祲，以光绪三十三年丁口表计之，各仓人口凋残，较昔几于减倍矣”，因此，城内人口较前应有大幅减少。主要是由当时连年的战争，尤其是同治回民起义期间西安附近战事连连，加之荒旱所致。

从县域人口史料看，长安县人口在嘉庆十七年（1812 年）户36 164，口 231 530。道光三年（1823 年），口 259 100 余。道光五年（1825 年），口 259 000 有奇。光绪三十三年（1907 年），口 189 908（表 5-3）[③]。

① 民国《咸宁长安两县续志》卷四《地理考上》，民国二十五年（1936 年）铅印本。
② 民国《咸宁长安两县续志》卷四《地理考上》，民国二十五年（1936 年）铅印本。
③ 民国《咸宁长安两县续志》卷五《地理考下》，民国二十五年（1936 年）铅印本。

表 5-3　清代各个时期西安人口一览表

时间	咸宁县人口		长安县人口		小计	
	户	口	户	口	户	口
嘉庆二十一年（1816 年）	45 346	298 801			81 510	530 331
嘉庆十七年（1812 年）			36 164	231 530		
道光三年（1823 年）		315 000		259 100		574 100
道光五年（1825 年）		315 000		259 000		574 000
光绪三十三年（1907 年）		185 610		189 908		375 518

资料来源：民国《续修陕西通志稿》卷三十一《户口》民国二十三年（1934 年）铅印本；民国《咸宁长安两县续志》卷四《地理考上》，民国二十五（1936 年）铅印本；民国《咸宁长安两县续志》卷五《地理考下》，民国二十五（1936 年）铅印本

“邑内人口莫盛于道、咸之际，同治寇乱，肆行屠戮，户口锐减。光绪季年虽稍生聚，而视前则相差尚巨”[①]。据民国《咸宁长安两县续志》记载：“城关户一万零四百三十九，口四万八千一百六十七”[②]。

按照民国《咸宁长安两县续志》中所载，长安县城关人口 48 167 人，长安县总人口 258 290 人，城关人口占全县总人口数的 18.65%；咸宁县城关人口 63 461 人，咸宁县总人口 287 220 人，城关人口占总人口的 22.1%，两县城关人口合计 111 628 人。

民国《续修陕西通志稿》[③]将市区称为“省城”，认为西安市区（城市建成区）人口有 23 265 户、83 967 人，民国《咸宁长安两县续志》按两县城关分别统计，合计 111 628 人，两者之间有 27 661 人的差别，这一差别是满城人口数量还是商户人口数量不得而知。但是，由各个时期人口的统计可知其人口规模的变动范围。据民国时期图书《西京》记载：“西安市内的居民，数年前调查共计十一万，近年陇海路通车以后，已有十三万多人”[④]，西京市在 1932 年民政厅调查人口为 132 523 人。而依据民国时期陕西省建设厅据战前“省会公安局战前四年的户口调查表”的统计数据，1932—1935 年各年度 12 个月的数据及男女人口数均有详细统计，分别为 114 389 人、121 583 人、125 141

① 民国《咸宁长安两县续志》卷五《地理考下》，民国二十五年（1936 年）铅印本。
② 民国《咸宁长安两县续志》卷五《地理考下》，民国二十五年（1936 年）铅印本。
③ 西安市地方志编纂委员会编：《西安市志》第一卷《总类》，西安：西安出版社，1996 年，第 445 页。
④ 倪锡英：《西京》，上海，中华书局，1936 年，第 137 页。

人、154 514 人，各个数字之间还是比较接近的[①]。以此推算，加之民国时期的资料，西安市区人口在这一数字左右的增长情况符合城市人口发展的曲线关系，其中没有缺乏逻辑的大起大落，因此，如果用其数字计城内人口的话，应当是有一定依据的。

此外，民国时期日本人日野强《伊犁纪行》载："西安人口五十万。辛亥革命之后锐减。嗣经（一九一五）调查，至多不过三十万。内汉人二十五万余，回人约四万余，而满人孑遗亦约二三千人。"[②]这一人口数接近西安作为省会城市在其所处地域的社会经济和人口的总体状况，也为一些学者所认可，但是这一数据与上述各种统计数据之间存在很大差别。如果按照民国初期（1915 年前）的这个调查数据，那么1915—1935 年，人口减少了近 70%，两个人口数差距过大，从西安市域人口的比重关系看，更接近西安市域有历史记载的总人口数（乾隆《西安府志》记载咸宁、长安两县人口合计 49.9437 万人），而非市区人口。因为，从当时的城市化总体水平与其社会经济发展的关系看，两个数据与城市发展的程度极不对称，"30 万"这一城市内部人口数字的确存在矛盾，因而民国初年城市内部人口在 11 万左右是符合当时的社会经济发展条件的。

这两个数字应当一分为二地看：一方面是由民国时期人口统计的混乱导致；另一方面人概是因为两种数据统计口径未必统一，加之西安作为省会城市，又是区域的交通枢纽，因此流动人口数量也较多。"自抗战军兴，各沦陷区来陕营业者甚众，数约增加三倍以上"。对比来看，两者均无法作为城市人口规模判断的直接依据，但用于判断当时的社会经济状况还是有一定参考价值的。所以，由省城人口统计的变化幅度，以及相互之间的可比情况来看，清末人口约为 11 万是接近实际的，因为，从宣统时期的户口调查看，其统计是以门牌计户，分正户、附户和商户，而不是按照流动与否来进行调查。

1928 年西安设市之前的人口包括在长安县内，此后，由陕西省会

---

① 《陕西省建设厅战前统计资料（1933—1935）》，卷宗号：465-4-25，西安：陕西省档案馆存，1936 年。

② 刘安国编著：《陕西交通挈要》上编，上海：中华书局，1928 年，第 31 页。

警察局负责统计市区人口，但现存资料不全。另有省民政厅、省银行和西安市政府统计数据互相参照。虽然这些数据因统计口径和时间差别，有相互抵触之处，但仍能反映出省会西安人口在民国中期以后呈稳定增长态势。以陇海铁路修通至西安和抗日战争全面爆发为标志，省会西安人口出现首次大增长，1936 年底，省会人口突破 20 万人，1938 年达到 246 478 人，较清末增长了 1.94 倍。1944 年西安市政区扩大后，到 1946 年，全市人口突破 50 万人，1947 年突破 60 万人，较清末增长了 6.5 倍。1949 年因临近西安解放之时，原驻西安的国民党政人员及其家属纷纷撤离，总人口降为 597 670 人，较上一年减少 5.2%（表 5-4）。

表 5-4　民国时期省会西安人口统计表

年份	辖区数（个）	合计（户）	普通（户）	特户（户）	外籍（户）	每户平均人口数（个）	合计（个）	男（个）	女（个）	增长率（%）
1929 年	5	23 550	23202	338	10	4.56	107 317	71 239	36 078	—
1931 年	6	23 694	—	—	—	4.9	118 135	76 794	41 341	10.08
1932 年	—	24 469	—	—	—	4.4	111 628	70 519	41 109	−5.83
1935 年	—	32 000	—	—	—	4.7	151 500	93 627	57 873	35.72
1936 年	7	37 172	—	—	—	5.73	213 294	148 814	64 480	40.79
1937 年	7	32 532	32053	479	—	6.1	197 257	136 845	60 412	−5.88
1938 年	7	46 423	—	—	—	5.3	246 478	127 519	78 958	24.90
1939 年	7	44 835	—	—	—	5.1	230 613	153 628	76 985	−6.40
1940 年	7	48 055	—	—	—	4.7	223 847	152 788	71 059	−2.90
1941 年	11	53 525	—	—	—	4.7	251 658	166 990	84 668	12.40
1943 年	11	78 520	—	—	—	4.4	345 429	216 686	128 743	37.30
1944 年	8	87 124	—	—	—	4.5	392 259	248 374	143 885	13.56
1945 年	12	106 299	—	—	—	4.6	489 779	295 862	193 917	31.20
1946 年	12	113 420	—	—	—	4.8	549 199	330 017	219 182	12.10
1947 年	12	121 852	—	—	—	5.1	625 309	380 454	244 855	13.90
1948 年	12	122 619	—	—	—	5.1	630 386	385 820	244 566	0.80

资料来源：西安市地方志编纂委员会编：《西安市志》第一卷《总类》，西安：西安出版社，1996 年

从表 5-4 的人口变化趋势看，1929 年以后，西安人口总体上处于不断增长的上升趋势，期间有两次大的增长和回落现象。第一次增长为 1932—1936 年抗日战争全面爆发前，形成了一个快速增长期；第二次增长是 1937—1938 年，人口增长较快。而两次大的人口回落也随之而来，一次是 1936—1937 年人口有所回落，另一次是 1938—1940 年人口明显回落，1943 年和抗战后城市人口区域平稳增长，而 1947—1948 年这一增长势头减缓。从当时的时段发展来看，1932 年西安被定为陪都，到 1934 年陇海铁路修通至西安，同时由于战争因素的威胁，西安作为战争大后方，民族工业内迁，大量人口涌入导致西安人口增长；而 1938—1940 年的人口回落证实了当时日军战机的轰炸对地方经济的影响，一些工厂继而外迁，造成了城市人口的下滑，1941 年以后城市人口呈现明显的稳定上升趋势。

民国年间西安市的流动人口统计数字仅见于 1944—1946 年，时称“暂居人口”，从户数、人口规模看，其比例呈上升趋势。暂居户数和暂居人口在总户数和总人口中的比例分别由 6.23%和 4.8%上升到 11.61%和 8.91%。另外，在暂居人口中，成年人的比例较常住（本籍、寄籍）人口高。1944 年本籍、寄籍 12 岁以上人口分别占其人口总数的 85%和 85.07%，暂居人口则占总人数的 88.41%。1946 年前者比例分别为 81.31%和 84.26%，而后者则为 86.69%。因此反映在从业人口比例上，暂居人口也明显高于本籍、寄籍人口。

民国时期的人口统计比较混乱，据《十年来之陕西经济》记载：“陕西省人口素乏精密统计。自清末民初起，每年数字各异，且多不可信。”据现有资料分析，1912 年西安市境人口约为 1 271 662 人，较宣统年间增长了 6.08%。民国前期有所发展，至 1924 年达到 2 072 445 人，为民国年间最大的人口规模，但很快出现回落。1926 年 4—11 月底，军阀刘镇华率镇嵩军围困西安长达 8 个月之久，城内军民战死、饿死达数万。1929 年陕西省又发生特大旱灾，八百里秦川夏秋无收，饥民遍野，大量人口死亡或外逃，户口骤减，仅长安县因灾死亡人口即达 52 512 人。1932 年夏，关中地区流行霍乱，临潼、蓝田、鄠县和省会西安均有罹患，死亡 10 616 人。到 1935 年人口降至民国时期最低点，仅为

1 078 873 人，较 1924 年下降 47.9%（表 5-5）。

表 5-5　民国时期今西安市境人口一览表

年份	乡镇（个）	保（个）	甲（个）	人口（个）	较前期增长（%）	人口密度（人/平方千米）
1912 年	—	—	—	1 271 662	6.08	127.4
1923 年	—	—	—	1 362 194	7.12	136.5
1924 年	—	—	—	2 072 445	52.14	207.6
1933 年	—	—	—	1 612 209	−22.20	161.5
1935 年	—	—	—	1 078 873	−33.08	108.1
1937 年	—	—	—	1 553 898	30.57	155.7
1938 年	170	1688	20 646	1 580 340	1.70	158.3
1941 年	126	1067	22 852	1 445 681	−8.52	144.8
1944 年	127	1081	21 623	1 747 002	20.84	175.0
1945 年	105	1008	20 447	1 745 119	0.01	174.8
1948 年	105	998	25 004	2 025 374	16.06	2.2.9

资料来源：西安市地方志编纂委员会编：《西安市志》第一卷《总类》，西安：西安出版社，1996 年

民国后期经历抗日战争和解放战争，但关中未经直接战争破坏。从表 5-50 可知，从 1936 年起，西安市境人口回升，次年增加到 1 553 898 人，1948 年超过 200 万人，接近民国前期最高人口记录。这个阶段西安迁入人口激增。原因是陇海铁路修通促进了西安经济发展；抗日战争全面爆发，大批工厂、学校内迁西安，驻军增多，沦陷区人口流入。

（二）满城人口规模及其变迁

城内东北隅八旗驻防城，街七、巷九十四，“旧亦县地，顺治二年归旗属”。满城驻防八旗调动频繁，因此，各个时期人口数量有较大变化，据《钦定大清会典事例》统计，终顺、康、雍、乾四世，西安驻防兵的调派计达 23 次之多，据雍正《陕西通志》记载，满城内满族八旗、汉八旗、蒙古八旗将士合计 9030 人，按规定的带眷系数，计其家

口共 73246 人[①]，共计 82276 人（表 5-6）。

表 5-6　清代西安满城人口上限（雍正时期）估算一览表

<table>
<tr><th>兵种</th><th>数量（人）</th><th colspan="2">家口（带眷系数）</th><th>家口数量（人）</th><th>总计（人）</th></tr>
<tr><td>马战兵</td><td>7000</td><td colspan="2">10</td><td>70 000</td><td>—</td></tr>
<tr><td>步战兵</td><td rowspan="2">700</td><td>步兵头目</td><td>10</td><td rowspan="2">1720</td><td>—</td></tr>
<tr><td>—</td><td>步兵</td><td>2</td><td>—</td></tr>
<tr><td>炮手弓匠铁匠</td><td rowspan="2">330</td><td>炮手</td><td>7</td><td>1078</td><td>—</td></tr>
<tr><td>—</td><td>弓匠头目</td><td>5</td><td rowspan="2">448</td><td>—</td></tr>
<tr><td>—</td><td>—</td><td>工匠铁匠</td><td>2</td><td>—</td></tr>
<tr><td>养育兵</td><td>1000</td><td>—</td><td>—</td><td></td><td>—</td></tr>
<tr><td>合计</td><td>9030</td><td colspan="2">—</td><td>73 246</td><td>82 276</td></tr>
</table>

资料来源：雍正《陕西通志》卷三十四《兵防一》，雍正十三年（1735 年）刻本

满城八旗兵是携眷驻防，因此，满城人数多寡与营内兵数直接相关。依据表 5-6 统计的满城人口 82 276 人，应当是完全达到带眷系数上限后所能达到的最多人口数量。而这一数字是否被突破，受满营旗兵人数变化的影响，满营旗兵人数变化往往出于三个方面的原因。

其一是军事部署，包括八旗轮防和战事调动。其二，京城八旗人丁滋繁，为解决旗人生计问题，将在京八旗派往各地驻防以疏散过于集中的八旗人口。汉八旗裁撤改编为绿营军，裁缺则由满八旗内补充，以解决八旗人口滋盛和生计问题。其三，是为了西北屯边，派驻直省八旗。

由于西安八旗生计问题难以解决，因此，采取了一些疏散旗人的措施。西安的旗兵人数统计未突破 9030 人。据《八旗通志》卷二十八《兵制三》记载："陕西西安府，设兵八千六百六十名，匠役一百五十六名"[②]，据《清实录》载："陕西西安将军秦布奏言、西安额设兵丁八千

① 雍正《陕西通志》卷三十四《兵防一》，清雍正十三年（1735 年）刻本。

② （清）鄂尔泰等：《八旗通志初集》卷二十八《兵制三·各省驻防甲兵》，清乾隆四年（1739 年）刊本。

名，今户口繁滋将及四万。”[①]前述数据均系官方文献所载，可见西安满城兵士都未曾超过这一数据，因此至少满城人口上限应当在这一范围之内。而旗人实际达到的人数至少在乾隆初期曾将近4万人口。

道、咸之际陕西省人口锐减，至同治时期，财政困难，旗营月饷不能按时下发，导致旗人大量饿死。从当时的有关文字资料中可见一斑：

> 又谕：前因德兴阿奏，旗营月饷马乾，暂给二成，势难糊口，并幼丁人数不足，请变通办理一折，当经交该部速议具奏。兹据户部等部会议复奏：拟照该署将军所请办理等语：西安满兵，拴养马匹，因频年征调，军营倒毙，致有缺额，现经暂给二成月饷，合马乾统计，每兵一月所得，不过一两有零，困苦异常，势难将未补马数，实行核减。且自上年正月，至本年二月，饥毙男妇子女六千六百五十四名之多，颠连情状，尤属可悯。所有该满营月饷，著即照该部所议，自本年四月起，以四成实银支放，俟兵饷充裕，马乾一项，再由该署将军奏请核实办理[②]。

从辛亥革命前后当事人的回忆录和相关研究中，可知满城人口数量有两种说法。

第一种说法，辛亥革命前已发展到3万多人，如遇太平年月生育繁殖，若遇战争灾荒也有减少，当年在太平天国的南京“沙曼州”战役中，西安旗兵出征2000人，全军覆没。第一次鸦片战争后，清政府财力枯竭，加之灾荒年代，前后曾饿死1654人。“辛亥革命后从满城逃出的少数满人走上了自谋生活的道路，也有不少人失业。民国初年，曾在西安武庙（现西一路省文化厅）成立‘旗民生计处’，救济生活困难的旗民，当时被救济的达3000多人，这是在西安的3万旗民中的幸存者。民国十年旗人生计处撤销，大多数人过着饥寒交迫的生活”[③]。此

① 《清实录·世宗宪皇帝实录》卷一百八“雍正九年七月壬戌”条，北京：中华书局，1985年，第424页。

② 《清实录·穆宗毅皇帝实录》卷九十七“同治三年三月乙卯”条，北京：中华书局，1987年，第131页。

③ 朱仰超：《西安满族》，中国人民政治协商会议陕西省西安市委员会文史资料委员会编：《西安文史资料》第18辑，内部资料，1992年，第182页。

说法中的1654人数与前述《清实录》中的6654人数相差很大，且无出处，似乎不足为凭。但该文对于了解当时满城人口增减的大致情况具有一定的参考价值。

第二种说法，“先后于顺治二年和康熙二十年两次派八旗官兵‘五千铁甲’驻防西安。其中满族官兵近4000名……此时满族甲兵和家眷共约21 500余人，他们也就成为西安满族的最早来源”①。

虽然各种说法不一，满营又不属于地方管理，因此这些数据仅从侧面反映了当时满城内的一些状况。“五千铁甲”一说，大概来自满城内设有的“兵防马甲五千所”，若按当时的设置还有将军、副都统，以及左右翼都统、协领、参领、佐领、防御、骁骑校、笔帖式、炮手、铁匠、箭匠、养育兵等，其数量不止于此。若根据民国《续修陕西通志稿》计算的话，人数至少在5572人左右。可见，虽然不是确切数据，但还是有一定依据的，由于满营的调派较为频繁，因此，这一数据可以作为当时满城内部人口状况的一个参考数据。

据宣统时期的两次全国人口调查，第一次查“西安驻防正户三千九百零八户”，第二次查“西安驻防合计正户二千五百二十五户，附户一千三百七十三户”，合计为3898户，“陕西全省合计正户一百三十一万九千二百一十户，附户二十八万二千二百三十四户”②。满城八旗有包衣、家奴，家庭成员较为复杂，如果按照每户5—7人计算，人口大致为2万—3万。

按照雍正《陕西通志》中所载旗兵的带眷系数，满城的家口人数不超过73 246人，加上兵士人数共约82 276人，应当是满城的人口上限。但从实际的人口发展来看，中间有汉军出旗，加之战争期间的死亡和饥饿等引起的死亡人数较大，因此西安满城的人口变化波动较大。而3万人左右是一个比较接近晚清末期至辛亥革命前的实际人口数据。

---

① 徐树安：《西安〈满城〉》，《民族》1994年第5期，第33页。

② （清）刘锦藻：《清朝续文献通考》卷二十五《户口一·民政部汇造京外第二次查报户数清册》，上海：商务印书馆，1936年，第7766页。

第二节　城、郊社区结构及其空间特征

居住空间结构是指居住空间职能属性的直观空间体现，它忠实地反映居住社会组织结构、生活方式和城市地域文化在空间的合力作用。近代西安城市、郊乡居住空间组织结构演变体现了居住空间结构及其随社会组织结构的嬗变而同步发展的特征。

综观清代，西安的居住社区在国家严密的政治统治和社会组织体系下，以保甲制度为基础，其核心是人口、赋役，兼具治安管理的作用。由国家行政划区和户籍管理相结合形成自上而下的具有明确管理职能和组织层级的社区结构。与之相应，城、乡居住空间结构呈现出层级结构，同时与赋役管理等制度和民间准军事组织相结合，形成了自下而上的居住空间组织结构。清末这种结构渐趋松散，至民国时期适应社会发展有了较大的变化。

清代西安城在西安府之下由咸宁县与长安县东西分治，各有所属坊里，城、乡社区有坊、厢和里之分，所谓“在城曰坊，近城曰厢，乡都曰里”[①]。1913 年 2 月撤销咸宁县并入长安县，基本形成西安市的近代市域范围。因此，本书所涉及的城、郊主要包括咸宁、长安两县的县域范围。“城”则指府城所在和四关城，而“乡”则与城相对应，指两县下辖的乡村地区（注：西安满城不在本节讨论范围）。

一、居住空间组织与结构分化特征

清初承明之旧。至康熙四十七年（1708 年），申行保甲之令；雍正时，保甲之法从仅及于内省之汉民渐至于各边省。雍正四年（1726 年），有严饬保甲之令，更定保正、甲长、牌头赏罚，及选举族正之规

① 《明史》卷七七《食货一·户口》，北京：中华书局，1974 年，第 1878 页。

则。乾隆二十二年（1757 年），保甲法综合了之前的所谓“总甲”“里甲”“里社”“图保”等的一些具体做法，“保甲之制，因地方之情况而异，其设里社之处，有里长社长之名；其图保之处，有图长保长之名”[①]。其规模遵照：十户为牌（畸零散处，通融编例）立牌长；十牌为甲，立甲长；十甲为保，立保长。其职能以户籍管理、赋役征输、内部治安、政令通达等为主，兼有道德教化等作用。

因此，保甲制度作为设于县一级政府下的居民自治组织，其管理的核心是基层居民社会。保甲制度下的规模结构、组织结构及空间分布则构成了居住社会的空间体系。

清代中后期，由于社会发展、时局变化，西安居住社会组织的职能结构也因此产生了相应的分化，以下分述之。

（一）社（仓、廒）管理实质的转变及其空间分布原则

清代中期乡社制取代乡里制的部分功能，使“承明之旧”的乡里制的居住社会组织管理发生变化，“雍正二年，部定社仓条例……建廒收储所捐……每社设正副社长”[②]，由于社仓管理方便、赈灾及时，是一种重要的贮粮手段[③]，并逐渐管理一社的治安、财政、差役等事务，“社”成为地方的行政管理和经济中心，乡里制改为乡社制是西安地区农村基层组织嬗变的一大特色[④]。其职能分化经历了一个逐渐演变的过程。

首先，乡社制的管理职能最初仅作为政令传达和“区划疆界”的依据：“俗趋便利，迁徙纠纷，多失旧制，因即二十九社仓分置二十九社，条教号令，皆准于此，惟田赋征输，则仍旧制焉。”[⑤]其基层社会管理以“仓”为组织形式，而“田赋征输”仍采用旧制；同时“……更名地……屯卫地。其地杂错复不统于里，故区画疆界必以后卫十八廒

① 张寄仙编著：《陕西省保甲史》，西安：陕西省长安县政府保甲研究社，1936 年，第 96 页。
② 民国《续修陕西通志稿》卷三十二《仓庾》，民国二十三年（1934 年）铅印本。
③ 赵新安：《雍正朝的社仓建设 》，《史学集刊》1999 年第 3 期，第 16 页。
④ 史念海：《西安历史地图集》，西安：西安地图出版社，1996 年，第 124 页。
⑤ 嘉庆《咸宁县志》卷十《地理志》，清嘉庆二十四年（1819 年）刻本。

为准（按：廒为各社贮谷之所，土人相沿不呼为社而呼为廒，故仍之）”[①]。此时，仓（廒）还作为划界的依据。

其次，社（仓、廒）的管理实质至清朝后期得到加强，成为田赋徭役统计的依据：“（长安县）凡十八廒，今仍旧名，惟村堡自回乱后……田赋、徭役统以廒计……”[②]。由此可见，县志中所谓“里其法已紊，名存而已”。

与乡社制相为经纬的是基层居住社会的空间分布原则。自雍正七年（1729年）陕甘总督岳钟琪颁行社仓条约，其分仓原则是“按粮分仓，按村分社”“村堡各就方向，道里相近者均匀分拨”[③]，可见村、堡与社仓制度配合而形成分社的原则。“村”在空间上具有相对独立性，显然也是作为居住空间的细胞单元。

（二）基层居住社会的准军事组织性质——团练保甲制度

嘉庆初年，清廷也曾用乡团对付白莲教起义，作为准军事组织，“团练即保甲也，有事为团练，无事为保甲”[④]。到了清朝后期，咸丰、同治以团练保甲相为经纬“寓兵于农”[⑤]的策略，不仅是为了民间的治安“以助守望”，更是“御寇盗，辅兵力之不足”[⑥]，作为正规军队军事力量的补充。民间实行团练与保甲相结合的方式，加强了基层居住社会的准军事性质。

陕西设有保甲总局，“总绅……贤则倚用……务必十家举一牌长，十牌举一甲长，合十数甲长而统之于里绅”[⑦]，从其组织机构及人员的任免来看，其内在结构仍然是以户为基本单位，而以十数为进位，形成了基层管理组织的金字塔层级梯度结构，团练保甲互为经纬，使基层居

---

① 嘉庆《长安县志》第十卷《土地志上》，清嘉庆二十年（1815年）刻本。

② 民国《咸宁长安两县续志》卷五《地理考下》，民国二十五年（1936年）铅印本。

③ 民国《续修陕西通志稿》卷三十二《仓庾》，民国二十三年（1934年）铅印本。

④ （清）刘锦藻：《清朝续文献通考》卷二百十五《兵考十四·团练》，上海：商务印书馆，1936年。

⑤ 康熙《长安县志》卷二《建制》，清康熙七年（1668年）刻本。

⑥ （清）刘锦藻：《清朝续文献通考》卷二百八《兵考七·驻防兵》，上海：商务印书馆，1936年。

⑦ 民国《续修陕西通志稿》卷四十五《兵防二》，民国二十三年（1934年）铅印本。

住社会的准军事组织性质进一步强化。

（三）基层居住社会自我管理的依据和职能——乡约

乡约是中国古代的一种基层社会组织，它产生于宋代，发展于明清，是统治者巩固封建统治的一项重要措施。至光绪乙巳（1905年）时："藩司樊增祥批西木头市二坊乡约靳大发等禀词"，记载了乡约靳大发对官至道台的罗姓官员盖房越界占道问题的诉讼和诉讼被驳回的事件，足见乡约在当时仍然存在，并在坊中起着一定的监督管理作用。

乡约有三种存在形式和职能，其一是作为一种具有约束力的条文和民间约定，"里居倡行乡约，相率无敢犯"①，"寓保甲以弭盗，寓乡约以敦俗"②。其二是一种具有居住社会组织管理职能的头衔。其三是作为一种民间教化活动，宣传政令的活动场地，"戌，谕京师讲乡约；朔、望宣'圣祖六谕'，仍立善、恶二册咨访"③。"就南市楼故址建乡约讲堂，月朔宣讲圣谕"④。因此，乡约不仅对基层居住社会自我管理具有约束作用，同时也具有相应的管理教化职能。

由此可见，乡约是适应当时社会发展、以正风俗、以敦教化的一个重要举措，并且使基层居住社会自我管理功能得到了加强。

（四）城、乡居住空间结构

在咸宁、长安两县分辖的西安府，形成了以县衙所在地、西安府城为中心的城乡一体的管理组织机构。城乡之间为隶属关系，并统于两县管理。而居住社会管理则是城关设总绅并管四乡。

清代西安沿袭了明代的坊里，至清末西安城内以"坊"为居住组织管理单位，县境所辖范围内各坊按照东、南、西、北方向以路划区。在城中，各"坊"是作为居住社会管理和空间组织的细胞单位。

---

① 《明史》卷一七九《罗伦传》，北京：中华书局，1974年。
② 《明世宗实录》卷九十九"嘉靖八年三月甲辰"条，台北："中央研究院"历史语言研究所，1962年。
③ 《明思宗实录》卷十七"崇祯十七年春正月庚寅朔"条，台北：大通书局，1984年。
④ 赵尔巽等：《清史稿》卷二七七《陈鹏年传》，北京：中华书局，1977年，第10093—10094页。

因此，以“坊”为基本空间单位形成坊、路（区）、城（县辖范围）三级结构。

而在郊乡则如前所述，仓（廒）成为一级管理的空间界域范围，“按：旧时里法，历久滋紊，雍正八年，分设社仓，十八廒统诸村落，鳞次栉比，维系秩然，为终古不变之制，以施教令，若网在纲矣”①。其上有乡作为一级空间组织：长安县郊乡分十八廒，西乡六廒、西南乡六廒、南乡三廒、北乡三廒；咸宁县则东乡置仓八，南乡置仓十，北乡置仓十一，共二十九仓②。社（仓、廒）下则以村、堡作为居住空间细胞单元（表5-7）。

表5-7　晚清时期长安县人口管理与规模结构统计表

廒名	总户数（户）	总人口（人）	每保户数（户）	每村户数（户）	每保人口（个）	每村人口（个）	每坊保障数（个）	村（个）	每保村数（个）
西乡六廒	11 643	64 866	201	44	1119	243	58	267	5
西南乡六廒	13 778	76 057	230	45	1268	247	60	308	4
南乡三廒	7574	41 583	292	66	1600	362	26	115	4
北乡三廒	5375	27 617	207	36	1063	185	26	149	6
小计	38 370	210 123	226	46	1236	250	170	839	5
城关	10 439	48 167	—	—	—	—	—	—	—
合计	48 809	258 290	—	—	—	—	—	—	—

资料来源：民国《咸宁长安两县续志》卷五《地理考下》，民国二十五年（1936年）铅印本

由此可见，西安郊乡的居住空间组织结构是以乡下设若干社（仓），形成乡一级空间单元，与社（仓、廒）及村、堡共同形成府城外围的乡、社（仓、廒）、村（堡）三级空间组织结构。而城乡之间则为隶属关系“城关并管四乡”③，使以府城为中心、乡在外围分布的向心分布格局与社会组织同构并得到强化。

① 嘉庆《长安县志》卷十《土地志上》，清嘉庆二十年（1815年）刻本。
② 民国《咸宁长安两县续志》卷五《地理考下》，民国二十五年（1936年）铅印本。
③ 民国《续修陕西通志稿》卷四十五《兵防二》，民国二十三年（1934年）铅印本。

二、城、乡居住空间结构演化特征

清末封建时代社会关系趋于瓦解，但是当时的农业社会性质和亘古以来的血缘宗法社会强大的维系力量，使得近代西安的城、乡居住空间结构仍然呈现出鲜明的农业社会居住空间结构的特征。

（一）内向性的居住空间结构特征

清承明旧制，从县志记载来看，坊具有内向封闭的居住空间结构特征，“近世保甲已成具文，而坊有栅门，击柝者以时启闭，犹沿古制也”[①]。可见，清初在城中各坊沿古制按时启闭栅门，遵循管理规定，“保长、甲长并轮值、支更、看栅等役”[②]，可见栅门的管理也是居住社会基层管理的职责之一，从侧面体现了坊的内向性居住空间结构特点。

而在乡各里则具有相对独立的防御性构筑物，“城坊外其在乡各里，自明末迄今皆筑堡以谨守望”[③]。尤其是嘉庆初年的白莲教、咸丰改元时的捻军起义，以及同治初年的回民起义，促使清政府加强了民间基层组织的统治和管理，并因此形成郊乡各里的堡垒形式，构成了“贼至则闭栅登郛，相与为守”[④]具有防御特性的内向性居住空间结构。

（二）“五土五谷之神”崇拜的农业社会居住空间结构特征

将祀五土五谷之神的理念用于社会组织管理古已有之，至明代更为普及，“里社，每里一百户立坛一所，祀五土五谷之神”[⑤]，“设里社、里谷坛，使民祈报”[⑥]，具有敦教化、正风俗的作用。以后里社由祭祀五土五谷之神、祈求丰年的场所逐渐演变为具有多种祭祀功能的居住社会精神生活场所，“至于庶人，亦得祭里社，谷神及祖父母、父母并祀

---

① 民国《咸宁长安两县续志》卷四《地理考上》，民国二十五年（1936年）铅印本。
② （清）徐栋：《保甲书》卷一《定例》，清道光二十八年（1848年）刻本。
③ 康熙《长安县志》卷二《建制》，清康熙七年（1668年）刻本。
④ 张寄仙编著：《陕西省保甲史》，西安：陕西省长安县政府保甲研究社，1936年，第86页。
⑤ 《明史》卷四十九《礼三》，北京：中华书局，1974年。
⑥ 《明史》卷二百八十二《儒林一》，北京：中华书局，1974年。

灶，载在祀典。虽时稍有更易，其大要莫能逾也”[①]。

清代里社的功能也有所发展，更兼具了文化传播和文娱演出的功能，据记载，顺治十六年（1659年），陕西盩厔知县骆钟麟，“朔望诣里社讲演”[②]。另有甘肃平番人白长久，“里社演剧，负母往观，侍侧说剧中事”[③]。里社成为居住社会公共生活空间中更日常化、生活化的重要场所。清末在乡各“初等小学多由地方公积迎神赛会之款提用”，可见，里社在社会生活及其组织职能中已经成为一个载体，用来解决居民社会生活的各种问题。

因此，里社成为居住社会的重要组成部分，与封建社会推崇的孝、礼结合起来，同时具有维系宗法社会及道德监督的功能，成为具有居民社会精神凝聚作用和约束功能的居住空间单元。

（三）与血缘相结合的宗法社会及其空间特征

清代《保甲书》中“户部则例”和“刑部条例”均有记载：“凡聚族而居……准择族中有品望者一人，立为族正”[④]，宗族管理具有血缘和宗法权威性，并具有作为基层居住社会管理的合法性。“宗族制度在清代已发展为以血缘和地缘关系为纽带的同姓聚落体的主要控制形式”[⑤]。中国农村社会中随处可见的单姓或主姓村落就极为典型地展露了“聚族而居”的社会文化特征。在陕西地方的保甲章程中，对同族之中族长和父兄之责也有详细规定：“同姓居处一村，宜兼派族长以资管束也，乡间大姓聚族而居者恒多，拟除照章分立牌长、甲长外，另添族长一名，协同办理，于清查之中，兼责父兄管束”[⑥]。居住社区基层管理与宗法血缘相结合，是保甲制的又一特点；因此，在宗族社会中处理族中事务的祠堂往往成为重要的公共活动场所之一，具有组织祭祖、正风俗和敦教化等多重功能。是农业经济社会背景下，居住空间结构的又一特征。

---

① 《明史》卷四十七《礼一》，北京：中华书局，1974年。
② 赵尔巽等：《清史稿》卷四百七十六《骆钟麟传》，北京：中华书局，1977年，第12981页。
③ 赵尔巽等：《清史稿》卷四百九十七《白长久传》，北京：中华书局，1977年，第13750页。
④ 民国《咸宁长安两县续志》卷九《学校考》，民国二十五年（1936年）铅印本。
⑤ 王先明：《中国近代社会文化史论》，北京：人民出版社，2000年，第33页。
⑥ 民国《续修陕西通志稿》卷四十五《兵防二》，民国二十三年（1934年）铅印本。

（四）城与郊乡居住社会组织结构及其空间组织结构均呈现出二元结构特征

在统一的社会生活组织及管理结构当中，以户为组织细胞，在“牌”“甲”“保”形成的三级结构下，城、乡居住生活空间结构之间呈现出的差异有以下三个方面：

其一，城市的居住社会空间结构对应着相应的空间界域，分为“城”“路”“坊”三级，坊作为核心居住空间结构单位，以街巷为单位，统于保甲组织的管理。各郊乡居住社会空间结构与管理结构趋于分化，其空间分为“乡”“社”“村”三级结构，其居住社会基层核心单元为“村”“堡”，并逐渐统于乡社管理之下，其下以户为单位，以十数为进位单位，服从于保甲组织的管理规模结构。

其二，城内各坊不仅居住密度较在乡者大，而且作为地方的政治、经济、军事和交通中心，其居住社会组织管理中的变化因素也较多，因此其管理趋于简易：“至于省会城市以及大郡大邑大镇商贾云集，五方杂处之地，人众事繁……亦当再从简易”[①]。

其三，在空间分布上城市社区居于地域中心，人口相对密集，而郊乡居住社区处于城坊外围，人口相对分散，同时城关统管四乡。因此，以西安府城为中心，以郊乡外围分布，并分属长安、咸宁两县管辖，呈现出向心分布的空间布局特点，具有中国农业社会背景下城、乡居住空间结构布局的典型特征。

三、城、乡居住空间单元及其演化

空间单元指作为城市或乡村居住社会具有相对独立性的基层居住社会的空间地域，它往往是城市或乡村的空间组织细胞，具有很强的自我管理和组织功能。近代城、乡居住空间结构存在明显的差异，由于城市的人口多、人员复杂，“坊”呈现很强的空间关联性，而“村”则具

① （清）徐栋辑：《保甲书》卷一《定例》，清道光二十八年（1848年）刻本。

有相对的独立性，其规模相对于坊为小，城乡居住社会空间单元呈现出二元结构特征。

（一）西安城、乡居住空间细胞单元——城“坊”与乡“村”

从近代西安地方居住社会的发展看来，其城、乡居住空间细胞单元在城为“坊（里）”，在乡为“村”，是具有历史延续性的，《旧唐书·食货志》云：“在邑居者为坊，在田野者为村。”《旧唐书·职官志二》又云：“两京及州县之郭内，分为坊，郊外为村。”可见，以“坊”“村”为基层居住空间单元由来已久。

坊的居住社会组织管理则遵循“凡市廛稠密之地，各分段落设立总甲……令其就所分段落内每街每巷共若干户，挨次开载”[①]。可见，坊作为城内一级空间单位，同时其下的组织管理及空间结构则以街、巷为划分单位，形成基层居住社会的规模层级，其户籍管理组织原则上依然遵循的是以十为进位关系的保甲制度。据嘉庆《咸宁县志·地理志》统计，其城各坊规模平均约为134户；其组织形式是以街、巷及就近原则进行编排的。因此，其内部社会组织秩序、规模结构与空间秩序具有一致性。

1729年，陕甘总督岳钟琪颁行社仓条约，其“按粮分仓，按村分社”的原则，村、堡作为构成“社（仓）”居住社会的空间细胞单元，成为分社的依据：“凡一州县中譬如有谷五千石便分作五仓，譬如有村六百堡亦分作五社，是以一千石谷为一仓，以相近之一百二十村堡为一社也”，使原有的居住空间结构以“村”为单位重构形成“社”，进而以乡社制取代旧制。然而以保甲为依据的社会生活组织秩序依然存在，渗透在以村为基层居住单位的户籍管理中，村则具有明显的空间属性。

根据嘉庆《咸宁县志·地理志》记载进行统计分析，咸宁县平均每社下辖24村左右，约1373户，社具有明确的方位、范围，其规模受到粮食生产条件的限制。平均每村约57户、380人，较每甲为小，人口仅

① （清）徐栋辑：《保甲书》卷二《成规上》，清道光二十八年（1848年）刻本。

为坊的 43%。可见，村在社会组织管理结构体系下对应的社会管理规模比较灵活。因此，在郊乡居住空间的“乡”“仓”“村”三级结构中，其中乡是对于城外若干仓按地理方位的合称而从空间上形成的层级，村作为居住空间细胞单元，也是具有居住社会管理职能的核心空间单元。清末各在乡初等小学管理多以村长兼之[①]，是村作为基层管理组织的职能之一。

（二）清末西安城、乡居住空间单元的变化

清光绪三十一年（1905 年），西安“改设警察”，分咸宁、长安两县“东西南北为四城，城各四区，东关二区，西、南、北关各一区，满城别为一区，统隶巡警道”[②]；是近代城、乡居住空间结构的过渡，表现在其保、甲、牌的社会组织结构在规模上呈现的灵活性，“于是诸坊仅有其名。惟乡约、地保应役者仍隶于县而已”[③]，详见表 5-8。

表 5-8 晚清时期咸宁县人口情况一览表

名称	户	口	保	甲	牌	坊	村
总坊厢户	5512	34 003	—	—	494	29	—
东关厢	—	—	—	—		8 坊+4 堡	—
东乡八社	11 385	71 834	12	118	1175	—	184（191）
南乡十社	18 869	126 194	18	—	1782	—	291
北乡十一社	9580	66 770	9	95	940	—	223
合计	45 346	298 801	40	443	4391	—	698（705）

资料来源：嘉庆《咸宁县志》卷十《地理志》，清嘉庆二十四年（1819 年）刻本

据民国《咸宁长安两县续志》记载，咸宁县人口较嘉庆《咸宁县志》记载减少了约 25%，但城关人口却有增长，每坊平均约 311 户，约 1410 人，较前志增长了 17%，可见，在清朝末年以前，在城诸坊人口较前有所增加；而同时，郊乡各仓人口却大为萎缩：“自同治纪元以来，

① 民国《咸宁长安两县续志》卷九《学校考》，民国二十五年（1936 年）铅印本。
② 民国《咸宁长安两县续志》卷四《地理考上》，民国二十五年（1936 年）铅印本。
③ 民国《咸宁长安两县续志》卷四《地理考上》，民国二十五年（1936 年）铅印本。

迭遭寇乱，又经光绪丁丑、庚子连岁大祲，以光绪三十三年《丁口表》计之，各仓人口凋残，较昔几于减倍矣。”[①]根据民国《咸宁长安两县续志》记载统计，咸宁县在乡以村为单位，平均一村人口约为 242 人，较嘉庆《咸宁县志》一村人口 380 人则减少了 36%。由民国《咸宁长安两县续志》记载可知，两县所辖郊乡出现了居于村与仓之间的一级统计单位，即保障（坊、牌、社），使居住社会基层组织管理得到加强，则相应地形成仓（廒）、保障（坊、牌、社）、村三级组织管理结构，并与其对应存在三个空间层级，乡作为空间层级则与之构成四级空间结构（表 5-9）。

表 5-9　晚清时期咸宁县郊乡社会组织规模一览表

名称	总户数（户）	总人口（个）	村（个）	每村户数（户）	村均人口（个）	户均人口（个）
东乡八仓	10 232	56 103	260	39.4	215.8	5.5
南乡十仓	21 830	114 280	347	62.9	329.3	5.2
北乡十一仓	8179	51 454	309	26.3	166.5	6.3
马厂	452	1922	8	56.5	240.3	4.3
合计	40 693	223 759	924	44.0	242.2	5.5
城关	14 030	63 461	—	—	—	—
合计	54 723	287 220	—	—	—	—

资料来源：民国《咸宁长安两县续志》卷四《地理考上》，民国二十五年（1936 年）铅印本

（三）民国时期西安城、乡居住空间组织结构

民国时期，西安城乡居住社会组织结构变化频繁，其总趋势则适应社会生活开放性和经济社会发展的需求，逐渐从封闭式内向的管理组织模式走向了街巷式划区管理的开放模式。

与此同时，以“村”为细胞单元的农村社会组织和空间结构的独立性依然存在，而“坊”逐渐松散而趋于开放的空间特征，则使城、乡居住空间单元的二元性更为突出。

---

① 民国《咸宁长安两县续志》卷四《地理考上》，民国二十五年（1936 年）铅印本。

综上所述，直至民国时期，西安的居住方式较前适应了城市公共生活和管理的需求，“坊”的细胞单元结构逐渐松散，而街巷管理的制度化逐渐得到加强。在城内以“坊”作为居住空间的主要组织层级，由内向逐渐走向开放，“坊”的结构演变为以路划区管理，以街、巷为基层政区，是近代城市居住空间结构的基本特征，其空间结构的演变始终与郊乡的居住空间结构相互关联，体现了农业社会背景下西安城市居住空间结构演变的轨迹和特点。显然，清代末期至民国时期，西安城、乡居住社会组织结构和空间结构的演变，是近代西安城市空间结构发展的一个重要的过渡时期。

第三节　城市内部居住空间分异及其演变

城市是人类物质和社会生活的载体，城市空间则同样具有物质空间和社会文化空间的多重内涵，物质空间忠实地反映人类的社会和文化属性。城市作为人类社会的聚居地，居住是其最基本的功能之一。而城市的居住功能从广义层面来看，是指城市对人类及其各种社会生活的包容功能；从狭义的层面来看，是指城市满足人类居住生活行为的功能和作用。本书主要以狭义的居住功能来分析城市内部居住空间的演变及其特征。

“城市居住空间是城市社会的基本空间类型和重要的功能空间，它的分布既关系到居民的基本需求，又涉及社区的形成”[①]，因此，居住空间是我们了解一个城、一个城市社会和这个城市空间结构的重要方面之一。城市居住空间不仅为人们提供居住建筑空间、居住社会基础服务设施等物质空间，而且包含了人类对聚居地的选择趋向、居住社会生活组织功能、邻里之间的相互关系，以及对儿童、老人等弱势群体的态度

① 崔功豪：《序》，吴启焰：《大城市居住空间分异研究的理论与实践》，北京：科学出版社，2001年。

和社会道德价值取向等在空间中的反映，即反映居住人群的社会背景，包括宗教信仰、社会经济地位、文化素养等方面，“由于城市居民客观上存在因文化、职业、种族（本地和外来）、收入的不同而形成不同的社会阶层，因而其对居住空间的需求也是不同的”[①]，表现在城市空间方面，则形成不同社会背景人群的居住分化，形成具有稳定亚文化状态的城市社区结构，在这一社区结构内部的居住人群则具有一定的相似性，并形成地缘社会关系。

近代是封建集权统治的社会形态走向瓦解和新的社会秩序建立的时代。由于深处西北内陆，西安没有受到西方殖民主义者从政治、经济等方面的直接掠夺，但却受到殖民掠夺的间接影响，如 1934 年陇海铁路通车前西安没有工厂，但是，自晚清以来其却是洋货荟萃区域，外来货物以其价廉而从西安倾销西北，对西安和周边省份乃至西北的地方经济带来很大的冲击。近代西安城市经历了晚清时期清朝统治的军事堡垒的瓦解，以及城市社会经济重新适应新的国家体制和社会经济变革的发展过程；同时也经历了近代工业起步并逐步发展的重要过程。因此，上述变革导致西安城市出现了新的居住空间因素，并对城市内部居住社会产生了影响，从而产生了各种社会阶层在城市内部聚集的地域分化现象，近代这一演变过程体现出城市从原有居住社会状态向居住社会空间秩序的重组与整合的转化。

一、居住分异的影响要素

西安城市近代发展百余年，期间辛亥革命推翻了长达 200 多年的清政府统治，而西安的八旗驻防城也土崩瓦解，是近代西安城市发展史上的重要事件，这一事件直接导致了满城的废毁和城市空间结构的改变。因此，辛亥革命是西安城市空间结构近代化演变的分水岭。相应的城市居住空间分异也因此而发生结构性的变化。

---

① 崔功豪：《序》，吴启焰：《大城市居住空间分异研究的理论与实践》，北京：科学出版社，2001 年。

晚清时期，西安城市内部空间具有较为浓厚的农业社会特征，同时在当时的社会意识形态下，形成以民族、宗教和相应的社会阶层分区居住的社会特征，体现出以国家制度管理为主和以居住社会内部整合为辅的作用机制。

辛亥革命后，满汉畛域消失，北洋军阀统治所形成的新的社会阶层和新的职业的出现，以及地方自治和民主进程的发展，使居住社会内部整合逐渐成为居住分异的主导因素，包括原有的民族和宗教信仰、社会地位和经济收入等因素。

首先，历史以来所形成的回民聚居于城市西北隅的格局延续下来，满城废毁、旗人骤减，满人居住区不再是近代西安城市内部居住空间分异的重要特征之一。

其次，城内商业麇集，以合院住宅建筑为主的建筑形式，适应了城市的各种功能需求，尤其是商业店铺，往往以前店后居或下店上居的形式，形成了商人群体的居住空间特征。

再次，自晚清以来，居民中有一部分是地主、退职官僚等群体，他们靠自己在农村占有的土地，以收取地租为生。此外，同治初年（约在1863 年）以来，由于西安及其附近地区连遭各种战事，为了“小乱居城”，许多地主、富农及小康之家纷纷逃到西安“避难”①，因此形成了近代西安城市中产阶层中的组成部分。

此外，战争是外来人口迁移的重要原因，抗日战争时期，由河北、山东、河南、山西等地迁来的人口较多，形成了不同地域移民聚居区，也构成了近代移民居住分异的特征。

西安的外来移民不仅有逃难的贫民，也有因战争部署而驻扎西安的军队及其眷属，以及外来机构等，往往在城内聚集而形成官邸较为集中的区域。这一阶层较之于一般市民，其生活方式、居住条件及经济来源相对稳定，是近代西安城市的特殊阶层。

而战争中迁移而来的民族工业及其技术人员、管理人员和工人则形

---

① 西安市工商联：《解放前西安市的粮食业》，中国人民政治协商会议陕西省委员会文史资料委员会编：《陕西文史资料》第 23 辑，西安：陕西人民出版社，1990 年，第 173 页。

成了外来迁移的工人阶层，往往形成企业宿舍。西安自有的工厂企业所形成的新型住宅区则为城市新的阶层中的劳动阶层居住区。

总之，近代西安城市居住空间分异表现为民族分异、社会阶层分异和不同行业或者职业人员聚集的状态，因此，民族因素、社会阶层分化及职业分化是导致其居住分异的主要因素。近代西安城市内部居住空间分异特征反映了当时的社会、经济、军事发展的状况，伴随着旧有阶层的消失，新的阶层产生，同时也是近代城市社会新的市民阶层产生与旧有市民阶层融合发展的一个阶段，有其历史的特殊性，但总体上反映了近代西安城市社会、经济的发展状况。

二、晚清时期城市居住空间的分异特征

晚清时期西安城市居住空间因民族背景不同而分异现象较为突出。首先，满城内聚集的八旗与汉人居住区的隔离。其次，回族以清真寺为核心，在城市西北隅集中分布。这两个民族聚居区内有与本民族的宗教信仰、生活习俗相联系的居住社会组织、空间模式，以及相应的生活方式和宗教信仰。其中回民区以宗教信仰为其精神和物质空间组织的核心，在国家统一的保甲制度下，形成与坊寺制度相结合的居住空间结构组织模式；旗人则完全处于国家政治制度的严令之下，形成了特定的民族特点和聚居模式。除此之外，城市内部也有按阶层、行业等分区居住的现象。

（一）满族居住区的演变

晚清时期，满人主要集中聚居在满城之内，与外界隔离，不与汉人通婚，“关上五小门是一家”[①]，乾隆四十五年（1780年）汉军出旗，因此，满城内驻扎八旗主要为满蒙八旗。

---

① 朱仰超：《西安满族》，中国人民政治协商会议陕西省西安市委员会文史资料委员会编：《西安文史资料》第18辑，内部资料，1992年，第177页。

1. 满城居住社会空间层级结构要素

满族八旗是一种以牛录为单位的严密的军事性组织制度，“每旗三百人为一牛录，以牛录额真领之。五牛录，领以札兰额真。五札兰额真领以固山额真。每固山设左右梅勒额真”。由此可以看出，其基本居住管理单位为牛录，其人口规模为300人；其上一层级以5牛录为单位，人口为1500人，设札兰额真；再上一层级，5札兰额真，人口7500人，设固山额真，形成了相应的管理层级和组织规模。

驻防西安的八旗兵有其相应的组织管理层级，仍由“甲”组成，每甲编制为125名马甲（骑兵），5甲为一旗，计马甲625名，八旗共马甲 5000 名，马甲以下有步甲、小甲、炮手、无米养余兵等，此外还有“苏拉”等后备组织①。西安八旗共分40甲，清末西安将军文瑞在奏办“驻防传习所”中所确定的名额就是按照40甲设定的，“学额暂定八十名，按八旗四十甲，每甲挑选年龄程度合格者二名，由该旗佐领保送该所”②。

满城是一个纯军事堡垒，军人是满城内唯一的职业，习武练兵是满城的主要事务性活动，也是满城军事生活管理的主要工作内容。“西安将军标、抚标，亦酌定兵数，均照臣标，认真操演，常无间断，务俾技艺尽熟精娴”③。满城内的八旗校场，即原明代秦王府所在地，成为八旗兵习武练兵的场所，每月上、中、下旬的一、四、七、二、五、八、三、六、九，都要集中于此，进行操练。但这种军事管理到清代后期已经形同虚设，八旗的作战能力已经大大下降，据资料记载：“旗营原属劲旅，惜因款项支绌，难资整顿，以故远不逮前。”④

---

① 朱仰超：《西安满族》，中国人民政治协商会议陕西省西安市委员会文史资料委员会编：《西安文史资料》第18辑，内部资料，1992年，第171页。

② （清）刘锦藻：《清朝续文献通考》卷三百八十四《实业考七·工务》，上海：商务印书馆，1936年，第11312页。

③ （清）贺长龄辑：《皇朝经世文编》卷七十一《兵政二·兵制下》，台北：文海出版社，1972年。

④ （清）陕西清理财政局：《陕西清理财政说明书·旗营军饷》，宣统元年（1909年）排印本。

> 清代八旗制度对满城内旗人的束缚尤甚。满城内的旗人不似东北或京畿屯居旗人那样有较大的活动天地和自由。他们平时不能离城二十里外（关外四十里），有事出城要告假，远出要注册，回城要销假。违限不归以逃旗论，要受到严厉处置。旗兵的日常生活很单调，以军事训练、出差当值为主要内容；遇有战事，随时奉调，效命疆场。不准旗兵从事工、农、商等其他技艺，即使他们的子弟——余兵闲散也是如此。满城内初期没有任何商业设施，城内居民日常所需或到附近汉城购买，或靠民人货郎白日进城贩卖。民人不准留宿城中。满城内各旗牛录间设有栅栏，旁设哨房，入夜有值班旗兵巡查，不得随便行走。城门则启闭有时，锁匙掌握在将军（或副都统、城守尉）衙门里值班章京手中[①]。

直至清末时期，满城内人口繁盛，生活无着落，“陕省分防较早，生齿最繁，安坐而食，生计日艰”，巡抚升允曾在草滩办理屯垦，以解决旗民生计。宣统二年（1910 年），陕西巡抚恩寿、西安将军文瑞、副都统承燕联名上奏，欲办理驻防工艺传习所。

> 选取八旗聪颖子弟入所学习，养成工艺人材，为振兴实业初基，即为旗民自强本计，查有东门大街佐领署一所地基甚宽，先筑讲堂、厂屋三十余间，并于临街添修铺房，为销售出品之地，其工艺暂分四门：曰纺织，曰蚕桑，曰制革，曰毛毡。就地取材，择民闲日用所需物品研究制造，由浅易而精深，教授之法则参仿学堂工场……择定地基督工建筑，一面延订教员，招募工师，选取学生，置办应需机器物料等项，俟办有成效再图推广[②]。

因此，清末满城内除了一些商业服务设施以外，也建立了“驻防工艺传习所”，以图改变旗人生计，可见其军事堡垒的地位不能适应增加的人口和谋生的需求而开始有所松动，经济因素渐有发展。

---

① 马协弟：《清代满城考》，《满族研究》1990 年第 1 期，第 33 页。

② （清）刘锦藻：《清朝续文献通考》卷三百八十四《实业考七・工务》，上海：商务印书馆，1936 年，第 11312—11313 页。

2. 旗人的生活来源及生活状况

西安三万多满人的生活是依靠关银、关米维持生存的。每月由西安将军出具领结，向陕西藩台藩库领取饷银及马干等生活用品，约三万两库平纹银。每月由东仓、敬禄仓、西仓、永丰仓等领老仓米（入仓后经过一二十年储存），每甲一名，给京斗米一石，折合市斗约五斗，做官的另有俸米（白米）。每月关银的手续，是饷银从藩库领回，分发到八个旗，再由旗分发到各甲（每旗五个甲），每甲在圈里平银子、封包、发放，连同马干每人能领到四两多银子，但银子到圈里要扣除年钱、灯钱、房价、红事、白事等七八宗银子，实发到手的不过几钱。

马干是在入关后原每人规定三匹半马，每甲 125 人，应有马 400 多匹，到清末每甲三四十匹马，马的麸料折成实物都被人吃了。每个马甲每月领到的银、米仅可维持六口之家的最低生活，所以曾发生过“交官家”（就是所有关银、关米都不要，请求清政府维持每家生活）的事，但无结果，只好借典度日。同治年间，陕西回民起义，渭河沿岸 20 余县受到波及，省城被围，交通断绝，满城旗民几个月领不到粮饷，生活陷入绝境，拆房卖料勉强度日。兼之从道光到光绪年间，烟毒祸陕，旗民不少人吸食鸦片，因而生活越来越困难。

> 光绪二十九年，陕西巡抚升允目睹西安旗民生活困苦，曾制定了“旗屯”计划，组织旗民在草滩渭河两岸开垦荒地，委派成安为草滩旗屯统领，率兵 376 人，分中哨、左哨、右哨，每哨 115 人，另有营部 20 人。屯兵每月在本甲领饷外，尚能得到屯银 1 两多，所谓“双粮双饷”。旗屯每年收获的作物售价约银 3000 两，实际支出银 6000 两，虽然入不敷出，但却改善了旗民的生活。此外，武功、眉（按：应为郿）县的马场地是拨给旗民放养马匹的，后来将能生产的地租给汉民耕种，所有收入归将军内库掌握，作为救济鳏、寡、孤、独之用[①]。

① 朱仰超：《西安满族》，中国人民政治协商会议陕西省西安市委员会文史资料委员会编：《西安文史资料》第 18 辑，内部资料，1992 年，第 172—173 页。

关于旗人的文化教育，据民国《续修陕西通志稿》记载：西安文武学堂，自嘉庆年间已设置有官学（称义学、学堂、学房）和私学，官学比私学出现要早，当时每个佐领都设有官学，8个旗共有40个学堂，每个学堂有20—30人，到了清末另有私学30多所。习武的所学内容有下弓房、站裆、吊膀、教弓学、练靶子、跑马、射箭等。因为满族是以武功统治天下，所以严督后辈习武，意在不可忘本。汉文方面有《大学》《中庸》《论语》《孟子》《诗经》《春秋》等书。满文方面是满文12字头及满文译本书，如《十三经》《史记》等书。到了光绪年间，满城里还出现了几所新型的官立高等小学校和1所八旗中学，共有学生70多名，但是比较贫穷的满族子弟中有不少人上不起学。据了解，满族在顺治年间考取秀才的有1人，雍正年间2人，乾隆年间12人，道光年间36人，光绪年间53人，这也反映了满族文化水平不断提高。当时，普遍认为学汉文比学满文用途广，所以有些青年还到汉城的医学传习所、蚕业科学校、甲种农业学校、测绘学校、政法学堂等学校学习，也还有到外省去学习的，如到北京财政学堂、保定陆军速成学校去学习，也有到日本去留学的。到了清末，满城的妇女也开始学文化，富裕之家请家庭教师，但大部分人家都是跟着自己家里有文化的人学习。

3. 满城内部空间的文化特征

满人最崇拜、信仰的是关羽，又称关公、关夫子、关老爷、协天大帝、伏魔大帝等。旗人军营中，中下级军官，多能熟读《三国演义》，关公的凛然正义对他们影响较深。旧历6月29日，是关羽的生日，在老爷庙、协天宫，大铁旗杆庙、小铁旗杆庙、三圣庙，汤房庙、五圣宫、三圣堂、五福堂、保安堂、忠圣堂、永安宫……都要过会祀神，会亲友，吃全羊。供奉关羽的庙宇占所有庙宇的3/4。

其他则有马王，天、地、水三官，原始天尊，圣母，观音，玉皇大帝，玄天上帝等神，显示出人们对于生、老、病、死，以及升官、发财等生活中各种保护神的信仰。当时满城内屋宇繁多，鳞次栉比，有大街小巷百余条，其中大街7条，小巷94条，各种庙宇充斥其间。由于满族多信仰佛、天、地、灶王、马王、财神等，因而城内的庙、庵、观、

宫、寺院达80多座。如较有名的开福寺、天帝庙、华藏寺、老爷庙、大铁旗杆庙等[①]。大铁旗杆庙又为驻防西安200多年来考试满文秀才的科场，是满城中最宏大的庙宇之一。城内较有影响的庙会有阴历三月二十八日东岳古会，华藏寺、弥陀庵每年正月十五日过灯节等。可见在旗人社会公共生活中，庙会是一个重要的载体，反映出庙宇与居住生活之间的密切联系。

据1893年中浣舆图馆绘制的《西安府城图》统计，满城内的庙宇尚存51个，按八旗校场的四门延伸线所形成的4个分区统计，东南隅、东北隅较多，其中东北隅20个、东南隅21个；而西北隅与西南隅相对较少，西南隅4个、西北隅6个。由于庙宇往往与居住生活联系密切，因此，旗人家眷的集中地应当主要在满城东部。

4. 旗人居住区的消失

辛亥革命推翻了清政府在西安的统治地位，很多旗人在战争中丧生，旗人的数量大减。清朝一贯采取民族压迫政策，形成满汉民族之间的隔阂和敌对，所以在辛亥革命中，满族同胞死亡惨重，“据民国初年成立的旗民生计处统计，满城三万多人中，死里逃生者仅三千多人”。

民国初期，“旗营解散后一时生活无着的驻防旗人，为求生计，有拆墙卖砖者；其后附近民人有拆城盖房者。致使满城疮痍满目”[②]。西安城中设有“旗人生计所”，可见当时西安尚有一定数量的旗人，但其生活较为艰辛，与旗人长期以来形成的寄生式的生活方式和价值观有直接关系。

满城被摧毁，也使居住在西安城内的旗人随之散去，满族旗人聚居区不复存在。更由于当时统治阶级的民族歧视政策，西安满族曾有不少人隐瞒自己是旗人，根据1953年的统计，西安满族同胞仅有314人。由于贯彻执行了各民族一律平等的民族政策，许多人又恢复了自己的族别。根据1959年的统计，西安共有满族1148人，大部分居住在莲湖、

---

① 朱仰超：《西安满族》，中国人民政治协商会议陕西省西安市委员会文史资料委员会编：《西安文史资料》第18辑，内部资料，1992年，第174—176页。

② 马协弟：《清代满城考》，《满族研究》1990年第1期，第33页。

碑林、新城3个区[①]。

满城的布局充分体现了其军事空间特征，其与府城的关系、满城内部的行列式道路网络、将军衙署与左右翼将军衙署形成的犄角之势，以及各种军事设施的布局等，均体现了这一特征；关帝信仰与其空间布局相结合，形成了特有的文化景观现象；同时军事化管理强化了满城作为城市军事空间的功能作用。作为统治阶级，满族在长期的社会生活中不断接受汉文化的影响而日趋汉化。但单一而又特殊的军事功能与城市自身的社会经济功能格格不入；同时，单一的市民群体长期处于民族隔绝的状态，不能适应城市社会经济的发展，长期的寄生生活方式使其失去了一个民族生存发展的生命力，清政府统治被瓦解后，靠国家供给的生活方式无以为继，加之长期的民族隔阂，又无法融入地方社会中，导致满城在辛亥革命后很快土崩瓦解，这是历史发展的必然趋势。

（二）回民聚居区空间结构特征

西安城中的回民以清真寺为中心形成教坊，“大分散，小集中”的集聚特征非常具有民族特色。晚清时期西安城市内部的回民主要聚居在西安城市西北隅：西大街以北，鼓楼以西，北至莲湖路、红埠街，西至大麦市、桥梓口，集中于城市西北隅。

唐朝以后西安的回民以清真寺为中心聚集而居，历经1300年，其发展可谓历史久远。而清政府在处理回汉问题上的“扶汉抑回”政策引起了民族矛盾激化，同治年间“圣山砍竹”引发的回民起义，是其对民族压迫的回应，而这一重大事件也威胁到了西安城市内部回民的生存，但回民居住社会却以其强大的凝聚力形成了无垣的“城垣”。回民聚居区曾俗称回城[②]，从形式上看，回城并无城墙的界定，那么是什么使这一外来民族如此具有生命力、稳固地生长于斯土？要回答这一问题，不

---

① 朱仰超：《西安满族》，中国人民政治协商会议陕西省西安市委员会文史资料委员会编：《西安文史资料》第18辑，内部资料，1992年，第182页。

② 王曾善：《长安回城巡礼记》，李兴华，冯今源编：《中国伊斯兰教史参考资料选编（1911—1949）》下册，银川：宁夏人民出版社，1985年，第1372页。

得不涉及回民居住区的内部组织结构和空间结构的深层内涵，这是研究回民住区生命力及其居住分异特征的实质。

1. 清真寺

回民以清真寺为中心聚居，因此，清真寺的分布是居民社区分布的重要标志。至民国时期，西安清真寺共计 14 个，除历史以来所形成的以外，抗日战争时期从河北、山东与河南等地前往西安的移民，聚集于西安建立清真寺，形成了新的回民聚居地（表 5-10）。

表 5-10　近代西安城内清真寺分布情况一览表

名称	别称	时间	寺址	教派	资料来源
化觉巷清真大寺	敕建清修寺或称东大寺	唐天宝元年（742 年）	化觉巷街南	格迪木	《西安清真大寺》
南城清真寺	东大寺“麻稍儿”（附属）寺	康熙二年（1682 年）	回回巷西口内	格迪木	《西安回族与清真寺》
广济街清真小寺	东大寺“麻稍儿”（附属）寺	清乾隆年间	广济街中段路东	格迪木	《西安回族与清真寺》
大学习巷清真寺	西大寺	唐中宗乙巳年（705 年）	大学习巷街之北端西侧	格迪木	《西安回族与清真寺》
大皮院清真寺	—	明永乐九年（1411 年）	大皮院西南段	格迪木	《西安回族与清真寺》
		明成祖永乐（1403—1424 年）			《明清西安词典》
小皮院清真北大寺	真教寺	明万历三十九年（1611 年）	小皮院街南中部	格迪木	《西安回族与清真寺》
小学习巷清真寺	营里寺	元代，一说清乾隆九年（1744 年）	小学西巷街南端西	格迪木	《西安回族与清真寺》
洒金桥清真古寺	敕建清教寺	明代中期	洒金桥北段	格迪木	《西安回族与清真寺》
洒金桥清真西寺	—	清末	洒金桥街南端	—	《西安回族与清真寺》
八家巷清真寺	—	清末（从小皮院清真寺分离）	八家巷西口内	伊赫瓦尼	《明清西安词典》
小学习巷清真中寺	—	民国十一年（1922 年）	小学习巷极北端	—	《同治年间陕西回民起义历史调查记录》

续表

名称	别称	时间	寺址	教派	资料来源
东新街清真寺	西寺（有别于其东的建国巷清真寺）	1937年	东新街东端南侧	—	《西安回族与清真寺》
建国巷清真寺	—	1939年创建，1940年扩建	解放路建国巷内	—	《西安回族与清真寺》
北关清真寺	道北清真寺	1940年	铁道以北	—	《西安回族与清真寺》

1938年，黄河花园口决堤后，从沦陷区和黄泛区逃难到西安的穆斯林增多，阿訇王明德（河南籍）、马玉山（北京籍）倡议并筹集资金，1939年在崇悌路西面（今西二路）建立伊斯兰小学，是西二路小学的前身。1942年在东新街清真寺，回族人筹办了中阿小学，兼教中文和阿拉伯文，1944年秋入学者达80多名；抗日战争胜利后，因物价上涨，经费难以为继而停办[①]。

2. 清真寺与回民居住区的分布

清末，西安的清真寺主要分布在府城的西北隅，加之原南城有一座，共8座，回民聚居区中的7座清真寺分布在大学习巷、小学习巷、鼓楼西北的花角巷（今化觉巷）、洒金桥、北广济街、大皮院、小皮院地区。虽然回民教坊之间往往是平行关系，但西安的教坊之间有一定的组织关系，上述7座清真寺在教义、教规、宗教仪式及管理组织等方面均以化觉巷清真寺（东大寺）为首，明万历三十四年（1606年）冯从吾碑记中称为“清修寺”。由于其建筑规模大于西安的其他清真寺，所以也称“西安清真大寺”，又因为位于西大寺（大学习巷清真寺）之东，也叫“东大寺”。清真大寺所辖为化觉巷、西羊市、北院门坊民，清光绪二十七年（1897年），《海洁泉德行碑》中记载：“斯寺为省垣八寺之首，列户数百，居民千余”[②]，旧时号称“八百家的大寺”（据与东

① 西安市教委教育志编纂办公室：《西安市教育志》，西安：陕西人民出版社，1995年，第356页。

② 马希明：《西安清真大寺》，西安：陕西人民美术出版社，1988年，第24页。

大寺马阿訇的访谈，称“大寺有八百零一家，是按门楼算，而许多门楼内不止一户”①），寺院组织有理事会，由十二人组成，也叫十二家“社头”，他们皆掌管寺务、财务、修缮和决定聘请任教阿訇等事宜②，均属于“格迪木”派，即老派穆斯林。化觉寺居当地“七寺十二（三）坊”③之首，具有一套较完整的组织制度，为经堂教育“陕西学派”的中心。

回民聚居生活在清真寺周围，以清真寺为其宗教和社会生活的中心。乾隆四十六年（1781年）署理陕西巡抚毕沅奏称：“查陕西各属地方，回回居住较他省为多。而西安府城及本属之长安、渭南、临潼、高陵、咸阳及同州府属之大荔、华州，汉中所属之南郑等州县，回族聚堡而居，人口更为稠密。西安省城内回民不下数千家，城中礼拜寺共七座。”④

在同治回民起义前，西安府回民人口繁盛。据《平定关陇纪略》载：“盖自乾隆以来，重熙累洽，关陇腹地不睹兵革者近百年，回民以生以息，户口之蕃亦臻极盛”⑤。到同治初年“省城节署折后左右迤北一带，教门烟户数万家，几居城之半。教堂经楼，高矗云天，气势雄壮。绅富三之一，乐业安居，自成风俗”，回民以务农和经商为主，“西安回民大半耕种畜牧及贸易经商，颇多家道殷实及曾任武职、大小员弁及当兵科举者”⑥，民国时期，日野强《野黎纪行》记载：“城之西北隅，多为回坊，居住之面积、人口约占全城五分之一，其居民悉营商贾生活。”⑦但在同治回民起义失败之后，西安回民人口凋零。《同治年间陕西回民起义历史调查记录》载，回民起义被镇压之后，“回民在城内十八年不准出城，直到光绪初年，官家传马、金、刘、穆、蓝、米

① 访谈材料：化觉巷西大寺马阿訇（马希文之子）访谈，2005年8月21日。
② 马希明：《西安的几座清真寺》，《中国伊斯兰教研究文集》编写组编：《中国伊斯兰教研究文集》，银川：宁夏人民出版社，1988年，第447页。
③ 勉维霖主编：《中国回族伊斯兰宗教制度概论》，银川：宁夏人民出版社，1997年，第154页。
④《回族简史》编写组编：《回族简史》，银川：宁夏人民出版社，1978年，第22页。
⑤（清）杨昌浚撰：《平定关陇纪略》卷一，《中国方略丛书》第一辑，台北：成文出版社，1968年。
⑥《回族简史》编写组编：《回族简史》，银川：宁夏人民出版社，1978年，第22页。
⑦ 刘安国编著：《陕西交通挈要》上编，上海：中华书局，1928年，第31页。

六家出外为他们贩马，回民才算出了城"[①]。可见当时回民中以贩马为业的不在少数，而且有一定的影响。

辛亥革命时，西安城内的清真寺共有9处，包括化觉巷清真寺、大学习巷清真寺、大皮院清真寺、小皮院清真寺、洒金桥清真寺（清康熙时建）、小学习巷清真寺（1744年修建）、广济街清真寺（清初建）、南城清真寺和八家巷清真寺，其中，八家巷清真寺是清末伊赫瓦尼教派传入后，原西安小皮院清真寺中信格迪木派的教民150余户分出，改建民房别修清真寺。除了清初为满足穆斯林的需要建立了小学习巷清真寺和南城清真寺以外，由于新旧教派之分，产生了八家巷清真寺，洒金桥清真寺在清末分为老寺和西寺，成为两坊。

民国时期，由于刘镇华围城，加之饥馑之灾，城内回民十室九空，"吾教贫苦之人每日所入不敷用度者，计居十之七八；丰仓足食者，仅居十之二三……省内有回教居民，大约不过一千余户。城无巨商，乡无庄稼，中等营业除牛羊肉行为大宗外，其他商业则不过少数；而肩担贸易、日求升合者，实居多数"[②]。

至20世纪30年代初期，城内清真寺已有10所：曰化觉巷清真大寺、大学习巷清真寺、洒金桥清真古寺、洒金桥清真西寺、小学习巷清真寺、大皮院清真寺、小皮院清真寺、八家巷清真寺、小学习巷清真中寺、广济街清真小寺[③]。十寺中，以前两寺为最大，建筑也最古老。加上位于东南隅的原南城清真寺，20世纪30年代西安共计11座。有关资料称当时回民仅1000余户（表5-11）。

表5-11　20世纪30年代西安回民人口分布情况一览表

名称	年代	区位	回民数量	城市区位	备注
大学习巷清真寺	唐中宗乙巳年（705年）	大学习巷街之北端	50余户	西区	格迪木

① 马长寿主编：《陕西文史资料》第26辑《同治年间陕西回民起义历史调查记录》，西安：陕西人民出版社，1993年，第201页。

② 马光启：《陕西回民概况》，马长寿主编：《陕西文史资料》第26辑《同治年间陕西回民起义历史调查记录》，西安：陕西人民出版社，1993年，第218—219页。

③ 王曾善：《长安回城巡礼记》，李兴华，冯今源编：《中国伊斯兰教史参考资料选编（1911—1949）》下册，银川：宁夏人民出版社，1985年，第1372页。

续表

名称	年代	区位	回民数量	城市区位	备注
小学习巷清真寺	清乾隆九年（1744年）	小学习巷街南端西	70余户	西区	营里寺
小学习巷清真中寺	1922年	小学习巷街北端	40余户		格迪木
洒金桥清真古寺	清康熙年间	洒金桥街中部	60余户		格迪木
洒金桥清真西寺	—	洒金桥街南端	150余户		伊赫瓦尼
化觉巷清真大寺	唐天宝元年（742年）	化觉巷街南	300户	东区	格迪木
广济街清真小寺	—	广济街南端	70余户		格迪木
大皮院清真寺	明代	大皮院西南端	60余户		格迪木
小皮院清真寺	明代	小皮院街南中部	60余户		格迪木
八家巷清真寺	—	八家巷西口内	150余户		伊赫瓦尼
南城清真寺	清代	回回巷西口内	10余户		格迪木

资料来源：马光启：《陕西回民概况》，马长寿主编：《陕西文史资料》第26辑《同治年间陕西回民起义历史调查记录》，1993年，第220—222页

3. 清代以后西安回民居住区的发展

西安市的回民居住区在民国时期有所发展。1937年日本帝国主义者发动大规模的侵华战争，华北首当其冲，迫使河北保定一带的同胞出逃，继而开封、郑州、洛阳、怀庆等地的同胞也接踵逃到西安，其中也有大批回民。他们来西安后，即在新市区（今新城区）民乐园附近搭棚栖身，逐渐形成回民聚居点。旋由热心宗教的白俊卿、白天章、赵国云等人于1937年倡议募资，盖起了简易的礼拜棚，成立了“新市区清真寺”，即今清真西寺。后经历次修缮，形成正式规模。经过两年多的发展，新市区清真西寺已满足不了骤增的回民进行宗教活动的需要，遂于1939年由白俊卿等人倡议，又在新城区建国巷增建了“建国巷清真寺”[①]。1940年，回民在铁路以北又建立了“道北清真寺”。

这样，至民国时期，西安的回民总体上形成三个大区：其一为西

① 马希明：《西安的几座清真寺》，《中国伊斯兰教研究文集》编写组：《中国伊斯兰教研究文集》，银川：宁夏人民出版社，1988年，第454页。

区，主要是鼓楼一带，历史以来所形成的回民伊斯兰教坊聚居区。其二是东城回民居住区，主要在民乐园一带，东新街、建国巷等处。其三是北城回民居住区，主要位于铁路以北。东区、北区主要是抗日战争时期外来移民所形成的回民聚居区。各个教坊之间的关系不同，西区回民各教坊虽然各自独立，但因东大寺在回民宗教社会生活中具有一定的组织管理和领导地位，因此，该区各教坊之间存在一定的相互关系。同时，各教坊相互之间共生共存，所以他们共进退，即便是在历史时期的教派纷争中，仍然主张各教坊之间的沟通和团结。

历史以来，西安回民的居住空间结构与其宗教社会内部组织秩序相同，回民居住区依然服从于保甲组织的管理形式与管理机构，在适应国家政令及地方法规制度管理的同时，他们以清真寺为核心、教坊为组织形式，将教民的宗教生活与日常生活结合起来，形成了西安的回民坊巷居住和社会组织结构。

三、民国时期西安城市居住分异的发展

借用人文生态学对现代居住分异的概念解释，居住分异即由于居民的职业类型、收入水平及文化背景差异产生的不同社会阶层的居住区①。近代西安处于农业社会向工业社会转变的初始时期，其居住分异更多来自古来已有的居住理念，如“仕者近宫，工商近市”等。

清代按照行业不同形成的分异特征包括官绅、士绅、商业、手工业、农业人口及军队，其中不乏外来人口。西安城市内部大致以钟楼为中心，呈四个象限分布，东北隅为八旗军队及其家属的居住生活区；西北隅是以回民为主的居民生活区；西南隅主要为各官衙所在地，商业比较发达，也是商业和社会生活服务比较集中的居民生活区；东南隅，端履门以东，曾为南城所在，后演变成居住区。因此城市空间以象限划区分布的特征较为明显。

由于城市内部居住职业阶层的居住分异，其居住地主要分为城

---

① 王玲惠，万勇：《居住分异现象及其对策》，《住宅科技》1998年第5期，第11页。

区、关城区和城市近郊区。其中城区内部的居住又因其历史发展进程中的诸多因素而形成以钟楼为中心的象限分布的差异性。以满城为例，辛亥革命后，曾经一度人烟稀少、满目疮痍的荒凉之区，随着陇海铁路修通至西安和近代工业的发展，城市中心向东大街、尚仁路（今解放路）的转移，而成为一些企业的驻足之所，并且也成为外来移民集中的地区。

清末民初，“全城商业住户大都集合在南部”[①]，随着陇海铁路的修通，东大街、尚仁路（今解放路）一线因交通便利而渐趋繁荣，“全市商业，均集中于东大街及南院门一带，而住宅集居于西南城角”[②]，可见当时城市的商户主要在城市南部，而西南城角则相对较为集中。这种居住分布格局与历史以来西安城市空间结构发展相关联，晚清时期以南院门为中心的西南隅商业分布密集，同时当时前店后居的经营方式使得商业人口的分布与城市商业分布格局相耦合。商业住户集中在南部，还有一个直接的因素，就是市内饮水问题：“城市水脉，南甜北咸，以东西大街分界，愈北愈苦，愈南愈甜。”[③]

从这一点来看，晚清时期乃至民国初期城市商业中心是以南院及其会馆区为核心区域，并因此而形成了沿街布局的行业分化。例如，盐店街、竹笆市、木头市等地。街市形成还有一个重要的原因，就是晚清时期建筑是以合院式为主，往往采取前店后居或者下店上居的形式，因此，同类聚集往往能够会聚信息获取效益，并且也构成了居住行业的分异特征。

近代西安外来移民主要是在全面抗日战争时期大量迁入的。由于西安深处西北内陆，战火尚未烧到关中，因此，一些日寇占领区的学校、机构、商铺等迁移至西安，同时河北、河南、山西、山东等地的难民也纷纷涌入。在上海、南京失守和中原沦陷期间，中国银行、中央银行、

---

① 西安市档案局，西安市档案馆：《筹建西京陪都档案史料选辑》，西安：西北大学出版社，1994年，第130页。

② 西安市档案局，西安市档案馆：《筹建西京陪都档案史料选辑》，西安：西北大学出版社，1994年，第130页。

③ 西安市档案局，西安市档案馆：《西安解放档案史料选辑》，西安：陕西人民出版社，1989年，第7页。

交通银行、中国农民银行等金融机构陆续来到陕西，同时，国民党大批党、政、军、警人员与家属也涌入西安，西安人口大增，同时也形成了自强路、二马路等处的棚户区[①]。一时间西安的人口骤增。当局也通过引导使居住区域向城外扩展，通过规划开辟城门，方便交通以引导市内居民迁移，“全城总计现有八门，拟增十五门，共为二十三门，各门按其路面之宽度……以配合交通需要，如是则古城可保交通亦畅，且各门一开，市民自乐向外居住，勿幕门外近年情形可为事实之证明……故城门之增开实本市交通问题最重要之一页”[②]。可见，在勿幕门开辟后，城外已有一些住户了。

民国时期，西安城市居住空间分异具有三个鲜明的特征：一是外来移民在城市内部的地域分异。二是社会分化明显，国民党新贵和高收入阶层的聚居趋势与难民聚居所形成的贫民区形成鲜明对比。三是新型企业居住社区初步形成。

辛亥革命以后，西安城市东北隅成为残破区，也为城市人口规模的增大提供了发展用地。陇海铁路西展和全面抗日战争以后，西安的外来人口逐渐增多，因此东北隅则成为外来人口较为集中的地方。除前述回民区的形成以外，该地区尚有外来人口集中分布的特点。其中河南人聚集于满城北部火车站一带，位于解放路北段以东，南起东七路，北至东八路、城墙区域河南人居多[③]。从卢沟桥事变开始，到1942年河南省遭逢特大旱灾的这几年，逃难、逃荒的人大量涌入西安：有钱的和有亲友可投的人办工厂、开店铺、跑行商，没钱的人流落街头、拉洋车、打小工。许多实在找不到门路的，只好来到“鬼市”（城东北隅的旧货市场），初则变卖自己的衣物糊口，继之干起破烂营生[④]。因此，社会阶层分化突出。

全面抗战期间，大量涌入西安的移民中，河南人数量最多，除了落

① 曹洪涛，刘金声：《中国近现代城市的发展》，北京：中国城市出版社，1998年，第281页。
② 西安市政府建设科拟：《西安市分区及道路系统计划书》，1947年。
③ 西安市地名委员会，西安市民政局：《陕西省西安市地名志》，内部资料，1986年，第38页。
④ 李文斌：《西安的“鬼市”与“民生市场”》，中国人民政治协商会议陕西省西安市委员会文史资料委员会编：《西安文史资料》第3辑，内部资料，1982年，第165页。

脚在城市东北隅，靠近陇海铁路地区以外，这些逃难来的河南人还大量分布在东关一带。由于东关的行栈、货行等商业较为发达，东关的人口从清代就逐渐增多。自 1928 年开辟了中山门（即小东门），通长途汽车后，东关原来较偏僻的西北部与东南部，人口也逐渐增多。尤其是全面抗战期间，大批难民扶老携幼逃来西安的也有很多。因而城内的新市区（原满城）和中山门外东关区域，人口骤然增加，相应有了些小贩卖、小旅店，从而增添了东关的热闹景象①。河南移民不仅在原满城以北火车站、东关一带，原南城所在的城市东南隅低洼地一带也有河南难民聚居。

原南城所在的东南隅一带，辛亥革命以后，拆了破庙，改直了个别巷道，同时居民由西向东转移的数量逐渐增多，但道路狭窄坎坷不平，"到一九三三年前后，东南隅大部分还是庄稼地和荒废的坑凹地"②。"在抗日战争前，玄风桥以南是一片荒地，到处坑坑洼洼，还有很多大坑，除过一些穷人在此搭棚挖窑度日外，很少有人在此建房"③。全面抗日战争时期，南城有在城墙边凿洞而居的难民，"在抗日战争中，东南隅的居民在城墙上挖有很多大小不同的防空洞，同时在今和平门内东侧的城墙上挖有一个大而深能通城外的洞，这是胡宗南安置秘密电台的地方。此外，当时有些由河南逃来的难民也在墙上挖洞住家，所以这个区域的城墙内壁坍塌严重"④。抗日战争到中华人民共和国成立前，东南隅的人口显著增加，"人口密度很大，其中大部分是外地人，尤以河南省籍的人为多"⑤。大致分布在今东十一道巷"和平路南段东侧，西起和平路，东至建国路……1939 年曾为难民巷"。

---

① 田克恭：《西安城外的四关》，中国人民政治协商会议陕西省西安市委员会文史资料委员会编：《西安文史资料》第 2 辑，内部资料，1982 年，第 208 页。

② 田克恭：《西安的建国路》，中国人民政治协商会议西安市委员会文史资料委员会编：《西安文史资料》第 10 辑，内部资料，1986 年，第 160 页。

③ 黄云兴：《建国路今昔》，中国人民政治协商会议西安市碑林区委员会文史资料研究委员会编：《碑林文史资料》第 11 辑，内部资料，1996 年，第 82 页。

④ 田克恭：《西安的建国路》，中国人民政治协商会议西安市委员会文史资料委员会编：《西安文史资料》第 10 辑，1986 年，第 160 页。

⑤ 田克恭：《西安的建国路》，中国人民政治协商会议西安市委员会文史资料委员会编：《西安文史资料》第 10 辑，1986 年，第 160—161 页。

涌入西安的难民除人数较多的河南籍人士以外，还有山东、河北等地及关中一些县的人士。据《陕西西安市地名志》记载："高阳里，位于城内西北部，药王洞北侧。东起明新巷西口，南至药王洞北侧……抗日战争时期，因河北高阳县人迁此居住得名。"[①]"群策巷，位于解放路北段以东，南起东六路，北至东七路……1936年以山东日照县人居此而得名日照新村，1966年改为现名。""平安里，位于城内西北部，药王洞北侧。东起高阳里，西至红武里……有兴平、长安两县人居此，各取县名一字得名平安里"[②]。青年一巷位于莲湖路中段北侧，北至药王洞……民国年间，因澄城、华县人在此居住，故名澄华巷，后改名西北五路，1966年改今名[③]。

东南隅一带更是当时官僚和军阀的官邸，金家巷（今建国三巷）位于西安市建国路东侧，东西走向，"金家巷"巷名在中华人民共和国成立前西安市警察局定名。居住在这条巷道内的人，多是国民党的显贵官员和有钱有势的人[④]。民国时期，张学良公馆、高桂兹公馆（西安事变后蒋介石曾移驻这里），以及陕西省银行和家属院均在这一带（表5-12）。火车通西安以前，有钱的官僚争先恐后地在这里买地皮，建国路地区发展为新的移民居住区，从陇海铁路将通西安时起，这个地区的地价由一二十元一亩猛增至二三百元一亩乃至更多。

表5-12　抗日战争时期金家巷高级住宅区住户一览表

名称	区位	建设时间	备注
张学良公馆	金家巷五号	1935年9月13日张学良被任命为"剿总"副司令，这里就成为其公馆，大门开在巷内	原为毛雨岑开设的和合面粉公司
高桂滋公馆	金家巷	新式建筑院内有花园、鱼池	国民党军长
通济公司	玄风桥	抗战期间开辟了仁寿里、丰埠里等巷道	冯钦哉创办
王友直	—	全面抗战期间	国民党高级官员

① 西安市地名委员会，西安市民政局：《陕西省西安市地名志》，内部资料，1986年，第117页。
② 西安市地名委员会，西安市民政局：《陕西省西安市地名志》，内部资料，1986年，第37页。
③ 西安市地名委员会，西安市民政局：《陕西省西安市地名志》，内部资料，1986年，第116页。
④ 《金家巷》，中国人民政治协商会议西安市碑林区委员会文史资料研究委员会编：《碑林文史资料》第7辑，内部资料，1992年，第110页。

续表

名称	区位	建设时间	备注
陈固亭	—	全面抗战期间	国民党高级官员
冯大轰	—	全面抗战期间	国民党高级官员
王子伟	—	全面抗战期间	国民党高级官员
汤恩伯驻陕办事处	—	全面抗战期间	部属家眷住在建国路附近
中国银行分行	—	在建国路南端接近南城墙坑洼地方盖了大片住房和高级楼房，于1942年完成	—

资料来源：黄云兴：《建国路今昔》，中国人民政治协商会议西安市碑林区委员会文史资料研究委员会编：《碑林文史资料》第11辑，内部资料，1996年，第81—82页

九一八事变后，东北军辗转退驻陕西期间，一些随军家属也随军迁移，位于西郊劳动路东侧的东新村（东临太和庄，北临铁塔寺路，南至劳动三坊）建于1935年，当时居民大部系东北军家属[①]。有不少难民也相随入关，落脚西安，他们为维持生计，除少数较富有者设工厂、开店铺以外，多数便流落到旧货市场“卖破烂”，其中不少是东北军退伍的老弱军人，生活困苦[②]。

此外，全面抗日战争时期，一些民族企业为了抵御日寇的抢掠，以保存我国民族工业一息血脉，纷纷内迁，其中迁入陕西的工厂共计42家，其中大部分落户西安，一些技术工人也随厂迁来，其居住分布主要在企业所在地附近，由于当时的交通条件有限，许多工人往往就近居住在工厂宿舍或者民房，因此形成了不同于传统聚居形式的新型住区。中南火柴公司于20世纪30年代在新开的中山门外中兴路东面修建了工人宿舍，即“中南新村”，是新型的工人居住地。而传统的聚居形式则往往街狭人众，具有生活气息，但却充满喧嚣，“西安城区地域狭小，商民杂处，充满喧嚣之气”[③]。这种情形与当时的商户居住建筑形式有

① 李文斌：《西安的“鬼市”与“民生市场”》，中国人民政治协商会议陕西省西安市委员会文史资料委员会编：《西安文史资料》第3辑，内部资料，1982年，第164页。

② 李文斌：《西安的“鬼市”与“民生市场”》，中国人民政治协商会议陕西省西安市委员会文史资料委员会编：《西安文史资料》第3辑，内部资料，1982年，第164页。

③ 西安市档案局，西安市档案馆：《筹建西京陪都档案史料选辑》，西安：西北大学出版社，1994年，第147页。

关，以回民区为例，主要建筑形式为“前店后宅”或“下店上居”的特点，而商业又趋集于各个道路上。当时规划的指导思想也反映出商业布局的特点：“按照16公尺以上道路两旁各20公尺民房作为商业区”①。沿街布局，同时加之当时“前店后居”和“下店上居”的建筑形式，则居住空间形成各商铺按照行业分异的特征。

1936年1月，“西北通济信托公司正式开业，先后投资建成北大街商业大楼和通济中坊、南坊和北坊民宅区及金家巷花园楼房三座（后为张学良公馆）”②。当时西安最为完善的新型住区当属雍行所建的员工宿舍。据有关资料记载：1942年，中国银行在玄风桥（即现在的建国路）南端所建造的员工宿舍工程（由“雍行”所建，取名为“雍村”）设施十分完善。宿舍全部占地3万—4万平方米，内设有篮球厂、小花园、“雍村小学”、医务室等公共设施，是当时设施完善、规模较大、较为完善的居住社区③。

雍村宿舍是在建国路南段路西紧靠城墙的一片空地上利用原有地形修建而成的，有独立的出入口，进入大门一直向南有一条通道，将“雍村”分为东、西两个半边。内部居住建筑分为三种类型，第一类是为经理和副经理提供的完全欧式住宅，位于通道西边的一块约2000平方米的绿化平地内，错落有致，住宅内设备齐全，其装修的冷暖气设备是从郑州豫丰纱厂的锅炉拆运至西安的，“雍村”全部造价为360万元，仅经理级别的住宅就用去了一半左右。第二类是位于东边的四五排平房，每排约有十幢南北朝向的合院住宅，院内厨房、厕所、卧室及下房俱全，在通道南端向西拐，有两三排家属院。第三类是单身住宅，位于西部地势较低的地区，由两排对面相向的一长排平房组成，每边各有十五六个单间，每间住两个人。除此之外，该院内还有一排坐南向北的平房，是锅炉房所在地，为茶役、工人的住所。

---

① 西安市政府建设科拟：《西安市分区及道路系统计划书》，1947年。

② 西安市地方志编纂委员会编：《西安市志》第一卷《总类》，西安：西安出版社，1996年，第98页。

③ 于振洲：《“雍村”小史》，中国人民政治协商会议西安市碑林区委员会文史资料研究委员会编：《碑林文史资料》第9辑，内部资料，1992年，第106—107页。

除此之外，尚有位于北大街通济坊的通济信托公司住宅，位于当时的六合新村，六个村分别称一德庄、二华庄、三秦庄、四皓庄、五福庄、六谷庄，此外还有八仙庄等均为当时的高档住区。七贤庄位于北新街中段东侧，是一组四合院式的平房建筑群，一些银行资本家买下了这里的地皮，并在此建起了一排连墙式的宅院，共有 10 院，整齐划一，对外租出。来此租住的多是一些社会中上层人士，一时成为儒生雅士聚集的地方。当时任陕西工商日报社社长的成柏仁先生便给这里起了一个比较高雅的名字——七贤庄。

总之，从晚清社会到辛亥革命，西安城市居住社会不仅经历了自上而下的居住社会管理制度屡次改变的过程，同时自下而上的居住社会也在发展过程中经历了特殊的空间分异演变过程，其间涉及民族、宗教、经济地位等各个方面的社会因素，同时也涉及特定历史时期的社会发展环境。从近代百余年的演变过程中可以看出，在西安近代城市空间结构从萌动到转型的发展过程中，同时伴随着居住分异的演变发展。

本章小结

居住是城市最基本的功能，居住空间是城市的有机组成。它忠实地反映居住社会组织结构、生活方式和城市地域文化在空间的合力作用。研究表明，近代城、郊居住空间组织结构顺应国家政令，以保甲为核心，在共同的组织结构下存在城、乡之间的文化共性和空间差异性，即农业社会文化背景下的城乡二元结构特征。在城市转型阶段各种因素的综合作用下，城市居住空间逐渐向以街道为基层空间的外向型模式发展，郊乡居住空间体现了一种稳态发展趋势。随着近代工业的发展和抗日战争的影响，在原有居住空间结构基础上，西安出现了新的居住建筑类型和新型住区，以适应新型不同职业阶层和社会阶层人士的居住生活需求。

同时，自清代以来，西安形成了旗人居住区（满城）、回民聚居区和以官商居多的城市西南隅等居住空间分异，长期在农业社会背景下缓慢发展，呈现出一种较为稳定的居住分异格局。辛亥革命以后，原有的稳态格局被打破，与满族旗人聚居区的消亡和回民聚居区的持续发展形成鲜明对比。晚清时期八旗制度下的民族隔离及其政治根源，回民聚居区及其宗教文化根源，以及以汉族为主的市民社会及其浓厚的农业社会文化特征，在近代百余年经历了改朝换代、工业文明浸入及抗日战争等重大历史性事件，体现出西安城市居住社会结构的近代化转型发展及其空间分异特征。同时，随着工业移民、战争移民及难民的涌入，形成了新的市民和职业阶层的居住空间分化，其间包括军方新贵及新的财富阶层，形成了一些新型住区，并呈现相应地域分化的特征。而这些住区的发展又与城市内部晚清以来所形成的废毁区的开发建设与振兴相关，构成了城市兴废和复兴发展的过程。

第六章　城市空间结构近代化特征与成因

清代晚期至民国时期是西安历史发展的近代化时期，一方面，封建统治的灭亡、国家制度的变革带来了相应的过渡型的社会经济基础；另一方面，民国时期西安的近代工业尚未得到充分发展，尤其在第二次世界大战后，其工业发展较之前有较大的滑坡。因此，西安城市发展的社会交往意识、产业结构、价值观念及社会生活方式等方面均处于向近代化过渡的状态，反映在城市建设发展中，则是从自组织演替占主导的内在发展和演变逐渐趋向城市空间扩展占主导的演变过程，直至中华人民共和国成立，这一过程仍未完成，所以处于近代化发展的初期阶段，表现出明显的近代转型时期的发展特征。

近代西安经历了晚清时期向民国时期的转型，在西方列强的军事压力、政治扩张，疯狂的市场掠夺的社会经济背景下，旧有的城市功能不适应社会的发展而逐渐趋于消失，新的功能逐渐产生，并孕育着城市发展和空间变革的动力，城市处于蓄势待发的状态。另外，民国时期推翻了封建统治，新生事物不断产生、新的观念逐渐形成，新的民主体制代替了封建君主制度，城市性质职能中为封建统治服务的、不断被强化的军事意义及其所带来的城市基本职能极端不协调的状态，在社会转型时期得到了遏制。随着现代交通技术条件的进步，以及机器工业的初步发展，西安实现了由商贸型经济模式向工业型经济模式的过渡转变，因此，从总体上来说，晚清至民国时期是近代西安的转型发展时期，具有转型时期城市发展的显著表征。

第一节　城市空间结构的近代化特征

一、城市空间结构的近代化表征

近代化或称早期现代化，是表示向近代文明变化、向近代文明过渡的概念。它是人类社会各个方面综合变化的历史过程，不能单纯把它理解为工业化。近代化的主要表现在三个方面：一是在生产力发展方面，即手工操作向机器生产的转变。二是生产关系由封建主义向资本主义的转变。三是在政治方面，由封建专制向资产阶级民主共和制的转变。近代化标志着人类文明进入了一个新的高度。近代化的核心，本质是资本主义化[①]。晚清时期，洋务运动、戊戌变法及清末新政，从不同程度为近代化做了准备。而辛亥革命推翻了封建君主专制统治，建立了资产阶级民主“共和”制，从发展工商实业到出版言论自由等一系列社会改革，促进了中国近代化的起步和发展。

在这样一个社会变革时期，西安城市空间结构的近代化表征具有自身的特点，基于历史以来的西北军事重镇、政治重镇、经济重镇和文化重镇的地位，加之其深处西北内陆，因此，共和制度下的地方管理和工业化发展是其近代化的主要表征和动力因素，同时引发了社会、经济、文化等方面的转型发展过程。西安具有中国传统城市的特征，同时由于历史发展的特殊性又有其自身的特色。

晚清至民国时期，西安在相当长时期内处于近代城市转型的酝酿时期，包括实业开发及以游艺学塾为标志的近代职业教育的起步等方面。

---

① 孙占元：《中国近代化问题研究述评》，《史学理论研究》2000 年第 4 期，第 124 页。

近代西安城市功能要素的产生是在 1902—1934 年，缺乏外来投资，对外交通条件尚处于以马车为主要交通工具的时期，在西北开发和建设陪都的声浪当中，城市处于一种自我生长和缓慢积累的过程。1934 年 12 月陇海铁路修通至西安，改变了西安对外交通的条件，同时也激发了近代工业要素的生成过程，加之战争因素所导致的民族工业内迁等，使西安近代工业在短期内形成聚集之势，而战争中的军需品订货刺激了手工纺织业的发展，弥补了机器工业在战争中遭受破坏及其停产关闭等造成的纺织品供应不足的问题，应该说，这一阶段处于激发因素和促成因素的合力作用下的城市持续发展阶段。而在抗日战争尾声，西安失去了其陪都地位，战争后期西安的工业出现回落现象，其工业发展出现了较大的衰退：一方面由于一些迁陕工厂的继续内迁；另一方面由于敌机轰炸造成工厂的瘫痪等，战争后期城市近代工业的发展呈现下滑的趋势。

西安城市空间结构在近代百余年的后 50 年时间里发生了结构性的变化，以满城为中心的城中城格局消失，城市以钟楼为中心由 4 条大街划分 4 个区域空间，各个区域空间基于各自所具有的发展条件，经历了在新的社会发展的历史条件下的空间秩序重组：旧有残破区域逐渐得到再开发，并向城市外围拓展。1945 年西安战后重建，城市管理和规划基于现代城市空间发展的理念和原则，逐渐融合了理性化和人性化的规划思路，西安从而得以发展，城市规划成为城市空间结构的主要影响作用之一。

在近代百余年的历史进程中，辛亥革命前，西安处于西北内陆军事战略要地，这一时期，在清政府统治下，社会矛盾激化、农民起义此起彼伏，尤其是同治年间的回民起义，历时 14 年，对西安乃至西北地区均造成了很大的影响，因此，在西方列强打开国门，各种经济入侵纷纷袭来之时，西安作为西北军事重镇，却在镇压农民革命战争中发挥其军事堡垒的作用。直至清末新政后的 10 年间，西安在国家政令下的维新改革中发生了一些新的变化，主要表现在改练新军、倡办工商、创办新式教育等几个主要方面，这些变化是建立在长期稳态的城市空间结构基础之上的微变，并没有撼动旧有的空间结构，因而其演变的状态仅仅是萌动发展。

辛亥革命后，封建君主统治被推翻，西安城市空间结构产生了较大的变革，这种变革不同于前一时期的萌动发展，而是从农业文明向工业文明的转变，是城市的转型发展时期，这一时期，随着国家政体的改变，城市空间结构也发生了相应的改变，清政府统治的军事力量及其象征被彻底铲除，不仅满城被拆除、满人锐减，而且处于西安城内的军事堡垒也不复存在，因此，城市内部军事中心和政治中心并存的双中心局面随之转型。此外，汽车交通逐渐发展、近代工业逐渐起步、新式商业麇集于城内、新式住宅和居住社会重新整合、新式公共建筑类型也不断涌现，城市内部园林绿化得到重视，城市建设从注重物质环境走向注重精神和健康的“康乐”的人本思想。基于这样的转型发展，城市空间作用也呈现出一定的机理，即内在规律性。

综上所述，近代西安城市空间结构的近代化表征与中国近代化的发展同步。主要表现在近代百余年中城市功能要素的变化，以及农业社会向工业文明转型发展中，城市交通、商业、公共生活、居住等空间功能的地域分化、演变过程和各空间要素的结构演变及其规律性特征。

二、城市空间结构演变的空间过程

如前所述，城市空间结构近代化演变涉及城市的中心模式、交通结构、工业发展及其布局特征、商业空间、绿化空间、居住空间、公共生活空间等各个方面功能要素与内涵的变化及其地域分异特征。

（一）权力中心结构的演变

近代西安城市空间结构的演化表现为权力中心结构的演变，尤其是晚清时期城市内部权力中心的双重性最为明显。即以满城为重心的军事中心和政治中心的双重结构，这种双重结构表现为二者之间分属于不同性质的管理者，同时又分属于不同的社会阶层，尤其是八旗军队所具有的特殊地位。因此，在城市内部结构中，形成以满城为重心，各级衙署机构呈半环状分布于外围的双重中心结构。

晚清时期，西安呈现多级行政中心分散布局模式，各行政衙署呈现局部对称结构，体现了中尊思想的传统社会的深层文化结构内涵。城市内部空间呈现包括军事政治、民族宗教、经济发展及交通方式等在内的多层因素交织作用。满城的行政布局则体现出民族统治特征，其内部空间以满足军事防御的策略性和交通通达的军事需求为目的。

各级行政中心则呈现以钟楼为中心的象限分布格局：西北为巡抚部院，西南为总督衙署，东南为咸宁县衙署，东北为满城驻防将军衙署，以衙署之间的联系形成内部环路，该环路在满城西墙和南墙分别以后宰门、端履门为起点和终点。由于满城与府城之间的隔离性，因此形成了半环路。而各衙署的南向布局又使沿这一环路的各个空间具有了方向性和文化性。

辛亥革命后，政权更替逐渐削弱了行政中心在局部用地居中的格局，行政管理用地的选择和布局逐渐趋于理性，“旧有之官、署、局所，虽分散而不集中，零落而欠庄严，然为政在人，非关衙署之堂皇，故省、市两级政府及其所署各机关，以在现状之下，徐图改造最为相宜”[①]。在以民为本的建设目标的指导下，政府部门在城中的选址往往利用旧的衙署及旧有寺庙等景观，形成权力部门的分散化布局状态，由此，权利中心结构开始分化。尤其是民国时期西北地区的工业基础非常薄弱，“尚不堪谈各种建设，谓宜先确定两义，而以全力赴之。两义者，发展交通与休养民生是也”[②]。在这种百废待兴的局面中，从政府层面自上而下形成新的建设理念，在城市布局中，权力中心结构观念也逐渐淡化。从民国时期各个政府管理机构的分布来看，除了利用旧有衙署外，一些重要机构的分布比较灵活，并没有突出在城市内部的选址需求。但新的行政机关的选址在位序上遵循了原有权力空间的基地属性，如绥靖公署位于清代八旗校场，同时南院、北院也成为地方重要的管理机构所在地。

---

① 西安市档案局，西安市档案馆：《筹建西京陪都档案史料选辑》，西安：西北大学出版社，1994年，第6页。

② 邱从强：《抗战前西北的公路建设》，《青海社会科学》2002年第4期，第58页。

（二）从传统型向现代多元化发展的交通网络

近代西安城市交通空间的发展是从马车交通时代向汽车交通过渡发展的时期，从原有的以畜力车、人力车和步行为主到以汽车、马车、自行车等各种交通工具并行的时期，改变了城市的时空尺度，同时邮电、通信等设施的发展改变了交往沟通的方式和观念。

陇海铁路的修通是西安城市近代化发展的大事，陇海铁路沟通陕西与东部省份的交通运输，改变了西安对外交通条件，铁路对于大宗货物的运输改善了长期以来西安东部区域以渭河水路交通和陆路交通为主的运输格局，尤其是在汽车交通发展并不充分的情况下，陇海铁路无疑是不可代替的交通运输方式。从此以后，西安进一步适应了近代工业社会发展的需求，西安近代工业开始全面发展。随着航空线路的开通，出现了以西安为枢纽的公路交通、铁路交通和航空交通多元并存的交通形式，已经逐步形成近代交通立体网络系统。从汽车交通开始发展直至中华人民共和国成立这一过程均未得到充分发展。但是，这一多元交通形式共存的城市交通网络构架却为其后的延续发展奠定了基础。

（三）近代工业产业布局的局部无序状态和整体交通导向秩序性并存

近代西安的区域产业空间布局体现了两极发展的趋势：一方面是近代机器工业向中心城区的高度集中；另一方面是传统地方工业的分散布局。这两者均由于关中以沿渭河交通干线所形成的东西交通轴线分布，但尚未形成产业链，因此其布局多基于历史已有的空间格局。

城市内部则呈现二元结构，在城市空间分布上有所体现。首先，近代机器工业在城内的残破区（满城）和新区（火车站）的发展激发了城市的经济活力。其次，传统手工业和新兴手工业依托府城及已有商业中心布局呈现分散和聚集两种态势：一是同类手工业的聚集。二是各行业分散布局叠加所形成的分片布局特征。工业布局由点到面的发展趋势，最初是利用已有的城市基础条件，以手工业为主的大量工业分布在西大街及其附近地区，体现了工业近市布局的趋向性。其后近代工业趋于外

围，即靠近城墙布局：在城内为香米园一带、东北隅靠近的崇廉路一带。向城市外围拓展则以火车站以北自强路比较集中，玉祥门外也有一些工厂，这由新型工艺技术对用地条件的要求而决定。

从总体分布来看，除了少数大企业，如大华纺织厂等因所需用地较大，对原材料运输等交通条件有一定的要求，选址在城外以外，其他大多数小型机器工厂或手工作坊等则分布在西安府城中，以西大街和四关城分布较多。

城市内部各种工业之间没有在既定区域形成聚合发展，工厂布局往往是由各个厂家的个体行为决定的，因此产业布局呈现出局部无序状态。同时工业和手工业均呈现出交通导向的布局特征，即机器工业趋向于沿外部交通枢纽的布局；传统手工业和新兴手工业趋向于接近城市内部交通结点，具有交通导向的秩序性特点。工业布局总体呈现由分散布局向工业区位聚集状态发展。

（四）商业空间从依附型向市场导向型的独立发展

晚清时期西安传统商业中心以西大街、南院门（包括竹笆市—鼓楼地区）和东关为主的点状分布均与其在城市中的交通区位有关。南院门一带是晚清时期的政治中心，因此该地段是地方信息汇集和宜于沟通的地区，这里集中了各地会馆，有利于陕西省会与各地的交往，因此具有城市商务中心的职能作用，该商业中心的形成具有近官署布局的倾向性和权力依附性。而东关商业中心的形成与其在满城外围的附属地位有关，由于长乐门在满城南城墙之内，因此，东门实际成为满城的东门，东关失去了对大城的依附性，具有相对的独立发展环境，加之东来之路官员、客商和行人人流较多，因此，东关的城市职能趋于相对的独立性，东关的商业发展与其特定的区位和交通条件直接相关。西大街传统商业中心的形成有一定的历史发展因素，与其在城市中东西交通的地位有很大关系，是交通依附型的商业中心。

辛亥革命后，相当长时期内城市商业以销售和交通因素占主导，满足小量资金的流动需求，同时销售存在明显的季节性，与农忙农闲周期接近，显示出农业社会的消费习惯和消费理念。满城的拆除使东大街成为真正意义上的东西干道，商业中心由南院门向东大街位移呈交通导向性发展。因此，顺应这一区位优势所建立的商业区是符合区位择优理论的。1934 年陇海铁路西展至西安，火车站附近成为城市新的空间增长点，导致了商业中心由东大街向尚仁路（今解放路）一带发展的趋势。这种发展虽然与交通的发展不无关系，但是这一时期经济环境较为宽松，因此，其背后的重要原因就是市场的导向，一方面需要利用交通便利的外部条件；另一方面也需要适宜各种市场要素作用的区位优势，以利于用最小的成本换取最高的利润。商业空间变化的总趋势是从依附型向交通导向的市场型和独立性发展。

（五）公共游憩空间从城市内向近郊发展

城市公园绿化布局从点缀到成片开发，并成为城市边缘区发展的前奏，体现出农业社会条件下居住生活的价值观念，以及城市边界发展的趋向。

国民政府初期的市政计划中提出了增辟公园，增加“市民公共娱乐之所”的设想。当时西安市市民娱乐游憩的地方仅有原中山图书馆中的一些公共场所，“长安市中除南院图书馆（中山图书馆）一部分含有公园性质可资游览外，欲另求一，实不可得”，因此，在规划文件中，拟建公园有两种情况：一种为新建设公园；另一种为点缀天然公园，主要有革命纪念公园、南院门公园、中山图书馆、西五台公园、风颠洞公园，下马陵公园。增辟公园，为市民提供游憩场所，体现出西安市政建设从以权力为中心向“以民为本”转变。

在城市内部进行如此大规模的公园建设开发，主要原因是城市化发展并不充分，从而有池塘丘壑之美、空旷起伏之胜等情形在府城内形成。在此情况下，城市绿化建设适应了城市内部功能的自适应调整的需求，在当时社会经济发展不充分，而绿化建设又能很快改善城市面貌等情况下具有其特殊的历史时期特点。但是随着社会的发展，城市局限于城墙内区域的发展和建设，因此，当新的发展机遇到来时，这些地区往往又成为被置换的对象，具有边缘区的特性。

陪都时期的规划对于城市功能分区的划分包括西安地区的文物古

迹区，以及以终南山自然地理单元作为城市风景区，是从规划的全局层面入手的，也是从西安作为陪都的地位进行考虑的。这是对分散的、郊外游憩地进行系统规划的重要变化。

同时，园林绿化的城市拓展也成为近代西安城市发展的边缘区域，从城墙内部逐渐发展到城墙外围。抗日战争结束后的城市重建中，《西安城市道路及分区计划》提出了运用城市北部的唐代宫殿遗址建设公园，体现城市内部功能的自适应和自组织调整的理念及空间过程。

（六）城市文化内涵要素及其空间的演变

公共文化生活主要以寺庙和定期的庙会为主要活动场所。晚清时期尊崇祀典，推崇利于封建统治的儒家思想体系，顺应儒家思想体系，以教化为目的，为政治统治服务。这些祠、庙、寺、观在城内空间分布具有一定的规律性：乡贤、节孝、名宦、忠勇等祠堂接近衙署布局，其他群祀在外围分布，靠近城墙，即在府城内呈外围沿街分布状态，与市民以街道为主要基层生活场所有一定的关联。而清真寺则不同，其集中布局于回民居住区的核心部位。满城则以崇祀关羽和岳飞的真武庙、关帝庙等庙宇为多，是由于清代崇尚武力，关帝是武将出身，护佑战争的胜利和平安，因此清代在祀典中将关帝庙立为中祀。

此外，一些行业组织机构与寺庙相结合兼具世俗组织管理和祭祀功能。据民国《咸宁长安两县续志》记载，在晚清时期的庙观中，有一些与行业组织的祀神或议事公所相结合，可见，在西安众多的庙宇中存在行业保护神祇的祭祀活动。这些行业组织的分布具有其空间区位特征。西关附于瘟神庙的畜商会馆，处于西来交通干道上附于府城，而该处是通往西北的第一站，畜商会馆设立于此既借了交通之便，又避开了城市内部频繁的交通，对于该行业来说区位合理。东关是药材集散地和布匹集散地，因此东关的药商和布商的祀神和赛神议事公所分布于此地。可见当时西安的行业分布的区位特征。

辛亥革命后，由于国家权力转移，旧有的祀典随之废弃，成为潜在的城市更新区域，并较多地转化为新式教育机构，经历了教育活动和崇祀活动并存向适应时代发展的近代社会文化生活中心转移的空间过程：

由封建社会为加强封建统治而推崇儒家思想的祀典体制的空间特征，到新功能的产生（图书馆、陈列馆、演讲厅、运动场、公园等），再到空间的集中布局，并形成以钟楼为中心的文化娱乐中心。

（七）居住分异及其空间结构演变

居住分异从城市居住层面反映出城市社会结构的空间过程。从西安自身的居住分异类型看（以民族分异为主），主要有三类居住空间类型：其一是以保甲、里坊为本底的均质型居住空间。其二是与外来宗教信仰结合的异质型居住空间，即回民聚居区。其三是与政治统治相关的隔离型居住空间——满族旗人聚居区。城市居住生活空间的演变在总体到局部空间结构中延续性和变革性同时存在。

首先，从总体布局来看，原有的居住分异，以满人与回民的聚居体现异质性特征，满族聚居区在辛亥革命后逐渐消解；而鼓楼附近的回民聚居区则延续了历史以来的聚居方式，延续至今。其主要原因是满族统治者对满人的管理是靠政府的控制力量，清政府覆灭后，满人没有经济来源，加之又没有一技之长，因此很快就没落了。而回民聚集区，除了有共同的精神信仰，有相应的宗教管理体系以外，最重要的是宗教以教义中的天课为其集体经济的积累形式，同时又通过医疗、教育及信仰教义来统一思想。因此，回民的经济基础和精神信仰稳固，使其在长时期的历史发展中始终保持着高度的凝聚力，从而延续下来。

其次，从城市内部的居住空间分布特点来看，居住区往往与寺庙结合，庙宇沿街布局，说明当时社会公共生活对于街道生活方式的依赖。同时，随着社会的进步和发展，一些庙宇的职能逐渐被近代新式教育机构所取代，而这些初级教育往往与居民生活息息相关，也反证了居民的思想意识观念的改变，以及居住社区的空间构成的丰富。

最后，居住分异的空间结构演变还表现为城市新型住区的出现，以及新的城市阶层聚居的空间分异等方面。新型住区形式主要有三种：一是企业职工宿舍，由企业负责建设，其中以雍行职工宿舍为代表，内部住宅按级别分区，有运动场、学校、锅炉房等，设施齐全。二是西式公寓，如张学良公馆、高桂兹公馆等中国国民党要人居所，其建筑形式与

传统四合院有着本质的区别，往往为大院落的单栋公寓，主要分布在旋风桥、金家巷一带。三是在传统合院基础上的新式住区，在传统合院的基础上形成的联排式合院和扩大的合院建筑类型，如一德庄、四皓庄、七贤庄等，主要分布在原满城靠近火车站的地方。

三、城市空间结构演变的机理

城市空间结构的增长始终受两个方面的制约和引导：无意识的自然生长发展及有意识的人为干预，两者交替作用构成城市生长过程中多样性的空间形式与发展阶段。

近代西安城市空间结构呈现自组织演替状态和向外围扩张两种此消彼长的趋势，由内部的自组织发展向城市外部呈交通轴向扩张，并与产业结构的改变有关。其作用过程包括置换、填充、拓展，即新功能产生并与部分旧功能发生置换、在城市闲置地的填充发展，以及城市空间突破城垣的拓展过程。

（一）自组织发展演变与城市外向扩展交替存在

近代西安在辛亥革命前是一个典型的中国传统型农业均质地域的中心城市，其近代军事工业孤立发展，未能形成相应产业链，因此，近代西安城市的发展在相当长时期内，在超稳态的城市结构体系下，以自组织演替为其主要发展模式，这种自组织演替是渐变的，期间西方基督教会在空间上以异质性斑点嵌入在城市内部的匀质空间肌理中。总体上，城市的自组织发展被限定在农业社会权力和军事中心的城市空间构架之下。

陇海铁路西展至西安以后，西安的近代工业有了起色，到中华人民共和国成立的短短 15 年当中，由于近代工业的发展，西安城市空间的扩展突破了城垣，在此过程中，城市新的功能要素产生并逐步取代旧有的不适应社会发展的功能要素。在城市外向拓展的同时，内部演替依然进行，尤其以工业在城市内部分散布局的无序状态，逐渐向工业集中布局和向城垣外拓展的趋势发展；商业空间呈现市场调节的自我发展、分化和空间演替现象。具有过渡发展时期的城市空间结构特征。

1. 旧的城市用地功能衰退，引发城市内部用地的衰落

近代西安城市内部演替是随着旧有城市用地功能的衰退而引发的一个渐变过程。近代西安城市内部功能衰退的地区具有其时代特点，与当时的城市军事布局关系密切，主要是这些地区不具备区位比较优势，往往在旧有功能衰退后成为城垣内的残破区域。同时，城市的衰败地区与政权的更迭及其有关军事职能的消失有直接关系。

首先，汉军出旗后（1780 年），南城不再是军事堡垒，由于处于城市交通的死角，因此渐趋衰落。据光绪十九年（1893 年）十月中浣舆图馆测绘的《西安府城图》，当时的南城所在的东南隅除火药局和几处庙宇以外，无其他重要建筑，并且，从据民国时期所拍摄的董仲舒墓的照片看，那里十分荒凉，民国时期《长安市政建设计划》中提到的“下马陵公园”即指董仲舒墓，“此处为古迹所在，地亦极空旷起伏之胜”[①]，可见该区已经成为残破区。

其次，辛亥革命后，满城由于驻防八旗被消灭而土崩瓦解，满城成为又一较大的城市残破区域。

再次，城市西北部，即广仁寺附近由于抚标、督标、协标等分布，广仁寺附近沿北城墙一带的驻地及各种校场在辛亥革命后逐渐衰败而成为城墙内部的边缘地带。《长安市政建设计划》中的天然公园“包括广仁寺、习武园以及西五台等处，并使与建设厅之桑园及面粉厂通，此一部分为长安市之惟一大公园，池塘丘壑之美均属天然造林种草便成胜地”。在民国时期《西京市工业调查》中，提到西安华西化学制药厂厂址“设于本市香米园西口，四周空旷……”[②]。

此外还有旧时城市的低洼地，有风颠洞“此处亦有池塘丘壑之美，惟不若西五台公园之光大耳”[③]。1935 年，陕西省建设厅模范桑园计划中所提到的 7 处桑园，至少 5 处位于城内，均已相当残破，而且

① 康熙《长安县志》卷一《风俗》，清康熙七年（1668）刻本。
② 陕西省银行经济研究室：《西京市工业调查》，西安：秦岭出版公司，1940 年，第 60 页。
③ 陕西省政府建设厅建设汇报编辑处：《建设汇报》第一期，1927 年。

"因限于经费，以致荒芜，墙垣多半倾塌，桑树存留无几，且多属衰老，不堪应用"[①]，可见当时城市内部的破败情形。这5处桑园分别位于北门内新城坊、森林公园（原八旗校场东邻）东边、洒金桥、白鹭湾、菜坑岸。从1939年5月由西安市政建设委员会工程处绘制的西安交通图中可以看出，白鹭湾已变为菜园，而风颠洞、菜坑岸一带仍为低洼地。除此之外，还有一些景观由于城市内部旧有功能衰败而散布于城市各处。

2. 城垣内部新区拓展即残破区的复兴及城市内部的功能演替发展

从城市作用过程来看，表现为旧有功能的衰败和用地范围的收缩，从而导致各种用地之间的"隙地"，主要发生在府城内靠近城墙的地区，存在三种形式：一是远离城市公共中心地区，因而逐渐衰落，以城市西北隅为典型。二是政治、军事因素所导致的成片区域的衰败，如满城。三是介于上述两种情况之间，以南城为例，南城衰败后，一些用地仍作为军事设施使用，加之南城处于交通的死角，在长时期内逐渐产生了荒落的情形。民国初期董仲舒墓仍然是自然状态下的森林式公园，可见这里的居住人口较为稀疏，其衰败可想而知。

晚清时期，旧寺庙被学校取代是城市内部演替的典型模式。同时，近代城市工业的产生所带来的不仅是工业的发展，也带来了工业社会生活的理念和方式，因此城市内部随之而产生了一些新的功能变化，残破区域成为开发的首选区。城市内部的功能置换包括散点地带和整片用地（前述衰败地区）的发展。残破区域是城市近代工业布局较为集中的地方，东北隅的满城区是外来移民集中的地区，同时也是新的城市商业兴起的区域。

公共社会生活场所也有突破，当时西安有三处公共体育场，其中两处位于城市东北隅：一处位于北大街南段以东；另一处位于新城东尚德路西（即今市体育场址）；还有一处位于甜水井南街冰窖巷南口（南校场北邻）。

---

① 《陕西省建设厅模范桑园计划》，《陕西建设月刊》1935年第3期，第75—77页。

总体上，城市空间结构发展模式体现出近代地方经济的缓慢积累过程与工业化发展激进过程的双重作用，虽然这种激进发展更多来自外力因素，如战争、政治等因素，但内部发展的需求也是不容否认的，体现在城市建设发展及政策制度的一贯性及渐进发展和积累的程度上。

3. 城市商业空间扩散式的发展过程

城市各个功能区的作用形式表现为新陈代谢作用下的功能演替和空间扩散过程。由于西安不同历史时期政治制度下城市发展的客观制约条件，在城市中形成了不同的尺度和肌理特征，反映出空间秩序与社会组织秩序，以及人类各种活动之间的契合关系，表现为近代工商业条件下城市空间结构的自适应性调整。

民国时期的资料显示，银行、西药店、理发店、照相馆等商业类型多分布在新的商业中心东大街一带，而旧有的票号、银柜等金融机构则主要分布在南院门一带，而在近代城市发展初期南院门的西药店比较集中，但到了近代后期，则逐渐转移到东大街。商业中心向新的城市活跃区域（包括东大街、东关等地）转移。然而商业中心的转移并没有从根本上动摇以南院门为中心的城市综合中心的地位，从辛亥革命到中华人民共和国成立，这里依然有行政、文化娱乐、商业服务等城市功能，在相当长的时间内依然发挥着社会公共生活组织和管理的中心作用。但由于东大街、尚仁路（今解放路）一线的商业发展，以及旧有的西大街、东关等商业中心的商业职能有所加强，因此，原有的南院门综合商业中心地位相对有所下降。这一过程中商业结构的空间过程表现为扩散发展的过程，体现为三个层面的扩散。

其一，传统商业中心成为城市商业经济发展的核心，吸引了商业和手工业及近代工业在其周围布局。

其二，随着陇海铁路的西展，城市与火车站之间的交通联系，成为其内部新的发展机遇，城市内部交通导向的布局趋势非常明显。

其三，传统商业的扩散与新兴商业的交通导向性集中交互，构成了西安近代城市内部的两种发展动力，并进一步推进了在更大范围内的商业扩散。

（二）城市残破区域呈象限分布的城市肌理及其填充式的发展

晚清以来，西安城内四个不同职能和发展脉络的区域，即城市东北隅、西北隅、西南隅、东南隅，在满城被拆除后形成以钟楼为原点的由东、西、南、北四条大街划分的四处用地片区，呈现不同的肌理：东北隅在满城破败后成为城市建设的新区，原有的适应军事组织的交通结构进而适应了近代交通便捷的需求，其肌理为格网几何形态且结构清晰；东南隅在原南城基础上，与满城的肌理类似，与满城的道路关系密切，但其西部受南城布局影响，则体现出东西向自然生长状态的道路格局和空间态势，表明其西部与南城之间鲜明的肌理差异和结构关系；西南隅的肌理状态为均质且具有几何相似性，即以道路划分街区，而内部道路为尽端式，这种肌理的重复显示出该地区自然生长的过程和居住状态；西北隅则在肌理上呈现由南至北的渐变，接近西南隅的鼓楼地区和靠近西大街的部分呈现出与西南隅类似的肌理，其北则由于集中了地方军事校场等，与西北隅由南至北逐渐呈现出残破状态的趋势一致。

最早衰败的地区往往成为新的功能发展的契机，残破区的用地范围包括：旧南城区域向东南渐趋破败；西南区域向西南方向渐趋破败（破败区域相对较小而且集中），主要为白鹭湾和菜坑岸一带；西北区域向西北方向渐趋破败，糖房街以北较为集中；东北区域原满城整片的破败，其面积最大。城市内部肌理则呈现四个象限周期性发展（象限是指府城范围内，以钟楼为中心，所形成的四个用地分区），该周期体现出政治统治意志的影响作用。

各象限片区发展过程中，职能组织各不相同，满城所在的东北隅，其军事职能衰败后，即成为城市新的发展的有利因素，加之与火车站的联系，其在抗战后快速发展起来，外来人口居多；南城自衰败后则在相当长时期内呈现出衰败景象，由于书院门的文化中心地位，其商业发展的扩散相对缓和；西南隅在清朝及民国时期，其商业得到了延续发展，其发展肌理呈现出有机性；西北部主要集中了回民，加之西北隅的习武园、贡院、仓库、校场，形成该区由东南向西北发展的渐变状态。

这种填充式的作用方式表现为：新功能的增加，或以旧区置换，或在新区拓展。分为两种情况：一种是基于旧有基础，新的功能产生，逐渐置换了旧有区域的功能，形成了新型功能在城市区域的镶嵌布局，如民国时期满城成为外来迁移人口聚集的地方。从抗日战争到中华人民共和国成立前，东南隅的人口显著增加，“人口密度很大，其中大部分是外地人，尤以河南省籍的人为多”。另一种是在近代交通和城市基础设施改善的前提下形成城市新区，以火车站自强路地带为主，适应近代工业的集聚发展和工艺要求而呈现向外扩展式的新区发展。但总体上，城市残破区域的发展是基于原有的道路结构，以居住、工业、商业等逐渐形成该区域的功能结构和建设过程。近代西安城市工业、商业的布局以旧城市为依托，逐渐实现城市残破区的复兴，同时，城市内的微观结构也在自适应调整，形成城市内部商业中心的位移过程，以及行政用地布局的弱化过程，从而形成新的城市空间秩序。

（三）突破城垣的近代交通与工业布局结构——城垣外围铁路以北工业新区

随着陇海铁路西展至西安，城市逐渐向外围扩展，沿火车站附近发展起来，并且火车站附近的工业以纺织业和面粉业为主；与该工业产品和原料对交通的依附有关。该区的工业布局有集中发展的趋势和潜在优势，是城市突破城垣向外围发展较为集中的区域。还有位于玉祥门外的一些分散的近代工业，是城市向外围拓展的两种类型。而工业布局是最先突破城垣向城市外围拓展的空间作用因素。

从近代西安百余年发展的历史演变中，我们可以看到西安城市空间的演进是自组织演化过程和外力作用的综合结果，但这一过程中两种作用是相互消长的。

辛亥革命之前，晚清时期的城市内力主要来自对于军事防御的需求，因此城市的主要外力作用来自军事、政治等方面，这些因素导致城市形成传统格局，如满城和废弃的南城等。城市内在的自组织过程中的动力因素来自逐渐的积累和生长过程，长期处于一种自组织的空间发展

与积累过程中，呈现出自我生长的空间肌理，因此城市的发展出现了两种力量的各自发展过程，其中以西南隅、西北隅最为典型，呈现一种自我生长的态势和自组织发展的肌理特点。与此对应的是清初以来所形成的满城及原南城所在地的空间肌理与其他片区完全不同。

辛亥革命之后，清政府被推翻，满城败落，加之当时对东大街的商业开发，使西安城市商业有了一定的发展，并且形成了商业中心从南院门、西大街一带向东转移的趋势，这时城市经济发展的活力突出，城市自组织发展内力作用较强，而军事和政治统治与经济发展渐趋调和。

南京国民政府时期，全国局势渐趋稳定，为经济的复苏和城市的复兴提供了良好的社会环境，虽然西安在兵祸之后又连遭荒旱，但统一的社会格局已经形成，因此，在陪都的设立和抗日战争等因素的作用下，西安城市空间发展的动力来自国家开发西北的举措和将西安作为陪都建设的目标，以及作为战争后方城市，这些都促进了城市空间的发展。此时，城市的自组织作用体现在城市微观的择址理念和空间行为上，城市的衰败地区、待更新地区均为具有发展潜力的地区。

第二节　近代西安城市空间结构特征

近代城市功能要素的产生及发展改变了城市内部的空间格局，导致了商业空间与权力空间的相对分离、传统商业空间与新式商业空间的分离，以及近代工业与传统手工业的分离。在近代西安城市发展过程中，没有超越近代城市发展的一般模式，即依托旧城、在新的要素产生的同时对旧城的基础设施及其空间区位的高度依赖性，而真正有所突破的往往是近代工业技术及其工艺发展对用地条件和交通条件的需求，成为新的城市空间发展导向性因素。内部空间的分化仍然具有转型时期的过渡发展特征，工业及商业尚未得到充分发展，新的适应工业社会发展的空间秩序尚未完全建立起来，而中华人民共和国成立又一次改变了西安的城市空间结构发展的轨迹。城市空间结构的演变正是印证了西安城市所经历的这一近代化的空间过程。

一、城市地域结构特征

综合前述，西安城市空间结构近代化的演变与其内部所固有的属性特征，经历了从"边缘分散—向心型"向"向心聚集—离心型"结构的演变过程。

从近代西安城市空间结构演变的过程来看，晚清时期西安是处于农业经济社会条件下的均质地域的区域中心城市，其地域结构呈现"边缘分散—向心型"空间结构特征。"边缘分散"是指在马车交通技术条件下，城市对外交通功能呈现分散布局特征，这些功能区域往往为山地—平原之间的出山码头（或称旱地码头），或者水旱码头（如草滩码头）。而这些外围的交通功能区域承担的货物运输是以城市为核心的，因此，往往出现各个码头与城市之间频繁的交通往来。而从各外围功能区（码头）与城市中心区之间的空间作用关系来看，在城市地域结构中，不仅形成各个外围功能区"向心"指向的空间集中趋势，而且呈现以府城为中心由中心向外围的地域功能分化。形成内城、关城和外围门户（码头）的地域分工，其中内城是以城市生活服务为主，呈现综合的城市功能区域；关城由于位于城市的出入要道，因此便于运输和大宗货物往来，以大宗货物的集散为主，形成货栈、行栈集中的区域，其商业也往往以批发为主，同时 4 个关城因对外联系的主要方向有所区别，因此货物类型也有所不同，这与货物运输和交通联系直接相关；外围门户即各个出山码头或者水旱码头，位于不同地貌类型的交通运输转换点。因此，在农业社会生产技术条件下，晚清时期城市空间结构受自然地理条件和交通运输条件的双重作用而呈现"边缘分散—向心型"的空间结构特征。

近代交通、工业兴起后，城市要素作用呈现"向心聚集—离心型"结构特征，"向心聚集"是指城市各个要素在地域空间中所呈现的中心指向的空间集中过程，由于汽车交通技术的发展，自然地理因素所导致

的“边缘分散”的空间格局在新的交通时空条件下，其外围市镇所承载的城市交通转运和服务功能消解，呈现向城市中心集中的趋势，包括外围交通功能区依托中心城区而建，原有的各种交通功能区域所承担的城市运输功能的集散地集中到城市建成区域。“离心型”是指一种作用力的指向，是背离中心的，主要表现为工业不断发展，内城无论是从用地规模、运输条件还是所带来的生产成本等方面均不能和城垣外围未开发区域相比。因此，虽然城内的附属服务设施相对完善，能够在一定时期内吸引一些手工业和工厂的建设，但随着工业的发展，外围城市用地往往更能满足工厂大量的原材料和产品运输及工艺流程的需求。同时也能够获得较低价格的土地从而降低成本，在这一市场杠杆作用下，工厂更为合理的选址是在城垣的外围，从而蕴涵了城市向外拓展的张力，是一种“离心型”的空间拓展过程。在这一过程中，交通技术发展、社会政治因素及城市地理基础是导致这一结构特征的重要影响因素。

二、城市内部空间结构特征

城市空间结构也呈现出特定历史时期的空间过程，经历了以满城为重心的“非均衡性防御空间模式”向交通导向下市场要素所决定的“均衡性开放空间模式”的转变。

晚清时期，火器使用已经渐为普遍，但历史以来西安所形成的冷兵器时代的区域和城市防御体系依然发挥着巨大的作用，其城市空间体现出“非均衡性防御空间模式”。“非均衡”主要体现在以下三个方面：

首先，城市用地区位及其总体结构的“非均衡性”，前述晚清时期西安城市总体格局呈现以钟楼为重心，以东关和大城分别为其东、南、西、北方向护城的结构，而城墙构筑体系则强化了这一防御空间特征。

其次，从城市功能结构上的“非均衡性”看，军事地位的强势不仅体现在用地区位及结构上，更体现在城市各种社会生活需求让位于满城及其军事需求，在以满城为中心的外围由各衙署拱卫的格局下，文化中心分布在书院门，商业中心集中在南院门区域，仓库区集中分为两处：一处为洒金桥北段；另一处位于原南城以西。城市内部居住分异明显，包括满城内的八旗居住区、鼓楼地区的回民居住区，以及城市西南隅的官商集中区等，体现出政治因素、宗教因素及行业分布因素等对城市空间结构的影响。

最后，满城超强的军事地位，导致东大街一线交通不畅，从而引发城市内部交通空间结构关系不均衡，以及由此而产生了各种不均衡发展现象。东关商业的发展或多或少地受到了长乐门作为满城东门的影响，进而对城市整体的交通和空间格局产生了不同程度的影响。产生这种不均衡性的根本原因是西安作为西北地区军事重镇的防御需求，是对西北、陕西、关中、西安小平原乃至城市地域范围内的各个层次的军事防御战略的周密考虑，而城市内部更是对满城、关城及城垣等军事防御建筑等各个方面的"防御模式"的综合体现。因此，晚清时期西安内部城市结构呈现"非均衡性防御空间模式"。

"均衡性开放空间模式"是民国时期城市内部空间的主要特征，主要表现在两个方面。

首先，表现在城市交通结构的开放性上。虽然民国时期西安城市内部一些区域秉承了清代一些用地性质，但是由于满城的拆除和东大街交通的恢复，城市内部交通结构趋于均衡，以钟楼为中心，东、西、南、北四条大街沿四个方向的道路不再处于各个方向之间通达性不均衡的状态，城市内部各种功能要素在城市中的流动不受人为因素的作用。同时，由于汽车交通的发展，城垣已经成为交通发展的阻碍力量，而近代工业生产需要大宗运输，要求空间具有开放性，而原来的以钟楼为中心的单一的十字形交通结构已经不能满足这一发展需求，东门以北的中山门、西门以北的玉祥门、北门以东的中正门和南门以西的勿幕门的开辟，改变了原有的单一的十字形交通结构，而成为复合十字形交通结构。城市建设及空间发展趋于满足这种交通需求，如开辟城门、修通城市内部和近郊的道路，以及城市空间逐渐向城垣外围扩展，均体现了这一开放性的需求。

其次，表现在城市功能结构延续了旧城的近代化过程，主要体现在两点：其一是城市功能要素中注入了更多与居民社会生活密切相关的包括医疗卫生、新闻出版、金融商业、文化教育、公共娱乐等在内的新的

要素，尤其是工业的发展使城市产业经济有了结构性的转变，城市功能构成与晚清时期有很大的不同。其二是各种功能要素在空间分布上具有一定的时代特征，如商业由原有的“一主二副”——南院门为中心与西大街和东关为副中心的结构，逐渐向东大街、尚仁路（今解放路）一线逐渐发展，以及沿东大街向东关发展；普及教育类学校代替了儒家精英式教育，学校呈现分区成片的散点布局特征；尤其是陇海铁路西展至西安后，西安工业全面起步，并逐渐突破城垣，在铁路以北形成新的工业区，同时城市内部的残破区域得到了不同程度的建设，逐渐带动了地方的经济发展和城市空间的拓展，战争也导致了外来移民的涌入，城市内部居住分异在原有基础上出现了新的分布趋势。

开放性是近代城市发展的固有特性，而辛亥革命后，近代西安城市空间逐步向“均衡性开放空间模式”转变，由于自身发展的空间基础及近代发展的特性，形成了西安所特有的有城墙的“开放模式”，同时也代表了我国历史城市在近代化转变中的一种发展路径。

第三节　城市空间结构演变成因分析

城市空间结构发展的动力机制是一个复杂的多变量综合性交互作用过程。城市功能的多样化发展、城市功能的空间分化、区位分化等因素，以及城市各职能区域间的内在关联等，综合反映了城市内部空间结构在向心力与离心力两大分化因素作用下的发展机制，表现为城市的扩散和向心发展两种趋势。随着城市的不断发展、新功能的出现、新技术的应用，城市内部空间结构发展的动力机制也发生了新的变化，成为城市内部功能重新整合的动力因素。因此，城市空间结构演变的主要影响因素也在不同的历史条件和技术条件下呈现出不同的空间作用。近代西安城市空间结构的演变处于国家由农业文明向工业文明演进的历史大潮，同时政治体制、交通技术、生产技术等进步改变了旧有的交通结构、生产关系及社会结构等。因此，制约或者影响城市空间结构的各种要素在新的客观条件下也表现出不同的空间作用。本节主要基于直接作用于近代西安城市空间结构演变的地理、政治、交通和非常规因素的空间过程进行初步分析。

一、地理空间因素

近代西安所处的自然地理空间呈现出内向开放、外向封闭的空间特征，内向开放指以西安为中心的城市地域内部各个城镇均处于关中平原，相互之间从交通联系上相对方便；外向封闭指相对于关中地区对外联系的交通阻塞而形成的相对的封闭性。西安城市空间结构的近代化特征表现出不同空间尺度下不同的空间特性，主要体现在两个层面：第一个层面是以西安为中心的关中区域，“四塞之固”的地理环境因素，导致了对外的相对封闭性。第二个层面是西安虽然作为现代社会生活的功能内涵已经萌生，但是高大的城垣依然矗立，城市局限在城墙范围之内，直到陇海铁路西展至西安才有所改善，铁路不仅沟通了西安和东部地区的联系，并逐渐突破城垣。这种内向性封闭结构开始逐渐向开放的城市空间系统结构转化。过度强势的军事、政治职能和农业社会文化等因素对商业的排斥，导致商业职能的分散布局。随着军事职能与经济职能之间比重的变化，经济要素逐渐占据主要地位，成为城市空间发展的依据性因素。

关中在宏观区域空间上得天独厚的地理区位优势和交通条件形成了适应农业社会的军事地理优势。嘉靖《陕西通志》云：“陕西南割楚蜀，东连豫冀，西界番戎，北抵沙漠，幅员万里，诚中分天下之大域也。然内列八府，外控三边，各有封守，今屡说以详之，所不尽者又图以明之，以见夫天下首领之地，即要害之所在，庶长于此者，知所保厘慎固，以内安外攘而康斯世云。”①“自古入关有三道，一自河北入为正道：项羽、汉光武、安禄山；一自河南入为闲道，汉高祖、桓温檀、

① 嘉靖《陕西通志》卷五《降雨·形胜附·西安府》，明嘉靖二十一年（1542年）刻本。

道济、刘裕；一自蜀入为险道：汉高祖、诸葛亮。关中虽号天险，岂无可入之道第？不比他战场可长驱而进耳”[①]。关中平原外围的重重关隘使长驱直入的进攻无法奏效。这种地理区位优势为历代统治者所重视和经营，形成了完善的区域空间防御体系，明代沈思孝在其所著的《秦录》中指出：“陕惟西安、凤翔二府深藏三窟，自西北汧、陇一窟，沿边城二窟，外各藩镇三窟，三代前以王畿求中则居凤翔，秦汉后欲就四方则居西安。”[②]而地当四塞之固，即所谓“关中之险：东有潼关，西有陇阪，东南有武关，北有大河，所谓四塞之国也”[③]，抗日战争时期日寇不能犯我关中，也得益于大河之阻。

其次，以西安为核心的关中地区具有得天独厚的农业地理优势，土地肥沃，河网交织，有利于农业生产灌溉，“三辅南有江淮、北有河渭，汧、陇以东，商洛以西，厥壤肥饶所谓陆海（汉东方朔传），凭山河之形胜，宅田里之上腴（唐陆豫奏议），武关东塞，峣簣西据（商州志），前临沙苑后枕浒冈（同州志），左控桃林右阻蓝田（华州志）漆水经其东，沮水绕其西（耀州志），关中奥区（乾州志）依山为城地势雄壮（邠州志）”[④]。为人口聚集和战争的粮食供应与储备提供了相应的保障。

最后，在中国传统的择址理念中，关中更是形胜之地，“关中形胜西自昆仑，发脉落于三辅，长河自西而北，而南华岳诸山自西而东会于潼关，水口关锁之密，结构之巧天下莫并（韩苑洛集）。太乙峙其南，沣镐出其西，华岳镇其东，龙首乘其北，周环八水，襟带三川，形胜甲于天下（颜敏重修藩司公廨记）”[⑤]。无论是宏观形势还是微观地貌均具有较为优良的地理环境基础。居于关中核心地区的西安小平原八川环流，其水利之便为农业发展提供了条件，“关内大川据天下上流，而西

---

① （明）沈思孝：《秦录》，《丛书集成新编》第九十六册《史地类》，台北：新文丰出版公司，1997年，第365页。

② （明）沈思孝：《秦录》，《丛书集成新编》第九十六册《史地类》，台北：新文丰出版公司，1997年，第365页。

③ （清）毛凤校：《陕西南峪口考》，西安：陕西通志馆，1934年。

④ 万历《陕西通志》卷五《疆域·形胜附·西安府》，明万历三十九年（1611年）刻本。

⑤ 雍正《陕西通志》卷七《疆域二·形胜附》，清雍正十三年（1735年）刻本。

安实为八川所辏，高源下泽，结络其间，钟水丰物，号称陆海。顾自西周而后历代建都，凿引诸川以便挽输而滋苑囿”①。因此，西安成为山水佳绝的人居环境。

在这种具有内向防御型特征的地理空间中，以关中为核心，自然形成的关隘成为军事防御的有力保障。同时兵力的布局则以其地理位置的重要程度为依据，形成了相应的军事防御空间网络结构。乾隆《西安府志》记载，西安府的军事布局以西安为核心，布置有将军下辖的满兵营，巡抚下辖的抚标左右二营，以及提辖下属的西安城守一营，分防长安、咸宁二县，并驻扎府城。“其分防西安属各州县者，西凤协、潼关协、周至富平二营，并属西凤协，辖金锁关一营嵬潼关协辖”②，形成西凤（凤翔）、潼关、周至、富平、金锁关 5 个方向的军事控制据点。这些城市同时位于交通要隘，因此，地处关中的这种外部封闭的地理空间单元，在农业经济社会时期，农业的稳定发展与社会生活均能够使人们安于自给自足的农业经济状态。

但是随着交通技术与工业的发展，原有的封闭地理单元在与外界的物质、信息等各方面的交流中，逐渐显示出不适应的方面：其一，原有的有利于防守的关隘与工商经济的发展所需开放的交通环境格格不入，无法满足工业化生产所需的大量的劳动力、生产资料及产品的运输，原有的优势转化为劣势。因此，地理环境因素在不同条件下其作用不同。在以马车交通为主的晚清时期，城市的交通功能向外围延伸，正是弥补了马车交通对于城市交通运输带来的不便。而在汽车交通、火车交通等机器动力交通方式下，其交通能力完全可以替代城市外围延伸的交通功能，因此，城市功能结构形成聚集的趋势，而城市外围延伸的城市运输功能衰落，各个外围门户市镇的运输功能退而成为附庸于城市的服务功能。这一城市功能的空间伸缩过程体现了地理空间因素在不同交通技术条件下的转化。

---

① 乾隆《西安府志》卷五《大川志》，清乾隆四十四年（1779 年）刻本。

② 乾隆《西安府志》卷十一《建置志下·驿传·营武》，清乾隆四十四年（1779 年）刻本。

二、社会政治因素

对于深处内陆的西安来说，辛亥革命使清政府退出政治舞台，政治制度的民主变革是城市新兴事物成长的直接动力，而且随着中华民国的建立，城市工业和商业不再受两县行政藩篱的分割，同时来自政府层面的建设管理和规划实施推动了西安城市建设的近代化进程。

相对于辛亥革命后国家对于城市建设的整体规划和建设实施，清朝对城市管理注重的是军事防御设施，民国《续修陕西通志稿》记载："清代直省城垣所在修理之事，责之督抚州县官吏，倾圮者有罚，修葺者有奖。雍正以后海内丰豫，城垣修筑多用库帑开支。而保固具有年限。交代须报结。其后定州县城垣除文员随时防护外，所在驻营汛并一体稽查防护。"[①]对于城市的积极建设和被动维护是两种不同体制的结果。

此外，由于战争的威胁，南京国民政府从全国战略发展的角度制定了国家政策：西部开发、陪都设立以及陕西作为战争期间工业基地等。可以说，在政府干预下，城市建设成为城市空间演变和发展的有力推动力量，是导致城市空间结构变化的最为直接和有效的作用因素。主要体现在国家政策层面的决策行为，从清末新政、民国的西部开发到设立陪都，近代西安呈现四个阶段性发展特征：

第一阶段，晚清时期，近代工业的被动式、自发发展，作为地域政治、军事和文化中心城市，其城市化进程中体现城市对人口吸引的自由发展，由于缺乏就业岗位，城市化进程缓慢且缺乏动力。其间以清政府实行新政为新的起点，在文化、教育、行政机构改革等方面为近代西安奠定了理论和思想基础。

第二阶段，辛亥革命后，北洋政府时期，由于政权的更迭，加之张凤翙等军阀曾留学日本，在城市建设及市政措施等方面，则是拆除满城，拓宽东大街，城市商业趋于沿交通布局，并利用交通优势而逐渐形成沿交通轴线的蔓延发展趋势，奠定了近代西安以钟楼为中心的十字形

① 民国《续修陕西通志稿》卷八《建置三·城池》，民国二十三年（1934年）铅印本。

交通结构。

第三阶段，西安被立为陪都，城市建设以陪都建设为目标，开始进行测量、规划及调研，为城市发展和建设的决策提供了基础。同时市政基础设施等方面得到了改善，尤其是交通、通信条件改变了城市的对外交通辐射范围及对外的社会经济联系。

抗日战争全面爆发后，民族工业内迁促成了近代西安工业的快速形成，大量工厂内迁，实际上在西安近代发展中起到了重要的作用，虽然工厂落脚西安是一种被迫的行为，但正是这种被迫的行为使工业在西安形成，使西安在短时期内超越了投资所需的外部、内部环境和必要的运转周期条件直接成物化的形式，可以说，这种发展是一种迫于战争形势发展的非正常的投资建设行为。

随着战争的推进，西安在历遭敌机轰炸破坏的情况下，尤其是1940年、1941年受到日军飞机的轰炸，一些工厂被毁坏和工厂再次迁移，从而对近代西安的工业发展造成很大打击，而战争后期，西安陪都地位丧失，因此城市在陪都建设时期的城市定位也开始改变。

工厂内迁直接导致地方近代产业结构的形成，在短时期内所形成的这些近代工业发展逐渐受军需品的物资需求和引导作用。因此，这一时期工业的发展和内部调整是以战争的军需物资的生产为导向的，在机器工业发展的同时，手工业得到很大发展。而工业以军工产品、面粉加工、布匹生产等为主导，由于外销产品较少，本地的主动型工业非常少，这就直接导致了其产业结构的不合理，从而造成了战争后期陪都裁撤，外在的政策条件消失后，西安的工业经济发展一落千丈，以至成为一个畸形消费的城市。

第四阶段，抗日战争结束后至中华人民共和国成立前，在第二次世界大战后的重建浪潮中，西安充分吸收了国外现代城市规划建设的经验，应用了当时世界范围规划理论，包括卫星城、花园城和高层低密度等建设理念，同时，对于城市建设也注重了绿化和生态环境的建设，提出了形成新的城市水系、公园，并提出绿化率等概念、指标。应该说在规划建设思想等方面渐趋成熟。

城市缺乏进一步发展的动力，加之国民党政府官员的外逃等因素，

导致人口大减，同时一些资金的撤出无疑给城市的发展带来很大的负面影响。虽然战后重建计划没有得到执行，但是，显示出近代西安城市在短短的不到40年的时间内，完成了城市行政体系、城市工业建设、城市文化教育体系、城市市政建设体系等各个方面的近代化转型。应该说，体现出近代西安在外力（战争、政治需求）和内力（发展需求）的双重作用下，城市的发展变化。

近代西安在民国时期逐渐形成了城市建设管理制度及其相应的体制，对近代城市空间秩序的建立具有深刻的意义。政府干预下的近代城市空间秩序的逐步建立过程是以城市规划的发展为主导因素的。从陪都的设立及其工作的主旨，即进行陪都的区域建设，从中央到地方的动员和重视，均使西安的外部投资环境有了较大的改善。同时相应的管理机构组织建立、职能分工、新的制度形成、规划发展、地政制度建立等，逐渐从组织管理到规划建设形成一个逐渐整合的过程，城市建设被纳入政府的有序组织工作过程中，这是西安城市空间适应近代产业发展的重要阶段，因为近代机器工业发展的速度和带来的城市变化是几千年的农业的缓慢发展所不能比的，而机器工业带来的城市问题必须通过规划这一过程使其有序化。

三、交通技术因素

以西安为中心的宏观地理空间涉及该区域的水系、山脉及城镇群落关系所形成的多重复合界域体系。从局部地理环境来看，西安的地理环境特点使其在空间上自成一体：渭河流域在这一地区形成一个相对独立的地理空间单元。而西安处于西安小平原的中部，水利方面有“八水绕长安”的环绕水系网络，有利于农业灌溉，但没有航运的便利交通条件；另外，从交通条件来看，关中“四塞之固”在古代是有利于防守的军事险要之地，但对于城市和地区的发展来说，其在近代成为交通瓶颈，是近代工业发展的不利因素。

近代西安城市交通条件的转型发展有两个重要的阶段：一是汽车交通的发展改变了原有的城市地域交通条件，进而改变了城市的空间尺度及空间结构。二是陇海铁路的修通改善了西安对外交通条件，近代工业从此全面启动。

首先，20 世纪 30 年代是西北公路建设的实际进行时期，大型的国道干线、西北地区的省际联络公路、省内公路建设都取得了很大的成就，以西安为中心的西北公路网初具规模，包括西兰公路，自陕西西安至甘肃兰州，全长 700 多千米，此路段以前为陕、甘两省的驿道；西汉公路，自陕西西安至汉中，全长 447.6 千米，为川、陕两省交通要道；西宁公路；汉宁公路，自陕西汉中起，向西南延伸，至川、陕两省交界的六盘关，全长约 143 千米，是川、陕两省交通要道，在 1934 年开始修筑，该路段与西南地区相连接，军事政治意义重大①。此外，还有西荆公路的修建，使西安的对外交通得以改变。

同时，西安城市道路交通也开始逐渐适应新的汽车交通，因此城门的开辟、城市道路的拓宽都改变了城市内部各系统要素的相互关系，近代交通技术的发展改变了城市的尺度，现代通信技术的发展延伸了城市对外的联系，也提高了西安在西北地区乃至全国的影响。

陇海铁路的西展使西安城市交通条件发生了质的变化，对地区的经济发展也起到了很大的促进作用。首先，加强了西安与东部省份的联系，使西安挽毂西北的区位优势凸现出来。其次，在日本帝国主义者虎视眈眈下，西安无疑以其在西北的交通和区位优势，成为战争后方的中心城市；全面抗日战争爆发后，民族工业的内迁，均与交通的发展直接相关，工业经济要素的流通得到一定的满足，从而促进了工业的发展。最后，陇海铁路西展至西安也对西安城市的拓展提供了条件，火车站附近成为城市新的增长点，同时沿陇海线的城市也得到了一定的发展，尤其是城市之间的经济、社会和文化联系得以加强。

交通方式的改变和道路交通条件的改善不仅使西安与外界的联系得到加强，也使关中地区内部的区域空间尺度发生了较大的变化，可以说陇海铁路改变了西安交通运输的时空关系，是近代工业发展的重要门槛条件。

交通技术和道路网络的发展促成了西安近代工业化发展的起步。西安近代工业以轻工业为主，主要以纺织和面粉加工业为主，而关中良

好的农业生产环境为提供了大量的原材料，因此无论是在手工业时代还是逐渐进入机器时代，在这一过程中，其产品的原材料棉花、粮食等主要依赖关中农业产品的产出，无疑农业经济发展对近代西安的发展起到了推动作用。但是，近代工业的真正起步与其对外交通技术条件的改善密不可分，换句话说，交通条件直接促成了近代工业要素的形成和发展。

西安近代工业的发展是在各种外部合力（包括工业化在内的）作用下，城市逐步冲破农业社会稳态结构的发展过程，其表现特征为城市商业化发展过程较近代工业发展更为迅速，而工业的发展更多依赖农业经济下的原材料供应。西安地处西北内陆，是封建社会下的军事重镇，也是民国初期各方军阀企图以之作为发展自己军事力量的要地，在缺乏工业化驱动力的前提下，要改变原有稳定的社会经济发展状况，改变社会经济发展的轨迹，是非常困难的。不言而喻，近代西安工业化发展过程由于缺乏资金和必要的交通条件，其城市化的步伐更是步履维艰。西安经济发展比较缓慢，虽然西部开发、陪都建设及抗日战争的全面爆发、民族工业内迁为西安经济的发展起到了推波助澜的作用，然而由于没有注入有效促进经济发展的新的经济刺激因素，加之城市经济的萧条和时局变化无常，西安城市的发展仍然处于资本积累的时期。

本章小结

对于近代西安城市空间结构的研究，如果不放在历史环境中，就失去了其研究的价值。其近代百余年的主题是变革、转型，而城市空间作为城市文明的载体，其发展受到城市社会、经济、文化及环境等各种因素的综合作用，当城市空间结构适应社会经济发展需求时，城市空间结构处于稳定发展状态，相反，当城市空间结构不适应社会经济发展需求时，其空间结构会被打破，进而寻求新的适应社会经济发展的空间结构。城市空间结构往往体现了某一特定时期城市各种社会、经济、文化及环境等多种要素作用下的空间过程。因此，西安城市空间结构演变的主要特征是转型，表现为晚清时期的萌动发展和民国时期的转型发展。其主要动力来自工业文明的推动，交通技术条件的改变，以国家和地方的政策、政令及建设为主要动因。

城市空间结构经历了权力中心结构的演变、多元化发展的交通网络的形成、近代工业局部的无序状态和整体布局的交通导向性秩序并存、商业空间从依附型向市场导向型过渡发展、公共游憩空间从城市内向近郊发展、城市文化内涵要素及其空间的演变及居住空间结构的演变等空间转型发展过程。

在此过程中，城市空间结构各种作用并存，首先，表现为由自组织发展演变为主向空间扩展的演变：旧的城市用地功能衰退，引发城市内部用地的衰落；城垣内部新区拓展，即残破区的复兴及城市内部的功能演替发展；城市商业空间扩散式的发展过程。其次，城市残破区域空间呈象限分布及填充式发展特征。最后，近代工业发展的空间过程表现为突破传统城市空间范围的主动式发展过程，西安近代工业布局突破城垣，在城垣外围铁路以北初步形成工业新区。

对于近代西安的转型来说，其空间意义不仅局限于城垣内部，城市功能的延伸突破了城垣的范围，城市外围交通结节点的分散布局“边缘分散—向心型”模式和向心发展的“向心聚集—离心型”模式，其实反映了一个问题的两个方面，就是城市的吸引力和城市发展扩张力在不同交通技术条件下和城市空间发展阶段的空间过程和作用是不同的。“向心”是中心城市吸引力的空间作用和表征，往往在城市发展的初期表现较为突出；而“离心”则体现了中心城市规模发展及其空间扩张的空间作用和表征，往往是城市内部空间不能满足新的功能需求而寻求新的发展空间，或在城市内部空间充分发展的前提下表现较为突出。近代百余年西安城市空间结构在工业要素逐渐发展的过程中所体现出来的这种空间作用变化过程，尽管其变化是局部的和小规模的，但已经体现出了明显的演变趋势。而城垣内部则相应地经历了以满城为重心的“非均衡性防御空间模式”向“均衡性开放空间模式”的转变。

近代西安城市空间结构的演变充分体现了近代社会发展中社会、经济、文化与环境综合作用下的空间过程，同时也体现出特定历史时期的城市空间结构特征及其内在机理，表现出城市近代化发展的典型特征。

第七章　近代城市规划、建设及其影响

第一节　近代城市规划及其历史局限性

城市规划和建设是能够对于城市空间结构产生直接影响的人类行为活动，研究近代时期城市规划与建设活动对于城市空间结构的影响是必要的。近代与西安有关的建设计划当属孙中山先生于 1919 年在他的治国方略《实业计划》中从全局的视角提出的以西安为中心的铁路交通计划，以西安中心，兴筑 4 条铁路，即西京大同线、西京宁夏线、西京汉口线、西京重庆线[①]。从中可以看出西安在全国的交通区位优势，而这一思想对于近代时期开发西北和西安建设具有重要的影响和参考价值，该计划以实业及经济发展为出发点提出以西京为中心的铁路交通网络计划，从建设理念和全国现代发展的战略思想上，为近代以西安为中心的区域交通的发展提出了一个明晰的框架，使西北的资源与具有近代化发展潜力的地区在交通上连接起来，应该是西安近代规划构想之始。

南京国民政府成立后，西安逐渐开始了有计划地建设活动，直至中

① 西安市档案馆编：《民国西北开发》，内部资料，2003 年，第 1 页。

华人民共和国成立的 20 多年时间中，西安有计划地建设活动以市政建设计划和城市规划交织构成了近代西安城市规划建设活动的主体内容。同时，城市规划是对城市建设具有延续性的指导和控制行为，因此，城市规划本身是一个具有长期性的组织活动，但由于当时处于特定的历史时期，其 1911—1949 年经历了两次大的社会转型，同时又有各种自然、人为和战争因素的干扰，这一时期的城市规划建设活动又不免具有其历史发展的局限性。本节就前述两个方面的规划内容及其在城市历史发展中的作用进行剖析。

一、近代城市规划实践

笔者对目前所搜集到的档案资料进行分析，近代具有城市规划性质的相关文件包括 10 个不同时期的规划或政府计划文件（表 7-1），从其内容来看，涵盖了具体的建设实施计划和都市发展计划两个方面的内容。其发展可以分为 3 个阶段。

表 7-1 民国时期西安城市规划文件一览表

规划文件名称	时间	规划者	资料来源
《陕西长安市市政建设计划》	1927 年	陕西省建设厅	陕西省政府建设厅建设汇报编辑处：《建设汇报》，1927 年
《陕西省民国二十年建设事业计划大纲》	1931 年	陕西省建设厅	西安市档案馆编：《民国西北开发》，内部资料，2003 年
《陕西省建设厅二十二年至二十四年行政计划（乙市政）》	1933 年	—	西安市档案馆编：《民国西北开发》，内部资料，2003 年
《西京市区分划问题刍议》	1934 年	季平	《筹建西京陪都档案史料选辑》
《西京市政建设计划之准则》		易俗社孙经天	《筹建西京陪都档案史料选辑》
《西京市分区计划说明》	1937 年	—	《筹建西京陪都档案史料选辑》
《农村建设计划大纲》	1939 年	—	《筹建西京陪都档案史料选辑》
《西京规划》	1941 年	西京市政建设委员会	《筹建西京陪都档案史料选辑》
《西安市政府关于本市钟楼四马路四周马路宽度讨论会议记录》	1946 年	—	—
《西安市分区及道路系统计划书》	1947 年	—	—

第一阶段，训政时期，1927 年中国国民党南京政府底定全国，有两部相关政府文件，其一是《陕西长安市市政建设计划》。其二是《陕西省民国二十年建设事业计划大纲》。这两部规划均为建设计划性质。《陕西长安市市政建设计划》形成于 1927 年，围城之役对城市造成了很大破坏，“废宇颓垣，断桥残路，凑成一片蔓草荒烟”①，因此，当时急于解决的问题是一些刻不容缓却又“轻而易举并有一部分已为陕西建设厅实施者”，文件内容涉及街道、市场道、公园、钟楼及鼓楼、拆城及修复城门楼、疏通阳沟、取缔零摊及招牌、设路牌、建筑民众厕亭、规定建筑执照及章程、清道方法、修剪路树 12 个方面，均为当时的具体实施措施，因此，这是一部内容非常具体的近期建设文件。

其后由陕西省建设厅拟定的《陕西省民国二十年建设事业计划大纲》是在 1931 年 1 月 1 日出台的，这一计划超出了西安市的建设范围，包括“建设事业之财政、关于交通者、关于水利者、关于工艺者、关于矿冶者、关于农林垦殖者、关于文化者”七项，但其主要方面，如财政、交通、工艺、文化及垦殖等却主要涉及一些在西安设立项目等。同时，这一文件基于西北开发的大势提出其出发点有三条：第一，由于“陕省民困财穷，达于极点，兴办建设事业非有赖于中央之力”的建设事业，予以列出计划，包括建筑铁道、设立黄河大水电厂、整修黄渭航道、开采延长油矿等事宜。第二，对范围较小的交通及实业进行积极计划和建设。第三，配合中央提倡和奖励国内专家前来陕西考察研究，并吸引实业家前来陕西投资，提出一些切实可行的建设项目和计划，以利于陕西建设事业的进行。各项情形均“按陕省实在情形，斟酌拟定”，对于各个项目的时序采取“按其收效迟速，利益大小以定实施之程序”，目的是“务于最短期间，以次推广，使百废俱兴，民生有赖”②。

上述两项规划文件均为建设规划，但不同的是前者以西安的城市建设为中心，其范围划定在市区之内，而后者的范围是陕西省域，但建设

---

① 陕西省政府建设厅建设汇报编辑处：《建设汇报》第一期，1927 年。
② 西安市档案馆编：《民国西北开发》，内部资料，2003 年，第 183 页。

的立足点还是以西安为核心。

第二阶段，陪都时期的都市计划与市政计划（1932—1941年），包括民间的拟议和官方的擘画两方面的内容。前者包括季平的《西京市区分划问题刍议》和易俗社孙经天的《西京市政建设计划之准则》。后者包括四个文件，其一是《陕西省建设厅二十二年至二十四年行政计划（乙市政）》。其二是《西京市分区计划说明》。其三是《西京规划》。其四是《农村建设计划大纲》。

关于西京城市规划的形成，从时序上看，民间的拟议早于官方的擘画，民间在陪都设立不久就已经有对于城市规划建设的设想，而官方的文件成型至少迟了7年。为什么会形成这一现象？从目前的档案资料看，不能简单地认为民国时期官方在此问题上的认识和规划是滞后的。

从民国时期的文件资料看，西京的规划建设准备工作于西京筹备委员会成立之初已经开始。西京筹备委员会成立工作大纲中提出了21项工作内容，其中第8项为都市设计，提出“俟测量完竣再办”[①]，另据民国时期档案：西京筹备委员会于1932年8月16日对陕西省建设厅的发函草稿“贵厅于农、工、商、矿、垦、牧各业以及农村经济、市内工商均有详细调查、精确统计，各种方案亦有完美之设计……希将前列各种调查统计图表规章及各项刊物检赐全份以资借鉴”，并有对于城关进行测量的举措，同时对西京展开了较为全面的调查，涉及古迹、社会、文化、土地、城关等调查，这是一项全面完善规划的基础工作，这一工作的展开是必要的。不仅如此，西安还向上海、北平、湖南、湖北、安徽、浙江、宁夏等省市索要各种规划刊物、图表[②]，体现出对都市计划的重视和谨慎，毕竟当时的规划与一般性的建设计划有所不同，如何进行也是面临的实际问题。

抗日战争的全面爆发对于西安城市规划的形成也有极大的影响，“市区分区计划第一次会议纪录”形成于1937年3月24日，而这次会

① 西安市档案局，西安市档案馆：《筹建西京陪都档案史料选辑》，西安：西北大学出版社，1994年，第153页。

② 《西京筹备委员会向上海、北平、湖南、湖北、安徽、浙江、宁夏等省市索要各种规划刊物、图表等公文》，1932年。

议决议后的第二次会议是在 1938 年 3 月 10 日。这一工作是西京规划的前奏，因此，可以说西京规划已经于这一时期展开，但由于其后抗日战争全面爆发，当时的工作重点转移到后方工业基地建立及民族工业内迁等方面，规划延迟是有历史原因的。

从规划时间看，由于文中“据省会各区联保组织一览表（陕西省会警察局三十年一月编制）”，该规划的时间应晚于 1941 年 1 月，从 1937 年《西京市分区计划说明》到《西京规划》形成，至少历时 4 年，而 1939 年国民政府公布了《都市计划法》，并责成包括西安在内的城市制订都市计划，这一全国性的政举对西京规划的形成具有直接的推进作用。

1939 年 6 月 8 日，国民政府公布《都市计划法》后，内政部于该年八月八日拟文件（渝地五四八号），要求全面抗日战争期间遭到敌机轰炸的城市，包括“四川之成都、重庆、自贡；贵州之贵阳；云南之昆明；西康之康定；陕西之西京；甘肃之兰州；广西之南宁、桂林；湖南之长沙等城市均应优先拟订都市计划，咨部核转备案实行，且当重庆、成都、贵阳、桂林、长沙等……原有市区受相当毁坏，正应乘此机会对于将来市区复兴”，并提出“事前早定根本计划，此项城市再造之计划并应注意市区之疏落以免将来之损害”①，陕西省政府责成市政建设委员会办理。因此，这个实践距离《西京规划》的完成大约有两年的时间。

陪都的建设不同于地方城市的建设，加之国民党中央政府的重视，为了稳妥起见，这一工作应当与规划的组织环节及执行有一定关系，可能会由此引发一些组织和管理的问题是不鲜见的。从民国时期档案资料来看，当时对于都市计划予以了充分的重视，“经由市政建设委员会中华民国二十八年十月七日发函（市字第 305 号）请求‘派员先行筹备组织都市计划委员会’中华民国二十八年十月十四日，西京筹备委员会派‘本会技师赵梦瑜前往筹备’”。可以看出，对于西京规划的认识是建立在陪都地位的基础上，并且从规划文件的整体来看，其基础调查

① 陕西省政府公函：《奉行政院令饬拟都市计划函请查照办理》，1939 年。

也是相当严谨的。所以官方擘画的出台是由其当时的规划基础条件造成的。

全面来看，民间的两部规划拟议和官方的两部文件组成了当时西京规划内涵的全貌。

除上述西京规划以外，由于西安为省会城市，因此关于城市建设往往在省、市两级形成相应的行政计划或规划，其中《陕西省建设厅二十二年至二十四年行政计划（乙市政）》是一部城市近期建设项目计划，该部分隶属于《陕西省建设厅二十二年至二十四年行政计划》的一个部分，该部分是由于“最近中央定西安为陪都”，因此该市政部分主要针对西安的市政建设及其实施时序的相关规定，主要内容涉及街路、排水、饮料（生活用水）、公共建筑之设备、公共娱乐场所之设备，以及“培植园林期西安成为绿面风景城市”6个方面，从其内容来看承袭了《陕西长安市市政建设计划》的内容与做法，但所涉及的方面更宏观、更全面和系统，并更趋细致完善，同时引入了实施分期的概念，建设思路非常明确，是一部相当完善的近期规划文件，但其内容则更多体现了一种功用性，其文本叙述不如《陕西长安市政建设计划》中的人文内涵丰富。

《农村建设计划大纲》之所以列入本节该阶段的规划文件内容，是由于该计划大纲是西京规划的一个组成部分，“将西京城四郊之农村加以建设或改进，俾能繁荣扩张，成为西京新的建设之一部工作。”因此也将其列为本阶段的规划文件，这里不展开论述。

第三阶段，抗日战争结束后的战后城市建设计划主要有两个文件，其一是《西安市分区及道路系统计划书》。其二是《西安市政府关于本市钟楼四马路四周马路宽度讨论会议记录》。

第二次世界大战后西方国家纷纷进行战后重建，战争对城市的破坏使城市规划实践活动空前高涨，西安城市规划的产生是在这样一个大背景下出台的，因此其中也反映了当时西方规划思想的影响。《西安市分区及道路系统计划书》总体上分为两个部分，第一部分是关于城市分区。第二部分是道路系统计划。其分区计划以互利互惠不相干扰为原则，包括学校区、居住区、商业区、行政区（市中心，结合广场，以壮观瞻）、工业区（西南郊）、中学区（未央宫旧址）、大学区（东南郊）、商业区（沿各干路两旁），其余为住宅区或临时行政区，在郊区应为四个新市；郊区住宅则散于余地小学附近，公园、市湖、医院、广场、运动场等则应按各区之需要星罗棋布，各据要点，若集中分区之必要，也不应分区。其规划从内容及深度上都较前一部规划更具有一定的灵活性，是一部相对较为成熟的规划文件。

《西安市政府关于本市钟楼四马路四周马路宽度讨论会议记录》严格意义上是对钟楼地段的一个修建性计划，包括关于钟楼四周道路计划、关于钟鼓楼间开辟广场计划、关于城区公园计划、关于城区道路计划四个方面的讨论和会议决议。其中对钟鼓楼广场提出："在钟鼓楼之间广场未辟之前，鼓楼东西两向南起西大街各辟一路，向北会集于北院门大街，如是则鼓楼以南至西大街可暂为一小广场，以使阅览人散步与市民开会用。"关于城区公园则提出："城区公园多在东西大街以北，南城居民颇感不便，应增辟公园两座，其一，应将民教馆与南院门打通，北起西大街，南至南院门，东至竹笆市，西至南广济街。其二，应在柏树林涝池以东辟一公园。"从今天看，当时的提议是具有创新性和前瞻性的，均集中于对市民生活环境质量的提高，其内涵的人文意义是深刻的。

总之，这三个阶段的城市规划文件中，均不同程度地影响了当时城市建设发展的方向，对城市空间结构的影响作用是巨大的，而其中后两个文件具有现代城市规划思想的影响作用，对今天的城市建设仍然有一定的启发意义。

二、近代城市规划思想的发展

以 1933 年第 33 届国际建筑师协会会议召开及其所形成的著名的纲领性文件《雅典宪章》为标志，城市规划和建筑师对于工业革命对城市带来的影响，以及适应工业化和城市化的发展趋势，对于城市的认识在世界范围内达成共识，并对各个国家的城市规划与建设产生了较大的影响，以法国著名建筑师勒·柯布西耶为代表的建筑师提出了居住、工作、交通、游憩四项功能的城市功能分区的概念，并提出了历史保护等一系列问题。对世界范围内的规划理念产生了极大的影响，而此时正值西安立为陪都的第二年，因此对于西安而言，以陪都的设立为分水岭，其规划发展受到现代城市规划思想的影响；其后世界范围的战后重建浪潮也波及我国，西安在战后的规划文件也体现出其规划内涵的进一步发展。前述三个时期的规划文件对近代西安城市空间结构在不同程度上产生了一定的影响。通过分析这些规划文件的内涵、规划理念及其在城市建设中所产生的社会影响，不仅可以对当时的城市现状有一个比较全面的了解，同时也可以透视当时规划的思想、理念及其与现代城市规划之间的差异，从中窥见西安城市及其规划建设思想发展的轨迹，对当今科学认识近代西安城市发展的历史进程、准确把握城市发展的趋势，以及城市中隐含的价值因素，有着重要的现实和理论意义。

在近代西安市政计划的 10 个相关文件中，如前所述，分为两类：一类为城市近期建设规划；另一类为具有近现代城市规划意义的城市长远发展规划。其中《陕西长安市市政建设计划》《西京规划》《西安市分区及道路系统计划书》三部规划代表了西安近代城市规划中，物质环境规划发展的三个阶段。

（一）《陕西长安市市政建设计划》——“权力中心”规划理念的全面动摇

在近代西安发展的历史进程中，《陕西长安市市政建设计划》是具有近代城市规划特征的第一部规划。

国民革命军底定全国的次年（1927年），西安市进入了城市管理由军政府向地方政府管理的过渡时期，陕西省建设厅出台了《陕西长安市市政建设计划》，该市政计划是一部较为完善和详细的城市近期市政建设计划，与城市的市政基础设施、市容卫生及城市环境建设有关，体现出了城市建设中为市民服务的意识和观念[1]。

从现已发现的民国时期的城市建设计划来看，《陕西长安市市政建

① 陕西省政府建设厅建设汇报编辑处：《建设汇报》第一期，1927 年。

设计划》也是最早的、完整的近代城市近期建设规划文件，该文件主要以整治城市物质环境和市政基础设施为着眼点，是对历史以来所形成的以反映统治秩序为主导的“权力中心”规划理念的全面动摇。虽然这一阶段的主要工作“大抵限于筑路及其他工程而已”。以上各项中“有已实施者，有未兴工者，仅为现在计划者，”战争破坏之后，陕西省建设厅成立仅二月余，当时的建设条件及其薄弱“当此经济困难之时”，西安城市建设努力“使各种建设略具端倪，颇为不易”。

总体上，文件对于公共活动场所的修筑和对市民的服务予以了很多的关注，并结合当时的建设现状条件和管理实施条件进行了周密的安排。对于三处集中市场及道路改善，其中对于城隍庙大殿、二殿、三殿及寝宫拟“改为陈列所及公共讲演厅，以为农工商品及古物之荟萃处与夫市民之公集会所”，并提出对钟楼、鼓楼进行修理，“拟设市民俱乐部”。计划中有 6 处公园的修筑，公园的建设中则有运动场、讲演厅，并设雕塑、置靠椅等便于游人休息。对于涉及拆迁问题的态度是民主的“就东北两大街路面尚狭，商家民户亦较少，修路时可无须拆房，故宜先筑，待此路成先示人民以实利，俾生信仰心，然后复将商业薗集之西南两大街之商店迁移再行修筑”。因此，这一规划不仅以满足城市社会生活需求为主旨，还体现了一种朴素的人文关怀思想内涵。

以民为本的思想依然是规划的主要原则，是近代西安城市规划与建设迈出的重要一步，也是在西安本土形成的第一步针对城市的发展状况所做的计划，该文件在近代西安城市规划史上具有重要的开启现代规划之门的现实意义。

（二）西京规划——近代意义上西安市的第一部现代都市计划文件

从近代西安城市规划思想的发展分析，在西安作为陪都时期，以《西京规划》为代表的规划文件包括官方的擘画和民间的拟议两部分内容。

民间规划从不同的角度对《西京规划》进行了分析论述，季平的《西京市区分划问题刍议》对城市市区选定应当注意的问题（包括交通、给水、排水、防灾及城市拓展等几个方面）进行了对比分析，并对

城市分区原则进行了讨论，提出了结合地形和交通条件进行分区的整体性原则，并满足居民的居住、工作等需求，进而提出了关于居住区、工业区、仓库（货栈）、商业区、政治区及教育机构等分级和分布的问题，如工业区位于城市主导风向的下方向等技术性问题，以及基于各分区之间的关系，如住宅区远离嘈杂的工业区等的规划原则问题，并介绍了英国、美国及日本的都市分区制度，并结合西安现状对各个分区进行了多方案比较。具备现代规划的内涵和实质，虽然仅为民间拟议，但其内容具有很强的针对性和规划理论性。而同样作为民间规划拟议的由易俗社孙经天提出的《西京市政建设计划之准则》包括 5 条规划准则，即“西京市不应西洋化”“西京市政建设田园化”“西京市政教育化”“西京市民思想统制化”“西京市政建设人才专家化”。从其内容看，有两个方面的内涵：一是对西方文化带来的繁华之后的社会问题的忧虑，涉及城市精神方面的作用、社会公平，以及城市膨胀和社会腐化等问题。二是对于规划及其科学性质的认识，指出“市政已进为专门之学科，欧美各国之大学中大都设有市政学系，以策市政之日益臻于完善”。他指出我国各繁华都市虽多创办市政，但“大抵限于筑路及其他工程而已”。并提出市政建设和管理需要“专门市政人才之考选或征聘”，为计划西京市政建设的首要问题。

官方的擘画则是规划建设方面的较为宏观的政府文件，对西京城市建设功能进行了分区，提出古迹区、行政区、商业区、工业区、农业区和风景区 6 个功能分区及分区的原则性问题。其更注重规划布局的结果，因此是一个终极蓝图式规划。但从内涵看，前后均有延续性。其一是《西京市分区计划说明》，其二是《西京规划》。前者是在西京市计划第一次会议纪录（1937 年）决议的基础上，经西京建设委员会工务科绘制草图、并由总务科整理后经过再次会议而最终形成的一个纲领性文件，对于西京市东至灞桥、西至沣水、南至终南山、北至渭河的范围进行了划区，包括文化古迹区、行政区、商业区、工业区、农业区及风景区 6 个城市功能分区，并对各个分区的范围进行了描述且有附图。

《西京规划》是和《西京市分区计划说明》有承接关系的规划文

件，该文件共分四章，包括城市沿革、市区现况、计划区域和分区使用等情况，调查内容包括城市地理环境、土地现状、公共建筑、名胜古迹、社会经济、道路交通等方面。其中的计划分区提出了公园、新市区及古迹区的范围，这些都是《西京市分区计划说明》所没有详细涉及的部分。分区使用则对各个分区的内部进行了粗框架的划分，并完善了《西京市分区计划说明》中的内容且有所调整。

前述两部官方的擘画和民间的拟议共同形成了近代西安具有现代城市规划内涵的文件。但从规划的效用上却有着很大的差别，由于规划是政府规划实施的依据性文件，因此对于城市的建设实施有着直接的影响作用，而民间拟议不可能作为规划管理的直接依据，但却具有理论的指导意义。因此，这四部文件是有一定的内在联系的。

从文件的实效性看，规划文件主要由《西京市分区计划说明》和《西京规划》构成，而以《西京规划》为最终的规划文件。

《西京规划》涉及的内容以城市分区为出发点，与前述的《西京市分区计划说明》内容一致，为其规划内容的后续成果。规划有以下几个特征：一是城市定位为陪都的发展计划。二是注重古迹文化的保护。三是将自然环境开发为民众游览的区域。四是城乡一体的思想，将农业实验区作为城市的一个分区，显然城乡之间的关系统一而又相互作用。五是依托省城发展。六是注重居住的环境条件，以南郊为居住区域。

两者在功能分区的布点上有所变化，主要是行政区布局不同，内容较为完整，但在城市规划思想上却没有超越其分区计划的内容。仅就城市的社会、经济、环境等方面进行梳理。因此，这两份文件是相关的，并且规划停留于功能分区，显然受到《雅典宪章》功能分区思想的影响。但西安城历史以来所形成的布局尚未被工业化和城市化进程彻底改变，加之城市化的发展更多是由于战争驱使和机械人口增加，城市的发展并不充分，城市的建设范围向外扩充非常缓慢，因此，机械的功能分区所带来的社会问题也不像西方城市那样凸显。

该西京规划与前述季平所提出的《西京市区分划问题刍议》在规划内涵与深度方面有一定的关联，城市新区拓展的思路是一致的，虽然两者在具体分区上有较大的差异，但前者在规划思想和开拓思路等方面无疑对西京规划的形成有一定的影响作用。

总之，1941 年西京规划的形成与战争有直接的联系，陪都的设立使该阶段的城市规划定位为全国的政治文化中心。该规划的形成有民间基于现代工业城市的擘画，包括季平的《西京市区分划问题刍议》、易俗社孙经天的《西京市政建设计划之准则》所提供的现代都市分区论述和城市规划的准则，形成了包括《西京分区计划说明》在内的官方规划文件。该规划首先明确了城市向西安府城范围外的扩充和发展城市新区的思想，同时在已形成的规划文件《西京分区计划说明》基础上，针对城市自身的特点，完善了分区说明的内容，基于工业发展与交通的关系，将城市分为南郊住宅区、行政区、商业区、工业区、农业实验区、古迹文化区、风景区等几个分区。该规划对城市的定位为现代都市，同时采用了当时西方国家的规划思想和技术手段，并结合西安历史文化积淀丰富的特点，提出古迹文化区、风景区等，同时又基于西安城市发展与农村之间的关系提出了农业实验区等功能区等。

综上所述，《西京规划》可以认为是近代西安第一部具有近代意义的都市计划文件，是近现代西安城市规划思想发展的重要一步，也为后来的城市规划的形成提供了思想准备和经验积累。

（三）战后重建——《西安市分区及道路系统计划书》

1947年，《西安市分区及道路系统计划书》出台时正值世界范围内的战后重建浪潮时期，其规划从 50 年的长远发展角度进行了较为详细的论述和说明，“既顾及现状，尤应瞻估将来，百年计划固属奢望，而五十年之发展应为吾人之责任。”城市分区计划从防空的出发点，对当时集中与分散两种规划模式进行了探讨，一是向高空伸展，“为建筑冲霄巨楼，使建筑物所占面积小至全市面积的百分之五，以减小投弹命中率”。二是向广阔伸展（甲，带形制度；乙，卫星制度；丙，花园制度），“第二制度之甲为建筑物沿一狭长路线连毗排列成一带形，然带状之宽度仍较最大飞机为宽，若飞机组成纵队沿线投弹，无须徘徊其收效甚大……第二制度之乙为分化大城市为若干小城市，如卫星之于太阳，而建以交通网，此种布置颇和疏散之理……第二制度之丙则实为最良者，整个市屋尽行散开，圃植树木，房为平顶，上植花草……如采取丙制，是非放弃旧市区当为事实所不许，为兼顾计拟采乙丙两制而命名曰卫星花园混合制……如是庶几合于‘防空第一，康乐第一，城市乡村化，乡村城市化之条件矣’”，其中包含高层低密度的集中发展思想和对广阔伸展的城市分散发展思想的讨论。

规划的内涵显然受到当时西方城市规划思想的影响，如勒·柯布西耶的高层低密度建设理念、霍华德的田园城市理论、索里亚·马塔的带形城市理论、卫星城理论。

带形城市是西班牙工程师索里亚·马塔于1882年首先提出的。当时是铁路交通大规模发展的时期，铁路线把遥远的城市连接了起来，并使这些城市得到了很快的发展，在各个大城市内部及其周围，地铁线和有轨电车线的建设改善了城市地区的交通状况，加强了城市内部与其腹地之间的联系，从整体上促进了城市的发展。按照索里亚·马塔的想法，传统的从核心向外扩展的城市空间结构已经过时，它们只会导致城市拥挤和卫生恶化，在新的集约运输方式的影响下，城市将依赖交通运输线组成城市的网络。而线形城市就是沿交通运输线布置的长条形的建筑地带，“只有一条宽 500 米的街区，要多长就有多长——这就是未来的城市”，城市不再是分散在不同地区的点，而是由一条铁路和道路干道串联在一起的、连绵不断的城市带，并且这个城市是可以贯穿整个地球的。这个城市中的居民既可以享受城市型的设施又不脱离自然，并可以使原有城市中的居民回到自然中去。

田园城市理论是英国社会学家霍华德提出的，在19世纪中期以后的种种改革思想和实践的影响下，针对当时的城市，尤其像伦敦这样的大城市所面对的拥挤、卫生等方面的问题，霍华德提出了一个兼有城市和乡村优点的理想城市——田园城市，并于1898年出版了《明天：通往真正改革的平和之路》，提出了田园城市理论：田园城市是为健康、生活及产业而设计的城市，它的规模足以提供丰富的社会生活，但不应超过这一程度；四周要有永久性的农业地带围绕，城市的土地归公众所有，由委员会受托管理。根据霍华德的设想，田园城市包括城市和乡村

两个部分。田园城市的居民生活于此，工作于此，田园城市的边缘地区设有工厂企业。必须对城市的规模加以限制，每个田园城市的人口限制在 3 万人，超过了这一规模，就需要建设另一个新的城市，目的是保证城市不过度集中和拥挤，以免产生现有大城市所存在的各类弊病，同时也可使每户居民都能够方便地接近乡村自然空间。

向高空发展的集中型城市来自法国著名建筑师柯布西耶的城市规划思想，勒·柯布西耶是现代建筑运动的重要人物。1922 年，他发表了“明天城市”的规划方案，阐述了他从功能和理性角度出发的对现代城市的基本认识，从现代建筑运动的思潮中所引发的关于现代城市规划的基本构思，规划的中心思想是提高市中心密度，改善交通，全面改造城市地区，形成新的城市概念，提供充足的绿地、空间和阳光。1931 年，勒·柯布西耶发表了他的“光辉城市”的规划方案，这一方案是他规划设想的深化，同时也是他现代城市规划和建设思想的集中体现。他认为，城市必须是集中的，只有集中的城市才有生命力，由拥挤带来的城市问题是完全可以通过技术手段进行改造而得到解决的。这种技术手段就是采用大量的高层建筑来提高密度和建立一个高效率的城市交通系统。

同时在分区内涵上更为细致和人性化，显示出近代西安的城市规划中所体现的城市规划理念、规划思想与理论，超越了近代西安自身发展的步伐。虽然近代西安城市工业发展所引起的社会经济环境的进步和发展并未引起西方工业化城市曾经出现的人口过度集中和城市环境急剧恶化的现象，但先进的规划思想和理念为西安市未来的发展提供了广阔的发展空间和思路，该规划为西安未来的有序发展奠定了良好的基础。

从规划思想的出发点来看，西方规划思想是针对人口增加、城市膨胀所带来的问题的对策，而西安的战后规划则主要是针对防空需求和城市人口增加而引起的城市空间秩序混乱提出的，同时西安的工业化尚未得到充分发展，因此，这一思想的移植则多少带有当时的历史时期特点。这一规划反映了当时西安城市规划已经开始注重解决城市面临的问题，也融合了当时较为先进的规划理论思想，因此，这一规划是具有时代意义的。

由表7-1中10个规划文件可以看出，南京国民政府成立以后，近代西安城市规划思想以物质环境规划为主，规划中对居民的文化娱乐活动和各种公共服务的改善，以及对城市基础设施的建设和完善，均体现了城市规划思想中“官本位”向“民本位”的转变，同时，20世纪20年代末至40年代末，近代西安城市规划逐渐有了先进的规划思想和理念，并与西安自身的历史文化和环境发展特点相互结合，形成了具有地方特点和时代特征的规划文件。这是西安近代城市规划思想形成的重要阶段，对研究近代城市规划思想发展具有重要意义。

三、近代城市规划的历史局限性

（一）规划客体的局限性

如前所述，近代西安城市规划有其历史局限性，从规划的客体，即城市自身发展来看，有以下三点：

第一，近代西安城市化与工业化发展主要受到战争因素的驱使，城市的工业发展没有根植于西安的社会经济环境。因此，当战争这一主导因素消失后，西安作为战争大后方的社会经济发展的比较优势随之丧失。随着战争的结束，除了战争期间敌机轰炸所引起的工厂动迁之外，一些曾为军事服务的工厂大量萎缩，因此，战后的产业结构需要重新布局，城市建设的变数比较多。

第二，陪都撤销之后，城市发展的动力因素被动摇。陪都的筹备作为一项重要国策，陪都的建设有国家的投资、政策的倾斜和由此而形成的投资导向，这些都形成了西安发展和建设的动力因素，但在陪都撤销后，这一政策因素所带来的社会、经济和政治影响也随之消失。西安城市地处西北内陆，交通运输又不甚发达，城市发展的动力因素的消失对其后续的工业产业和城市化发展的打击是致命的。一方面原来脆弱的机器工业濒于崩溃；另一方面地方工业和商业产业经济发展又难以维系。

第三，西安并没有处于中国城市化的前沿。这一时期并没有出现资本主义国家工业化与城市化引起的城市问题。西安的发展仍然处于近代化的缓慢过渡时期，其生产关系有着独特的地域特征，相对于工业发展来说，农业的发展更具有稳定性，绝大多数人还依赖于土地的直接产出，也就是农业发展，因此，西安的城市化过程与近代化过程是缓慢而缺乏动力的，而城市的规划和建设也缺乏可以直接借鉴的规划和建设范例，城市建设虽然持续进行，但其持续发展的条件却变化频繁，因此城市规划和建设缺乏明确的理论指导思想。

（二）规划主体和决策的局限性

1. 重视规划，但专业人员欠缺

市政建设委员会民国二十八年（1939年）十月七日发函请求“派员先行筹备组织都市计划委员会”，民国二十八年（1939）十月十四日，西京筹备委员会派“本会技师赵梦瑜前往筹备”。从西京都市计划委员会所开列的都市计划专门人员名单中可以看出，除前列的西京筹备委员会驻城南办事处主持土木工程的山西籍技师赵梦瑜外，还有西京筹备委员会专门委员、后任西京市政建设委员会总务科科长福建籍人士连震东，市政建设委员会江苏籍工程师龚洪源、邱子良等人，省政府秘书处、民政厅、建设厅、教育厅、财政厅，以及包括长安县县长、测量局局长、水利局局长、黄河水利委员会、陇海路局局长、邮务长、电政局局长、警察局局长、陕西卫生局局长、商会会长、银行经理局、市党部、天水行营政治部主任、第十战区政治部主任、兴国中学校长、西京电厂厂长、大华纱厂厂长、农业改进所所长、西京筹备委员会、西安市政建设委员会等相关机构人员，除此之外，还有久留国外对都市计划有兴趣者约 30 人，集中了中央派驻单位、地方重要机关，以及地方相关专业人士和热心人士及政府职能部门的力量，可谓人才济济，但其中城市规划专业人士却未见记录。从中央到地方对于都市计划的重视程度可想而知，但由于规划专业人员队伍尚未形成，因此规划难免肤浅。

2. 多头管理的决策机制和管理体系造成规划决策的局限性

中国国民党中央政府对于西京陪都的建设给予了很大的关注，1932年11月17日，中国国民党第四届中央执行委员会第四十七次常务会议决议："将长安改为行政院直辖之市，即兼负建设陪都之专责，其市区应根据陪都计划，划定适当之区域……"[①]，该会议是在蒋介石等六名委员的提议下形成的会议决议。但历史以来所形成的多头管理，在某种程度上束缚了城市规划和建设行为，因此在规划中也体现出决策的局限性，如《西京规划》中对于新区开发的提出，仅仅指出已有的发展趋势，如韦曲、草滩、北郊和东西郊等处的发展，并设想了临潼和周陵的开发，并没有对陪都作为全国政治、经济、社会、文化中心的地位予以全面的布局规划，这与西京规划本身的地位是不相符的。

民国各个不同时期的西安城市建设及其相关单位主要有陕西省建设厅、西京筹备委员会、西京建设委员会、西安市政处，此外还有全国经济委员会西京公路处和陇海铁路管理局及其他相关厅局等机构，均在不同时期分担了一定的职能或之间的职能有所交叉。

1926年围城之役后，西安受到很大的破坏，城市建设百废待兴，西安由军政府管理，并成立陕西省建设厅，作为西安城市建设的管理机构，于次年出台了《陕西长安市市政建设计划》，对战后的西安提出了全面的恢复建设和修建计划，使城市建设逐步走上正轨，城市建设管理秩序趋于稳定和完善。

西京筹备委员会成立之前，陕西省建设厅办理一切与城市交通、市政、电政、计划、测绘、材料、建筑等相关事宜，其间组织机构小有变动。陕西省建设厅自1927年4月10日成立以来，即依据国民革命军第二集团军驻陕总司令部所公布的《建设厅组织法》着手分别组织，厅长之下设置秘书，分设四科暨工程处，其中第二科掌理交通、市政、电政，分设三股；工程处专门计划及实施各项工程事宜，分计划测绘、材料、建筑、审查四组，后因陕西省政府于民国十六年（1927年）七月十

① 西安市档案馆：《民国西北开发》，内部资料，2003年。

八日正式成立，建设厅又依据国民政府公布的《省组织法》，并参照事实上的需要暨新规划的设施，将建设厅组织略事更张，第二科电政并归交通，三股改为两股，即交通、市政；并将工程处分为两组，第一组掌理计划、测绘，第二组掌理材料及实施工程事项。

1932年1月30日，国民政府发表了由南京转移到洛阳的办公宣言，由中国国民党中央常委、国民政府主席林森和行政院院长汪兆铭通电，提出了以洛阳为行都、以长安为陪都，定名为西京的提议案。1932年3月5日，中国国民党第四届中央执行委员会第二次全体会议通过了“以长安为陪都，定名为西京”和“以洛阳为行都”的议案，并提出“组织筹备委员会”的建议。中国国民党政府面对日本的武力威胁，“统筹全局”“以西北为我民族今后立国之生命线”①。中国国民党中央政治会议302号决议推举张继为西京筹备委员会委员长，委员有“居正、覃振、刘守中、杨虎城、李协、陈璧君、王陆一、何遂、戴愧生、石青阳、李温、李敬斋、贺耀祖、邓宝珊、陈果夫、焦易堂”②等人。

1932年5月3日，南京国民政府出台了《西京筹备委员会组织条例》，该委员会“直隶于国民政府”“会址设于西京，并于国民政府所在地设置办事处”。“筹备建设陪都的技术设计性质”，其职务为“筹建西京，建设陪都”，其责任为“筑路、修桥、建渠、植树造林、教育等”，1944年6月30日，历时13年的西京筹备委员会结束。其原有工作移归陕西省政府转饬接办。后陕西省政府奉国民政府训令，“西京筹备委员会裁撤，原有工作移归西安市政府接办”③。

西京筹备委员会自1932年4月17日起开始办公，至其裁撤，其工作主要为测绘、筑路、植树和文化事业等方面，可以分为3个阶段：第一阶段，1932年4月—1937年6月。第二阶段，1937年7月—1939年12月。第三阶段，1940年1月—1944年4月。

---

① 西安市档案局，西安市档案馆：《筹建西京陪都档案史料选辑》，西安：西北大学出版社，1994年，第5页。

② 西安市档案局，西安市档案馆：《筹建西京陪都档案史料选辑》，西安：西北大学出版社，1994年，第6页。

③ 西安市档案局，西安市档案馆：《筹建西京陪都档案史料选辑》，西安：西北大学出版社，1994年，第29页。

在1932年3月西京筹备委员会第一次谈话会议记录中，石（青阳）提出："造成一个三民主义之都市，造成中华民族；建筑在市民身上；土地归市所有；都市要农村化，区域要大；西安市图要连带附近形式50里；作一简单计划而规模要宏大。"《西京筹备委员会工作大纲》则将都市设计列为第八项任务（俟测量完竣再办）。在《西京筹备委员会成立周年报告》中提出："以他国制度之足供采择者，则编译之以应临时之需要"，其工作成果包括《德国之都市土地区划整理》一册、《德国之都市计划法制及其行政》一册、《西北移垦之初步计划》一册。同时还有《西京社会调查》《西京指南》《西京戏剧调查》《西京名胜古迹志》等调查报告。

从西京筹备委员会成立开始，所做的各项测量、调研及建设实践工作为后来城市建设和城市规划提供了良好的工作基础，"和西京筹备委员会同样负着建设西京市责任的还有三个机关：一个是全国经济委员会西京公路处，一个是陇海铁路管理局，一个是陕西省建设厅"[①]。

全国经济委员会西京公路处的工作重在建设陕、甘一带的公路，"以西京为中心，而造成西北的公路网，可以说是开发西北和建设西京的先遣部队。各处的公路筑成后，便能沟通内地与边省和西京的交通，而把西京形成一个商业和经济的中心，那么西京的繁荣在西北公路网完成以后，当然便指日可待了"[②]。陇海铁路管理局的使命："是在延展西京向西至甘肃的铁道线，以完成中国唯一横断全国的大铁道计划，而使铁道东端的连云港海口，得和西北边远各省连成一气；西北各省的货物，能够走陇海路直接出口，而外洋的货物也可以直接行销于西北边远各省"[③]。铁道线西进的工作完成以后，西安便将成为西北各省货物聚散的中心，将成为西北大陆一个繁华的都市。陕西省建设厅对于西安的建设工作，偏重于市区建设，如街道的修筑、市容的整饬，以及各种公共机关的兴建。西安是陕西省的省会，陕西省建设厅负有建设省会的责任。

---

① 倪锡英：《西京》，上海：中华书局，1936年，第38页。

② 倪锡英：《西京》，上海：中华书局，1936年，第38页。

③ 倪锡英：《西京》，上海：中华书局，1936年，第38—39页。

在西京筹备委员会、全国经济委员会西京公路处、陇海铁路管理局、陕西省建设厅的努力建设之下，西安最显著的成绩表现便是交通的进步。陪都的设立是由于中国国民党政府以西北为“立国之生命线”，西安为西北重镇，地处东西交通枢纽的重要战略地位。这一时期对西安的城市建设起到重要作用的有两个组织：一是西京筹备委员会（1932—1945 年）。二是西京市政建设委员会（1934—1942 年）。

西京市政建设委员会于 1934 年 9 月由西京筹备委员会、陕西省政府、全国经济委员会西北办事处联合报经国民政府和行政院批准成立。其职能是“在西京市未成立以前，专办市政建设事宜”，下设工程处，负责测绘、道路、沟渠、桥梁、公园、市场及一切公共建筑等工程的规划、设计、估价、投标、施工等事项。

西安市政处是正式成立西安市建制的准备和过渡的机构。民国二十九年（1940 年）九月重庆定为陪都后，国民政府、陕西省政府将原西京市改称为西安市。民国三十年（1941 年）十二月国民政府行政院奉蒋介石令，为整顿西安市政建设，撤销西京市政建设委员会，改设陕西省西安市政处。西安市政处于民国三十一年（1942 年）一月一日成立，驻西大街公字 3 号原长安县政府旧址（今西大街东段路北陕西省文化厅招待所）。市政处直隶于陕西省政府，行政区域以陕西省会城关为其范围，包括火车站、飞机场区域，面积约 20.5 千米。市政处主管业务限于市政工程建设、自治财政稽征、园林管理及一部分公益事项，范围较窄，且不领导基层行政机构。1943 年 3 月 11 日，国民政府行政院训令，照准陕西省政府呈请“将西安市政处撤销，成立西安市政府”。1944 年 8 月 20 日，陕西省政府训令：“决定将原设市政处撤销，成立西安市政府”。九月一日市政府正式成立，为陕西省辖市，驻原市政处旧址。

由此可以看出，在短短的不到 20 年的时间中，西安城市建设管理单位屡有变更，同时职能范围也时有调整，这些机构变动对西安城市规划的延续性和完整性有一定的影响。

3. 规划决策中的主要矛盾

规划决策的局限性主要有两个方面的因素：一是决策机构的复杂性

和相互之间的交叉。二是历史时期的特殊性。

以《西京规划》为例，因处于战时，其规划以军事防御为首要任务，因此规划不仅以防空为要务，并且要由军事委员会审查，从下面的文件中见一斑。

> 陕西省政府代电（府建工字第89号，中华民国二十九年十月十七日）西京市政委员会按准军事委员会办公厅二十九年九月渝办会字第12229号马代电开案事交下航空委员会防消庚字第182号呈：称窃查抗战以来各地建筑物被敌机炸毁者为数不少，察其原因多系由于各城市之规划及建筑物之营建未能适合防空要求所致。兹为改良城市建筑，减少空袭损害起见，经饬由本监消极防空要，拟就都市营建计划纲要，一种内容尚属合宜，拟请望予请呈军事委员会核定领备通饬实行是否有当理合检呈原稿一份签清鉴核等情，按此查现代都市之营建必须以军事眼光（防空）为主，所拟计划纲要尚可供建设都市时之参考，理合检呈原稿一份请鉴核等由，并专批抄送各有关机关参考，故因相应抄同都市营建计划纲要原稿一份，电请查照为荷等由。

此时，防空要务成为压倒一切的规划原则，对于城市规划解决城市布局和发展方向则有非常大的人为制约因素，这就造成了在讨论分区计划原则中的带状城市时出现："带状之宽度仍较最大飞机为宽，若飞机组成纵队沿线投弹，无须徘徊其收效甚大，且将超过面的轰炸，就此而论实为似是而非。"对于一个为了解决现代城市问题，而利用现代交通的通达性形成的带状城市，通过带状布局解决敌机轰炸问题当然没有效果。其他方面的讨论也是如此，卫星城理论本是用来解决大城市的人口疏散问题，若为解决空袭问题似乎文不对题，通过城市布局解决空袭问题是不现实的。

《西安市分区及道路系统计划书》因大势所趋，形成了具有现代规划思想的规划文件，但正是由于防空问题为要务，因此规划中缺乏针对西安未来发展实质问题的研究和讨论，如城市人口规模、工业产业结构、社会经济发展条件与城市未来发展的目标、指导思想和原则等。这

一计划仅局限于物质规划的范畴，因此不能适应当时社会经济发展的实际需求。这些均与规划决策有直接关系。而当时条件下城市自身发展的基础条件还比较薄弱，相对而言，战争破坏下物质环境建设的迫切需求弱化了城市发展的实质问题，因此，规划决策的局限性在所难免。

自第一部完整的市政建设计划《陕西长安市市政建设计划》形成至《西安市分区及道路系统计划书》，近代西安城市规划思想逐渐发展并完善，从规划理念上彻底摆脱了“权力中心”规划理念下的“官本位”走向“民本位”，注重城市基础设施和公共娱乐等设施的建设；从规划的历史特点来看，逐渐与当时最先进的规划思想理论衔接起来，对“带形城市”“田园城市”“卫星城市”理论均有涉猎，这些理论均是基于城市工业化发展过程中的矛盾问题而形成的，因此，西安城市发展的工业化和城市化已经有一定的思想基础；这一阶段的规划文件为研究近代城市规划史和规划思想发展史提供了良好的素材，为了还原历史全貌，对西安城市规划近代发展历程进行深入研究和讨论具有重要的理论和现实意义。

当然，在当时的历史发展过程中，城市规划的理论和实践尚在摸索前进中，自然具有其历史的局限性，其规划仍然仅仅是对城市物质空间的完善和理想蓝图。还没有从城市社会、经济、政治、文化、环境发展等各种因素的动态发展中综合讨论，研究城市发展的方向和战略，以及城市空间结构的发展模式，这也是历史发展的客观事实。

第二节　近代城市规划的影响作用

对城市有计划地进行建设活动，对西安的城市面貌产生了极大的影响，“因为近年努力建设的结果，市面已从荒落中渐臻繁荣，加以省府所在和西京筹备委员会的成立，对于西京的市容，大加整治，所以，最近的西京市已从古旧中蒙上了新的光泽。从前人对于西京的印象，是幽古和荒落，所谓古长安的市街都是古木广道，市面很是萧条的”[①]。

一、《西京规划》功能分区思想及其影响

这一计划涵盖了官方的擘画和民间的拟议，其核心是提出了功能分区的思想，这一思想的提出对于城市形体及空间结构的发展起到了重要的作用。首先，城市建设打破了以行政划区的空间单位的一元化格局，同时适应了近代城市发展以城市空间的功能为组织原则的规划思想。其次，把城市的划区管理与城市空间建设的时序和位序分离开来，有利于城市空间按照各种空间功能要素的空间分布规律进行建设，从而使城市空间发展趋于有序化。

这一计划还提出建设西安市区以外的新市区，“包括临潼骊山华清池等名胜、茂陵、周陵、咸阳之建设，设立周陵学院或周陵大学、茂陵博物馆、茂陵国术馆、茂陵运动场等，利用其现有文物资源对名胜古迹进行保护、利用并建立利于抗战和复兴民族之设施等”。增辟公园“一为民众第一公园，在灞河与渭河之汇流处草滩以北；二为第二公园，以火车站北首童家旧有之丹凤门、含元殿辟筑第二公园。其他各区如有公地或文化古迹所在，均拟设法辟筑民众游览公园。”

从其功能分区计划来看，将以中央部委为主的行政区，布局于龙首原故汉城东隅。而地方政府则位于省城中心区，“设在城内商业区中心地点”。工业区为各种重型工业制造场所，原料之供给与制造品之运输全依靠交通便利，因而择定西安火车站一带为工业区。农业实验区位于南郊神禾原、子午镇一带，东临沣河，西濒大峪河，南至中南山脚。古迹文化区，东至临潼，西至兴平，南至终南，北至泾阳、三原等地。风景区位于市郊之南的终南山，东西长 80 里，拟加以修建，为民众游览之风景区。

从规划的布局来看，依照《都市营建计划纲要》第九条第一款规定“打破集中政治商业工业住地文化机构等于一定地面之分区制，但为人

---

① 倪锡英：《西京》，上海：中华书局，1936 年，第 124—125 页。

民之便利在分布上须能使各类人民均能保持紧密联络。”把西安西到沣河、东到灞桥、南到渭河、北到终南山的地区予以了整体考虑，扩大了城市区域，而以旧城为商业中心，体现了城市发展新区的设想和分散布局的思路。同时利用了地形、地势及文化古迹的游赏价值，通过管理可以使各种工业在城垣之内集中的趋势得到控制。

对旧城区的过分依赖及新区的选择和发展，显示了政府决策层的观点和态度，是西安近代城市空间结构适应社会经济发展需求的体现。

具体从城市布局来看，以季平对城市布局的讨论更为详细周密，虽然不是官方文件，但却布局合理，具有前瞻性。在他的规划中，有几点对当今城市空间结构的形成有直接的启发作用。

第一，城市依托新市区发展。对于旧城区商业，“原有之繁盛区域，如东、西、南、北四大街，及竹笆市、南院门等处，则热闹所在，非遇特殊情形，决无消灭可能，仍以维持其商业地位为是”。“惟城垣所限，地势局促，只能就原有各种营业扩充改造，颇不适于大规模商场之建筑。故统东西南北十字大街，及附属此十字大街之分支线，与夫新市区一带地域，仍不过一或数个小商业区耳。”所以他提出了“将来可容于城内者，衙署、住宅、低级学校、警察分支机关，与夫旅馆、公寓及中下级商业建筑耳。若大商业中心、工厂区域、园林游区域、高等教育区域等，则或为城中所不能容，或其性质根本不适于城内，胥当于城外求之。惟是，故商、工业两大中心区域之选定，遂为西京市区设计上之基础工作焉。”

第二，建立南郊文教区。季平提出的东南郊的文教区的观点，考虑了南郊的环境和历史发展的特点，他指出：“曲江、樊川之盛，既有前例，山水风物之美无须他求矣。故城东南郊一带，高等教育机关之设置，幽居、别业之创建，自为适当地点。”[①]关注环境对人的精神熏陶作用，“以浐、灞两水之滨，柔丽轻倩，韦、杜二曲之际，深秀雄伟，在在足为园林游观之建置，高尚性格之陶冶。”

第三，设立铁路南站。“城西北角新站开辟后，将来，绥西路如可

---

① 西安市档案局，西安市档案馆：《筹建西京陪都档案史料选辑》，西安：西北大学出版社，1994年，第87页。

到达西安，即由此站过轨。草滩镇可添一新站为市区交通之辅助，过陇海西站而南，沿今城之西至城西南角，可再辟一站以吸收南山各口之货物，西关迤西地带自必日渐重要。过三四十年汉城商埠发展完成之时，斟酌市情，再于铁道线南展辟南商埠一区，必有水到渠成之势。扩充既有余地，通盘不无完整。”

第四，与旧城分离的新行政中心方案。他结合铁路南站的设立提出了行政中心的布局设想，“市总枢之市政府在利用位于市中心地带而以应附之局所附丽之，以成其为小小之政治区域。然西京既曰陪都，将来有关政治之建筑自不在少数”。他提出：“一如须另寻适当场所者西关迤西现崇仁寺一带。”“使将来铁道线南之商业区果须增辟者，此亦正为全市中心焉。”如此一来，实际上，在维持旧城商业发展现状的基础上，将行政区布置于城市西部，进而形成新旧分离的城市布局，如此一来，旧区的发展建设与城市保护则有了一定的保障，这一观念在当时是有长远眼光的。

第五，设立西郊工业区。他将工业区设于商业区之西，不仅用地和给水问题得以解决，同时还满足了工业布局的风向问题（一般有污染的工业应布局在城市主导风向的下风向处），并且考虑到未来的城市扩展问题，“据渭临沣，水给充足，复无风向不合，工商倒置，秽气煤烟侵入市内之弊。将来沿沣河而南，越铁道线以为扩展，亦自大有余地”①。

二、《西安城市分区及道路系统计划书》的启发

《西安市分区及道路系统计划书》提出，城市建设首重“国防”“空防”，而城市重在空防，空防重点在于疏散。从防空的角度提出了疏散的规划对策，同时提出向高空伸展；向广阔伸展（甲，带形制度；乙，卫星制度；丙，花园制度）；分化大城市为若干小城市，“城市乡村化，乡

---

① 西安市档案局，西安市档案馆：《筹建西京陪都档案史料选辑》，西安：西北大学出版社，1994年，第87页。

村城市化”。

其中的带形城市、卫星制度、花园城市等均为适应城市工业发展需求所提出的规划模式，带形城市是索里亚·马塔提出的，卫星制度是为了解决大城市过分膨胀而提出的规划对策模式；花园制度是1898年英国社会学家针对城市膨胀所存在的社会问题而提出的城市布局模式，虽然西安的工业在当时尚未得到充分发展，但是这些规划思想无疑对未来城市发展具有启发意义。其功能分区和结构关系以及当今西安城市以旧城区为中心的格局与这一规划思想有相似之处。

第一，行政区位于市中心，结合广场布局，“行政区应在市区之中心，建以高屋，绕以广场，以壮观瞻”。临时设在新城，“将来拟移于南郊适宜之旷地”。

第二，商业区沿各城市生活干道布局“为市区最繁华之处，其交通应求便利，但非货车驰骋之所”“应为沿各干路两旁”“按照16公尺以上道路两旁各20公尺民房作为商业区”。

第三，工业区位于西南郊。“拟将西南郊郊划为工业区，可以利用最多之东北风向，反西北风翔，送污气出境。”

第四，大学区位于东南郊。“东南郊高陵起伏之地带，因山布，合天高气朗，利于气象、天文、工矿学术之研究、实习。而高台登临，全市在日，更易使人慨然有‘兴欤’之志。”

第五，在郊区应为四新市，郊区住宅则散于余地，与农业区混合，造成“城市乡村化之风味”。

第六，在分区的同时注重了各个分区的相应公共建筑空间的配套，如“小学、公园、市湖、医院、广场、运动场等则应按各区之需要星罗棋布”，同时也比较灵活，“各据要点，若集中分区之必要，亦不应分区也。”

第七，对绿化非常重视，并规定了“市之有绿面犹如人之有肺，不应小于10%……不患穷而患不均。城区须达10%，郊区须达30%，且应均匀分布。”这样就形成了对于绿化空间的组织，尤其是对于绿化水系及其景观的组织，较为完善，提出“引水入城，东市之兴庆池，南市之曲江池，北市之太液池，略为勾出并利用低地。于兴庆市西设一池，曰南湖，李家樽（注：疑为村）西设一池曰西湖，东门外北设一湖曰东湖，再注入护城河，并将环城空地辟作公园，如是则旧市有莲湖、东湖、兴庆池及护城河。东新市滨于浐岸，南新市有曲江池，西新市有丰惠渠及西湖，北新市有太液池……则西安市行见城湖竞秀，渔歌互答”，这一规划设想对于后来的城市空间结构的发展必然产生一定的影响，从中华人民共和国成立以后的城市建设中可以看到这一规划的影响，如环城公园、兴庆湖、莲湖、曲江池、浐灞生态园区等建设，以及昆明池的开发。

第八，城市未来用地发展方向。规划中南城墙增辟城门体现出对于城市向南发展的思路，而将大学区布置在东南郊对今天东南郊文教区的形成具有直接的影响。1947 年由于城市交通的发展需求，“市区发展刻不容缓”，城墙问题又凸现出来，在西安分区计划中则提出了增辟城门的折中意见：“计划拟于东城墙北端与玉祥门对称处开一门，南端在和平里处开一门；南城墙除老南门及勿幕门以外，再增加开八门，一在建国路南端；二在大差市南端；三在效忠里之处，为中正堂南门之延伸线；四在柏树林南端；五在安居巷南端；六在德福巷南端；七在大保吉巷南；八在甜水井之南。西城墙南端在大油巷西及与中山门对称处各开一门。北城墙除中正门及老北门外再开三门，一在西北三路之北；二在西北六路之北；三在北新街之北。全城总计现有八门，拟增十五门，共为二十三门，各门按其路面之宽度，均需开两洞，以配合交通需要，如实则古城可包交通亦畅，且各门一开，市民自乐向外居住，勿幕门外近年情形可为事实之证明，故城门之开辟实本市交通问题最重要之一页”①（表 7-2）。

表 7-2　民国时期计划增辟城门及其实际修筑城门一览表

城门名称	位置	位置	修建状况	1947 年规划城门位置	1949 年后增修
（今朝阳门）	东墙	—	未	与玉祥门对称处	20 世纪 50 年代增
—	东墙	—	—	南端在和平里处	—

① 西安市政府建设科：《西安市分区及道路系统计划书》，1947 年。

续表

城门名称	位置	位置	修建状况	1947 年规划城门位置	1949 年后增修
东门（长乐门）	东墙	—	（旧）	—	修
中山门	东墙	—	1927—1928 年已修	—	修
南门（永宁门）	南墙	—	（旧）	—	修
勿幕门	南墙	南四府街南	已	—	修
防空便门（建国门）	南墙	—	已	在建国路南端	修
和平门	南墙	—	—	在大差市南端	20 世纪 50 年代增
—	南墙	—	—	效忠里之处	—
—	南墙	—	—	中正堂南门之延伸线	—
防空便门	南墙	—	已	柏树林南端	修
—	南墙	—	—	在安居巷南端	—
—	南墙	—	—	德福巷南端	—
—	南墙	—	—	大保吉巷南	20 世纪 60 年代增
—	南墙	—	—	甜水井之南	20 世纪 50 年代增
中正门（今解放门）	北墙	—	已	—	修
老北门（安远门）	北墙	—	（旧）	—	修
防空便门	北墙	—	已	西北三路之北	修
防空便门		高阳里北端	已	—	修
	北墙	—	—	西北六路之北	—
	北墙	—	—	北新街之北	—
西门（安定门）	西墙	—	（旧）	—	修
玉祥门	西墙	—	1934 年已修	—	修
	西墙	—	—	大油巷和中山门相对处	—

资料来源：西安市政府建设科《西安市分区及道路系统计划书》，1947 年；西安城市建设系统编纂委员会：《西安城市建设系统志》，内部资料，2000 年

第九，关于城市广场问题，广场的功能定位为："平时为市民集会或停车之场所，战时为空防之要地，凡干支之交叉均可谓广场，并在示意地带多于设立。"《西安市政府关于本市钟楼四马路四周马路宽度讨

论会议记录》中提出了对于钟鼓楼地段的一个修建性计划，包括关于钟楼四周道路计划、关于钟鼓楼间开辟广场计划、关于城区公园计划、关于城区道路计划等四个方面的讨论和会议决议。其中对于钟鼓楼广场提出："在钟鼓楼之间广场未辟之前，鼓楼东西两向南起西大街各辟一路，向北会集于北院门大街，如是则鼓楼以南至西大街可暂为一小广场，以使阅览人散步与市民开会用。"[①]这一规划讨论对今天钟鼓楼广场的形成和建设具有重大的启发意义。

三、历史文化保护实践及其对空间结构的影响

对于城市保护有两种声音：一种是基于城市发展的需求；另一种是基于历史文化信息的全面保护。当然也不乏折中的声音，从近代以来西安所走过的道路看，对于城市历史保护有以下几个方面。

（一）关于明城墙的保护与城门的增辟

"清代直省城垣所在修理之事责之督抚州县官吏，倾圮者有罚，修葺者有奖。雍正以后海内丰豫，城垣修筑多用库帑开支。而保固具有年限。交代须报结。其后定州县城垣除文员随时防护外，所在驻营汛并一体稽查防护"[②]。可见，城墙作为城市防御的重要依托得到了当时政府的高度重视，但这种保护不是基于对历史保护而是出于当时的军事功能需求。

在对城墙的拆、留问题上，早在清末已经有拆除的动议，"机炮日奇，飞空悬炸，各国知城郭无用，皆撤毁垣墙，掘沟种树，环绕数重，以代坚壁。丛林高矗，混目迷形，测准易乖，飞久多阻，可以设险而御弹……"[③]。但终因战事连结而得以保留，"光宣之际，新学腾口，谓火炮日烈，城垣无用，宜拆毁以通商埠，未几辛亥变起，陕西兵连祸结十

① 西安市政府建设科：《西安市分区及道路系统计划书》，1947 年。

② 民国《续修陕西通志稿》卷八《建置三·城池》，民国二十三年（1934 年）铅印本。

③ 张灏，张忠修编：《中国近代开发西北文论选》下册，兰州：兰州大学出版社，1987 年，第 24 页。

余年来，省会赖有坚城少固吾圉，然则毁城之说乌可行于今日哉”。

民国时期对于西安明城的去留也曾有过争论。《陕西长安市市政建设计划》中提出了对于城墙去留的态度：“长安为古建都之地，所以城墙特坚世罕，诚为弓矢戈矛时代最好的防御建筑物，然而近世科学昌明，火器的进步日新月异，巨炮的制造有增无减，曩时所恃为御敌者，诚不足当重炮之一击，则长安雄城也不过封建制度的遗迹，安足尽防御之能事，即云防险也只为供内乱之具，而妨碍都市的发展、组织交通的便利者实多。”

当时欧美各邦的拆城事已成过去，我国东南通都大邑及交通便利处，如天津、上海、广州、泉州、九江、杭州等处，也早已实行，至武昌以围城之祸而毁城等实例，成为当时拆除西安城墙的一种呼声。

1927 年的《陕西长安市市政建设计划》关于明城墙的拆除有三种意见。

一是效法各地拆城之后多以城基为环城道路之用，拆城及修复城门还可以“废物利用”，由于各种建筑工程需砖尤急，西安城砖特佳，因而将城砖为各种建筑之需，认为拆城运动实为去害兴利两便之事。由于城墙的砖和石灰质量较好，提出了拟拆除东瓮城，用以修筑东北两大街及其明沟，以节省建设经费。

二是拆城折中办法。或说西安交通尚未发达，城墙尚有暂时存在的价值，而拆东、南、西、北四瓮城则与防险无关，切且已足供修筑东南西北四条大街道路之急需，若以古迹所在，理宜保存，则留城门洞及城楼而整理之，并设砖级上达城头，以供市民游观之乐，修环城楼道以利人行，以北京前门办法，唯前门中洞闭而不用，等于虚设，此则辟为汽车路，既利交通又壮观瞻，古迹仍可保存，城砖亦供利用，实一举而数美具。

三是采取开门洞而留城墙的方式。《西安市分区及道路系统计划书》中曾提出：“将来市政发展城墙似有拆除可能，环城路原计划为乙等路应改为甲等路以利交通”[①]（有“拆除城墙做环路”的做法，当时

① 西安市政府建设科：《西安市分区及道路系统计划书》，1947 年。

认为“长安古城尚有保存十年甚至上百年之价值”）。

在具体的城墙保护方面也做了有效的工作，1935年修补西北角城墙，并为西门城楼和南门城楼安上门窗。同年三月二十日，西京市政建设委员会第十三次会议决定禁止挖取城土，“修整本市全城城墙，以存古迹而壮观瞻”[①]。陆续在城墙与城河的空旷地带植树，起到了保护城市的实际作用。

（二）城内外历史古迹的保护及城郊的旅游业发展

当时以筹备和建设陪都为中心，做了许多有益的工作。调查及编辑西京名胜古迹志、西京指南、西京社会调查、戏剧调查等；编制西京都市计划时，开始注意听取民间建议，借鉴欧洲国家、美国、日本的都市计划经验，明确提出西京为“周、秦、汉、唐四代古都”，一再强调必须保护历代文物古迹，“恢复汉唐繁荣”。从《西京规划》的功能分区中可以看出古迹区的划分是最好的例证，在规划中规定了古迹区，并明确规定“工业区与古迹区应先严定界限”，并且“所定各区土地为限制使用区，余地为自由使用区，其行政、（古迹）、工业、商业、农业、风景五区内凡有古迹者，均限制其他使用。”并积极开发民众游览公园，“新辟公园……以火车站北首童家旧有之丹凤门、含元殿辟筑第二公园。其他各区如有公地或文化古迹所在，均拟设法辟筑民众游览公园。”

《西安市分区及道路系统计划书》也对古迹采取了积极的保护态度，“或关宗教、名教，或关文化、文明，应保存而修复之，并设法并入公园以资游人之凭吊景仰而启发民族思想路线，所经宁可绕道不可拆除。”

民国时期城市化和工业化未能得到充分的发展，因此对旧有城区的大规模的更新尚未展开，客观上也对西安古城及周围的历史古迹起到了保护作用，其中城墙及城内、城外的文化遗址均得以保护，形成了民国

---

① 西安市档案局，西安市档案馆：《筹建西京陪都档案史料选辑》，西安：西北大学出版社，1994年，第245页。

以后西安城市空间结构的一个基础构架。

总之，近代城市规划对西安城市空间结构的影响作用是不可估量的，其影响不在于短时期内是否得到实现，而在于每一轮规划在规划思想、理论、实践中的经验总结，通过规划者和规划现状中的促成因素，可以直接改变城市空间建设的方向，这一影响由城市这一特定的人工场所的特性所决定的，充分显示出城市是人类意志的产物。

本章小结

城市规划建设是人类改善自身生活环境最为直接和最为彻底的力量，民国时期是城市管理职能逐渐完善、城市规划建设逐渐发展的时期，也是城市规划建设活动开始对城市空间结构产生重要影响的时期。南京国民政府时期，西安城市建设管理职能逐渐从政府职能中分化出来，并逐渐开始有计划地进行城市建设活动。但是由于西安城市建置计划屡有改撤，因此，相对于城市的合理发展周期来说，城市规划和建设活动往往处于一种不确定的状态。

民国时期的 10 部城市规划，从其形成的时间来看，西安的发展分为 3 个时期，如前所述，即训政时期、陪都时期及战后重建 3 个时期。如果对官方文件的形成时期进行分析，可以抗日战争全面爆发的时间来划分，即全面抗战以前、全面抗战时期及战后重建时期。当然不同的时期划分并不能改变这 10 部规划在近代历史上的重要意义。

从规划者的角度来看，有民间的拟议和官方的擘画两种，除了民间两部规划以外，其中官方 8 部规划文件成为建设的依据性文件。虽然民间的拟议不能直接起到建设依据性作用，但在开拓建设思路方面却往往能够广开言路，起到舆论导向以及供官方规划参考的作用。

从规划的时限和实际作用看，可以分为两种：一种是近期建设规划，用以指导近 1—3 年的实际建设活动；另一类主要是长期的规划蓝图，用以指导较长时期内城市的发展方向。

从规划的出发点来看，分为三种：其一是将西安作为省会城市，结合建设现状的实施性为主的市政建设计划，其内容以重大建设项目和基础设施的建设计划为主。其二是将西安作为全国政治、经济、文化中心，即以陪都建设为中心，以功能分区为核心内容的《西京规划》。其三是基于国家统一部署的村镇建设规划。

从规划的实效性来看，以近期建设计划往往重视具体建设项目的落实，而得以实施或者部分实施。但是以陪都建设为指导思想的《西京规划》却基本没有直接实现。显然除了战争因素以外，由于设立重庆为陪都后，西京陪都的筹备已流于表面形式，虽然西京筹备委员会和西京市政建设委员会进行了一些建设活动，但比之于陪都的地位来说却相差较远。

虽然如此，《西京规划》对其后的城市建设起到了重要的引导作用，其影响深远的。当时是不可能预见半个多世纪的风云变幻，但在今天的规划建设中出现了惊人相似的内容，如城市依托新市区发展；建立南郊文教区；设立铁路南站；与旧城分离的新行政中心方案；设立西郊工业区等方案，均在不同程度上或者局部得以实施。可见，当时的规划似乎更适合作为一个大城市甚至超大城市的规划框架。

战后的重建规划《西安市分区及道路系统计划书》在思想体系上与《西京规划》有内在联系，但却有新的发展，体现了战后西安城市规划思想与世界规划潮流的结合。例如，当时城市内部发展并不充分，尚没有人口大量向城市集中及西方工业化发展所引发的各种城市问题等，或者说在矛盾并不突出的情况下，提出向高空、广阔伸展的发展原则，足见这些对策的提出嫁接了西方为解决城市突出矛盾而形成的规划思想。从规划思想的出发点来看，西方规划思想是针对人口增加、城市膨胀所带来问题的对策，而西安的战后规划则主要是针对防空需求和城市人口增加而引起的城市空间秩序混乱的现状而提出的，同时西安的工业化尚未得到充分发展，因此，这一思想的移植则多少带有当时的历史时期特点。这一规划反映了当时西安城市规划已经开始针对城市面临的问题而提出解决办法，也融合了当时较为先进的规划理论思想，因此，这一规

划是具有划时代意义的。

民国时期城市规划和建设活动对城市空间的影响不仅表现在城市的功能分区方面，也在传统城市如何适应现代交通问题上提出了折中的方案，通过开辟城门解决交通问题，使明、清城墙得以保护，同时，值得一提的是，民国时期城市规划建设活动中，在工业文明冲击下、在战争的非常时期，西安的历史文物古迹得到了高度的重视和保护，虽然这些保护是有限的，但却是珍贵的。例如，以公园形式的保护，以及丹凤门、含元殿等作为公园的规划意向是有建设性意义的，无疑对今天的建设和规划具有启迪和借鉴意义。

结　语

西安已历3000余年的城市建设发展历史，而隋唐长安城则确立了今天城市中心的选址和区位，对于今天的西安而言，其城市建设及其空间演变经历了一个长期而又延续的历史过程，积淀了丰富的历史文化资源。历史唯物主义告诉我们，历史的发展是客观的，不以人们的意志为转移，历史的发展具有一定的规律性。城市历史发展、城市功能结构的空间演变过程及其机理，即内在规律性，又往往对城市的发展起到一定的制约作用。因此，作为人类历史文明载体的城市空间实体及其演变规律，是历史发展的真实反映，是客观的。城市是人类改造世界最为直观和最为彻底的区域，其中人类的建设决策正确与否，往往直接影响城市的发展取向，包括社会意识形态和城市经济基础建设等各个方面。

通常判断一个建设决策正确与否，应该以人类所认识的城市自身的空间发展的客观规律为决策依据；对于具有悠久历史的城市来说，还必须将城市置于其所处的历史时期的城市地域及其社会经济发展中进行全面审视，要对城市的历史及其历史发展进程中的空间演变过程及其内在规律进行反思：一方面对于城市历史有一个客观和全面的认识；另一方面，在正确认识城市历史发展进程的前提下，要正确认识城市建设及其空间演变规律，以及城市发展过程中的城市与生态、城市与社会、城市与经济、城市与自然等各个方面的相互关系及作用，才能更好地为今天的建设和规划决策提供可靠的理论依据。

1949年，中华人民共和国成立后，西安市的城市建设指导思想几经变化，但是对于城市的历史文物与古迹保护一直延续下来，可谓不遗余力。明城墙的修复、环城公园的建设、以大雁塔为中心的曲江旅游度假开发区的建成使大雁塔广场、大唐芙蓉园工程与20世纪80年代以来所形成的“三唐”工程交相辉映。可以说，在西安的城市建设中，历史文化的积淀成为城市可资利用的宝贵资源，是城市空间创新发展的潜在基因。但是城市历史文化资源在城市建设中的地位、作用和驱动力量等可资利用的资源与开发的度究竟如何把握，是摆在我们面前的重要课题。当前，西安的城市建设在以下3个方面存在无法回避的矛盾。

首先，是城市建设与历史文物、遗址保护之间的矛盾。在当前的建设中，虽然有不少成功的实例，但是往往难以避免在城市建设中以历史文化的缺失为代价。其中包括保护名义下的破坏性建设。因为，城市建设本身从规划、管理决策到实施完成需要诸多部门的参与、协同，其间尚存在许多薄弱环节；加之规划建设行为本身的复杂性，导致一些历史文化价值的缺失。这里既包括视觉可及的环境，也包括一些隐性历史文化信息，而这些都是不可再生的。这一矛盾具有普遍性。朱士光教授认为，在当前我国各地正大规模开展的经济建设与城镇建设中，直接毁坏文物遗址，或以改造旧城推进城市现代化建设为由，从事“建设性破坏”的现象屡有发生，且破坏规模大，发展势头猛，值得引起深切的关注①。北京大学中国古代史研究中心李孝聪教授指出，进入20世纪90年代以来，随着中国城市进程的突飞猛进，历史文化名城的保护遇到了严峻的“建设性的破坏”②。因此，“建设性的破坏”不是一个偶然现象，而历史文化遗存丰富的古城西安所面临的矛盾更是复杂的，如何解决这一矛盾，还需要从学科研究的角度将其纳入可控层面。

---

① 朱士光：《论历史地理学对推进我国古代都城和城市研究的意义和作用》，《西北大学学报》（自然科学版）2002年第5期，第538页。

② 李孝聪：《历史文化名城在城市化进程中的保护与误区》，阙维民主编：《史地新论——浙江大学（国际）历史地理学术研讨会论文集》，杭州：浙江大学出版社，2002年，第333页。

其次，是城市自身的历史文化价值的客观性与主观认识之间的矛盾。由于西安具有1100余年的建都历史，是周、秦、汉、唐等封建社会鼎盛时期的都城，尤其是大唐盛世铸就了封建社会中国都城的辉煌，并奠定了今天明城区的发展基础。因此，也引发了今天历史文脉保护和弘扬当今盛世主流文化的城市复兴的主题。但历史不是凝固的，而是流动的，也是延续和承继的过程。西安有其历史的辉煌，但也经历了从都城到府城、从农业社会到工业社会、从封建君主统治到民主共和体制等一系列改变。因此，在以大唐盛世为主题的城市复兴运动中，需要反思西安城市发展的客观性，如果对城市的历史不是建立在全面正确认识的基础上，而是片面地从某一个时段或者某一空间断面去理解城市，甚至将特定历史时期的城市空间结构与另外的历史时段嫁接，往往会导致城市在文化发展方向的决策中无法正确把握尺度的问题，陷入一种历史文化缺失的危机中，这种缺失表现在文化基因的缺失，以及历史信息及其空间发展规律的不对称的符号表述等诸多方面。

最后，是城市规划学科自身所需要的“后评价体系”尚未建立，已有规划与建设行为对城市空间演变的引导及其相互作用是否符合空间发展规律，或者说对于城市空间的发展引导是否合理、合时、合宜，也没有一个有效的反馈和修正机制。如此一来，正在或者即将进行的城市规划与建设项目在某种意义上往往是失控的。虽然规划有自身完善的专家评审体系和法制体系对其进行制约，但是“后评价机制”的薄弱也是值得深刻反思的问题。20世纪70年代西方有些地理学者认为：“规划人员的影响已经太大了。这些规划者们有自己的关于世界的概念，他们以空间理论武装起来，拥有较大的建设世界的力量。”[①]这一忧虑不无道理，正如规划建设这一人类积极活动能够带来一些巨大的变化一样，一些规划建设项目所造成的经济、社会及环境等方面的巨大影响往往也是不可逆转的。因此，在我国规划建设实践中，特别是当前国家正处于经济迅速发展的时期，基本建设也以较快的速度推进，通过各种学科自身

① 寇·哈瑞斯著，唐晓峰译：《对西方历史地理学的几点看法》，中国地理学会历史地理专业委员会《历史地理》编辑委员会编：《历史地理》第4辑，上海：上海人民出版社，1986年，第170页。

所具有的特性，建立“后评价机制”的理论基础，并在有效范围内对城市规划建设的客观性和实效性进行理论和方法指导，是相关学科自身的使命。

每个时代都有自己所面临的历史使命，都是缔造新时期的历史过程。以唐代为例，其恢宏、开放和强盛的大唐文化的精髓在于不断开拓和对外来文化的兼收并蓄，这是今天西安城市建设中应该体现的。当然，城市规划建设不完全等同于对历史古迹的保护和再现，需要创新和发展，才能有所超越。因为，城市的进一步发展是全方位的，其规划建设涉及城市规划建设的指导思想和原则，涉及城市规模是否合理、性质是否准确，以及城市未来的发展方向是否正确等诸多重大原则问题，也必然涉及历史时期城市地理环境的变迁、城市的空间演变及其内在机理对当今城市发展的作用。这似乎不是某个工程、某项决策能够对此负责，也不是某一个学科能够独自解决的。这涉及以历史城市及其规划发展为研究对象的学科如何能够消除“被专业强化的学科界限”，是否可以建立一个能够以解决历史城市的建设、发展与现时代接续发展矛盾为研究对象的学科呢？

如何正确、客观地认识城市自身的历史文化价值，如何在城市建设中保护和利用这些价值，如何把握好运用的度，这一问题的权威答案如何形成，是城市规划学自身所无法独立完成的，也不是现代城市地理学的研究范畴，这正是“时空交织、人地关联、文理结合、古今贯通”历史地理学所固有的学科属性和使命。朱士光教授在《论历史地理学对推进我国古代都城和城市研究的意义和作用》一文中，不仅对当前我国古代都城研究的主要内容、存在的主要问题、解决的途径、历史地理学对古代都城与城市研究中所具有的研究思路与方法等问题进行了深入的探讨，还论述了历史地理学在古都、古城研究，以及在推进古都、古城所在城镇之建设与历史文化风貌保护方面所具有的意义和作用①。因此，加强历史地理学在应用层面的研究是时代的需求，也是历史地理学的学

① 朱士光：《论历史地理学对推进我国古代都城和城市研究的意义和作用》，《西北大学学报》（自然科学版）2002 年第 5 期，第 537 页。

科优势所决定的。

历史城市地理学作为历史地理学的分支学科，正是研究历史时期城市的空间演变过程及其内在规律的科学。但是，仅停留在揭示客观规律、理论层面的研究显然无法从应用层面解决规划建设中的认识问题。因为，往往许多错误的认识也是建立在充分了解城市发展历史的基础上的。问题在于城市是包含了物质和文化内涵的综合实体，不是虚无的，城市的历史不是凭空而来的，它往往就体现在特定时期城市演变的空间过程中。因此，对于历史城市地理学的研究成果如何运用到城市规划的指导中，需要这个学科从应用的层面进行延伸性的研究，以使历史城市的规划和建设活动建立在对历史城市及其空间过程的客观认识的基础上。正如本书绪论中所论述的：

> 对于特定历史时期的城市空间个案研究，在理论研究的实践层面有三层含义：其一，对于近代西安城市空间结构及其演变的实证研究，是对拓展历史城市地理学研究领域和研究成果的有益探索。其二，深入研究城市空间结构的演变特征及其内在机制，从城市自身的历史地理发展脉络中探讨其发展的规律，进而为修正历史城市建设实践和理论认识中的错误和疏漏提供研究依据。其三，在研究内容和研究深度等方面，笔者试图从微观着手、细致深入地通过个案研究和探讨，在研究方法、思路和拓宽研究视野等方面进行有益的探索。
>
> 本书研究对象的选择除了从上述学科角度进行学术立场考虑以外，还要考虑主观方面的原因，这与笔者多年从事的城市规划工作有些渊源，由于城市地理空间实体是城市研究和城市建设实践的最终归宿，城市空间是城市社会、经济、文化等各种要素综合作用的产物，从历史的视角来研究城市空间，来验证历史时期城市空间演变与人类活动之间的互动关系，有助于深层次地理解城市的社会、经济和文化内涵，修正城市规划自身所固有的缺陷，并直接为规划决策提供科学依据，从而使历史地理学“有用于世”的学科宗旨在城市规划和建设管理中发挥其现实的指导作用。

进入21世纪以来，历史文化名城的历史地理学研究已经有了长足的发展，2001年由浙江大学人文学院暨历史系主办的“浙江大学国际历史地理学术研讨会”在杭州召开，中山大学城市与区域研究中心司徒尚纪教授的《历史文化名城的历史地理研究》一文，提出了应从历史文化名城所在区域的开发背景、名城选址、环境变迁、城市布局和空间结构、文化景观结构、旧城改造、城市规划及可持续发展等方面，开展历史文化名城的历史地理研究。中国社会科学院历史研究所尹均科研究员的《北京的水文化与建立水文化保护区的设想》在论述了北京地区各类水文化区的历史与现状后呼吁：希望有关部门组织力量，加强研究，充分掌握各水文化区的历史文化内涵和价值，划定范围，纳入北京城市规划，善加保护。“浙江大学历史系阙维民教授的《杭州市历史文化与自然资源保护研究》正是2001年杭州市城市总体规划前期研究课题”[①]。除此之外，一些基础性研究工作也已经取得了一些进展和必要的积累，历史地理学正在逐渐发挥着自己在历史文化名城保护与建设中的学科优势。

虽然，囿于多种因素和本书选题的历史时段，本书对近代西安城市空间结构的研究未能与当今城市空间发展进行直接的时段接续性的研究工作，但是，本书在研究过程中，对历史城市地理学与城市规划学之间的交叉领域和相关内容进行了一些具体的探讨，加之对西安城市规划建设的关注和作为规划师的历史使命感，也对当前的建设和存在的问题进行了一些初步的思考。对于以上的初步分析及城市规划与历史地理学的学科领域而言，在两者的交叉研究领域中，历史城市地理学学科在应用层面的延伸性研究对于城市规划决策具有重要的理论和实践指导意义。

正如加拿大历史地理学家寇·哈瑞斯在《对西方历史地理学的几点看法》一文中所指出的：“历史地理学既不坚持某种非常明确的方法论，也不坚持其本身的理论，而是提供对于世界的一种透视。这种透视，不可避免地是由观察者的环境和观察对象所形成的。我们从不同的

① 阙维民：《历史文化名城保护的历史地理学研究——“浙江大学国际历史地理学术研讨会”侧记》，《现代城市研究》2001年第4期，第68页。

地点、不同的时间来观察这个世界，看到不同的东西复原不同的历史地理。所以，并不存在唯一的历史地理学的信条。”[①]因此，对于历史时期的城市而言，历史地理学的研究是多维、多视角和多层次的，是具有开放性的学科，从理论、方法、研究领域看，也具有自身所固有的特性，“固有”就是其他学科所不具备的特性，是不能被取代的。

“有用于世”是历史地理学的学科宗旨，也是其固有特征，虽然对其应用价值的研究还在不断发掘和探索当中，但是，历史城市地理学在对历史时期城市空间演变及其内在规律的把握和分析上具有一定的学科优势，是其他学科不能替代的，因此，积极将历史地理学的研究成果从应用层面进行延伸研究，尤其可以直接对城市未来发展产生影响的城市规划行为进行接续研究，甚至从历史城市地理学与城市规划学的综合交叉研究领域进行学科发展和创新研究，具有重要的价值和意义，可以避免当前城市和区域社会经济发展与建设中的文化缺失、文脉断裂和建设性破坏等现象出现。建立其学科交叉研究的桥梁，是历史城市地理学应用层面研究应该解决也能够解决的问题。

当然，由于时间、精力及对问题的把握尚待深思熟虑，因此，本书的研究还有其局限性，同时希望以后能够进行进一步的接续研究。不仅是城市，还有一些历史区域、文物古迹、山水名胜、旅游胜地等均存在历史地理研究与保护、规划和建设等方面的接续研究问题，是历史地理学学科发挥自己在应用层面学科优势的重要领域。

---

① 寇·哈瑞斯著，唐晓峰译：《对西方历史地理学的几点看法》，中国地理学会历史地理专业委员会《历史地理》编辑委员会编：《历史地理》第 4 辑，上海：上海人民出版社，1986 年，第 164 页。

后　　记

我在西安建筑科技大学任教，于2000年考入陕西师范大学朱士光先生门下，在职攻读历史地理学方向博士学位，2005年底完成了博士学位论文答辩。在顺利获得历史学博士学位之后，朱先生曾多次提醒我，将博士学位论文交付出版，我也深以为然。但囿于工作和其他方面的原因，一直未能付诸实施。文稿在案头积压了许久，算来已有十余年，其间朱先生非常关心，也曾为书稿作序，但终究未能送交出版社。

走过了这段心路，经过了这段时间的沉淀，重新审视自己曾经倾心付出的心血，觉得很沉重。这项成果为自己十余年来专注于城市发展与规划历史方面的学术研究打下了一个坚实的基础。反思城市发展与规划历史研究，无论是研究的范式、方法还是路径方面，均与历史城市地理学有着不可分割的关系，加之2012—2013年我在英国伯明翰大学访学，师从城市形态学康泽恩学派的著名教授Jeremy W.R.Whitehand进行访学研究，这个源于德国历史地理学又独树一帜的研究机构在欧洲、北美、亚洲等地区影响深远，也使我对于历史城市地理学在研究视野、研究方法和领域有所拓展，尤其是在历史地理学与城乡规划学的学科交叉领域方面颇有助益，受益匪浅。同时，随着“一带一路”倡议的推进，结合自己十余年来在城市发展与规划历史、城市形态学、历史保护与传承等方面的积累，有幸得到国家自然科学基金项目“丝路经济带历史城镇文脉演化机理及其传承策略”（项目编号：51578436）资助。该项目也凝聚了自己和研究团队多年来的成果积累。从城乡规划学、历史地理学及城市形态学等多方面审视城市空间形态发生、发展的特征及规律，并结合城市文脉保护与传承的内涵、特征、要素及关联逻辑，建构基于多学科融贯的研究路径及方法，使自己的研究在理论、方法论及实践方面对学科的发展有益，也使自己在历史城市地理学的理论基础研究中，可以结合自己作为城乡规划教育和规划实践的践行者的角色，执着于“有用于世”等学界前辈所倡导的践行方向。

再次将文稿进行整理，准备出版，也是经过了深思熟虑，希望自己多年来的积累能为自己成长于斯的城市留下一些有价值的成果。西安这个中国西北内陆典型城市在近现代的转型与重构过程是中国古代重要的都城地区在近现代发展的重要阶段，虽然持续时间较短，但却奠定了西安地区近现代乃至当代发展的重要基础，是读懂西安当代可持续发展之路重要的时空结点，也是西安最为宝贵的城市历史文脉传承和发展的重要阶段。思虑再三，终于 2018 年 8 月定稿。

仅以此书献给曾经引导我、支持我、关心我、包容我的朱士光先生，以及 Jeremy W.R.Whitehand 教授和他的夫人 Susan Whitehand，特别感谢他们在我于伯明翰大学访学期间所给予的指导和帮助。

感谢在本书撰写当中，陕西师范大学西北历史环境与经济社会发展研究院的各位老师所给予的支持和关怀，他们是：侯甬坚教授、王社教教授、李令福教授、史帅红副研究员，西北大学的李健超教授，西安建筑科技大学的汤道烈教授、吕仁义教授、刘临安教授、陆燕副教授，师姐张萍教授、师妹肖爱玲副研究员。

感谢陕西师范大学西北历史环境与经济社会发展研究院资料室的张西平老师、西安城建档案馆的黄雁秋馆长、西安市档案馆的赵勇处长和李萍女士在我查阅资料时提供的方便，使我能够顺利完成研究。西北历史环境与经济社会发展研究院的孙建国老师、上官娥老师、廖全义老师、李淑瑜老师提供了许多帮助。西安市勘察设计研究院的秦宽恩高级工程师，西安建筑科技大学建筑学院的研究生赵毅、刘涛、常乐、刘玲玲、马玉箫、朱王倩、吴晓晨等同学，协助我完成了本书部分插图的整理工作。

最后，感谢我的家人在这个艰难而又充满挑战的过程中给予我的爱护、包容与支持！

任云英

2018年8月22日于西安